普通高等教育“十一五”国家级规划教材

包装机械概论

卢立新　主编
王利强　周洪军　副主编
彭国勋　陆佳平　主审

中国轻工业出版社

图书在版编目（CIP）数据

包装机械概论/卢立新主编. —北京：中国轻工业出版社，2019.12

普通高等教育“十一五”国家级规划教材

ISBN 978-7-5019-8133-5

Ⅰ.①包… Ⅱ.①卢… Ⅲ.①包装机械-高等学校-教材 Ⅳ.①TB486

中国版本图书馆 CIP 数据核字（2011）第 045204 号

内 容 提 要

本书共分十三章，主要介绍了灌装机械、充填机械、裹包机械、封口机械、多功能包装机械、贴标机械、集装机械、捆扎机械、清洗机械、辅助包装机械、无菌包装系统等各类包装机械等的类型、特点、组成、工作原理、工艺流程、典型机构装置、基本技术性能以及选用等，同时介绍了自动包装线的工艺路线与设备布置，配套装置以及典型自动包装线等。

本书内容系统，论述简要，注重基础与最新技术成果的结合，可作为普通高等院校包装工程专业或相关专业的教材，也可作为大专院校有关专业的教学参考用书、包装从业人员的工作参考书。

责任编辑：杜宇芳

策划编辑：林　媛　　责任终审：孟寿萱　　封面设计：锋尚设计

版式设计：宋振全　　责任校对：吴大鹏　　责任监印：张　可

出版发行：中国轻工业出版社（北京东长安街 6 号，邮编：100740）

印　　刷：三河市万龙印装有限公司

经　　销：各地新华书店

版　　次：2019 年 12 月第 1 版第 2 次印刷

开　　本：787×1092　1/16　印张：19.25

字　　数：450 千字

书　　号：ISBN 978-7-5019-8133-5　　定价：43.00 元

邮购电话：010-65241695

发行电话：010-85119835　传真：85113293

网　　址：http://www.chlip.com.cn

Email：club@chlip.com.cn

如发现图书残缺请与我社邮购联系调换

191387J1C102ZBW

前　言

作为普通高等教育“十一五”国家级规划教材，《包装机械概论》主要介绍了包装机械中的灌装机械、充填机械、裹包机械、封口机械、多功能包装机械、贴标机械、集装机械、捆扎机械、清洗机械、辅助包装机械、无菌包装系统等的类型、特点、组成、工作原理、工艺流程、典型机构装置、基本技术性能以及选用原则等，同时介绍了自动包装线的工艺路线与设备布置、配套装置以及典型自动包装线等的相关内容。

本教材在原有相关教材基础上，注重基础技术，重点介绍了应用面广、在包装生产中起主导作用的包装机型，增设了与包装生产线密切相关的基础装置，对传统典型包装机械的作业方式、包装型式以及包装工艺进行补充。同时，融入了一系列近年来得到广泛应用的新型包装机械相关内容，并力求反映国内外包装工艺与机械的最新技术成果。如多功能包装机械中的充气（气调）包装机、胶囊式包装机、软管包装机，封口机械中的缝合式封口机，贴标机械中的收缩贴标机，无菌包装系统以及包装质量检测机等。考虑到篇幅以及专业教学中的课时限制，本教材主要介绍了包装机械 15 大类中的 12 类机型，干燥机械、包装材料制造机械以及包装容器制造机械未纳入其中，可参考包装工程专业及相关专业的其他教材。

本教材由卢立新主编，并负责统稿工作。卢立新编写第一章、第六章、第七章、第十二章，参与编写第十三章；王利强编写第二章、第三章，参与编写第五章、第十三章；周洪军编写第四章、第八章、第十章，参与编写第九章、第十一章；蔡莹参与编写第五章、第九章、第十一章。此外江南大学包装工程专业的部分研究生参与了其中的资料收集处理工作。

本教材编写过程中，承蒙中国轻工业出版社的大力支持；陕西科技大学彭国勋和江南大学陆佳平百忙中拨冗审稿；江南大学许林成、蔡和平等提供了许多宝贵意见与建议，谨向他们表示感谢！同时，参考了国内同类教材、相关参考书、论文等内容，相关企业提供了最新的包装机械技术资料，谨向其作者与企业表示谢意！

由于本编者水平有限，加之教材内容涉及面广，可供参考的文献有限，书中错误、不当之处在所难免，恳请读者批评指正。

江南大学机械工程学院　卢立新

2010 年 12 月

目　　录

第一章　绪　　论

第一节　包装机械的定义及分类

包装是产品进入流通领域的必要条件，而实现包装的主要手段是使用包装机械。包装机械是包装工业，同时也是机械工业的一个重要组成部分，可以说没有现代化的包装机械，就没有现代化的包装工业。

一、包装机械的定义

包装机械即完成全部或部分包装过程的机器。包装过程包括充填、裹包、封合、贴标等主要包装工序，以及与其相关的前后工序，如清洗、堆码和捆扎等。此外，还包括打印、检验等附属设备。

二、包装机械的分类

（一）按包装机械的功能分类

包装机械按功能不同可分为：充填机械、灌装机械、裹包机械、封口机械、贴标机械、清洗机械、干燥机械、杀菌机械、捆扎机械、集装机械、多功能包装机械，包装材料与容器制造机械，以及完成其他包装作业的辅助包装机械等。

（二）按包装机械的自动化程度分类

1. 全自动包装机

全自动包装机是自动供送包装材料容器和内装物，并能自动完成其他包装工序的机器。

2. 半自动包装机

半自动包装机是由人工供送包装材料容器和内装物，但能自动完成其他包装工序的机器。

（三）按包装产品的类型分类

1. 专用包装机

专用包装机是专门用于包装某一种产品的机器。

2. 多用包装机

多用包装机是通过调整或更换有关工作部件，可以包装两种或两种以上产品的机器。

3. 通用包装机

通用包装机是在指定范围内适用于包装两种或两种以上不同类型产品的机器。

三、我国包装机械的分类与型号编制方法

（一）我国包装机械的分类方法

中华人民共和国国家标准 GB/T 7311—2008《包装机械分类与型号编制方法》，按照包装机械产品主要功能的不同对包装机械产品进行分类。包装机械分类和定义如下：

1. 充填机

将产品按规定量充填到包装容器内的机器。

2. 灌装机械

将液体按预定量灌装到包装容器内的机器。

3. 封口机械

在包装容器内盛装产品后，对容器进行封口的机器。

4. 裹包机械

用挠性包装材料全部或局部裹包产品的机器。

5. 多功能包装机械

在一台整机上可以完成两个或两个以上包装工序的机器。

6. 贴标机械

采用胶黏剂将标签贴在包装件或产品上的机器。

7. 清洗机械

对包装容器、包装材料、包装辅助物及包装件进行清洗，以达到预期清洗度的机器。

8. 干燥机械

对包装容器、包装材料、包装辅助物以及包装件上的水分进行去除以达到预期干燥程度的机器。

9. 杀菌机械

对产品、包装容器、包装材料、包装辅助物以及包装件等上的微生物进行杀灭，使其降低到允许范围内的机器。

10. 捆扎机械

使用捆扎带或绳捆扎产品或包装件，然后收紧并将捆扎带两端通过热效应熔融或使用包扣等材料连接好的机器。

11. 集装机械

将包装单元集成或分解，形成一个合适的搬运单元的机器。

12. 辅助包装设备

对包装材料、包装容器、包装辅助物或包装件执行非主要包装工序的有关功能的机器。

13. 包装容器及容器部件制造机械

包装容器如桶、罐、盒、箱、瓶、袋等及其部件的制造机器。

14. 包装材料制造机械

专门直接用于包装材料制造的机器。

15. 其他包装机械

（二）包装机械型号编制方法

GB/T 7311—2008《包装机械分类与型号编制方法》、GB/T 4122.1《包装术语　第一部分：基础》和 GB/T 422.2《包装术语　机械》，构成包括机械类产品三项基础通用性标准。

1. 主型号的编制

主型号包括机械的分类名称代号、结构型式代号、选加项目代号。

分类名称代号以其有代表性汉字名称的第一个拼音字母表示，遇有重复字母时，其分类名称代号可采用第二个拼音字母以示区别。也可用主要功能的具有代表性的汉字名称的拼音字母组合表示。

无分类名称代号的产品，其分类名称代号可自行确定。

结构型式代号和选加项目代号，根据产品标准或生产企业自行确定。

2. 辅助型号的编制

辅助型号包括产品的主要技术参数、派生顺序代号和改进顺序代号。

主要技术参数用阿拉伯数字表示，应取其极限值。当需要表示二组以上的参数时，可用斜线“/”隔开。

包装机械类产品常用的主要技术参数有充填量、包装尺寸、封口尺寸、灌装阀头数、生产能力等。

派生顺序代号以罗马数字Ⅰ、Ⅱ、Ⅲ等表示。

改进设计顺序代号依次用汉语拼音字母 A、B、C 等表示。第一次设计的产品无顺序代号。

3. 包装机械型号的编制格式

(1) 编制格式

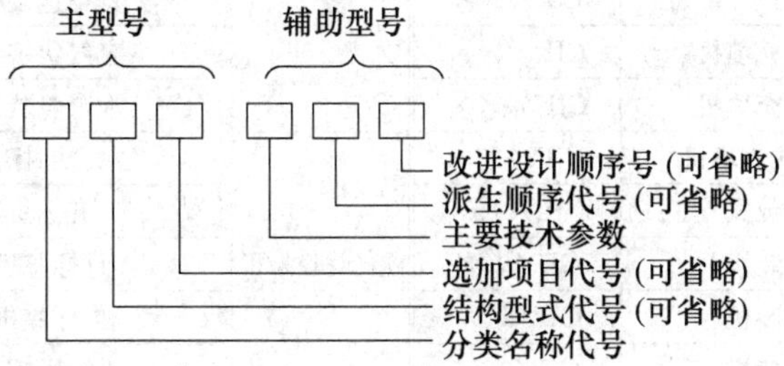

(2) 编制示例

示例 1

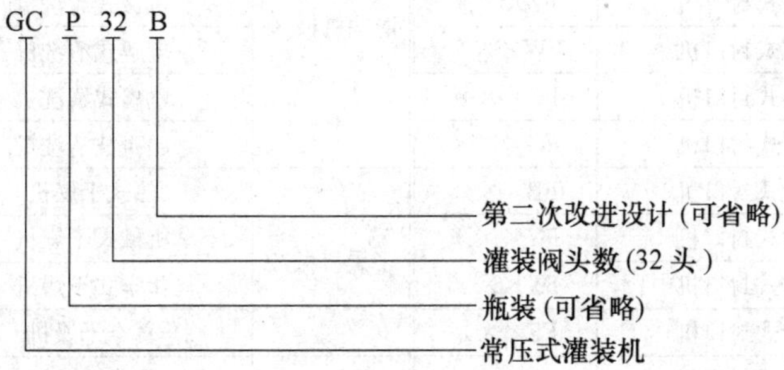

示例 2

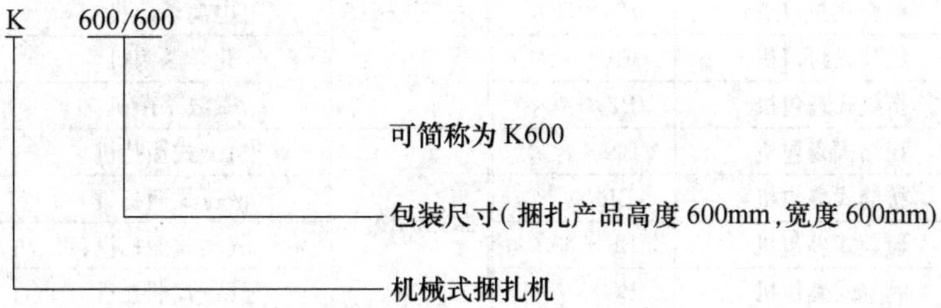

4. 常用包装机械类别与代号

我国常用包装机械的类别与代号见表 1-1。

表 1-1　　常用包装机械分类与代号

分类/代号	型号或名称	型号实例	分类/代号	型号或名称	型号实例
充填机械/C	量杯式充填机	CL×××	裹包机械/B	拉伸式裹包机	BL×××
	气流式充填机	CQ×××		收缩包装机	BS×××
	柱塞式充填机	CS×××		贴体包装机	BT×××
	螺杆式充填机	CG×××	多功能包装机械/D	充填—封口机	DC×××
	计量泵式充填机	CB×××		灌装-封口机	DG×××
	插管式充填机	CA×××		开箱-充填-封口机	DKX×××
	料位式充填机	CW×××		开袋-充填-封口机	DKD×××
	定时式充填机	CD×××		开瓶-充填-封口机	DKP×××
	推入式充填机	CT×××		箱(盒)成型-充填-封口机	DXX×××
	拾放式	CF×××		袋成型-充填-封口机	DXD×××
	重力式	CZ×××		冲压成型-充填-封口机	DXC×××
	净重式	CJ×××		热成型-充填-封口机	DXR×××
	毛重式	CM×××		真空包装机	DZ×××
	单件计数充填机	CJD×××		充气包装机	DQ×××
	多件计数充填机	CJU×××		泡罩包装机	DP×××
	转盘计数式充填机	CJP×××	贴标机械/T	粘合贴标机	TN×××
	履带计数式	CJL×××		套标机	TT×××
灌装机械/G	等压灌装机	GD×××		订标签机	TD×××
	负压灌装机	GF×××		挂标签机	TG×××
	常压灌装机	GC×××		收缩标签机	TS×××
封口机/F	热压式封口机	FR×××	清洗机械/Q	干式清洗机	QG×××
	熔焊式封口机	FH×××		湿式清洗机	QS×××
	折叠式封口机	FZ×××		机械式清洗机	QJ×××
	压纹式封口机	FW×××		电解式清洗机	QD×××
	插合式封口机	FC×××		电离式清洗机	QL×××
	滚压式封口机	FG×××		超声波清洗机	QC×××
	卷边式封口机	FB×××	干燥机械/Z	热式干燥机	ZR×××
	压力式封口机	FY×××		机械式干燥机	ZJ×××
	旋合式封口机	FX×××		化学式干燥机	ZH×××
	缝合式封口机	FF×××		真空干燥机	ZK×××
	钉合式封口机	FD×××	杀菌机械/S	热式杀菌机	SR×××
	胶带式封口机	FJ×××		超声波杀菌机	SC×××
	粘合式封口机	FN×××		电离杀菌机	SL×××
	结扎式封口机	FA×××		化学杀菌机	SH×××
裹包机械/B	折叠式裹包机	BZ×××		微波杀菌机	SW×××
	扭结式裹包机	BN×××	捆扎机械/K	机械式捆扎机	KX×××
	接缝式裹包机	BJ×××		液压式捆扎机	KY×××
	覆盖式裹包机	BF×××		气动式捆扎机	KQ×××
	缠绕式裹包机	BC×××		穿带式捆扎机	KD×××

续表

分类/代号	型号或名称	型号实例	分类/代号	型号或名称	型号实例
捆扎机械/K	捆结机	KJ×××	辅助包装机械/U	投料机	UT×××
	压缩打包机	KS×××			
集装机械/J	集装机	JZ×××	包装容器及容器部件制造机械/Z	制盖机	ZG×××
	堆码机	JD×××		制瓶机	ZP×××
	拆卸机	JC×××		制罐机	ZG×××
辅助包装机械/U	打码机	UM×××		制桶机	ZT×××
	整理机	UL×××		制袋机	ZD×××
	检验机	UJ×××	包装材料制造机械	瓦楞纸板机械	WLB×××
	选别机	UX×××		蜂窝纸板机械	FBJ×××
	输送机	US×××	其他包装机械	现场发泡机	XFP×××

第二节　包装机械的组成、特点及其作用

一、包装机械的组成

包装机械为典型的集机、电、液于一体的自动机械。基于包装机械的工作原理和结构性能的分析，包装机械主要由传送系统、传动系统、执行系统以及控制系统等组成（图1-1）。

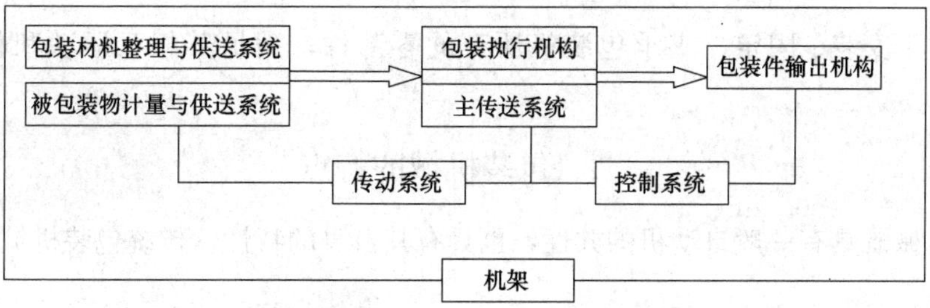

图 1-1　包装机械的组成框图

总体上，包装机械（主机）的基本组成为：

1. 包装材料的整理与供送系统

该系统是将包装材料（含包装容器、包装辅助物）进行定长切断或整理排列，并按要求输送到预定工位的系统。如包装卷材的连续或间歇供送、成型、定长切断，包装容器的整理排列、定位等，模压片的成型、定型与输送等装置，同时包括相应的检测装置。

2. 被包装物的计量与供送系统

该系统是将被包装物进行计量、整理、排列，并输送到预定工位的系统。被包装物通常有流体物料、粉体物料、块状件或经过初次包装的产品，不同被包装物决定了其所采用的计量、供送方式。

3. 主传送系统

该系统是将包装材料（容器）、被包装物由一个包装工位传送到下一个包装工位的系统。为提高包装机械的工作速度、可靠性，同时便于包装功能的实现，包装作业通常由多

个工位构成，其主传送系统的型式直接决定了包装机械的形式，如直线式、回转式，或间歇式、连续式等。

4. 包装执行机构

包装执行机构是直接完成包装作业的机构，即完成充填、裹包、封合、贴标、打印、捆扎等操作的机构。为包装机械最重要的部分，其性能优劣往往决定了整个包装机械的性能。

5. 包装件输出机构

包装件输出机构是把合格的包装件从包装机上输出，或实施定向排列并输出的机构。

6. 动力机与传动系统

动力机（电动机）为包装机械提供动力来源；而传动系统即是将动力机的动力与运动传给执行机构和控制系统，使其实现预定动作的机构系统。通常由机械传动零件，如轴、带轮、链轮、齿轮、凸轮、蜗轮蜗杆、棘轮、减速器、动力分配装置等组成，以及由机、电、液、气等多种形式的传动件组成。

7. 控制系统

控制系统由各种机械、光电控制装置组成。在包装机中从动力的输出、传动机构的运转、包装执行机构的动作及相互配合以及包装产品的输出，都是由控制系统指令操纵的。它包括包装过程自动控制、包装质量在线检测以及机械故障诊断与机械安全的控制保障等。

8. 机架

机架用于安装、固定、支承包装机所有的零部件，满足其相互运动和相互位置的要求。

二、包装机械的特点

包装机械既具有一般自动机的共性，也具有其自身的特性。传统包装机械有如下基本特点：

（1）由于包装对象的性质差异、包装形式的变化、包装要求不同等，致使包装机械种类繁多，通用性差，专用性强。

（2）大多数包装机械结构复杂，运动速度快，动作精度高。

（3）包装作业时作用力一般都较小，故包装机的电机功率较小。

（4）包装机一般都具备调速要求，故通常设置变速装置，以便灵活调整包装速度、调节包装机的生产能力。

（5）针对特殊被包装物，包装机械设计有相应特殊要求。例如，用于食品和药品的包装机，与食品和药品接触的部位及材料应符合相关卫生要求，同时要便于清洗；对易爆等危险品包装，需符合防爆安全要求等。

随着工程技术的快速发展以及产品包装要求的提高，现代包装机械也出现了新的特点。主要包括：

（1）高速、高度自动化以及高可靠性。现代包装机械为高度集成化、自动化、智能化机械系统。自动化技术的应用使包装机械日趋智能化、高效率化、节能化。嵌入式产品、PLC、变频器、伺服、步进、运动控制器、传感器目前已在包装机械中广泛应用，工业机器人、智能控制、机器视觉技术也在包装机械中得以应用推广。

（2）包装功能的复合化。现代包装生产线中往往要求一台包装机包装产品规格多样，而且还要求包装机功能多样化，实现一机多用，使其具有一定的柔性和灵活性，以适应产品更新的需要。

（3）与前端生产设备具有良好的配套性。随着人们对包装质量、安全要求、生产效率的日益提高，对一些产品（如食品、药品等）要求包装机械和前端生产机械相衔接，实现整个生产过程的配套性、成套化。

（4）全生命周期的绿色化。随着人们环保意识的不断增强，不但要求包装机械在包装过程中体现环保要素，而且在从包装机设计、生产、应用等整个周期中体现出环保意识。

（5）用户定制化、个性化要求高。为了提高产品的市场竞争力，扩大销售，具有特色、个性的产品包装不断涌现，用户定制化、个性化要求高的包装机械需求不断增加。

三、包装机械的作用

包装机械是使产品包装实现机械化、自动化的根本保证，因此包装机械在现代工业生产特别是包装工业中起着极其重要的作用，包装机械的水平可反映一个国家的包装工业的整体水平。总体上，包装机械的作用主要包括：

（1）大幅度提高生产效率，降低包装成本。采用包装机械的主要目的即是提高生产效率。包装机械的高速、成套特性，致使产品包装的生产效率得到极大提高，同时有效降低了生产成本。如目前啤酒灌装机的生产率高达 120000 瓶/h，不含气饮料、塑料瓶罐装生产线已超过 36000 瓶/h，这是手工作业无法比拟的；一些人工无法完成的包装作业，也必须依靠包装机械来实现。

（2）有效提高产品包装质量。现代包装机械都是按照既定的包装工艺、程序在一个稳定的环境条件下高速、高质量地完成包装作业，其中人工参与的作业环节、机会越来越少，这就有效地保证了包装质量，避免了人手直接接触、环境变化等导致的产品污染及质量变化。同时，由于包装机械的计量精度高，产品包装的外形整齐、统一、美观、封口严密，从而提高了产品包装的质量。此外，现代包装机械都设置包装产品的检测功能，可实现包装质量的在线检测，使不合格包装产品流入市场的可能性大大降低。

（3）实现产品的推陈出新，延长产品保质期，方便产品流通。包装新技术、新产品的开发最终需要通过包装机械实现，特别是对于食品包装，更是如此。可以说，没有现代化的包装机械，无法实现食品生产的现代化。食品无菌包装、气调包装、软罐头等近年来已广泛上市的包装新产品，都需要通过相应的包装机械实施完成，同时高质量的功能性包装，有效延长了食品货架期，使产品的流通范围、销售周期得以有效扩大。

（4）降低劳动强度，改善劳动条件。采用包装机械代替手工包装，不但能将包装操作人员从繁重的体力劳动中解放出来，而且还大大地改善了其现场工作条件。

（5）有利于保护环境，实现可持续包装。通常产品包装对生产环境都有一定的要求，对于一些特殊产品包装，如风尘产品、化工产品等，采用包装机械不仅保护了操作人员的劳动条件，而且使生产过程的污染得到有效控制，保护了环境。同时采用机械包装，产品和包装材料的供给是比较集中的，各包装工序安排紧凑，因而减少包装占地面积，节约基建投资。此外，现代包装与物流环节密切关联，通过包装机械实现包装件、物流包装承载件的模数化、系列化以及减量化包装，都使产品包装物流成本有效降低。

第三节　包装机械工业的发展概况及趋势

一、国际包装机械工业的发展概况

在世界范围内，包装工业的发展历史较短，科学技术发达的欧美各国大体上是在20世纪初起步的，直至50年代步伐才大为加快。

从20世纪初到第二次世界大战结束前，在食品、医药、卷烟、日用化工等行业实现了包装作业的机械化；50年代，包装机广泛采用以普通电开关和电子管为主要元件的控制系统，实现了初级自动化；60年代，包装机中采用机、电、光、液、气综合技术显著增多，包装机种类进一步扩大，在此基础上实现了专用的自动包装线；70年代，将微电子技术引入自动包装机和包装线，实现了由电子计算机控制的包装生产过程；从80至90年代初开始，在某些包装领域里将微机、机器人更多地应用于供送、检测、故障诊断等方面，包装向柔性自动包装线和"无人化"自动包装过渡。经过50多年的发展，国外包装机械工业已形成了独立完整体系，成为机械制造业的一个重要分支。

近年欧美包装发达国家，其包装工业的总产值占国民生产总值的2%左右；其中包装机械所占比重虽然不算很大，但发展迅猛，平均每年几乎以10%左右的速率增长。现在投产使用的包装机已超过3000种，同时多功能包装机及自动线的配套设备日益增多。因此，一般认为，一个国家包装工业的总水平基本能反映该国工业与科学技术现代化的进程。然而由于各国的经济基础及科技水平的差异，其各自的发展状况也出现一定的不平衡。

美国的包装工业发展较早，门类齐全，基础扎实，技术水平很高。仅就包装机械制造业而论，实力相当雄厚，其品种与总产值均居世界首位。由于国内已实现了工业现代化，自选市场蓬勃兴起，客观上要求包装机械沿着自动化方向发展，并将电子计算机及其他有关新技术广泛应用于生产过程。美国许多工业企业和军事部门附设包装研究机构，充分利用实验分析手段从事新产品、新技术的开发与应用。

日本的包装工业大体上是从第二次世界大战结束以后才开始发展起来的。因善于引进、模仿、创新、管理，仅用十余年时间就奠定了初步基础。如今，日本已建立起独立的包装工业体系，其包装工业总产值约为美国的一半。日本拥有一批规模不大的包装机械制造厂，侧重于开发中小型、自动包装机及配套设备，其技术水平已进入国际先进行列。

德国的包装机械工业非常发达，现拥有多家堪称世界最大规模的包装机械制造厂，其包装机械工业总产值仅次于美国，但每年的出口总额却比其他国家遥遥领先，其药品、酒类、日化用品等包装机水平处于国际领先地位。

意大利、英国、法国、瑞典、瑞士等国，结合本国的具体条件实行按机种的专业化生产，以利于充分发挥各自的优势研制高效能的新型包装机来加强竞争实力。目前，意大利的糖果、茶叶、胶囊包装机，英国的卷烟、饼干包装机，法国的乳制品包装机，瑞典的无菌包装机及纸箱、纸浆模塑制品成套设备，瑞士的巧克力包装机等，都享誉世界。

此外，加拿大、荷兰、丹麦和韩国等国，在发展自己的包装机械行业方面，也都获得了长足的进步。

二、我国包装机械工业的发展概况

我国包装机械工业起步较晚，很长时间都没有形成一个独立的行业。20世纪80年代初，我国机械产品目录中还没有包装机械这一门类。70年代中期以前，我国包装技术装备相当落后。大多数食品企业都采用作坊式生产、手工包装和散装销售，仅有糖果、烟草等几个领域使用机械包装。到70年代后期，随着进口设备的不断增多，我国陆续开发了真空包装机械、封口机械、立式袋成形包装机、捆扎机等。进入80年代，随着改革开放的不断深入，包装机械工业逐渐形成一个门类较齐全、初具规模的产业。从80年代中期到90年代中期的十多年里，我国包装机械行业进入了高速发展期，产值年增长率在20%～30%之间，发展速度为机械工业各行业之首。近年来，年平均增速约维持在15%。

目前，我国从事包装食品机械生产的县以上企业约有3300多家，产量超过130万台套。产品的技术水平和自动化程度都有很大提高，许多产品已由单一机械型向机电一体化型转变，电器控制由普通电器向PLC和计算机控制转变，并由提供单机向提供成套生产线转变，包装机械已成为我国机械工业14个行业之一。

（一）总体技术水平与差距

改革开放以来，我国包装机械行业的发展取得了很大进步，但与世界先进水平相比，还存在较大差距。主要表现在我国包装机械产品自动化水平、可靠性较低，高新技术应用少，新材料、新工艺推广慢，一些高度专业化的成套包装机械系统还未研制成功。目前约有5%的产品能达到发达国家20世纪90年代初期水平，总体水平比发达国家落后20年左右。

（二）典型包装机械

以下就近年来发展较快，技术水平较高、应用较广的部分典型机型作一介绍，从中也基本反映我国包装机械的发展历程。

1. 灌装机械

我国灌装机械制造业起步较晚，20世纪60年代前，基本上是空白，那时国内企业都是使用美国和日本三四十年代的设备。70年代我国先后引进了国外灌装生产线，促进了我国灌装机械的发展。一些企业在消化吸收国外技术的基础上，仿制开发了多种中、小型灌装设备。80年代，我国引进日本三菱公司18000瓶/h含气饮料灌装线制造技术，推出了国产化生产线；随后又在消化吸收德国技术的基础上自行研制出20000瓶/h的啤酒灌装生产线，产品技术和质量指标接近国际20世纪80年代末水平，满足了国内中型啤酒厂的需求。90年代初，在引进德国36000瓶/h的啤酒灌装线生产技术之后，又研制生产国产化的36000瓶/h大型灌装机。进入21世纪，我国研制成功超过40000瓶/h啤酒灌装生产线，其配套设备包括洗瓶机、装瓶压盖机、杀菌机、装箱机、卸箱机以及输瓶、输箱、清洗等系统装置全部国产化，整线控制与操作实现了全自动控制。近年来，国内少数企业推出的系列聚酯瓶饮料生产线，尤其是三位一体的冲瓶机、灌装机、拧盖机，吸收了美国、德国和法国等国的分离式变频传动、灌装阀技术和拧盖技术，适用于多种瓶型生产。此外，国产的易拉罐等压灌装机最高速达到600件/min，这些都达到了20世纪90年代国际水平。

目前国内生产灌装机械的企业近120家，产品较齐全，单机和成套设备并存。主导产品是适合于含气和不含气的玻璃瓶、聚酯瓶、金属罐及复合软包装等包装的各种灌装机。基本能满足国内市场的需求，并有少量出口。

与国外先进技术相比，我国灌装机械尚有差距，如速度方面，国产玻璃瓶灌装机最高速为40000瓶/h，国外灌装机已达120000瓶/h，易拉罐灌装机国产最高速为600件/min，国外最高已达1200件/min。其次，基础配套设备质量有差距，缺少高质量的专用备件；此外，在控制技术、可靠性和在线检测方面尚有较大差距。

2. 制袋—充填—封口包装机

我国生产这类包装机企业有近100家。立式机主要用于对颗粒体、粉体、液体、膏体和规则固体产品的包装。袋的形式有枕形袋、三边和四边封口袋等，对单膜和复合膜都有较好的适应性。计量方式有容积式、称量式、螺杆式、定时式和定数式等多种方式，计量范围为2～5000g（mL）。

20世纪80年代后期，我国从国外引进卧式枕形包装机近200台，其后在引进、吸收消化国外技术基础上，改进研制出我国卧式枕形包装机，技术起点较高。目前国内生产的卧式机大部分采用PLC或计算机控制，采用变频调速或无级调速，制袋成形器有固定式、可调式，薄膜输送方式有上输膜式、下输膜式；输送带有链条输送、滚轴输送、链板输送和刮板式输送等。目前用于方便面等包装的卧式机包装速度为150件/min，用于糖果包装的卧式枕形包装机，包装速度可达到800件/min。

我国立式袋—充填—封口机与先进国家相比尚有差距，主要表现为包装速度低，包装精度低等。国产小袋包装速度为60～200件/min，超过200件/min以上的机型很少。中袋包装速度为35～60件/min，而国外设备的包装速度，小袋为1200件/min，中袋超过200件/min。国产机包装精度大都在±2%～±3%之间，达到±1%以内的只有极个别企业产品，而国外机精度都在±1%以内。

3. 真空包装机

我国真空包装机的生产始于20世纪70年代，我国第一台真空包装机于1975年在上海研制成功。80年代开始小批量生产真空包装机。目前国内生产真空包装机械的厂家近60家，产品有单室、双室、台式、输送带式、热成型式、多工位回转真空室式、真空充气等多个品种。其中半自动产品居多，这类产品质量稳定，技术水平与国际80年代同类产品相当，能满足国内市场需求，并有部分产品出口国外。

近年来，在消化吸收国外技术的基础上，我国自行研制出有自身特色的机型：①旋转真空室式包装机，该机带有充填、抽真空两个转台，前者有6个工位，完成供袋、打印、张袋、充填和预封口等动作；后者有12个真空室，用于完成抽真空和封口，直至成品输出，生产速度可达30次/min，达到国际20世纪90年代技术水平；②热成型真空包装机，该机利用卷料完成包装容器的热成型、充填、抽真空、充气和封口，包装容器为浅盘、杯、盒，生产速度为9000件/h，可实现多列平行作业，生产效率高。近年来，又推出微机控制的双室真空包装机，可实现两次抽气和二次置换，以提高真空度和降低氧含量。

但我国真空包装机外观设计和表面处理技术欠佳，直接影响感官质量，同时由于功能不齐全、可靠性和稳定性较差等，导致我国真空包装机出口量较小，难以进入欧美市场。

4. 无菌包装机

我国无菌包装起步于20世纪70年代末，当时引进瑞典利乐包装有限公司的复合纸砖形无菌包装设备。到1995年末，国内引进瑞典利乐公司无菌包装机械已接近200台套，引进其他国家机型60多台套。

近年来，国内一些企业开始研制无菌包装机，软塑袋、屋顶形盒、塑料瓶无菌包装机相继开发成功。变频调速、人机界面工控系统、双氧水和紫外线双重灭菌技术、电磁感应缝合技术等都得到应用。与先进国家相比，我国无菌包装机具有一定的价格优势，少数机械已出口国外。但无论在技术还是品种方面尚存在较大差距。首先是产品品种少，金属罐、热成型盒、砖形盒等无菌包装等机械尚未研制成功；其次是国产无菌包装机械包装速度、可靠性及杀菌性能与国外有差距，杀菌方式单一，磁力杀菌、冷杀菌等技术在无菌包装上尚无应用。

三、包装机械的发展趋势

包装机械是特殊类型的专业机械，在发展专用包装机的同时，为满足现代包装的需要，应不断扩大其能力，积极开发各种新型包装机。目前，包装机械的发展呈现出以下趋势。

1. 高生产率与高可靠性

包装机械产品将朝着产品多功能与专用高速的两极化方向发展。

目前，包装机械把提高机器转速、提高生产率作为设计追求的重要指标。提高生产率的一个主要途径是提高转速，但提高机器转速是一个复杂问题。速度越高，单件生产成本越低，但故障率也随之提高，反会使效率降低，因此应寻求两者最优结合点。同时机器转速提高对包装材料供送以及机械其他元件的材质、可靠性、性能及寿命也要产生相关影响。除了提高转速外，提高生产率还可从其他途径解决。

（1）采用连续式工作，或多工位多头工作方式。包装机械工作方式有间歇式和连续式两类，采用连续式工作，可极大提高生产率；一台设备内也可设计多工位或多条生产线生产，生产同一产品或不同规格的系列产品，但必须提高可靠性。

（2）降低废品率、设备故障率。废品给生产造成的损失是最大的，不仅是产品损失，也有材料损失，因此要尽量减少废品损失。降低废品率及故障率，是提高生产率的有效途径。

（3）产品机械与包装机械一体化。许多产品要求生产之后即进行包装，这样也有利提高产品的生产率。两者一体化的关键是要解决好在生产率上相互匹配，这往往使包装机械成为生产的瓶颈，因此要提供生产率能匹配的两类设备。

另外，包装机械强国还十分注重提高包装机械的可靠性和稳定性，首先是制订产品可靠性标准和加工规范，并切实抓好机、电、气、液等配套基础件的加工质量。包装机械的可靠性是产品质量和产品寿命的一项重要指标，基础元件的可靠性和质量是整机可靠性和质量的重要保障。

2. 高度自动化与智能化

包装机械的自动化与智能化是提高包装质量、提高生产率的重要技术保障。近年来，机电一体化技术应用，有效提高了包装机械的技术水平。一个完整的机电一体化系统，一般包括微机、传感器、动力源、传动系统、执行机构等部分，它摒弃了常规包装机械中的繁琐和不合理部分，而将机械、微机、微电子、传感器等多种学科的先进技术融为一体，给包装机械在设计、制造和控制方面都带来了深刻的变化。

目前，大型包装机械系统都采用计算机控制，具有运行状态监测、故障自我诊断等功能，还具有安全联锁控制、过载和失控保护等功能，实现了智能化操作与管理。计算机不仅用于单机，大型包装生产线还实现了计算机群控联网，自动化和生产效率大大提高。部分机械设置维修服务的故障分析系统，即进行分析寻找故障，或通过 Inter 网进行远程诊断。

3. 一定的柔性和灵活性

随着市场竞争日益加剧，产品更新换代的周期已越来越短，因此要求包装机械具有好的柔性和灵活性，这样才能符合经济性要求。据预测，多用途、高效率、简洁化、组合化、可移动、更小型、更加柔性和灵活性将是未来包装机械发展的重要趋势之一。

为使包装机械具有好的柔性和灵活性，更要求提高自动化程度，大量采用微电脑技术、模块化技术和单元组合形式。为适应包装产品品种和包装类型的变化，包装机械设备的柔性和灵活性常表现在以下方面：

（1）量的灵活性。既能包装单个产品，也能适应不同批量产品的包装。

（2）产品的灵活性。整台设备采用单元组成，换用一个或几个单元，即可适应产品变化。

（3）包装件数量的灵活性。采用单元结合，将各单元组合在一起，生产不同数量的包装件产品。

4. 注重成套性和配套性

只重视主机生产，而不考虑配套设备完整，将使包装机械应有的功能无法发挥。因此开发配套设备，使主机的功能得到最大程度的发挥，是提高设备的市场竞争力和经济性至关重要的因素。

德国的包装机械设计，重视根据用户需求，为生产企业提供全面考虑结构性及经济性的完整系统方案，无论是高技术附加值还是较简单的设备门类，都按配套性要求提供。

5. 广泛采用先进的设计方法和技术

为适应市场不断变化的要求，努力提高设计质量，缩短设计周期，广泛采用先进的设计方法和设计技术是基础。近年来，CAD/CAE/CAM、并行设计、可靠性设计已得到普遍采用，计算机仿真设计技术也得到推广应用。

为使新产品开发速度不断加快，国外包装机械设计已采用计算机仿真技术，即将各种机器元素以数据库存入计算机，设计人员根据要求直接调用各种机器零、部件参数进行设计后，计算机即可自动合成为三维模型，输入实际生产时的数据和指标、各种可能发生的故障信息后，计算机三维模型即可依照真实工作情况进行操作，演示出能达到的生产率、废品率，反映生产线各环节是否能匹配生产，并可根据客户的意见修改设计模型。采用计算机仿真设计技术，大大缩短了包装机械的开发设计周期。

第二章 灌装机械

第一节 概 述

所谓灌装机就是将液体物料装入包装容器的机械。液体产品品种繁多、涉及的行业广泛，故液体产品的包装在包装行业中占有很大比例。

1. 灌装液料类型

灌装液体产品按其黏度可分为：

(1) 流体　依靠自身重力作用即可以按一定速度流过圆管的液体称为流体，其黏度范围规定为1～100cp（1cp＝10^{-3}Pa·s），如矿泉水、酒类、果汁、汽水、牛奶、蒸馏水、醋、酱油、口服液、针剂等。

(2) 半流体　在大于自身重力的压力作用下才能在圆管中流动的液体称为半流体，其黏度范围为100～10000cp，如番茄酱、蜂蜜、糖浆、液态蜡等。

(3) 黏滞流体　如浆糊之类的产品属于这一范畴，它不属于流体和半流体的范围，其黏度超过10000cp。

此外，根据是否溶解有二氧化碳气体可分为含气和不含气液体两类。

2. 灌装容器类型

灌装容器按照容器的强度可分为：

(1) 硬质容器　用金属、玻璃、陶瓷或塑料制成的任何可以承受6.8kg（15lb）的向下压力而不变形且加封盖后不漏液体的容器都称为硬质容器。

(2) 半硬质容器　用纸板、复合纸材和轻量塑料制成的任何加封盖后不漏液的容器称为半硬质容器。

(3) 软质容器　用纸、塑料薄膜、金属箔或是由它们的复合物制成的容器都称为软质（或非硬质）容器。如纸袋、塑料袋和铝塑复合袋。

此外，灌装容器按其材料分主要有玻璃、金属、纸质、塑料、陶瓷容器等。

当前日益增长的液体产品需要对灌装机械的速度、精度和稳定性等各方面都提出了越来越高的要求。自从美国Horix公司于1920年首次制造了用于灌装番茄酱重力灌装机以来，灌装机械工业得到持续快速发展。

第二节 灌装机械的总体结构与工作原理

不同液料采用的灌装方法、计量方法和灌装容器的运动形式不同，灌装机械的总体结构与工作原理也各异。

一、按灌装方法分类

不同的液体产品具有不同的物理和化学性质，灌装时应根据工艺要求选用适合的灌装方法。液料由贮液箱灌入包装容器常用以下几种灌装机械实现。

1．常压灌装机

常压灌装机是在大气压力下直接将液料灌入包装容器内的灌装机。这种灌装机主要依靠被灌液料的自重流动完成灌装。其工艺过程有三个步骤：①进液排气，即液料进入容器的同时将容器内的空气排出；②停止进液，即容器内的液料达到定量要求时，进液自动停止；③排除余液，即排除排气管中的残液。常压灌装机适用于低黏度不含气液料的灌装。

如图 2-1 所示为一典型的常压灌装机总体结构。其主要由贮液箱 1、灌装阀 2、供送拨轮 4、进瓶输送装置 5、升瓶机构 6、出瓶拨轮 9、传动系统以及控制系统组成。在同一水平面上有两个进出瓶拨轮 4 和 9，主轴直立安装在轴承底座上，贮液箱 1 安装在主轴最顶端，贮液箱下面分配若干个灌装阀 2，中间部分对应数量的托瓶盘与灌装阀配合，通过下部轨道实现升降运动。

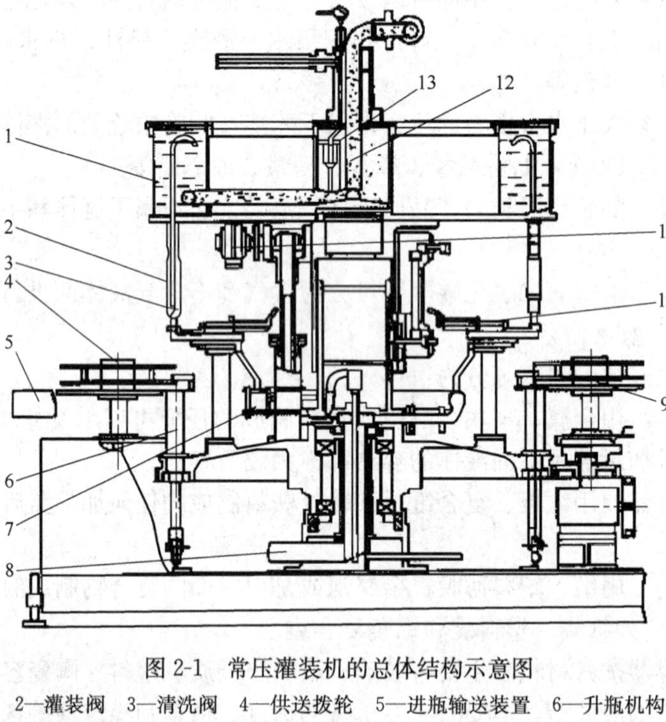

图 2-1　常压灌装机的总体结构示意图

1—贮液箱　2—灌装阀　3—清洗阀　4—供送拨轮　5—进瓶输送装置　6—升瓶机构　7—洗涤泵
8—排水管　9—出瓶拨轮　10—清洗装置　11—驱动电机　12—进液料管　13—液位控制浮球开关

其工作原理为：通过输送装置 5 送来的空瓶由供送拨轮 4 拨送到回转灌装装置的升瓶机构 6 上，瓶子在绕灌装机回转的同时逐渐被抬升，当瓶口升至与灌装阀 2 紧密接触时灌装阀打开，环形贮液箱 1 中的液料自动灌入瓶中，灌装结束后瓶子由升瓶机构 6 送到水平位置，经出瓶拨轮 9 送出到封盖工位。该灌装机工作结束后可进行自动清洗，清洗液由管 12 进入贮液箱 1 中，再经清洗阀 3 和泵 7、排水管 8 排出机外。

2．等压灌装机

灌装时，先利用贮液箱上部气室的压缩空气对包装容器内充气，使两者的气压相等后，在高于大气压的条件下，依靠自重将被灌液料装入包装容器内。其工艺过程分四步，即充气等压、进液回气、停止进液、释放压力。等压灌装的高压环境能有效地保持产品中所含二氧化碳气体的含量，并防止灌装过程中过量起泡而影响产品的定量精度与质量。适用于汽水、啤酒等含气饮料的灌装。

如图 2-2 所示为一等压灌装机的总体结构。该机主要由环形贮液室 2、拨瓶星轮 5、供送螺杆 6、中心进液管 9、进气管 10、灌装阀 18 等组成。

该机的工作原理为：经预处理的瓶子由供送螺杆 6 和进瓶拨瓶星轮 5 送到托瓶台上，瓶子上升后瓶口与灌装阀紧密接触，进行等压灌装，灌装结束后，由出瓶拨瓶星轮将瓶子送到压盖机上。

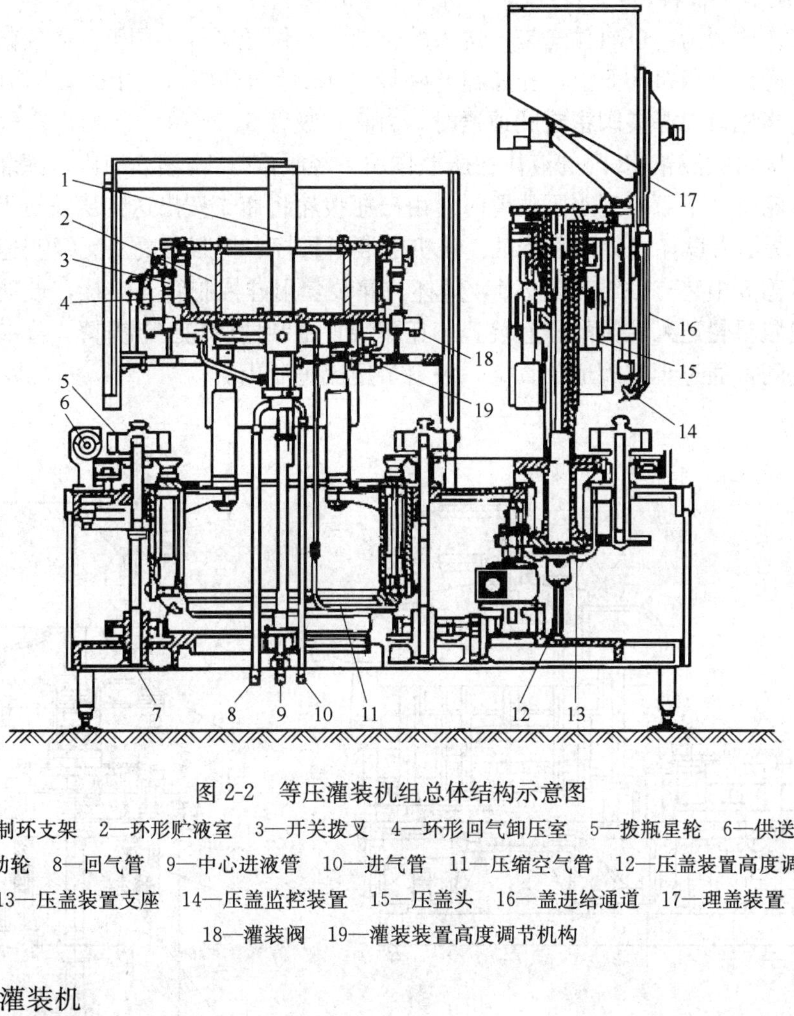

图 2-2　等压灌装机组总体结构示意图

1—控制环支架　2—环形贮液室　3—开关拨叉　4—环形回气卸压室　5—拨瓶星轮　6—供送螺杆　7—驱动轮　8—回气管　9—中心进液管　10—进气管　11—压缩空气管　12—压盖装置高度调节杆　13—压盖装置支座　14—压盖监控装置　15—压盖头　16—盖进给通道　17—理盖装置　18—灌装阀　19—灌装装置高度调节机构

3. 负压灌装机

真空灌装是在低于大气压力的条件下进行灌装，可有两种方法：一种是差压负压式，即让贮液箱内处于常压，只对包装容器抽气使之形成负压，液料依靠贮液箱与待灌容器间的压差作用产生流动而完成灌装；另一种是重力压差式，即让贮液箱内处于负压状态，先对包装容器抽气使之也形成负压，随后液料依靠自重流进包装容器内。相比较而言，差压负压式结构简单、工作可靠，目前国内常采用该种灌装方式，较少采用重力压差式。

压差法灌装的主要工艺过程依次为容器抽真空、进液排气、停止进液、余液回流。压差法能提高灌装速度，且能减少液料与容器内残存空气的接触，故有利于延长产品的保存期，亦能限制毒性气体和液体的逸散，改善操作条件，故适用于灌装黏度稍大一些的液料、含维生素的液料以及有毒的液料，如油类、糖浆、蔬菜汁、果汁、农药、化工试剂等的灌装，但不宜灌装含有挥发性气体成分的酒类和香水等。

图 2-3 所示为双缸负压灌装机的总体结构。该机托瓶盘装在下转盘 15 上，它的升降由托瓶盘升降导轮 12 来驱动。用液位控制装置 14 控制贮液箱中的液位。灌装阀 4 固定在上转盘 19 上，高度调节装置 13 可调节上转盘的高度，以适应不同瓶高的要求。调速手轮 9 用于无级调节主轴转速，使之适应主机生产率的要求。

该机工作原理为：进瓶输送带 8 送入的空瓶，经供送螺杆 7 调整为需要的间距；再由进瓶拨轮 6 送到升瓶机构 5 上，托瓶盘升降导轮 12 带动升瓶机构上升，同时，瓶子绕灌装机回转；当瓶口与灌装阀密封圈顶紧时，由真空吸管 3、气缸 1 将瓶内空气抽走，形成一定的真空度。贮液箱 18 内的液体在压差作用下经吸液管 17 灌入瓶内。灌装结束后，瓶子在凸轮导轮带动下下降到水平位置时，由出瓶拨轮将瓶子拨出送到压盖机上。

图 2-4 所示为量杯式负压灌装机。该机由液料量杯、托瓶装置及无级变速装置三部分组成。贮料箱 3 中装有一组计量杯 1，量杯与灌装套用硅橡胶管 4 连接，玻璃瓶由螺杆式输瓶器经拨瓶星轮送入转盘的托瓶装置，托瓶装置由圆柱凸轮控制升降，灌装头套住瓶肩形成密封空间，通过真空管道抽真空，液料负压流进瓶内。

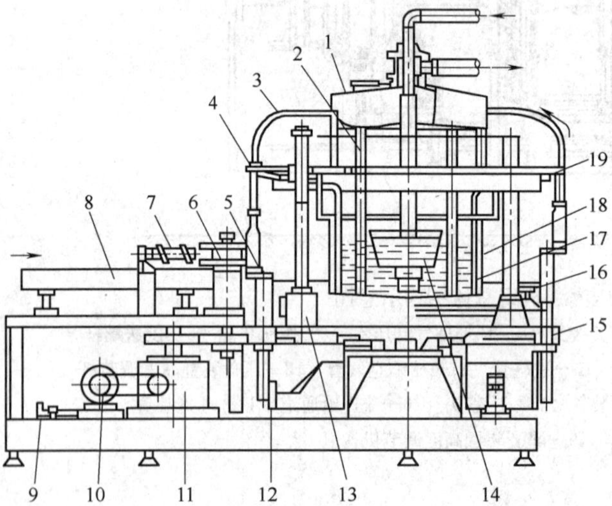

图 2-3　负压灌装机总体结构示意图

1—气缸　2—真空指示管　3—真空吸管　4—灌装阀　5—升瓶机构　6—进瓶拨轮　7—供送螺杆　8—进瓶输送带　9—调速手轮　10—工作主电机　11—蜗轮减速箱　12—托瓶盘升降导轮　13—贮液箱高度调节装置　14—液位控制装置　15—下转盘　16—放气阀　17—吸液管　18—贮液箱　19—上转盘

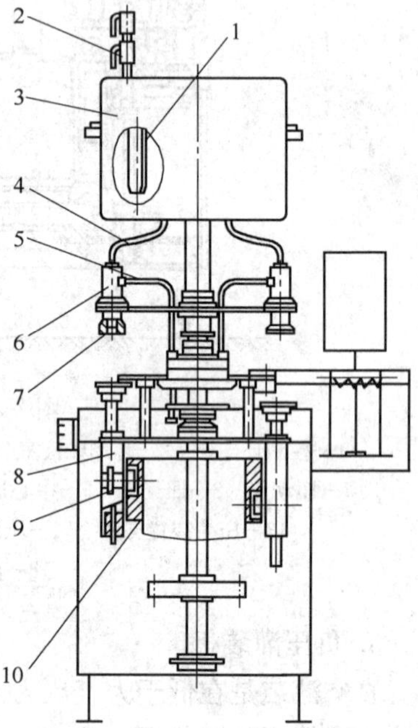

图 2-4　量杯式负压灌装机

1—计量杯　2—进液调节阀　3—贮料箱　4—硅橡胶管　5—真空吸管　6—瓶肩定位套　7—橡胶喇叭口　8—瓶托　9—滚子　10—升降凸轮

4. 压力灌装机

压力灌装机是借助机械压力或气液压将液料由贮料箱吸入活塞缸后，强制压入包装容器内的灌装机。这种灌装机主要用于高黏度液料，如牙膏、香脂、果酱等的灌装。有时也可用于含气类软饮料的灌装，可以靠含气饮料本身的气压直接灌入未经预先充气的瓶内，灌装时的泡沫经排气阀放出。压力法提高了含气饮料的灌装速度，但是灌装过程中二氧化碳气体有所损失，故对灌装质量有一定的影响。

图 2-5 所示为一活塞式压力灌装机主要结构示意图，由贮液箱 1、灌装活门、活塞 5、托瓶板 6、灌装托架 7、凸轮等组成。贮液箱 1 由不锈钢制成，箱底与箱座焊接成一体，箱底部与轴刚性连接。活塞装在箱底部，活塞柄的下端装有滚轮，滚轮沿环形轨道运转控制活塞往复运动。环形轨道装有升降机构，以调节活塞行程。灌装阀安装在贮液箱外侧，与活塞计量室相通。

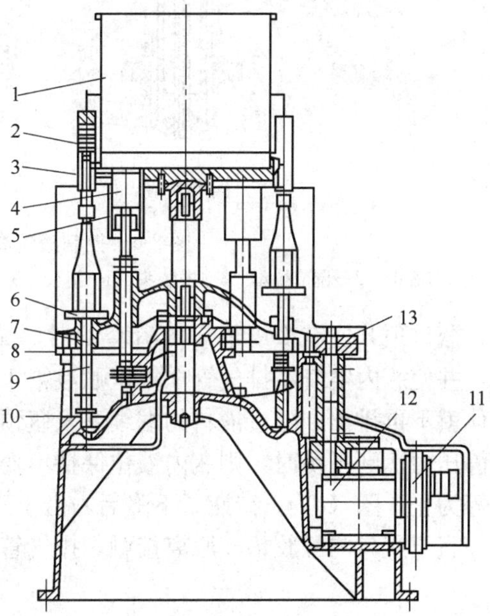

图 2-5　活塞式压力灌装结构示意图

1—贮液箱　2—弹簧　3—灌装阀　4—计量室　5—活塞　6—托瓶板　7—灌装托架　8—凸轮　9—弹簧　10—凸轮　11—减速器　12—电机　13—齿轮

该机工作原理为：电机 12 经齿轮 13 等传动元件，带动灌装台和贮液箱 1，进而带动灌装阀 3 转动。托瓶板 6 在凸轮 10 的带动下升降，使灌装头接上或离开瓶口。活塞杆在凸轮 8 的作用下上下往复，将缸内的液体物料经灌装阀灌入瓶内，完成计量工作。贮液箱回转一个周期，完成一次灌装。

5. 虹吸灌装机

虹吸灌装机是利用虹吸原理使液料经虹吸管由贮液箱吸出灌入包装容器内的机械。液料由贮液箱经虹吸管流进包装容器内，直至容器内液面与贮液箱内液面相平为止。此法应用最早，原理比较简单，适合灌装低黏度不含气的液料，灌装机结构简单，但灌装速度较低，目前已很少使用。

二、按定量方法分类

准确的定量灌装直接涉及生产厂家及消费者的经济利益，同时也影响产品在消费者心中的信誉，对于贵重产品灌装，定量的精确度则有更重要的意义。目前液料定量主要有容积式和称重式两种定量方法，其中容积式定量法最为常用。容积式定量法主要有液位高度控制定量法、定容杯定量法和定量泵定量法等。

1. 液位高度控制定量法灌装机

这种方法是通过控制被灌容器中液位的高度以达到定量灌装的目的。该法设备结构比较简单，使用方便，不需要辅助设备。由于容器的容积精度直接影响灌装量的精度，故对于定量准确度要求高的产品不宜采用。

图 2-6 所示为一典型液位高度控制定量法的灌装装置原理图。开始灌装时，瓶子上

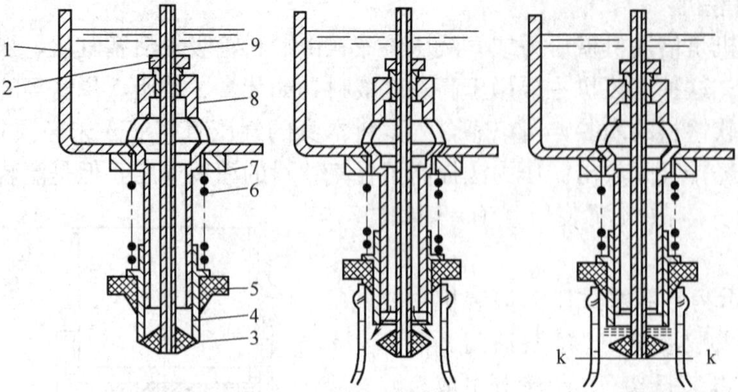

(a) 灌装前　(b) 灌装中　(c) 灌装后

图 2-6　控制液位高度定量法灌装原理图

1—贮液箱　2—调节螺母　3—灌装头　4—滑套　5—橡皮垫　6—弹簧　7—紧固螺母　8—支架　9—排气管

升，瓶口顶开嵌有橡皮垫 5 的滑套 4 后，灌装头 3 与滑套之间出现间隙，液料遂流入瓶内，并使瓶内空气经排气管 9 排至贮液箱 1［图（b）］；当液面达到管口（k-k 截面）时，气体就不再排出。随着液料的继续灌入瓶颈部分的残留气体被压缩，当其与管口内截面上的静压力达到平衡时，则瓶内液位保持不变，而液料可沿排气管一直升到与贮液箱的液位相等为止［图（c）］。待瓶子下降后，由于压缩弹簧 6 的作用使灌装头 3 与滑套 4 重新封闭，直至瓶口与橡胶垫 5 脱离接触，排气管内的液料也随之滴入瓶内，从而完成一次定量灌装。若要改变灌装量，则只需借螺母 2 调节改变排气管嘴进入瓶中的位置即可实现。

2. 定容杯定量法灌装机

定容杯定量法是先将液料注入定容杯中进行定量，然后将计量好的液料注入待灌容器中，因此，若不考虑滴液等损失，每次灌装的容积等于定容杯的容积。

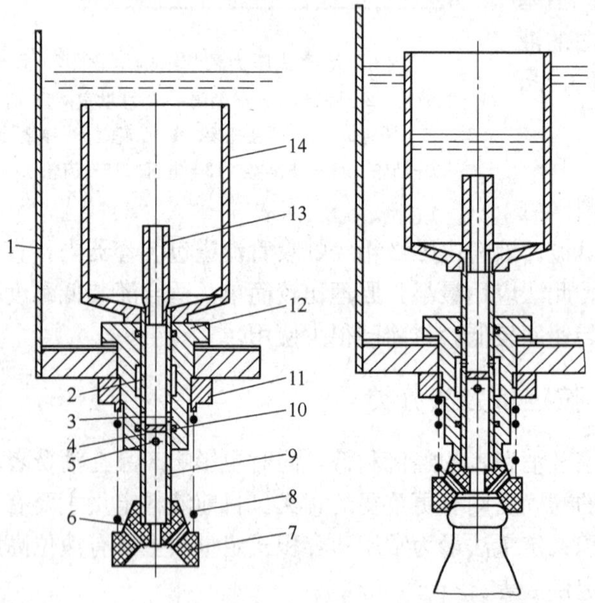

(a) 灌装前　(b) 灌装时

图 2-7　定容杯定量法灌装结构图

1—贮液箱　2—中间槽　3—上孔　4—隔板　5—下孔　6—透气孔　7—灌装头　8—弹簧　9—进液管　10—密封圈　11—紧固螺母　12—阀体　13—定容调节管　14—定容杯

图 2-7 所示为典型定容杯定量法灌装装置的结构图。其工作原理为：开始时，定容杯 14 由于弹簧 8 的作用而下降，并浸入贮液箱的液体中，则箱内的液体沿着其周边流入并充满定容杯，完成定容过程。其后，灌装瓶由瓶托抬起，瓶嘴将灌装头 7 的喇叭入口连同进液管 9、定容杯 14 一起抬起，并使进液管中间隔板上、下孔均与阀体 12 的中间槽相通，这样定容杯中液体由

调节管 13 流下，经中间隔板上的孔流至阀体 12 的中间槽，经进液管下端流进待灌瓶中，瓶内空气则由灌装头上的透气孔 6 逸出，当定容杯中流体下降至调节管 13 的上端面时，定量灌装完成。定容杯中容量可由调节管 13 在定容杯中的高度来调节，也可更换定容杯。

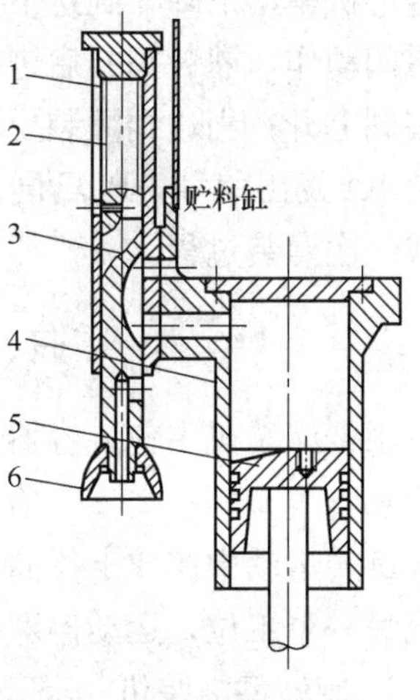

图 2-8　定量泵定量法原理图
1—阀体　2—弹簧　3—滑阀　4—活塞缸　5—活塞　6—喇叭头

3. 定量泵定量灌装机

该定量方法一般由动力控制活塞往复运动，将物料从贮料缸吸入活塞缸，然后再压入灌装容器中。灌装物料的容积依靠活塞往复运动的行程来控制。

图 2-8 为活塞缸定量灌装原理图。工作原理是：活塞 5 由凸轮控制作上下往复运动，当活塞向下运动时，物料在重力及气压差作用下，由贮料缸底部的孔经滑阀 3 的通道槽流入活塞缸 4 内。当待灌容器由托架抬起并顶紧喇叭头 6 和滑阀 3 时，弹簧 2 受压缩使带通道槽的滑阀上升，则贮料缸与活塞缸隔断，滑阀上的下料孔与活塞缸接通，与此同时，活塞正好在凸轮作用下向上运动，物料即从活塞缸压入待灌容器内，当已灌物料的容器连同瓶托一起下降时，弹簧 2 迫使滑阀 3 也向下运动，滑阀上的通道槽又将贮料缸与活塞缸沟通，以进行下一次灌装循环。若在某一个托架上无待灌容器时，尽管活塞到达某一位置仍然在凸轮作用下要向上运动，但由于滑阀没有向上移动，故活塞缸内液料仍被压回贮料缸，不影响正常操作。对于这种定量方法，若要改变其灌装量，只需调节活塞的行程来完成。

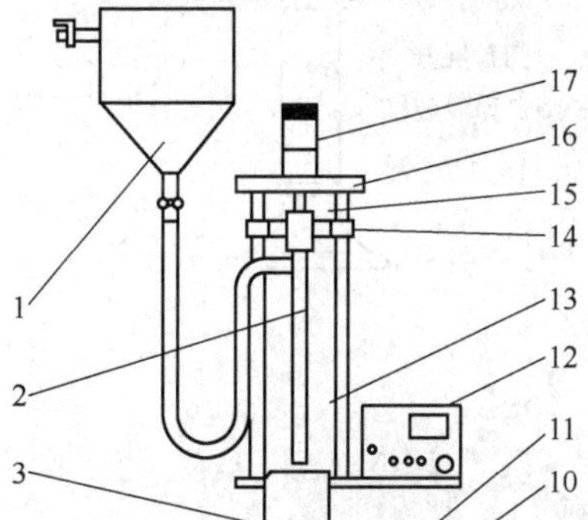

图 2-9　称重式灌装机结构简图
1—贮液箱　2—灌装阀　3—容器　4—出口滚筒输送机　5—电机 1　6—电子秤　7—电机 2　8—进口滚筒输送机　9—光电开关 K1　10—秤体电动滚筒　11—光电开关 K2　12—电气箱　13—下限位行程开关 K3　14—灌装阀升降座　15—上限位行程开关 K4　16—机架　17—步进电机

总体上，液位高度控制定量法与定容杯、定量泵定量法相比，前者是“以容器定量”，包装容器的精度对灌装精度的影响较大，而后两者的容积一定，故定容杯和定量泵较之液位高度控制定量法有较高的定量精度。若从机械结构看，前者最为简单，所以其实际应用也很广泛。定量方法的正确选择，除应考虑产品所需要的定量精度外，还应考虑到液料的物性，因此，灌装机械的选择也应该综合考虑。

4. 称重式定量法灌装机

图 2-9 所示为一称重式灌装机结构简图，主要由贮液箱、灌装机构、称重系统、容器输送机及电气控制系统等组成。

该灌装机由 PLC 控制。当容器送进时，电机 1、电机 2、秤体电动滚筒同时运转，光电传感器 K1 检测到经过一个容器发出的信号控制电机 1 停止；光电传感器 K2 检测到容器到达灌装位置时，发出信号，由 PLC 控制秤体电动滚筒停止，自动称取容器质量，灌装阀由步进电机驱动下降，到达下限 K3 发出信号，PLC 控制灌装阀全开位，当到达设定值时，电磁阀动作，灌装阀开启进行灌装，灌装的同时步进电机按预先设定的速度通过丝杠驱动灌装阀上升；当达到灌装要求时，灌装停止并使灌装阀关闭，灌装阀到达上限位时，行程开关 K4 发出信号，PLC 同时控制电机 1、电机 2 及秤体电动滚筒同时运转，成品输出，完成一次灌装过程。

三、按灌装容器的主要运动形式分类

根据灌装机中包装容器从一个工位运动至另一个工位灌装容器的运动形式，可分为旋转型和直线型两种类型。前者包装容器在灌装时绕灌装盘轴作连续的等速旋转运动，并在连续旋转运动中完成定量灌装，故灌装速度较高，后者包装容器沿直线由一个工位间歇运动至另一个工位，运动停歇时完成灌装。

1. 旋转型灌装机

包装瓶由输送系统或人工送入灌装机进瓶机构，由灌装机转盘带动绕主立轴旋转运动进行连续灌装，转动近一周时瓶子已灌满，然后由转盘送入压盖机进行压盖。这种灌装机在食品、饮料行业应用最广泛，如果汁、啤酒、牛奶的灌装。

图 2-10（a）、（b）为旋转型灌装机示意图［其中图（b）为旋转圆盘的展开图］，图

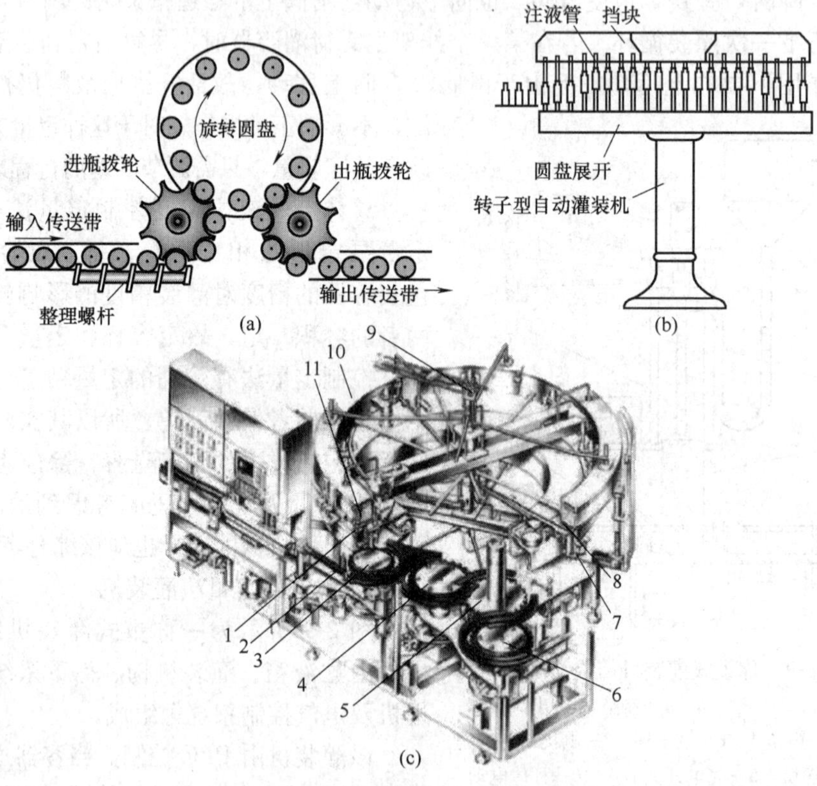

图 2-10 旋转型灌装机示意图

1—定中罩 2—输入分瓶蜗杆 3—进瓶拨轮 4—中间拨轮 5—压盖拨轮 6—出瓶拨轮 7—升降机构 8—真空通道 9—旋转分配器 10—环形液缸 11—灌装阀

2-10（c）为旋转型灌装机三维结构示意图。其结构主要由流体输送（即供料系统）、容器输送（即供瓶系统）、灌装阀、大转盘、传动系统、机体、自控等部分所组成，其中灌装阀是保证灌装机正常工作的关键。其工作原理是：由输入传送带将洗瓶机送来的待灌瓶经整理供送螺杆分隔成一定的间距，再经进瓶拨轮送入升瓶机构的托瓶台上。升瓶机构随转盘同步旋转，并在升瓶凸轮的作用下作升降运动，这种是机械式升瓶机构，多见于不含气液料的灌装机，而在含气饮料灌装机上多采用气动—机械组合式升瓶机构，它利用压缩空气完成升瓶运动，升瓶速度和降瓶运动仍然是依靠固定凸轮实现的。灌装阀跟随贮液箱一起旋转，并按灌装工艺过程作开闭运动。为了适应不同瓶高的瓶子在同一台灌装机上的灌装要求，一般连接贮液箱与下转盘的主轴应设置可调节的结构，以便能改变贮液箱相对于下转盘的高度。完成灌装的瓶子经出瓶拨轮拨出并送至封口装置完成封盖。

图 2-11 所示为德国克朗斯旋转型灌装机灌装过程图。

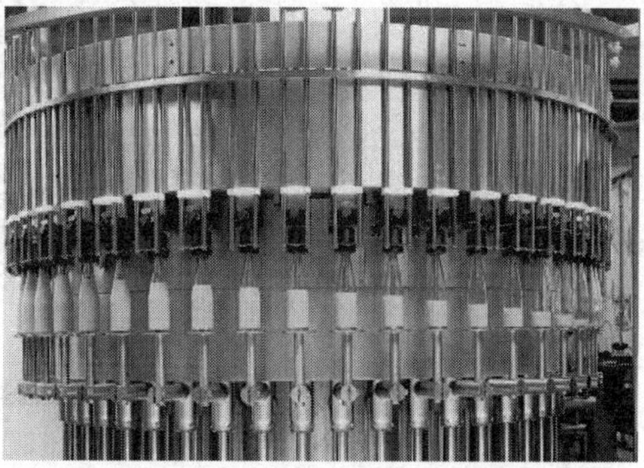

图 2-11　克朗斯旋转型灌装机灌装过程图

2. 直线型灌装机

图 2-12 为一典型直线型灌装机示意图。瓶子由传送带 6 进行直线间歇输送，传送带停止时段内，在挡板 5 的协助下进行灌装，每次可同时灌装的瓶数等于机器灌装阀的头数。该机结构简单，制造方便，成本低廉。但由于生产不连续，占地面积大，生产能力的提高也受到一定限制，因此，一般只用于部分无气液料类的灌装，局限性较大。

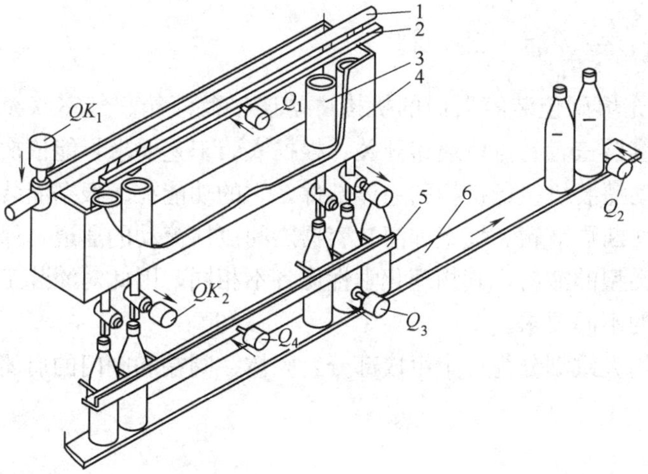

图 2-12　直线型灌装机示意图

1—进液管　2—推板　3—计量筒　4—贮液箱　5—挡板　6—传送带

图 2-13 为国产 RGY2T-1G 型直线式灌装机外形图，该机具有两个同步灌装头，灌装物料快速精确，广泛适用于日化、油脂等各行业，可对不同高黏度流体进行灌装。机器设计紧凑合理、外形简洁美观，灌装量调节方便。

技术参数如下：

灌装速度：30～60 瓶/min

灌装精度：≤±1%

电源：220/110V　50/60Hz

气压：0.4～0.6MPa

功率：300W

可选机型：5～60mL　10～125mL　25～250mL　50～500mL　100～1000mL　250～2500mL　500～5000mL

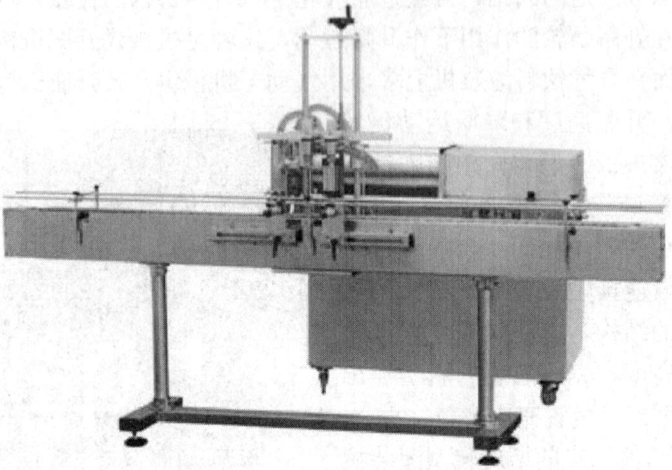

图 2-13　国产 RGY2T-1G 型直线式灌装机外形图

第三节　灌装机械典型部件

一、灌　装　阀

灌装阀是将贮液箱中的液料充填到包装容器内的机构，是连接贮液箱、气室（充气室、排气室、真空室等）和灌装容器三者的流体通路开关，根据灌装工艺要求，能依次对有关通路进行切换。灌装阀是自动灌装机执行机构的主体部件，它的功能在于根据灌装工艺要求，以所要求的速度接通或切断贮液箱、气室和灌装容器之间流体流动的通道，保证灌装工艺过程的顺利进行。不同类型的液料，其物理化学性质各不相同，因此对灌装工艺要求存在差异，形成了对灌装阀的不同要求。

为便于介绍，现将灌装阀结构大致划分为三个组成部分：阀体、阀端和阀门的启闭与密封结构。

（一）阀体

为实现阀门的启闭，阀体中每一个阀门都由不动部分（如阀座）与可动部分（如阀芯、旋塞、阀盖等）组成。根据阀门启闭形式，大体上可将阀体归纳为单移阀、旋转阀、多移阀三种类型，下面介绍其组成与工作原理。

1. 单移阀

单移阀阀体中含有一个可动构件，启闭时它相对于不动构件只作一次往复的轴向移动。根据可动构件开闭流体通路的方式又可分为端面式和柱面式两种。

（1）端面式　它是利用阀件（移动块）的端面来启闭流体通路的阀。图 2-14 为端面式单移阀结构原理图，适用于马口铁罐和广口玻璃瓶等容器的灌装。由图可见，阀座用螺母固定在贮液箱的底平面上，阀碟 1 与阀座螺纹连接，灌装过程固定不动。压簧 6 安装在滑套 7 的上端面上，为橡胶垫圈 2 与阀碟之间的密封提供适当的压力。当待灌空瓶被托瓶台托起瓶口顶住橡胶垫圈并使其上升一段距离后，流体通路（阀芯 4 和阀碟 1 之间）被打开，液料由自重流入待灌容器进行灌装。灌装完毕后托瓶台下降，弹簧 5、6 的力使阀芯复位，阀芯和阀碟锥面间的通道闭合，切断通路即完成灌装。

（2）柱面式　柱面式单移阀是利用轴向移动阀件在圆柱面上的孔道与不动部分（阀座）的孔道接通与否来开闭流体通路的。因柱面式移动阀容易磨损而产生泄漏，故通常不用于在灌装低黏度液料。

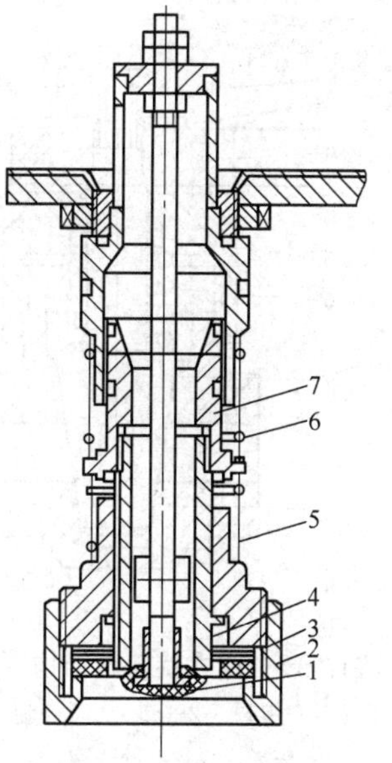

图 2-14　端面式单移阀结构原理图

1—阀碟　2—橡胶垫圈　3—垫片　4—阀芯　5、6—弹簧　7—滑套

图 2-15 为一种柱面式单移阀的结构原理图，它是利用往复式圆柱形阀芯和阀体，其上适当位置开径向孔来达到灌装阀的启闭要求。用螺纹调节高度的定量杯连接在阀芯 2 的上面，压盖 4 下无灌装容器，定量杯浸没在贮液箱中，阀芯 2 处于起始位置时，抽气孔 7 和液体流入小孔 8 与罐体均不相通；当压盖 4 下面有灌装容器时，定量杯随同阀芯上升，同时小孔 6 对准抽气口，罐内气体被排除；当阀芯继续上升，定量杯 1 则高出液面，小孔 6 离开抽气孔，与真空系统切断；同时孔 6 和孔 8 接通，定量杯 1 中的液料流入罐体内。灌装结束时，阀芯 2 在弹簧 3 的作用下向下移动恢复到原位，准备进行下一个工作循环。

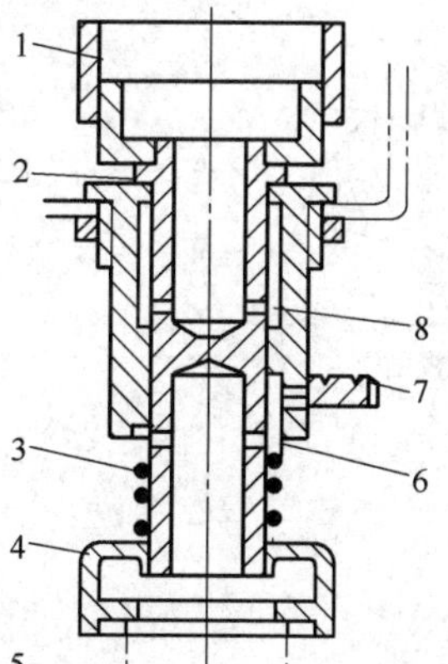

图 2-15　柱面式单移阀结构原理图

1—定量杯　2—阀芯　3—弹簧　4—压盖　5—容器　6—下孔口　7—抽气孔　8—上孔口

2. 旋转阀

阀体中的可动部分相对于不动部分在开闭阀时作往复一次或多次的旋转摆动，在摆动的两极限位置，由可动部分上的孔眼是否对准不动部分上的孔眼来完成流体通路的开闭，根据相对转动面是沿圆柱面（或圆锥面）还是沿平面进行，又可以分成下述两种形式：

（1）圆柱（或圆锥）式　此种阀可动部分——旋塞的圆柱（或圆锥）面上开有一定夹角的孔眼，它们分别与不动部分——阀座的孔眼相对应。图 2-16 为一种简单的旋塞阀，只要控制旋柄 3 摆动到一定的角度，就能通过旋塞 7 开闭阀座 8 上的流体通路。显然，旋塞在阀座中的来回转动容易磨损而产生漏液，因此，一般做成锥塞形式，并用弹簧 6 压紧，以便补偿，但弹簧力也不能过紧，否则控制旋柄转动的阻力太大，更易磨损。

图 2-17 是牙膏灌装机中圆柱式旋转阀结构示意图。工作原理是：活塞筒 2 的摆动由凸轮 4 控制的齿条齿轮机构 3 驱动来实现。活塞筒上开有呈一定夹角的 A、B 两个圆孔。当孔 A 顺时针摆转到与料槽 1 相通时，下料管 6 与 B 孔隔断，活塞 11 在凸轮导杆机构 10 的作用下后退，将牙膏引入活塞筒内。接着，活塞筒逆时针摆回，将

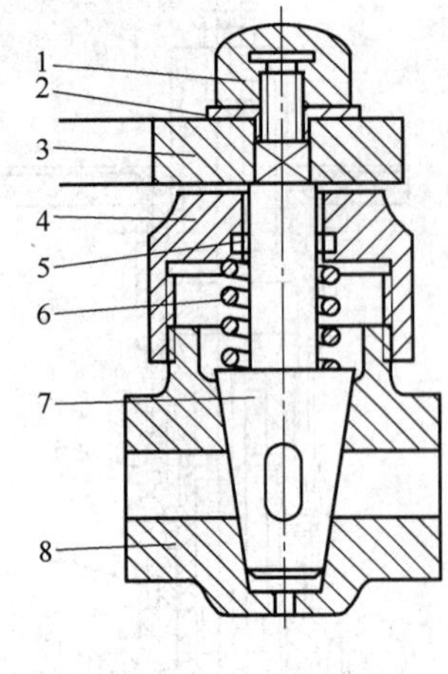

图 2-16　锥式旋转阀结构原理图

1—螺母　2—垫片　3—旋柄　4—压盖　5—密封垫圈　6—弹簧　7—旋塞　8—阀座

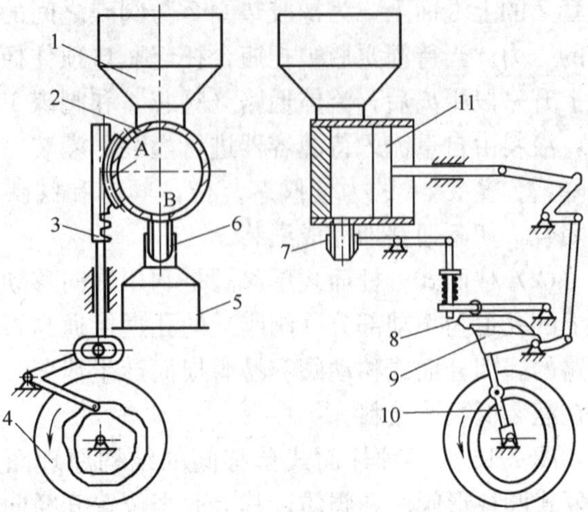

图 2-17　圆柱式旋转阀结构示意图

1—料槽　2—活塞筒　3—齿条齿轮机构　4—凸轮　5—牙膏管　6—下料管　7—套圈　8—杠杆　9—摇杆　10—凸轮导杆机构　11—活塞

料槽的底口与 A 孔隔断，下料管 6 与 B 孔相通。其时，活塞向前推进，将牙膏转压入牙膏管 5 内。倘若牙膏管出现空缺，则因未顶起下料管的套圈 7，从而不能迫使杠杆 8 与摇杆 9 互相钩合，以致杠杆及其所连接的活塞均暂时处于停歇状态，牙膏也就不会外流。

(2) 圆盘式　此种阀在其可动部件（阀盖）的端平面上开有一定夹角的孔眼，它们分别与不动部件阀座的孔眼相对应。图 2-18 所示为等压灌装机所用的一种圆盘式旋转阀结

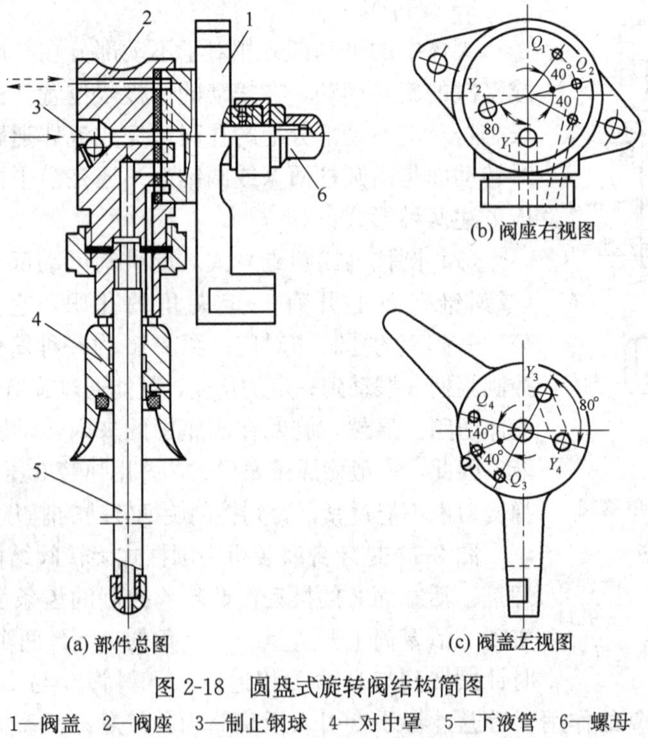

(a) 部件总图　(c) 阀盖左视图

图 2-18　圆盘式旋转阀结构简图

1—阀盖　2—阀座　3—制止钢球　4—对中罩　5—下液管　6—螺母

构简图。

工作原理是：阀座 2 用螺钉固定在贮液箱的大转盘上，内部有两个气体孔道 Q_1、Q_2，还有两个液体孔道 Y_1、Y_2，孔道 Q_1 与贮液箱中的气室相通，孔道 Q_2 与灌装瓶相通，但它们彼此之间并不相通。孔道 Y_1 与贮液箱中液室相通，孔道 Y_2 与灌装瓶相通，它们彼此也不相通。阀盖 1 套在固定于阀座中的短轴上，阀盖上开有彼此相通的气体孔道 Q_3、Q_4、Q_5 和液体通道 Y_3、Y_4。当灌装阀连同支承转盘一起回转时，阀盖 1 上的两只拨爪［如图（c）示］由装在外边支架上的若干个气缸或挡块（图中未示）进行控制和拨动，从而按照工艺要求使阀盖 1 与阀座 2 处在不同的相对位置，实现灌装全过程，如图 2-19 所示。

第Ⅰ工作位置（充气等压）：阀盖由原始位置沿逆时针方向转过 40°，使阀盖上孔道 Q_3、Q_4 分别与阀座上孔道 Q_1、Q_2 相对合。此时贮液箱内的气体由阀座上孔道 Q_1 经阀盖上孔道 Q_3、Q_4，及阀座上孔道 Q_2，流进待灌瓶中，以完成充气等压过程。

第Ⅱ工作位置（进液回气）：阀盖沿逆时针方向再转过 40°。所处的位置是孔道 Q_4、Q_5 分别与阀座上孔道 Q_1，Q_2 相对合，同时阀盖上孔道 Y_3、Y_4 分别与阀座上孔道 Y_1、Y_2 相对合。于是贮液箱中液料依靠液位差由阀座上孔道 Y_1 经阀盖上孔道 Y_3、Y_4 及阀座上孔道 Y_2，流进待灌瓶中。而瓶内存气则由阀座上孔道 Q_2，经阀盖上孔道 Q_3、Q_4 及阀座上孔道 Q_1 返回到贮液箱的气室内，以完成进液回气过程。

第Ⅲ工作位置（气、液全闭）：阀盖沿顺时针方向转过 80°。这样阀盖上只有孔道 Q_3、Y_4 分别与阀座上孔道 Q_2、Y_1 相对合，实际上不能沟通贮液箱与待灌瓶间的气、液通道而停止进液。而且由于长拨爪恰好处于中垂位置，也为下一次反向拨动做准备。

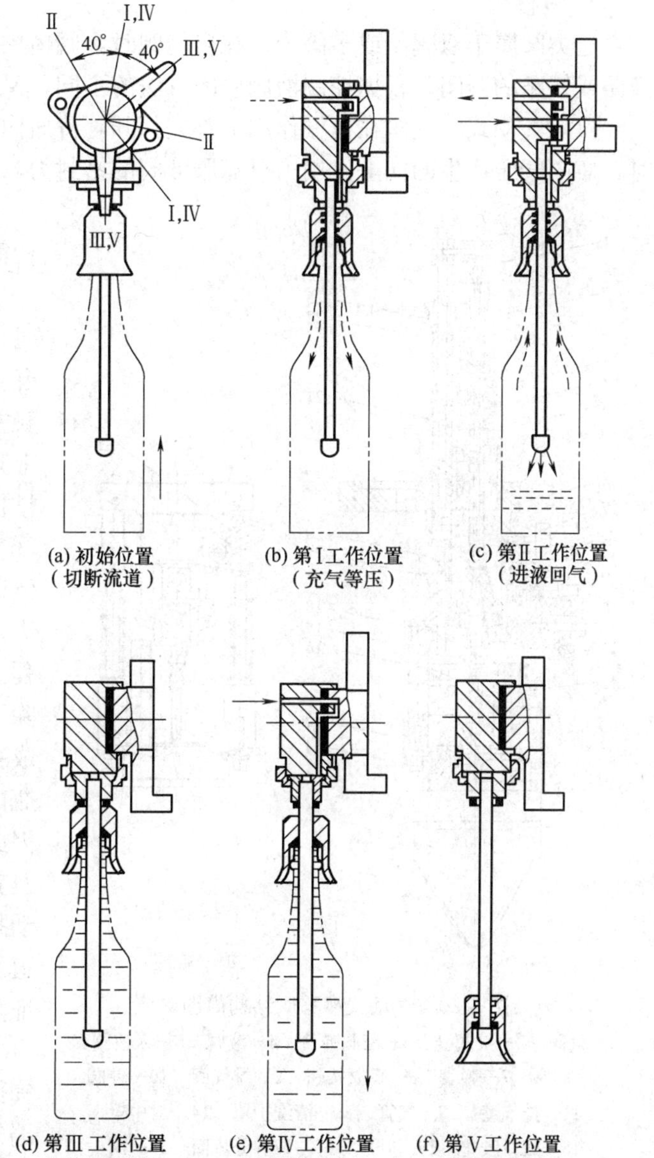

(a) 初始位置（切断流道） (b) 第Ⅰ工作位置（充气等压） (c) 第Ⅱ工作位置（进液回气）

(d) 第Ⅲ工作位置（停止进液） (e) 第Ⅳ工作位置（排除余液） (f) 第Ⅴ工作位置（恢复原位）

图 2-19 圆盘式旋转阀灌装工艺过程

第Ⅳ工作位置（排除余液）：阀盖重新沿逆时针方向转过 40°，又回到第Ⅰ工作位置，气道中的余液由于自重流入待灌瓶中，从而完成排除余液过程，以免影响下一灌装循环的正常进行。

第Ⅴ工作位置（气、液全闭）：此时阀盖再沿顺时针方向转过 40°，又回到第Ⅲ工作位置，即开始时的原始位置，从而完成一个灌装工艺循环。

由于这种灌装阀整个阀件开有较多的孔道，制造和孔道清洗不便。同时，由于该阀完全是由按确定工位配置的气缸或拨块依次进行拨动的，故难以自动协调充气、灌液等灌装工艺过程实际所需的时间。相对而言，因为圆柱式旋转阀存在磨损漏液等难题，为减少液料损失和污染环境，不论是圆柱式或圆锥式旋转阀，多适用于黏度较高液料的灌装。

3. 多移阀

这类阀属于双阀型或多阀型。在启闭阀时，阀体中有几件可动部分作直线移动以完成液路或气路的开闭。根据控制液阀启闭方法的不同，又可分为气动式和机械式两种。

（1）气动式　气阀在机械作用下首先打开，待瓶内充气达到与贮液箱内气相空间等压时，瓶内气压产生的向上作用力可克服液阀的密封力，于是液阀将自动打开。

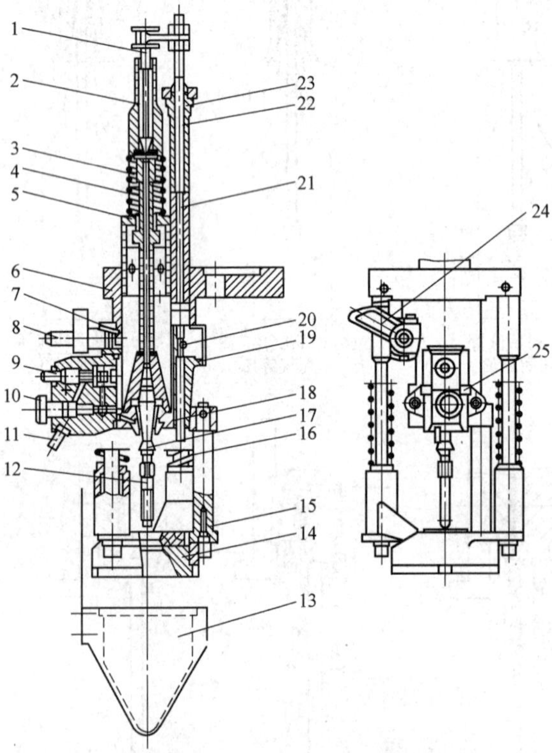

图 2-20　气动式多移阀结构简图

1—气阀　2—气阀套　3—液阀弹簧　4—液阀　5—入液阀套　6—阀座　7—弹簧　8—关阀按钮　9—排气阀　10—针阀　11—排气嘴　12—气管　13—清洗护罩　14—对中罩　15—瓶口胶垫　16—升瓶导杆　17—分流圈　18—阀底胶垫　19—下推杆　20—跳珠　21—气阀弹簧　22—上推杆　23—推杆套　24—拨爪　25—凸销

图 2-20 所示为气动式多移阀的结构简图，其工作过程如下：

当待灌空瓶由托瓶台顶起上升时，瓶口对准对中罩 14，接着继续上升直至瓶口胶垫 15 与阀底胶垫 18 接触并得以密封，然后顶起对中罩继续上升，对中罩顶面侧边的凸台顶起下推杆 19，通过跳珠 20 与上推杆 22 打开气阀 1，贮液箱上气室内的压缩气体则经液阀 4 中心的孔道与回气管 12 进入待灌瓶内，从而完成充气等压过程。第二过程（进液回气）：由于解除了气阀 1 对气阀套 2（它同液阀连成一体）的向下压力，同时又增加了瓶内气压对液阀 4 下端向上的压力，因此，液阀弹簧 3 能克服液阀的自重及其上部所受的液体压力，将液门自动打开，液料则经气管外部的环隙弯道及分流圈 17 沿着瓶子内壁流下，保证液流稳定，从而减轻起泡现象。

随着瓶内液料的逐渐上升，瓶内气体则从回气管的中心孔经过液阀上端气门返回贮液缸的气室内。为了防止弹簧 3 伸张时将气门阻塞，影响进液时回气，在液阀 4 中部有一凸台，当碰及入液阀套 5 的上孔口时，液阀则不能继续上升。

灌装过程中，若发生无瓶或灌瓶时爆瓶，对中罩因无瓶子上升的压力而自动下降，解除了对顶杆和推杆的压力，此时弹簧 21 压下推杆，气阀、液阀关闭，不致漏失液料。另外，对于瓶上有孔洞的破瓶，虽然推杆并不下降，但由于瓶内始终充气不足，液门无法自动打开，也不致出现漏液现象。

灌液结束之后，利用另一个固定控制凸轮打开排气阀 9，使瓶颈部分残留的压缩气体从排气嘴 11 放出，以完成排气卸压过程。排气速度可借针阀 10 适当调节。最后托瓶台和瓶子一起下降，让气管中心孔道内残存的余液全部滴入瓶内。当下推杆降至下限位置时，由于固定控制凸轮已解除了对关阀按钮 8 的压力，则跳珠在弹簧的作用下自动向左移位。到此，整个灌装阀重新恢复到初始状态。

该阀灌装过程通过更换不同长度的回气管可调整瓶内液料的定量高度。

以上这种气动式多移阀能较好地满足含气饮料等压灌装的工艺要求。不足之处是阀的结构较为复杂，制造、装配和调整都有一定的限制，故只有保证设计和制造的质量，才能达到灌装精度和整个工艺的要求。

（2）机械式　图 2-21 为机械式多移阀结构简图。气阀在机械作用下首先打开，过一定时间后，液阀打开。待灌瓶随托瓶台升起并顶紧阀端密封圈 3 继续上升，下液管 2 及液阀芯 5 克服液阀弹簧 8 的弹力一起上升，与此同时，气管 14 在气阀弹簧 17 的作用下也跟随上升，致使下液管 2 的末端仍然保持与套在气管下端的下液门胶垫 1 密封，所以尽管液阀芯 5 与液阀座 6 间的上液门已打开，但是液料并不能流出，而气管上的气孔却露在气阀座 13 的外面与气室相通，以便对瓶子完成充气和抽气。当气管顶端碰及蝶形螺母 18，气管不能再上升，瓶子随着托瓶台继续顶起，则下液管末端与下液门胶垫 1 间的下液门被打开，贮液箱内液料由气阀座 13 与液阀座 6 间的环孔，流过液阀芯 5 与液阀座 6 间的锥形环隙，经液阀芯 5 上的孔 9 由下液门流入瓶内，瓶内被排挤的气体由气管返回气室，从而完成进液回气过程。由于该阀的气门和液门是受托瓶机构控制先后开启，故称为机械式多移阀。

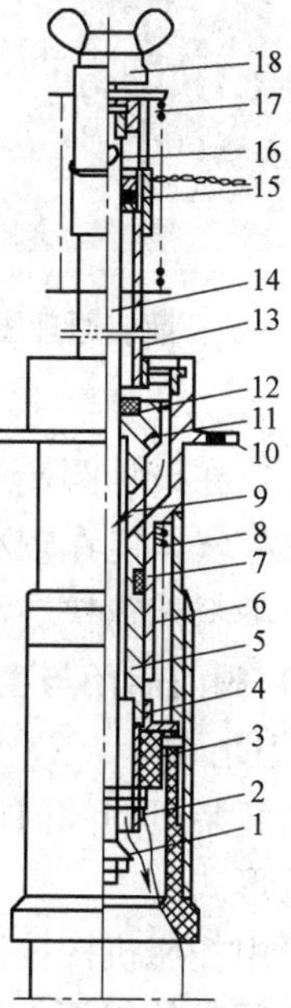

图 2-21　机械式多移阀结构简图
1—下液门胶垫　2—下液管　3—阀端密封圈　4、10—密封圈　5—液阀芯　6—液阀座　7、12、15—O 形密封圈　8—液阀弹簧　9—液孔　11—上液门胶垫　13—气阀座　14—气管　16—气孔　17—气阀弹簧　18—蝶形螺母

该阀的滑移摩擦面多，流道较迂回曲折，不太适合某些含气液料如啤酒等的灌装。

（二）阀端

根据气体和液料进出瓶子的状况不同，灌装阀阀端气液道的布置方法可分为两类，即长管灌装阀和短管灌装阀。灌装阀的阀端结构通常分为长管及短管两种。

1. 长管法

液料经中心管进入瓶内，而瓶内的存气则经中心管与瓶口之间所形成的环隙排出，为

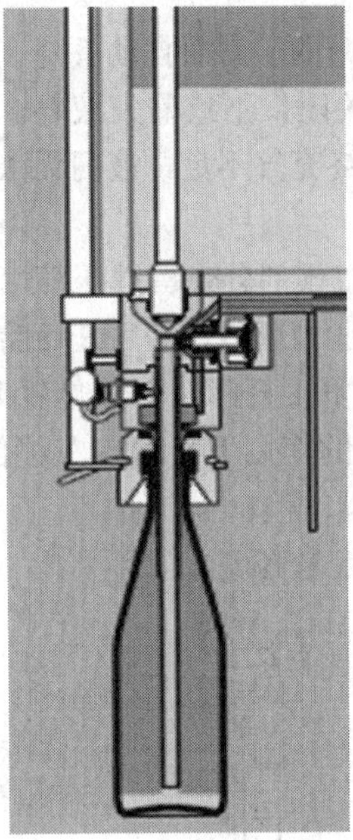

图 2-22　长管灌装原理图

了防止液料开始进入瓶内时产生飞溅现象并减少与空气的接触，进液中心管大都插到接近于瓶底，故称这样的布置方法为长管法，如图 2-22 所示。它们的基本特点在于灌装过程中，灌装嘴口伸入到接近瓶底的部位，开始灌装时液料尚未到达灌装嘴口之前，属于自由出流，当液料开始淹没灌装嘴口之后，进入淹没出流。淹没出流的过程占灌装过程的绝大部分，此阶段中液料仅表面层和瓶内背压气体接触，减少了氧气在液料中的溶解，灌装稳定，但液道截面小，升瓶距离大。瓶内虽能灌满液料，但定量将不同程度受到下液管插入深度和所占容积的影响。

2. 短管法

短管法与长管法不同，它的中心管用于充气或排气，而液料则经中心管与瓶口之间所形成的环隙灌入。如图 2-23 所示，灌装过程中，灌装嘴口伸入到瓶颈部位，灌装流动过程完全是稳定的管嘴自由出流。在回气管上均装有分散罩，使灌装过程形成沿壁流。由于灌装管呈环隙状，浸润周边和液道截面相对圆形管大，对液流阻力相应减小，灌装易控制，呈稳定的层流，但相对而言液料与空气的接触增多。

另外，在设计阀端结构时还应注意使液门尽量靠近瓶口，以使瓶内液料升至回气管之后，瓶颈处气体能在较小空间内尽快被压缩，气压尽早平衡，同时要求出液口截面不能过大，以便液料能很快被截流，保证定量精度。

（三）阀门启闭与密封机构

1. 启闭元件

目前灌装机的阀门启闭元件一般采用下列结构形式：

（1）由托瓶机构控制启闭　对于单移阀和多移阀中的气阀，可利用托瓶机构及待灌瓶本身的升降进行启闭；对于机械式多移阀中的液阀，亦可由升瓶机构分两次升瓶法来分段控制。这种形式无需另外增加控制机构，且能保证无瓶不灌装，但在多移阀中，需由升瓶机构首先打开位于上端的气阀。

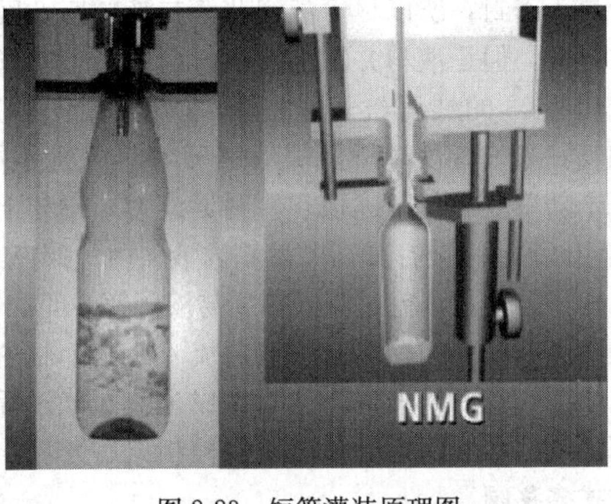

图 2-23　短管灌装原理图

（2）由固定挡块控制启闭　实际中多借此控制阀体的可动部分产生摆动或径向、轴向的直线移动。对旋转阀一般均采用灌装转盘旋转轨道旁的固定挡块来控制阀门的开闭；对于压力法的单移阀也可采用固定挡块来控制；对于多移阀中压力释放等径向移动的阀门，亦要采用固定挡板来控制。为了实现无瓶不灌装功能，有的尚需另外添置气动、电动或机械的自动控制方法。

（3）由固定挡块与拨叉控制启闭　如图 2-24 所示的灌装阀。拨叉 1 装在贮液箱外面

（有密封措施），在运转中由固定挡块拨动使摆杆 2 向上抬起，以打开气阀 4。待瓶内充气等压后，液阀 7 下端所受气压增加，以致压缩弹簧 6 能克服自重及其上部所受的液体压力而自动打开液门。液料装满后，拨叉受另一固定挡块控制反转让气门和液门都关上。接着，借另一固定挡块将排气阀 8 打开。最后，降瓶完成灌装全过程。

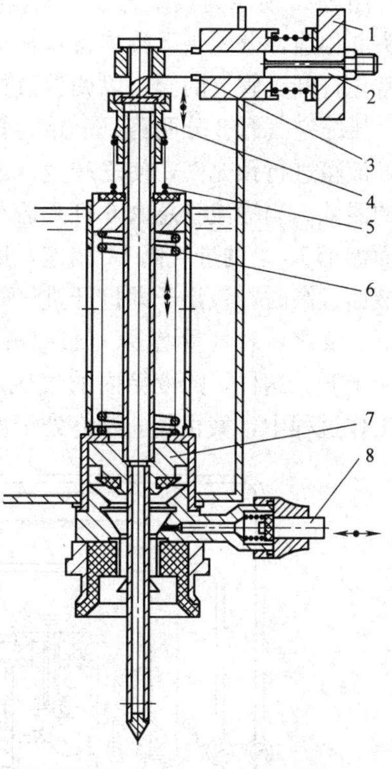

图 2-24 固定挡块与拨叉启闭阀门结构
1—拨叉 2—摆杆 3—密封垫片
4—气阀 5—气阀弹簧 6—液阀弹簧
7—液阀 8—排气阀

（4）由瓶内充气反压启闭阀门 当待灌瓶中的气压达到与贮液箱内的背压相等时，液阀弹簧自动打开液门进行灌装，其工作原理在前述的气动式多移阀中已有详细讨论。它的主要优点是能保证缺陷瓶、破瓶（充气不足）时不漏液；使灌液能够稳定正常地进行。其缺点是对阀门封闭弹簧的设计和制造精度有较高的要求。

2. 密封元件

由于灌装阀实质上是流体通路上的开关，必须保证不向外漏气和漏液。因此，在阀门启闭处的接触面、阀芯相对于阀座的运动面、阀体与贮液箱的装配面以及阀端与瓶口的压紧面等处均需采取相应的密封结构。常见的密封主要有平面和圆柱面两种型式。

（1）平面型 在灌装阀中，接触平面多用密封材料进行压紧密封，而且只靠改变压紧力来调节密封力。一般说来，效果尚好，而且磨损后还可重新更换，以延长阀的使用寿命。如图 2-20 所示的气动式多移阀，在气阀 1 和液阀 4 的阀门处均设置胶垫并借助压簧力加以密封，密封胶垫常用高硬度的食品生产用橡胶。而对圆盘式旋转阀来说，在阀盖与阀座的接触平面间，常采用牛皮垫片并借螺母压紧来实现密封。

（2）圆柱面型 在灌装阀中，相对运动的圆柱面一般采用密封材料进行自封性密封。所谓自封性密封是在密封时先给密封材料适当的预压缩量，利用它的弹性恢复力对密封表面起压紧和密封作用。但预压力不宜过大，否则将增加运动时的摩擦阻力并加快磨损，从而产生泄漏现象。例如图 2-21 所示的机械式多移阀是采用 O 形密封圈来获得预压缩量的密封结构。在气管 14 与气阀座 13 的圆柱配合面的上下两端均装有 O 形密封圈以防漏气；在液阀芯 5 与液阀座 6 的圆柱配合面的下端也装有 O 形密封圈以防漏液。

二、其他典型部件

灌装机主要由三大部分组成，即灌装阀、供料装置和供瓶装置。下面分别介绍灌装机的供料装置和供瓶装置。

（一）供料装置

1. 等压法供料装置

图 2-25 所示为典型的含气液料灌装机的供料装置简图。输液管 2 与灌装机顶部的分配头 9 相连，分配头下端均布六根支管 14 与环形贮液箱 12 相通。在未打开输液总阀前，通常先打开支管上的阀 1 以调整液料流速和判断其压力的高低。待压力调好后，才打开总阀。压缩空气管 3 分两路：一路为管 7，它经分配头直接与环形贮液箱相连，可在开机前对贮液箱进行预充气，使之产生一定压力，以免液料刚灌入时因突然降压而冒泡，造成操作的混乱。当输液管总阀 6 打开后，则应关闭截止阀 4。另一路为管 8，它经分配头与高液面浮子 13 上的进气阀 11 相连，用来控制贮液箱的液面上限。若气量减少，气压偏低而使液面过高时，该浮子即打开进气阀，随之无菌压缩空气即补入贮液箱内，结果液位有所下降。反之，若气量增多、气压偏高而使液面过低时，浮子 16 即打开放气阀 18，使液位有所上升。这样，贮液箱内的气压趋于稳定，液面也能基本保持在视镜 17 中线的附近。在工作过程中，截止阀 5 始终处于被打开位置。

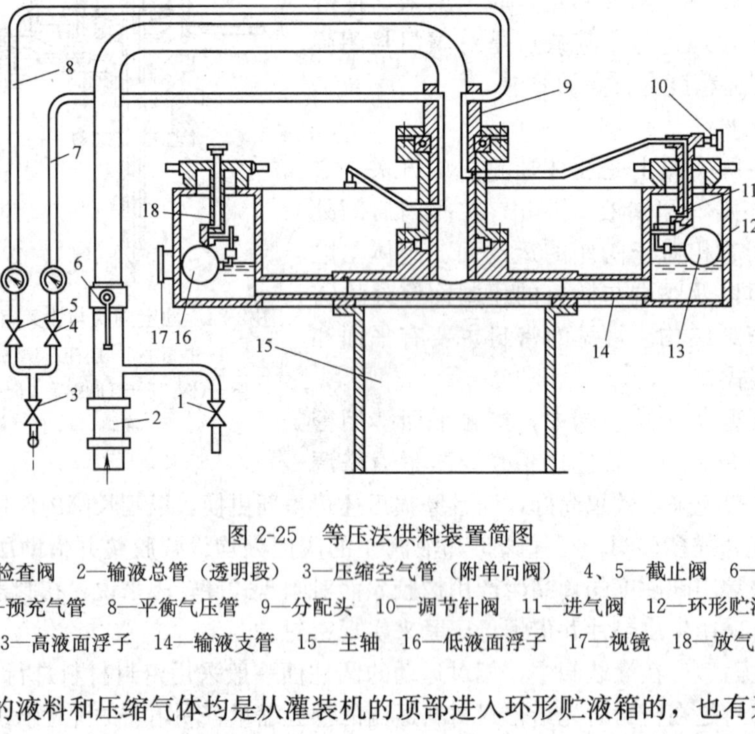

图 2-25　等压法供料装置简图

1—液压检查阀　2—输液总管（透明段）　3—压缩空气管（附单向阀）　4、5—截止阀　6—输液总阀　7—预充气管　8—平衡气压管　9—分配头　10—调节针阀　11—进气阀　12—环形贮液箱　13—高液面浮子　14—输液支管　15—主轴　16—低液面浮子　17—视镜　18—放气阀

该装置的液料和压缩气体均是从灌装机的顶部进入环形贮液箱的，也有采用气、液分路配置的，它有助于简化分配头结构、美化整机造型，但却不易进行安装与维修。

2. 真空法供料装置

真空法灌装机的供料装置按其真空室与贮液箱的配置状况可分为单室、双室和多室等多种结构形式。

（1）单室式　图 2-26 所示为单室真空法供料装置示意图，这是一种真空室与贮液箱合为一室的供料系统。工作原理是：被灌液体经输液管 3 由进液孔 5 送入贮液箱 7 内，箱内液面依靠浮子液位控制器 6 控制基本恒定，贮液箱的上部空间借真空泵的不断吸气从而形成一定的真空度，托瓶台 9 带动瓶子上升过程首先打开气阀 2 对瓶内抽气，接着再打开液阀 1 进行灌液，瓶内被置换的气体吸至贮液箱后再经真空管 4 排出箱外。

上述单室真空法供料装置需先后两次升瓶依次打开气阀、液阀才能完成灌装，容易出现磨损漏液。为此，也有的采用图 2-27 所示的一次性开闭的灌装过程。①瓶抽真空。初始时，瓶口紧压灌装头 7，瓶内空气由真空泵经管 3、贮液箱上部的真空室抽出，使瓶子被抽真空；②进液排气。瓶子继续上升，打开阀门 5 及分流圈 8，待瓶内抽气达到足够的真空度时，液料在自重作用下开始沿管 6 流下，经分流圈沿瓶子内壁灌入，而瓶内气体通过管 3 及贮液箱上部真空室被真空泵排出；③停止进液。当瓶内液面超过管口一定高度并达到压力平衡后，进液立即停止，同时，液料沿气管上升；④余液回流。瓶子下降，阀门在弹簧 4 作用下被关闭，气管管口处恢复常压状态，于是气管内的余液受上下管口所形成的压力差的作用，可沿气管回流到贮液箱。在气管上方安置保护罩 1 是为了减少回流余液与空气接触，避免泡沫吸入真空系统。这种结构的气管无瓶时与大气相通，增加了真空泵的负荷。

单室供料的灌装机优点是结构简单、贮液箱清洗容易，但由于单室结构增大了贮液箱内液料的挥发面，故不适宜灌装芳香性液料。

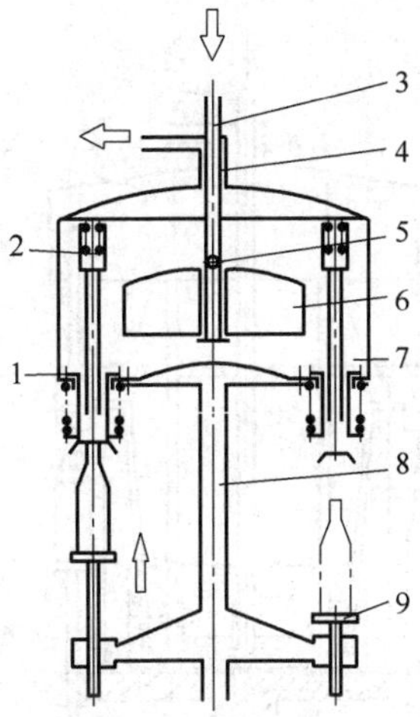

图 2-26　单室真空法供料装置示意图

1—液阀　2—气阀　3—输液管　4—真空管　5—进液孔　6—浮子　7—贮液箱　8—主轴　9—托瓶台

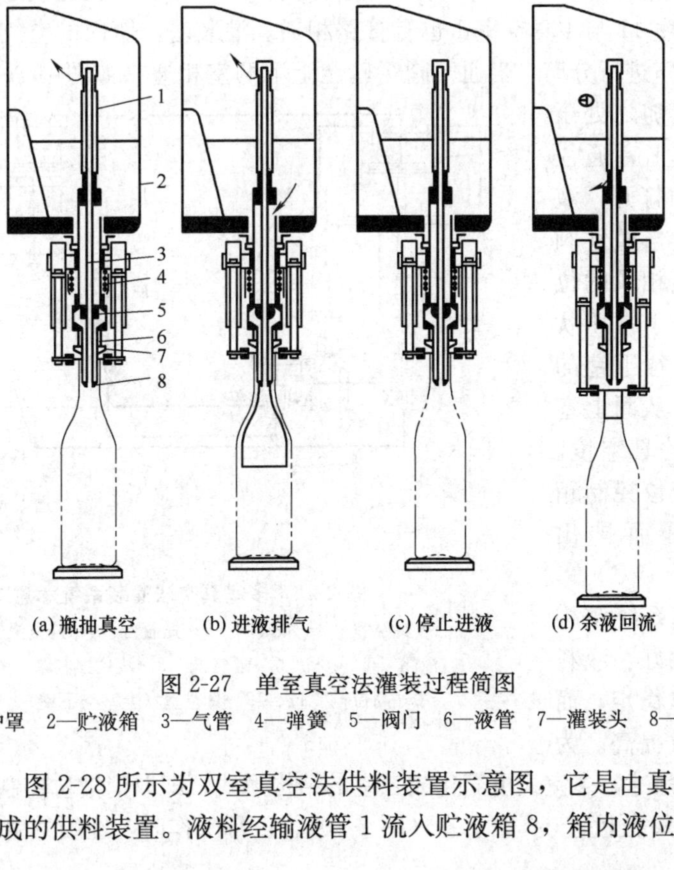

图 2-27　单室真空法灌装过程简图

1—保护罩　2—贮液箱　3—气管　4—弹簧　5—阀门　6—液管　7—灌装头　8—分流圈

（2）双室式　图 2-28 所示为双室真空法供料装置示意图，它是由真空室和贮液箱按照上下布局而组成的供料装置。液料经输液管 1 流入贮液箱 8，箱内液位由浮子 7 加以控

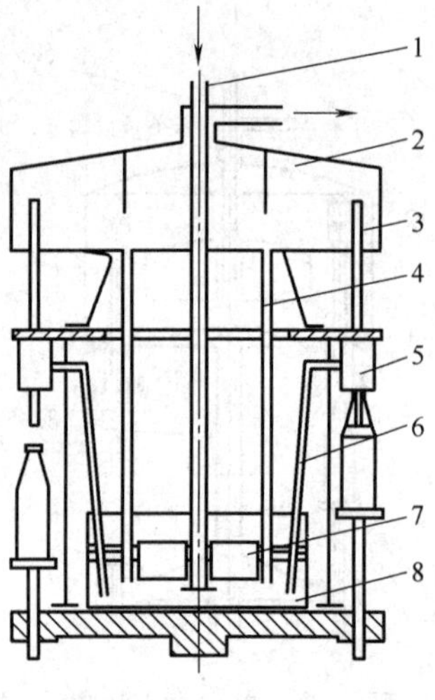

图 2-28　双室真空法供料装置示意图

1—输液管　2—真空室　3—抽气管　4—回流管　5—灌装阀　6—吸液管　7—浮子　8—贮液箱

制。机外配有真空泵，可将真空室 2 中的气体（包括灌装阀 5 空位时从吸气管进入的大气）不断抽出，达到一定的真空度。每一个灌装阀均设一抽气管 3 和吸液管 6，分别通向真空室和贮液箱。当被托起的瓶子顶紧灌装阀端部的密封垫时，即将瓶内气体抽出。这样，贮液箱的液料在外界大气压力作用下流入瓶中。液面升至吸气管的下沿时，即开始沿气管上升，直至与回流管 4 的液柱等压为止。当瓶子下降脱离了同灌装阀的接触后，抽气管 3 内的液料即被吸进真空室，再经回流管 4 回流到贮液箱内。所以，如果出现了没有瓶子供给或者瓶子受压破损等情况，将无法进行灌装。

较之单室式供料装置，双室式的减少了挥发面，但因在机体下部增加了一个贮液箱，且密布有吸液管及回流管，给清洗和维修带来不便。

（3）多室式　图 2-29 所示为多室真空法灌装系统示意图。其真空室不止一个，而且都同贮液箱分开配置，另外还增设一个液位控制箱。在正常工作过程中，液料由高位槽 10 流入液位控制箱 8（其液位借浮子 13 控制），并与贮液箱 5 接通。液位控制箱 8 的上方安置两个真空室 11 和 12。它们之间互有管路（附控制阀门）相通，上室 11 与主真空室 1 也有管路相通。灌装时，瓶内的空气和余液分别被吸进主真空室和上室进行分离。当通气阀 7 转至上下两室相通（如图中 A-A 剖面所示）的位置时，下室也随之处于负压状态，致使上室通往下室的阀门自动打开，液料即流入下室。当通气阀转至下室与大气相通的位置时，下室则处于常压状态，致使上室通往下室的阀门自动关闭，从而上室得以维持应有的真空度。同时下室通往液位控制箱的阀门被打开而排出存液。

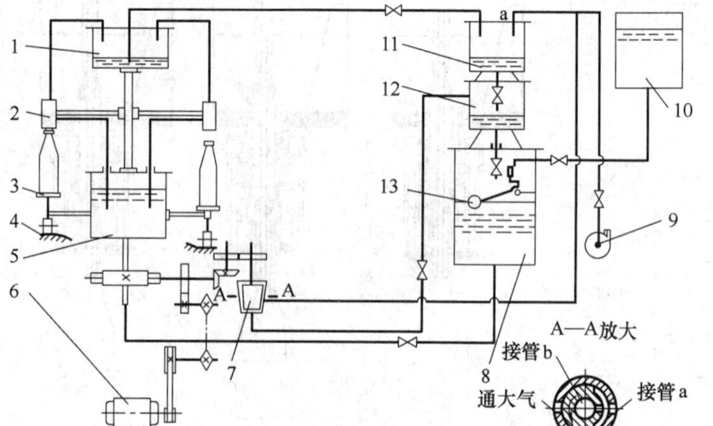

图 2-29　多室真空法灌装系统示意图

1—真空室　2—灌装阀　3—托瓶台　4—升瓶滑道　5—贮液箱　6—电机　7—通气阀　8—液位控制箱　9—真空泵　10—高位槽　11、12—真空室（上室与下室）　13—浮子

多室式灌装系统结构复杂，但密封性好、液料挥发面小、操作稳定，而且真空度可有效提高。为缩小机组的外廓尺寸，多室式可简化成三室的结构形式，即取消液位控制箱，并在贮液箱的上方直接安置真空上室与真空下室（图 2-30）。正常工作时，经吸气管 3 与上室 5 一直

处于负压状态，而贮液箱因有通气孔 11 则处于常压状态。在压力差作用下，料液被吸入瓶内。当料液接近瓶口处后，余液经吸气软管 6 吸入上室。图 2-31 所示为真空法分配头结构简图。在分配头上外套一只转动的配气环 6，可使下室在回转过程中分别约有半圈处于负压和常压状态。当处于负压时，能自动打开上阀门，其时余液从上室流入下室。当处于常压时能自动关闭上阀门和打开下阀门，其时存液则从下室返回贮液箱。对该分配头来说，同样要解决可动与不可动元件之间的连接、支承和密封等问题。为了减少非灌装区的漏气以免降低真空度，通过配置固定挡板 8 使灌装阀在这个区段内不再接通真空上室。

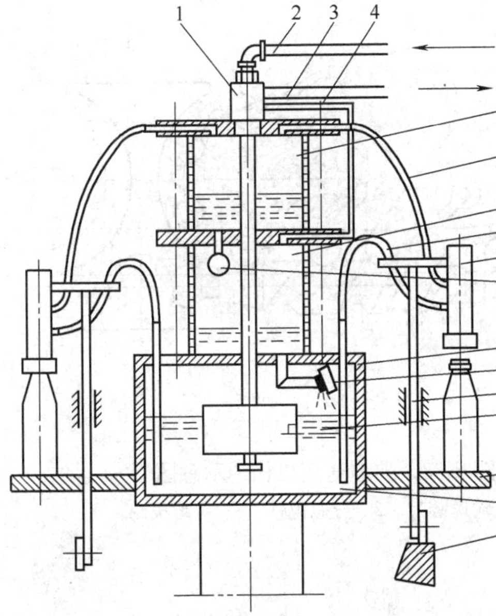

图 2-30　三室真空法供料装置示意图

1—分配头（开有大气孔）　2—输液管　3—吸气管　4—通气管　5—真空上室　6—吸气软管　7—真空下室　8—吸液软管　9—灌装阀　10—上阀门　11—通气孔　12—下阀门　13—升降杆　14—浮子　15—托瓶台　16—贮液箱　17—升瓶凸轮

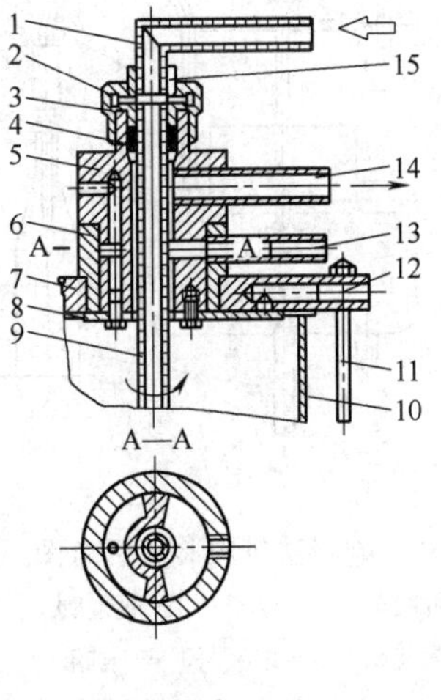

图 2-31　真空法分配头结构简图

1—固定输液管　2—密封圈　3—锁紧螺帽　4—密封填料　5—固定管座（开有通大气孔）　6—配气环　7—上室盖板　8—固定挡板　9—转动输液管　10—上室筒体　11—支撑螺栓　12—吸气管（连灌装阀）　13—通气管（连下室）　14—吸气管（连真空泵）　15—压环

三室供料装置的真空度虽可在较大范围内调节，但三室式增大了轴向高度，整机造型差，高速运转时稳定性欠佳。

3. 虹吸法供料装置

图 2-32 所示为虹吸法供料装置示意图。工作原理是：受凸轮装置控制，虹吸管 1 下降，灌装头 4 压紧瓶口，灌装阀被打开。根据虹吸原理，贮液箱 6 内的液料即灌入瓶内，直至液位高度相同时，进液停止。采用浮子 2 来控制进液阀 7 的流量，保证箱内液位的稳定，以实现灌装定量的精度要求。当虹吸管在凸轮控制下上升至一定高度时，虹吸通路切断，灌装阀也自动关闭。设在弯管另一端的贮液杯 5 能利用液料封闭管口，保证下次循环的正常进行。

（二）供瓶装置

在自动灌装机中，按照灌装的工艺要求，准确地将待灌瓶送入主转盘升降机构托瓶台上，是保证灌装机正常而有秩序地工作的关键。灌装机的供瓶装置可分为送瓶机构、托瓶机构和贮液箱高度调节机构。

1. 送瓶机构

送瓶机构的相互协调运动对灌装机的正常工作起到重要的作用。图 2-33 为典型送瓶机构的示意图，由板式输送链带、分瓶螺杆和星形拨轮等组成。

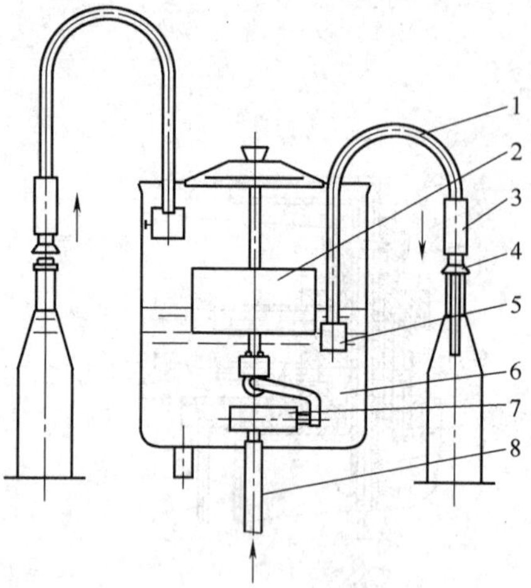

图 2-32 虹吸法供料装置示意图
1—虹吸管 2—浮子 3—灌装阀 4—灌装头 5—贮液杯 6—贮液箱 7—进液阀 8—进液管

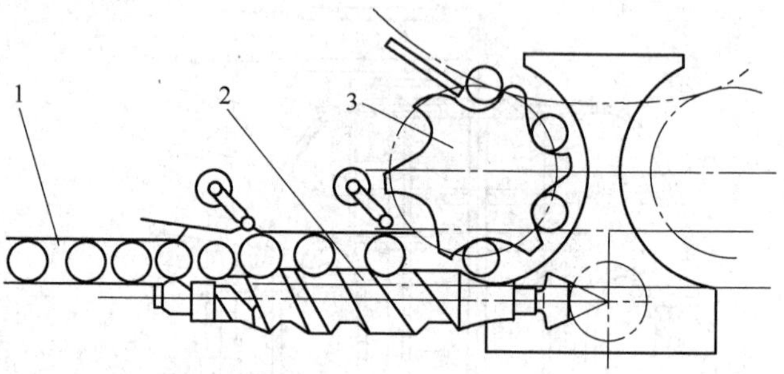

图 2-33 典型送瓶机构的示意图
1—输送链带 2—分瓶螺杆 3—星形拨轮

按工作要求，为了防止瓶子被挤坏、堵塞和准确地送入灌装机，从洗瓶机通过输送带连续送来的空瓶，必须以适当的间距与速度逐个传送到灌装机的升瓶机构托板上，否则难以实现正常的灌装工作。目前瓶子的定时送给一般采用分瓶螺杆配合输送链板作定距分瓶运动，使空瓶按节奏送入星形拨轮。

图 2-34 所示是分瓶螺杆与输送链板的配置示意图。瓶子由链板输送带 1 连续供送，输送带采用平顶链板，材料一般为不锈钢或工程塑料，其顶面是光滑的平面。链板是通过对瓶底的摩擦力带动瓶子运行的。当瓶子堵塞或被分瓶螺杆加速输送时，瓶子与链板输送带之间将会打滑，从而避免了强制输送会出现的瓶子被挤坏等故障。

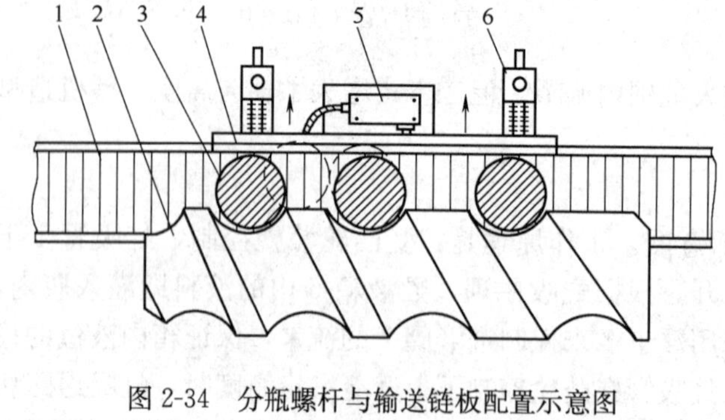

图 2-34 分瓶螺杆与输送链板配置示意图
1—链板输送带 2—分瓶螺杆 3—瓶 4—侧护板 5—限位开关 6—侧护板支座

分瓶螺杆 2 安装在链板输送带的一侧，另一侧装置有侧护板 4。瓶子在链板输送带的带动下进入分瓶螺杆工作范围，受到螺杆的推动作加速运动。侧护板4起到限位的作用，使瓶子紧贴螺杆导槽顺利输送。在侧护板4的背面安装有一个安全限位开关5。当瓶子过大或出现堵塞现象时，侧护板受压外移，触动限位开关5，通过电控装置使分瓶螺杆停转，即刻中止瓶子的输入，避免机器故障发生。

图2-35是输送带的侧面剖视示意图，可更具体地显示链板输送带、分瓶螺杆和侧护板之间的安装位置关系。当瓶子直径改变时，须调整侧护板1的位置，侧护板与瓶身的间隙应保持约3mm左右。调整时，只要松开紧定旋钮2，就可以左右移动调节套4，从而带动侧护板改变位置，调整结束再锁紧紧定旋钮。侧护板背面装有铰链10，并且与调节轴6固联。调节轴6套于调节套4内，左侧装有挡圈7，由螺母锁紧；而右侧装有弹簧8，顶压在调节套和铰链座之间。当侧护板受压时，可以压缩弹簧8，并且使调节轴6沿调节套4内孔移动，从而起到让位调节的作用。

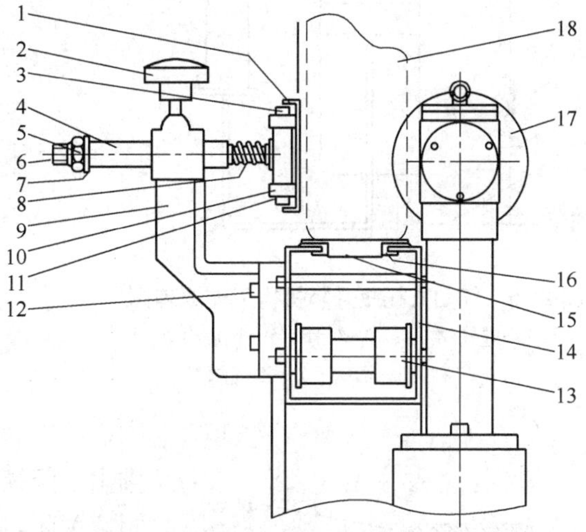

图2-35 输送带侧剖示意图

1—侧护板 2—紧定旋钮 3—螺钉 4—调节套 5—螺母 6—调节轴 7—挡圈 8—弹簧 9—支承座 10—铰链 11—螺母 12—螺钉 13—链板托轮 14—输送带支架 15—平顶链板 16—导轨 17—供送螺杆 18—灌装瓶

通过分瓶螺杆实现限位和分隔后，瓶子依次进入星形拨轮直至被送入升瓶机构。由此可见，送瓶机构中的输送链带、供送螺杆和星形拨轮的运动必须要相互协调。

值得一提的是送瓶机构不仅要将瓶子分隔转弯，而且输送速度必须与洗瓶机的速度匹配，否则易出现倒瓶、缺瓶或阻塞现象，为了防止故障时影响正常生产，除了前述的装配限位开关外，某些灌装机在分件供送螺杆、拨轮的传动部分安装有离合器，一旦出现故障使离合器脱开，全机停转。

2. 瓶的升降机构

在一般旋转型灌装机中，待灌装瓶子由输送机构的星形拨轮送到灌装机回转盘上的托瓶台上，由托瓶机构按灌装要求设定的程序，将瓶子托起，使瓶口与灌装头紧密接触，瓶子升到规定位置时，进行灌装。然后再把已灌满的瓶子下降到规定的位置，以便拨瓶轮将其送到传送链带上送走，这一动作是由瓶的升降机构完成的。对于瓶的升降机构的要求为运行平稳、迅速、准确、安全可靠、结构简单。

应用于灌装机上的托瓶升降机构有三种常用形式：气动式、机械式、气动与机械混合式升瓶机构。其中气动与机械混合式是一种较理想的形式，也是目前较广泛采用的方法。

(1) 气动式托瓶升降机构　图2-36所示是气动式托瓶升降机构工作原理图。托瓶台4的升降由压缩空气推动气缸实现。升瓶时，进气阀1关闭，排气阀7打开，压缩空气由管3进入气缸5下腔，推动活塞6上升，从而带动托瓶台升高。气缸上腔的存气经排气阀7

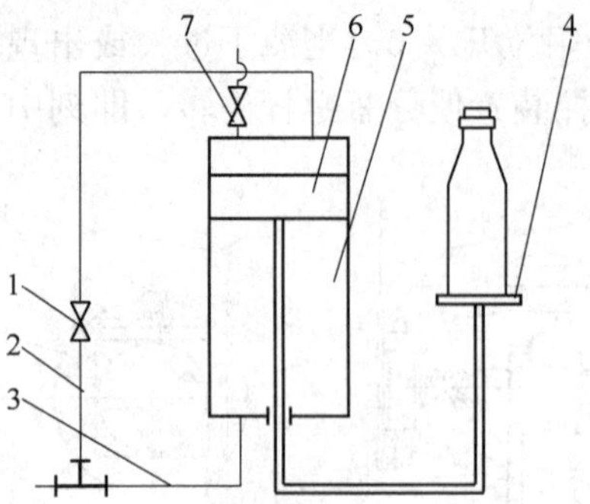

图 2-36　气动式托瓶升降机构工作原理图

1—进气阀　2、3—气管　4—托瓶台

5—气缸　6—活塞　7—排气阀

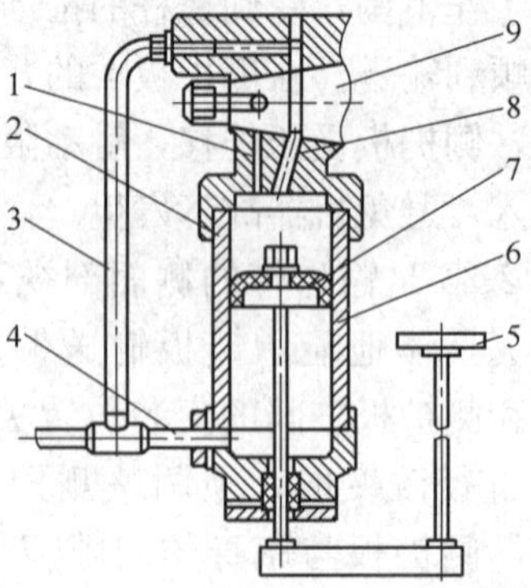

图 2-37　气动式托瓶升降机构的结构简图

1—排气孔　2—封头座　3、4—气管

5—托瓶台　6—气缸体　7—活塞

8—进气孔　9—旋塞阀

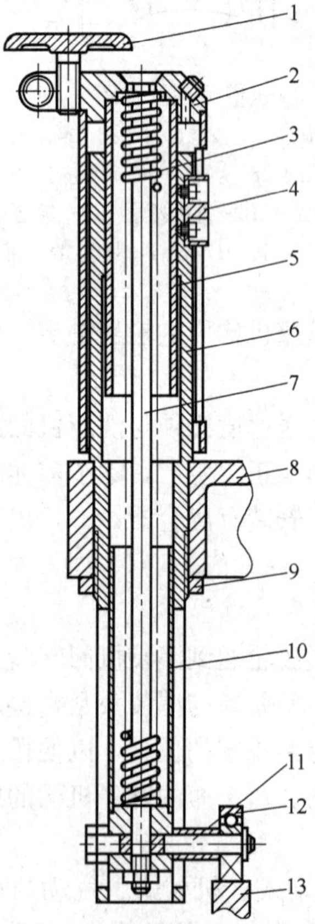

图 2-38　机械式托瓶机构结构简图

1—托瓶台　2—封头　3—弹簧　4—导向块

5—上滑筒　6—套筒座　7—拉杆

8—回转台　9—大螺母　10—下滑筒

11—芯轴　12—轴承　13—凸轮导轨

排出。降瓶时，通过凸轮碰块的触碰作用，使排气阀 7 关闭，进气阀 1 开启，压缩空气由管 2 和管 3 同时进入气缸，由于活塞上下气压平衡，托瓶台和瓶子在自重作用下降落。

图 2-37 是气动式托瓶升降机构的结构简图，图中用一个旋塞阀 9 兼作排气阀和进气阀。在灌装机工作运转中，由设置的凸轮碰块操控装置（图中未示）触碰旋塞阀，使其转换进气和排气通道，从而按程序实现升瓶和降瓶操作。

气动式托瓶升降机构的特点是升降瓶迅速，且可利用气体压缩性实现缓冲，从而避免装料瓶的冲击损失，但是运行过程欠平稳。

（2）机械式托瓶机构　图 2-38 是机械式托瓶机构结构简图。整个机构通过套筒座 6 由大螺母 9 紧固在回转台 8 周边的圆孔中。凸轮导轨 13 为圆柱环形凸轮，固定安装在灌装机的机台上。托瓶台 1 通过封头 2 和上滑筒 5 连接，通过拉杆 7 和压缩弹簧 3 连接下滑筒 10，从而组成一个弹性缓冲套筒。当托瓶机构随回转台 8 回转时，其下端滚动轴承 12 沿凸轮导轨 13 滑行，依循凸轮廓形表面滚转。凸轮廓形高程的变化，将促使弹性套筒作升降运动，从而使托瓶台实现升瓶和降瓶动作。其中导向块 4 的作用是防止滑筒升降时发生转位。由于弹性套筒是依靠压缩弹簧力上升的，因此具有缓冲作用，既能保证灌装时瓶口的密封，同时对瓶子的高度误差也有较好的适应能力。

机械式托瓶机构的特点是其结构简单、制造方便，但工作可靠性差。如果灌装机运转过程中出现故障，瓶子沿着滑道上升，很容易将瓶子挤坏，对瓶子质量要求很高，特别是瓶颈不能弯曲，瓶子被推上瓶托时，要求位置准确；在工作中，缓冲弹簧容易失效，其压紧力也受到一定限制，加上机构较易磨损，需要经常更换。因此，这种结构适用于小型半自动化不含气液料的灌装机。

(3) 气动与机械混合式托瓶升降机构　图 2-39 所示是气动与机械混合式托瓶升降机构结构简图。该机构主要由托瓶台 1、气缸 2、柱塞杆 4 和下降凸轮 7 等组成。

此升降机构是以气动机构做托瓶升起，用凸轮推杆机构做料瓶下降的综合式升降机构。它利用了气动机构的自缓冲功能使托瓶升起平稳，且能节约时间；同时又利用了凸轮推杆机构能较好地获得平稳运动控制的特点，使托瓶升降运动得到又快又稳的工作质量。但该机构的缺点是升降机构的机械结构较为复杂。

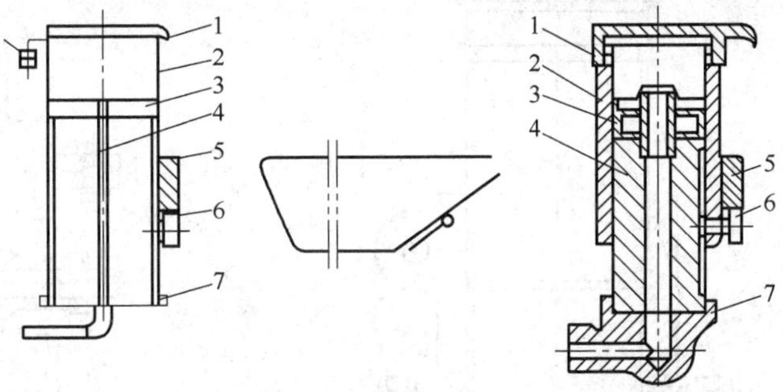

图 2-39　气动与机械混合式升瓶机构结构简图
1—托瓶台　2—气缸　3—密封塞　4—柱塞杆
5—下降凸轮　6—滚轮　7—封头

工作原理如图 2-39 所示，柱塞杆 4 为空气套筒结构，上端装有密封塞组件 3，下端固定装有封头 7，组成活塞部件。封头 7 上固连着压缩空气输送管道和减压排气阀。托瓶台安装件置于气缸内，是固定不动的；气缸部件则是托瓶升降的运动部件，当托瓶升降工作运行时，压缩空气自封头 7 进入；经柱塞杆 4、密封塞 3 内的中心孔进入到活塞上部空间，驱使气缸部件以柱塞杆为导柱向上托瓶升送，并维持到完成灌装为止。此时升降器上滚轮 6 已到达使装料瓶作下降运动的凸轮 5 廓形部分；随着灌装机继续运转，滚轮 6 受凸轮 5 下降廓形的约束，带动气缸部件作下降运动。此时为减少其动力消耗，停止压缩空气的供给，且视凸轮结构形式的不同，设置减压排气阀，以达到托瓶下降平稳、省时、减耗的目的。这种机构在实际中应用较为广泛，特别是对于等压式灌装机，因为已配备了空气压缩装置，因此更宜采用。

上述三种升降瓶机构各有其特点。应用时应根据灌装机的实际要求，进行具体的分析、选择和设计，力求结构合理、经济和可靠。

3. 贮液箱高度调节机构

灌装机运行时，为了使一台灌装机满足多种瓶高的灌装，需要调整灌装阀与瓶口的距离。通常，灌装机是通过调整贮液箱相对转盘的高度来适应不同的瓶高的，即调节装有灌装阀的贮液缸与装有升瓶台的转盘之间的距离，使贮液缸能相对于转盘作上、下移动，以保证托瓶升程不变。贮液箱高度调节机构常用的有中央瓶高和三立柱式调节机构，调节方法分为手动调节和电动调节两种。

(1) 中央瓶高调节机构　如图 2-40 所示为转动液缸中央瓶高调节机构，贮液缸底部立轴 1 的下端为螺杆结构，它与固装在转盘上的法兰式螺母 2 相连接，并用固定螺栓 3 拧紧。调节时，松开螺栓，转动贮液缸，基本达到所需瓶高后，再调整灌装阀与升瓶台的中心，使其基本对准，最后再重新拧紧螺栓。这种结构最为简单，但由于灌装阀与升瓶台调节后不易对中，仅适应于灌装广口瓶或铁罐，同时由于采用中央螺纹支承，贮液缸运转时稳定性较差。

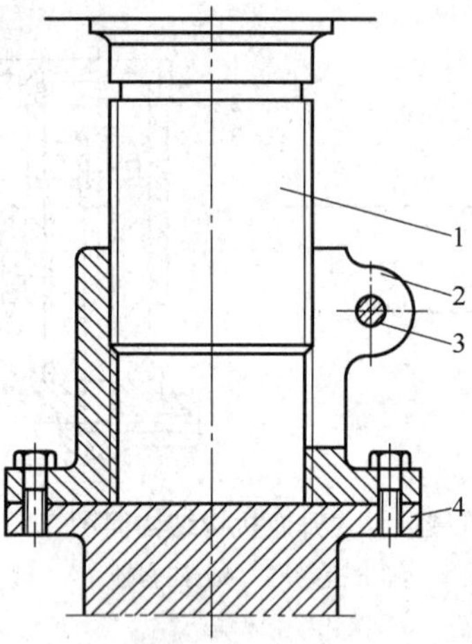

图 2-40　转动液缸中央瓶高调节机构
1—贮液缸底部立轴　2—法兰式螺母
3—固定螺栓　4—下转盘

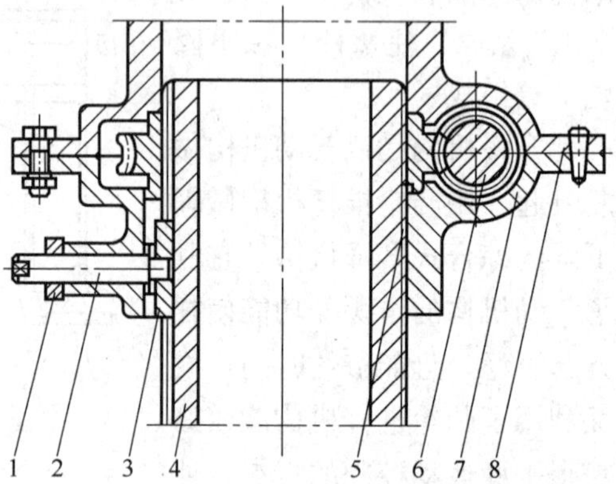

图 2-41　蜗杆蜗轮驱动中央瓶高调节机构
1—锁母　2—压杆　3—导向压块　4—回转台立柱
5—蜗轮　6—蜗杆　7—下罩壳　8—贮液箱支柱

对于一些较小型的灌装机，采用蜗杆蜗轮的调节结构，以手动方法来调节贮液箱高度。如图 2-41 所示，调节时，先松开锁母 1，拧动压杆 2，使导向压块 3 松开，然后用手柄转动蜗杆 6，从而带动蜗轮 5 旋转。由于蜗轮内孔与回转台立轴 4 以螺纹连接，因此，蜗轮旋转将带动贮液箱沿回转台立轴的轴向上下升降，从而达到调整高度的目的。调整结束后，应锁紧锁母和压杆。

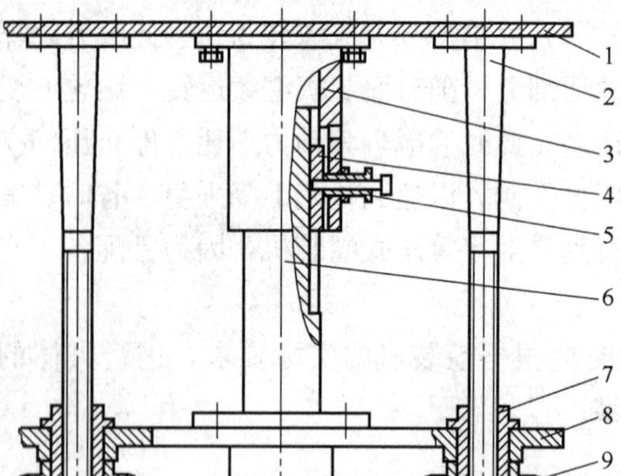

图 2-42　三立柱式高度调节机构结构简图
1—贮液箱　2—调节立柱　3—套筒　4—导向压块　5—压紧螺杆　6—中心支柱
7—螺套　8—回转台　9—链轮

(2) 三立柱式高度调节机构　对于大型的灌装机，为了确保运转平稳，不适宜采用中央瓶高调节机构形式，一般可采用三立柱的形式，如图 2-42 所示。图中可见，在贮液箱 1 和回转台 8 之间，除了有套筒 3 与中心支柱 6 的可伸缩性连接外，在周边还均布有 3 根调节立柱 2；3 根立柱的下端螺纹部分与螺套 7 联接，螺套 7 装配在回转台 8 上，与安装孔滑动配合，其下固装有链轮 9，三个链轮的齿数均相等。当电机启功时，通过链传动可带动 3 个螺套 7 同时旋转，使 3 根支柱同步升降，从而改变贮液箱高度。导向压块 4 和压紧螺杆 5 起定位锁紧作用。

另外，这种机构也可采取手动调节的形式。但对于大型的灌装机，劳动强度非常大，因此，目前在大型自动化灌装机中均配置电力驱动装置实现调节。

第三章　充填机械

第一节　概　　述

充填机械是指将待包装的物料按预定的精确量（质量、容量、数量）充填到包装容器内的机械。充填液体的机械特称灌装机，灌装机械已在上一章进行了讲述，本章主要介绍粉粒物料的充填机械。充填机械可以作为一种单机单独使用，也可以与各种包装机组成机组联合工作，它是一种机、电、气相结合，自动化程度较高的机构和设备，也是包装设备的重要组成部分，其关键内容是高速度、高精度与高可靠性的统一，充填机械性能的好坏直接影响到包装质量。

一、充填与定量的基本方法

定量的基本方法有三种：定容法、称重法和计数法。

根据定量的方法不同，可把充填方法大致分为三种，容积式充填、称重式充填和计数式充填。根据具体的充填方法，容积式充填又可分为量杯式充填、柱塞式充填、气流式充填、螺杆式充填、计量泵式充填和插管式充填；称重式充填又可分为单秤斗称量充填、多秤斗称量充填、无秤斗称量充填、组合式称量充填和连续式称量充填；计数式充填又可分为长度计数、容积计数、堆积计数、转盘计数、转鼓式计数和推板式计数。

不同的充填方法都有与之相对应的充填机械，下面将分别说明。

二、充填机械的基本类型

实际生产中，由于产品的性质、状态以及要求的计量精确度和充填方式等因素不同，因而对于不同的物料采用的计量充填方式也不相同，也就有了多种型式的充填机械。充填机械种类虽多，但一般都由物料供送装置、计量装置和下料装置等组成。对应于充填与定量的基本方法，充填机械分为容积式充填机、称重式充填机和计数式充填机三种类型。

1. 容积式充填机

工作原理：将产品按预定容量充填到包装容器内；

特点：结构简单、体积较小、计量速度高、计量精度低。

2. 称重式充填机

工作原理：将产品按预定质量充填到包装容器内；

特点：结构复杂、体积较大、计量速度较低、计量精度高。

3. 计数式充填机

工作原理：将产品按预定数目充填到包装容器内；

特点：结构型式多样，复杂程度不一，计量速度高。

第二节　容积式充填机械

将被包装物料按预定的容量充填至包装容器内的充填机称容积式充填机。主要机型有：量杯式、转鼓式、螺杆式、柱塞式、气流式、插管式及定时式等。表 3-1 列出了几种容积式充填机的分类、工作原理及特点。

表 3-1　　容积式充填机的分类、工作原理及特点

类　别	工 作 原 理	特　点
量杯式充填机	采用定量的量杯将物料充填到包装容器内	工作速度高，计量精度低，结构简单
转鼓式充填机	利用转鼓上的定量腔来量取物料，并将其充填到包装容器内	结构紧凑，计量速度高
螺杆式充填机	通过控制螺杆的转速或时间量来量取物料，并将其充填到包装容器内	机构紧凑，无粉尘飞扬，计量范围宽
柱塞式充填机	采用可调节柱塞行程而改变产品计量腔来量取物料，并将其充填到包装容器内	计量精度高，工作速度低，计量范围易于调节
气流式充填机	采用真空吸附的原理来量取定量容积的物料，并采用净化压缩空气将物料充填到包装容器内	计量精度高，可减少物料的氧化
插管式充填机	将内径较小的插管插入储粉斗中，利用粉末之间的附着力上粉，到卸粉工位由顶杆将插管中粉末充填到包装容器内	计量范围小，计量精度低

容积式充填法是把精确容积的物料装进每一个容器，而不考虑物料密度或重量。容积式充填机每次计量的质量取决于每次充填的体积与充填物料的密度。该类充填机常用于那些视比重小或体积要求比质量要求更重要的物料。

一、量杯式充填机

量杯式充填机分固定式和可调式两种。固定式量杯的定量装置用于密度较为稳定的物料，容积的改变通过更换量杯来实现。

1. 固定式量杯充填机的定量装置

图 3-1 所示为固定式量杯充填机的定量装置结构图，物料经供料斗 5 自由落入计量杯内，圆盘口上装有四个量杯相对应的活门底盖 8，当转盘主轴 1 带动圆盘 9 旋转时，与供料斗 5 固定在一起的刮板 3 将量杯 7 上面多余的物料刮去。当量杯转到卸料工位时，顶杆推开量杯的活门底盖 8，量杯中的物料在自重作用下充填到下方的容器中。该装置是容积固定的计量装置，其定量不能调整，若要改变定

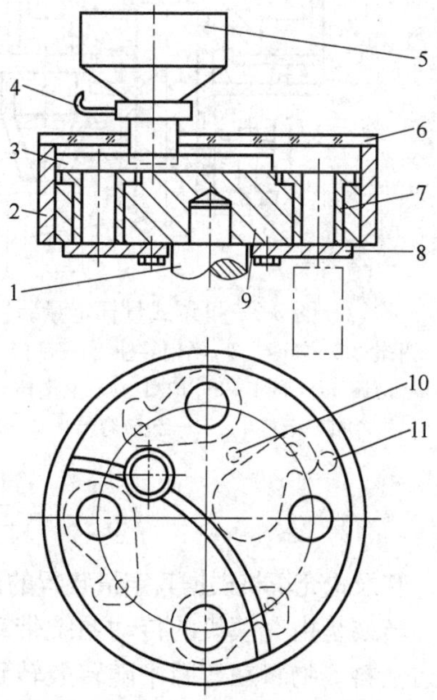

图 3-1　固定式量杯充填机的定量装置
1—转盘主轴　2—壳体　3—刮板　4—下料门　5—料斗　6—外罩　7—量杯　8—活门底盖　9—圆盘　10—闭合圆销　11—开启圆销

量，则需要更换量杯。

2. 可调式量杯充填机的定量装置

采用可调式量杯可补偿物料密度的变化，如图 3-2 所示。通常，量杯由上量杯 9 和下量杯 10 组成。料盘在转动过程中，料斗 7 内的物料靠自重直接灌入量杯，并由刮板 6 刮去高于量杯顶面的多余物料。当到达卸料工位时，量杯活门 4 打开，物料靠自重经下料斗 11 落入包装容器 12 内。旋转手轮 1 可使下量杯 10 的连接支架在垂直轴上作上下升降移动，以调节上下量杯的相对位置，从而改变量杯的容积大小。

如图 3-3 所示，可调量杯由上、下两部分组成，通过旋转手轮可对上、下量杯的相对位置进行微调。自动调整的信号可以根据对最终产品的质量或物料密度的检测获得。

可调量杯的计量容积（见图 3-3）计算如下：

$$V=\frac{1}{4}\pi(d_1^2L_1+d_2^2L_2)$$

式中 d_1——上量杯内直径，cm；

d_2——下量杯内直径，cm；

L_1——上量杯计量高度，cm；

L_2——下量杯计量高度，cm。

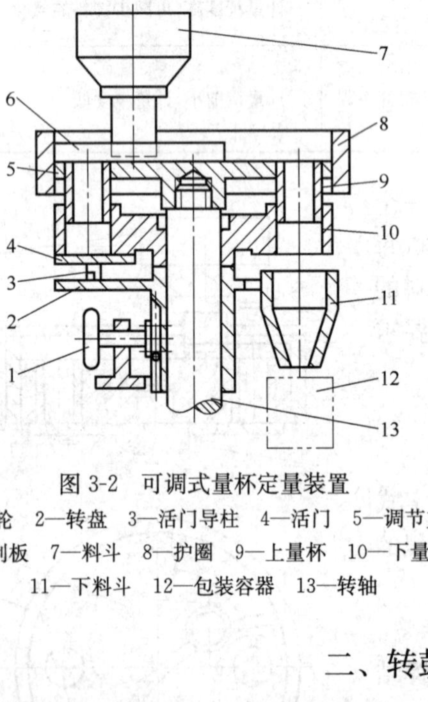

图 3-2 可调式量杯定量装置

1—手轮 2—转盘 3—活门导柱 4—活门 5—调节支架 6—刮板 7—料斗 8—护圈 9—上量杯 10—下量杯 11—下料斗 12—包装容器 13—转轴

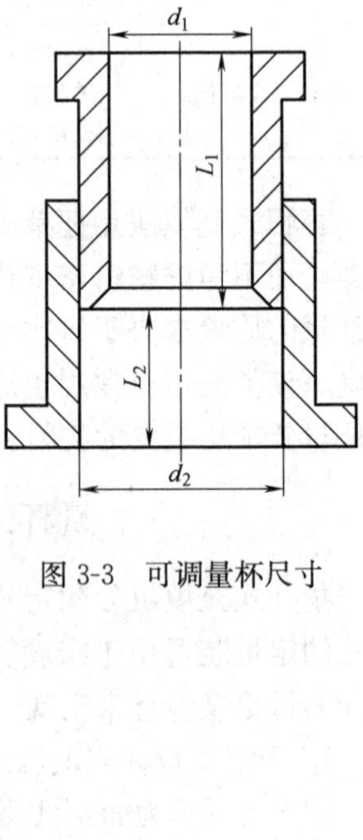

图 3-3 可调量杯尺寸

二、转鼓式充填机

转鼓式充填机根据其定量装置的计量腔容积是否可调又分为定容积型和可调容积型两种。

转鼓是由充填机的传动系统带动回转的，物料靠自重由上料口装入计量容腔，且边转动边上料。物料在容腔中随转鼓转到出料口而自由落入包装容器中。转鼓的转速视包装物料及计量容腔的结构有所不同，转速过快，会使计量不够准确。

1. 定容积型转鼓计量机构

图 3-4 所示为定容积型转鼓计量机构的示意图，结构与工作原理比较简单。待包装物品存放于料斗 1 中，计量转鼓 3 由传动装置驱动运转。当计量容腔经过料斗 1 下方的装料

口时，被料斗中落送下来的物料充满。装入计量腔的物品，随转鼓 3 转到出料口 4 时，在重力的作用下排出，经导管装填入包装容器中，完成包装的计量。

2. 可调容积型转鼓计量机构

图 3-5 所示为可调容积型转鼓计量充填机构示意图。其工作原理与上述定容积型相同。不同的是转鼓计量腔的容积可调，通过调节螺钉 3 调节活门 4 在转鼓上的径向位置来实现，但其调节量有限，故本装置只适用于散堆密度变化不大的物料。

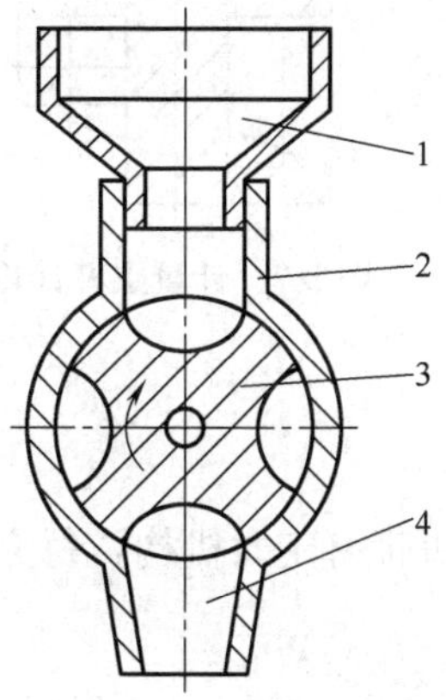

图 3-4 定容积型转鼓计量机构示意图
1—料斗 2—转鼓机壳
3—转鼓 4—出料口

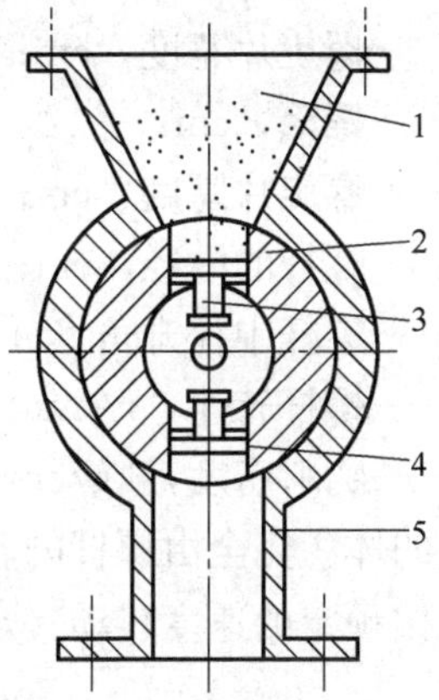

图 3-5 可调容积型转鼓计量充填机构示意图
1—进料斗 2—转鼓 3—调节螺钉
4—活门 5—出料口

三、螺杆式充填机

螺杆式定容装置实质上是一种螺旋给料器。螺杆式充填机的结构如图 3-6 所示，利用螺杆的螺旋槽的容腔来计量物料。工作原理是：物料由料仓 1 经水平螺旋给料器 3 进入垂直螺旋给料器 6，借搅拌器 5 搅动后由导管 9 流出。料位检测器 4 检测料位高度并控制水平螺旋给料器 3 的给料量。摩擦式电磁离合器用来控制螺杆的转角，当容器到位后，传感器发出信号使电磁离合器合上，带动螺杆转动。加料完成后，离合器脱开，制动器使螺杆停止转动，物料停止流下，同时用闸门 7 控制出料口的开度，以实现定容计量。由于每一个螺旋槽中都有一定的理论容积，因此只要准确地控制螺杆的转速和转数，就能获得较为精确的计量值。

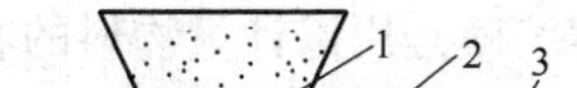

图 3-6 螺杆式充填机
1—料仓 2—插板 3—水平螺旋给料器
4—料位检测器 5—搅拌器 6—垂直螺旋给料器 7—闸门
8—包装容器 9—输出导管

螺杆式定容装置常用于食品、医药、化工等行业的粉料或颗粒物料的计量。

计量螺杆通常作垂直安装使用，这样做主要是为了让物料易于充满螺旋槽中，从而获得较为精确的计量值。计量螺杆多为单头矩形截面螺旋，经精密加工后的每个螺旋槽皆有相同的理论容积。图 3-7 为计量螺杆计算简图，其每个螺距内的理论容积 V 可按下式计算：

$$V=b(s-t)D/\cos\alpha$$

生产率 Q 按下式计算：

$$Q=nb(s-t)D\rho/\cos\alpha$$

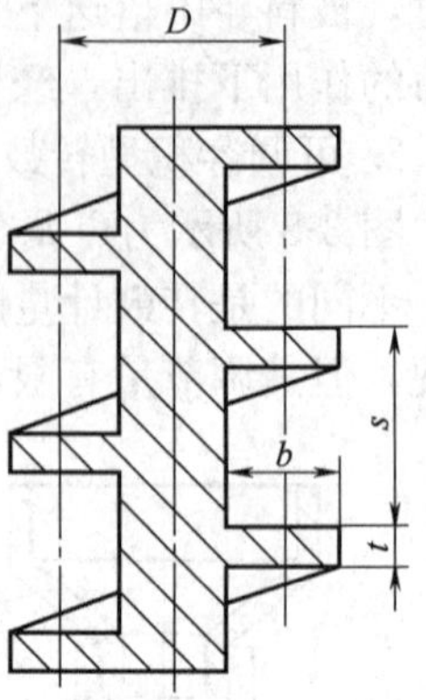

图 3-7　计量螺杆计算简图

式中　b——螺旋片宽度，cm；

s——螺距，cm；

t——螺旋片厚度，cm；

D——螺杆的中径，cm；

α——螺杆中径升角（°）；

n——螺杆转速，r/min；

ρ——物料密度，kg/cm^3。

充填的体积完全由螺杆的转动圈数决定。有的螺杆充填机带有定时机构，每充填一次就使螺杆按预定的速度转动一定的时间。

四、柱塞式充填机

柱塞式充填机的结构如图 3-8 所示。柱塞通常由连杆机构、凸轮机构或气动液压缸等推动，以驱使其作往复直线运动。运动中，柱塞两极限位置间就自然形成了一定空间的容腔，此容腔就是用以计量物料的容积的计量腔。这类机构适用性比较广泛，粉料、颗粒类及黏稠类物料均可应用。

五、气流式充填机

气流式充填机是利用真空吸附原理量取定量容积的物料，并采用净化压缩空气将物料充填到包装容器内的机器。其工作原理如图 3-9 所示，工作时，充填轮 6 作匀速间歇转动，当轮中量杯门与料斗接合时，配气阀与真空管接通，物料被吸入量杯，当量杯转到包

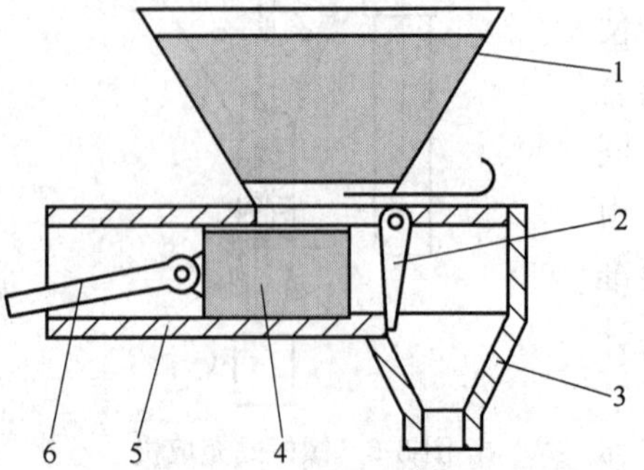

图 3-8　柱塞式充填计量装置示意图

1—料斗　2—料门　3—出料斗

4—柱塞　5—缸体　6—活塞杆

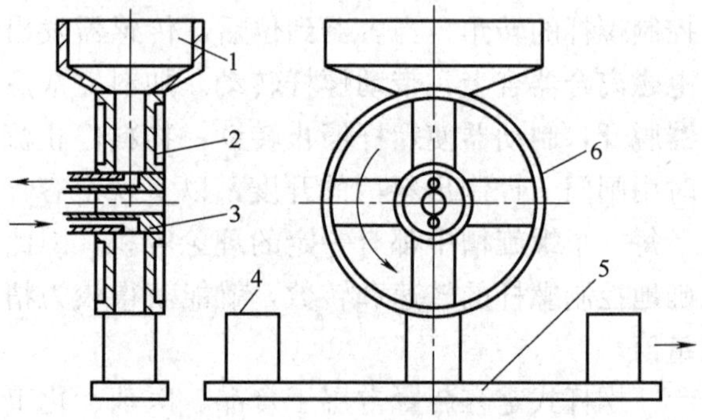

图 3-9　气流式充填机原理示意图

1—料斗　2—抽气座　3—密封垫

4—容器　5—托瓶台　6—充填轮

装容器 4 上方时，量杯中的物料被经过配气阀输送来的压缩空气吹入包装容器中。

六、插管式充填机

插管式充填机的工作原理如图 3-10 所示。计量充填时，先将内径较小的插管 1 插入具有一定粉层高度的贮料槽 2 中，借助粉末之间及粉末与管壁之间的附着力，当插管 1 被提起时粉末不会脱落。当插管转到卸粉工位时，由顶杆 4 将插管 1 中粉末推入容器 3 中。

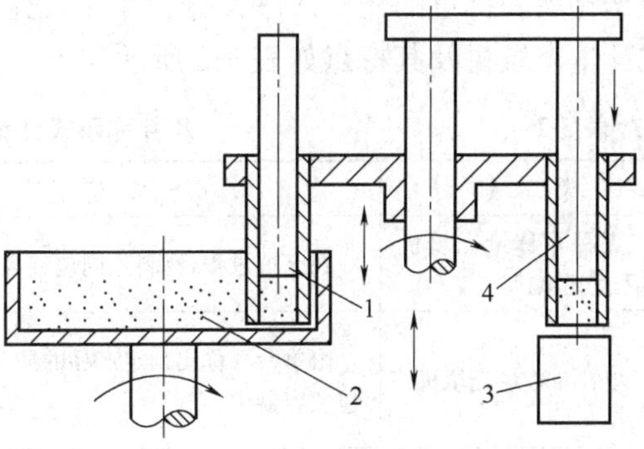

图 3-10　插管式充填机原理示意图
1—插管　2—贮料槽　3—容器　4—顶杆

七、容积式充填机的应用范围及选用原则

（1）量杯式充填机适用于颗粒较小且均匀的物料，计量范围一般在 200mL 以下为宜。在选用时应注意由于量杯容量调得不正确、料斗送料太慢或不稳定、料斗装料面太低、进料管太小、物料流动不畅等都会使量杯装不满；若机器的运转速度与物料下落速度过快则会引起物料重复装料；如果容器与进料管不同心、节拍不准、容器太小或因物料粘连使送料滞后，都会引起物料的溢损。

（2）转鼓式充填机适用于颗粒状、粉状物料的计量，适应于密度稳定、流动性好、无结块的细粉粒物品，如茶叶末、精盐等小定量值的包装计量。

（3）螺杆式充填机主要用于粉料或小颗粒状物料的计量。其主要优点是结构紧凑、无粉尘飞扬，还可通过改变螺杆的参数来扩大计量范围。尽管螺杆充填机适用的物料范围很广，但是它特别适用于在出料口容易起桥而不易落下的物料，如咖啡粉、蛋糕混合料、面粉等物料。流动性能不同的物料要使用不同形状的螺杆。通常螺杆充填机带有搅拌器或搅动片，它们在料斗内不断搅动以免物料结块。对于不允许破碎的颗粒状物料（如种子等）不能选用该机器计量。

（4）柱塞式充填机适用范围较广，粉、粒料及黏稠类物料均可采用，但由于其工作速度较低，故不应用在充填速度较高的工作场合。

（5）气流式充填机主要用于医药、化工行业粉料的计量。其主要优点是计量精度高，可减少物料的氧化。在选用该机器时应注意不同形式的物料其最佳真空压力不同。真空度过高，某些物料会被压成粉末；真空度太低，可能达不到所需的夯实效果，影响计量精度。

（6）插管式充填机主要应用于医药行业的小剂量药粉的计量，其计量精度低。

第三节　称重充填机械

称重计量适用于流动性差、颗粒大小不均、密度变化幅度较大、易受潮结块物料的计量，但近年来，部分液体物料也开始采用称重计量。在众多的称量装置中最常用的有杠杆秤和弹簧秤两种。根据称重的形式不同，又分为间歇式称量装置和连续式称量装置两种。

根据充填和称重的先后次序又分为净重式充填称量装置和毛重式充填称量装置。几种称重式计量充填机及其特点如表 3-2 所示。

表 3-2　　几种称重式计量充填机及其特点

类　别	称重方法	特　点
无秤斗称量充填机（毛重充填机）	在充填过程，物料连同包装容器一起称重	产品结构简单，易于在生产线中布置，单台秤工作速度可达 40 次/min
单秤斗称量充填机	由单台秤称出预定产品的质量，并将其充填到包装容器中	工作速度较低，一般不超过 25 次/min，当物料粒度变化大或物料粘秤斗时，称量精度一般不高
多秤斗称量充填机	由多台（一般 2～4 台）各自称出预定产品的质量，并将其分别充填到包装容器内	工作速度成倍于单斗称量充填机
多斗电子组合式称量充填机	由多台秤各自称出一定的质量，然后通过微处理机将某几个秤斗的质量组合起来，使之最接近预定的质量，并将其充填到包装容器内	计量速度高，可达 160 次/min，计量精度高，设备体积大，造价高
连续式称量充填机	应用连续称量检测和自动调节技术，确保在连续运转的输送机上得到稳定的物料的质量流率，然后进行等分截取，以得到各个相同的定量份值	计量速度高，计量精度较低

图 3-11 所示为无秤斗称量充填装置示意图，它是直接将包装容器作为秤斗，因而省去了开斗机构。此种称重属于毛重，物料和容器一起被称重，因此在计算物料净重时，规定了容器重量的允许误差。虽然容器重量的变化会影响其内物料的净重，但该机器在使用中扣除容器重量的平均值后，仍能满足大部分物料的计量精度要求。在对计量精度要求高的场合，可在控制上采用自动去皮重功能，来满足更高精度的要求。毛重式充填机多用于易结块或黏滞性强的产品的包装，但不适合容器重量较大或重量变化较大的包装。

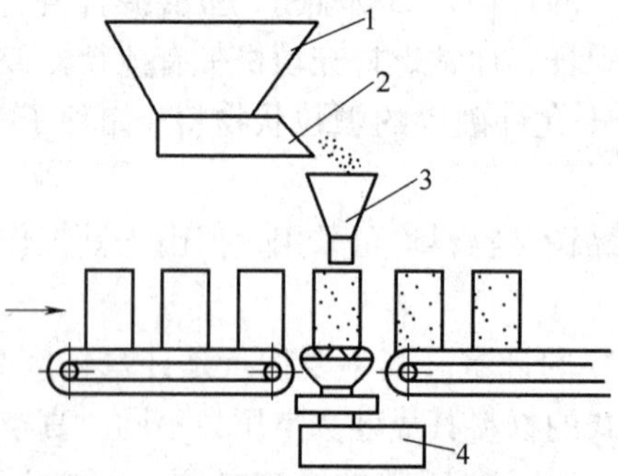

图 3-11　无秤斗称量充填装置示意图
1—料斗　2—加料器　3—漏斗　4—称量机构

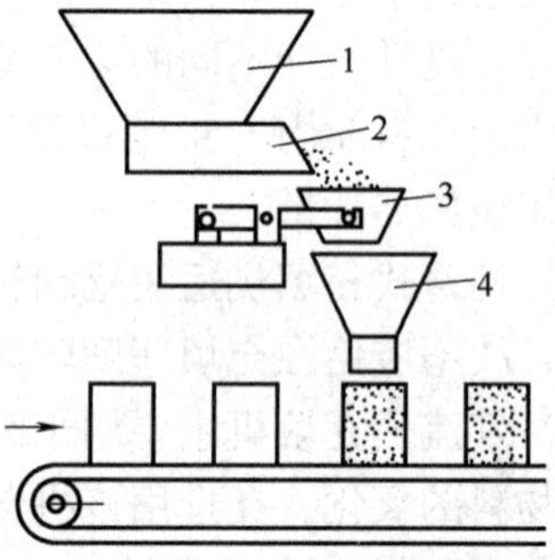

图 3-12　净重式称量充填装置示意图
1—料斗　2—加料器　3—称量机构　4—漏斗

图 3-12 所示为净重式称量充填机，它是先称出包装物料的预定质量，再将其充填到包装容器内的机器。该机称量物料的结果不受容器质量变化的影响，故其称量精度远高于毛重式充填机。为了提高充填速度，可采用分级进料的方法。称量时，大部分物料高速进入计量斗，剩余的小部分物料通过微量进料装置缓慢地进入计量斗。由于净重充填机称量精度高，所以广泛用于包装物质量精度要求高或较贵重的，且能自由流动的固体物料的包装，或者用于如膨化玉米、油炸土豆片、炸虾片等不适于用容积充填机包装的物料。但净

重式充填机充填速度较慢，机器价格较高。

称量装置中根据称重的形式不同，又分为间歇式和连续式两种。

一、间歇式称重装置

1. 离心等分式计量装置

图 3-13 为离心等分式计量装置，其称重速度较快、精度也较高。计量充填时，先将物料用单台秤称重，倒入料仓 1，通过搅拌器 2 和大小离心甩盘 3、4，在称量料斗下面安放一个旋转格子盘，此格子盘将每次称重的物料等分成若干等份（如 10 等份），也就是说阻尼秤一次称了 10 份的质量，因而包装生产率就提高了 10 倍。从理论上讲，称重误差也被等分且使每份重量的误差减小。该装置特别适用于粒度比较均匀的散体物料。

2. 单秤斗称量充填机

(1) 典型单秤斗称重式充填机　典型单秤斗称重式充填机结构组成见图 3-14，其工作原理是：将物料倒入料斗 5 中，物料通过细供料斗 9 及粗供料斗 7 送入秤斗 11 中，荷重传感器 10 检测秤斗中被送入的物料。当物料已达到预定计量值的 80%～90%时，粗供料斗停止供料，此时细供料斗还继续供料；当秤斗中的物料已达到预定计量值时，细供料斗停止供料，此时可通过操作开斗电机 8 使秤斗打开，这时物料将被排出。

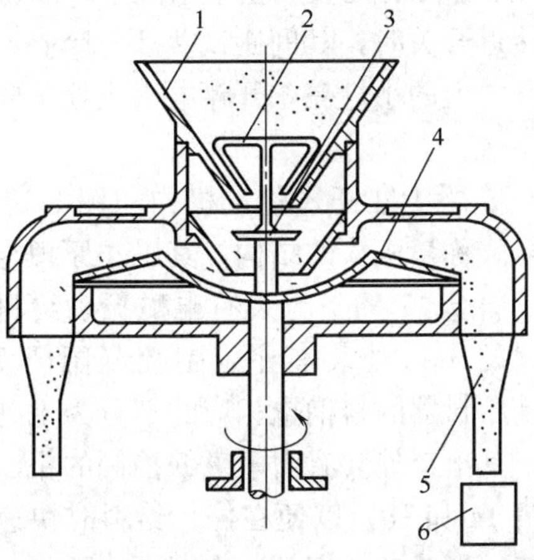

图 3-13　离心等分式计量装置

1—料仓　2—搅拌器　3—小甩盘　4—大甩盘
5—卸料槽　6—包装容器

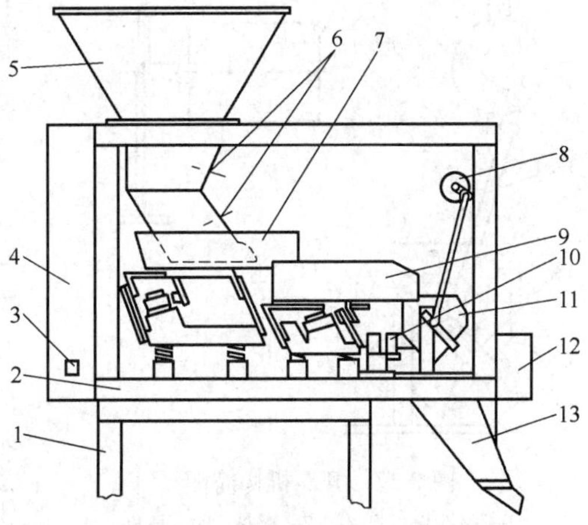

图 3-14　单秤斗称重式充填机

1—支架　2—框架　3—电源开关　4—电器箱
5—料斗　6—闸门　7—粗供料斗　8—开斗电机
9—细供料斗　10—荷重传感器　11—秤斗
12—操作盘　13—出料斗

上述单秤斗称重式充填机称量系统的结构如图 3-15，其作用是使传感器准确检测秤斗内物料的重量。限位螺钉 4 主要用于防止传感器过载，一般应将限位螺钉前部的间隙调整到约 1.5mm。

该单秤斗称重充填机的供料分粗、细两路，由两台图 3-16 所示的电磁振动供料机合作供料。槽体及槽体连接的衔铁构成的质量与壳体、铁心、线圈构成的质量用板簧2连接起来，并使系统的固有频率与强迫振动频率谐调，使系统构成双质点谐振系统。电磁线圈线路接通后，在正半周内有电压加在线圈上，在铁心和衔铁之间产生脉冲电磁力，使铁心和衔铁产生相对运动，弹性系统储能；在负半周，弹性系统释放能量，铁心和衔铁向相反方向运动，这样双质点便以交流电的频率作往复运动。

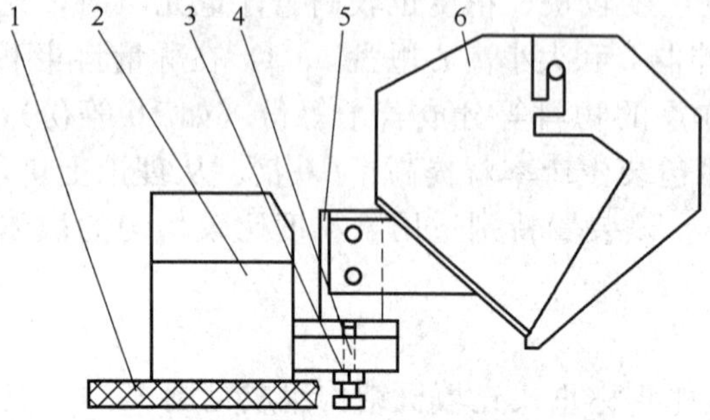

图 3-15　称量系统示意图

1—防振橡胶垫　2—传感器支承座　3—锁紧螺母　4—限位螺钉　5—荷重传感器　6—料斗

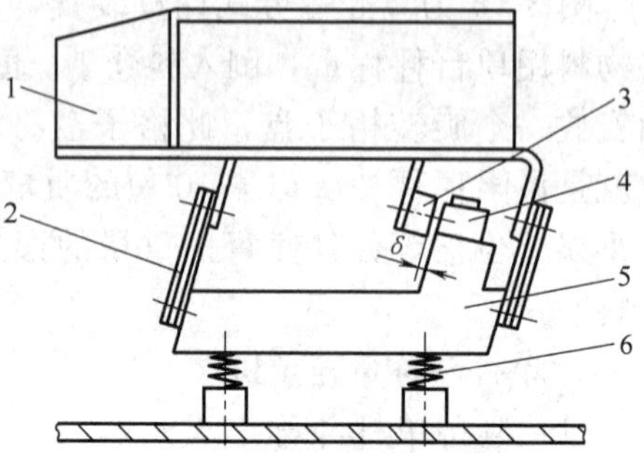

图 3-16　电磁振动供料机构

1—送料槽　2—板簧片　3—衔铁　4—电磁线圈　5—底座　6—支承弹簧

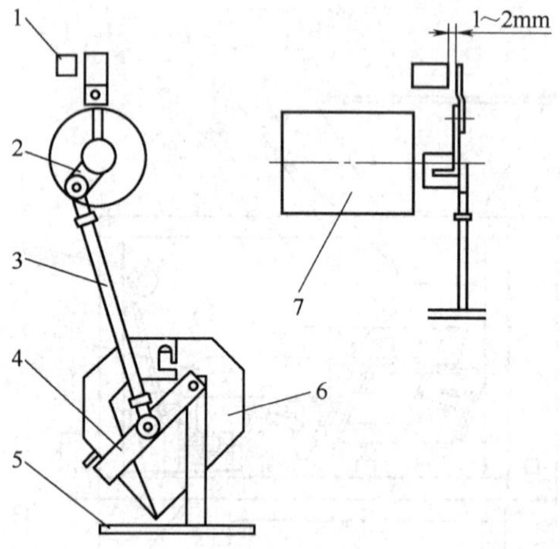

图 3-17　开斗机构简图

1—磁性接近开关　2—摇杆　3—拉杆　4—开斗杆　5—支架　6—料斗　7—永磁电机

开斗机构的作用是当物料称好后将料门打开，使物料排除，其结构见图3-17。接近开关1用于检测摇杆的位置，正常情况下，当检测片经过接近开关时，其间距离为1～2mm，此时接近开关上的小灯亮，开斗电机应处于停止位置。

（2）单秤斗杠杆式称量机构　图3-18所示为杠杆式称量机构的结构，其工作原理与上例相似。料仓11的下方设有电磁振动给料器13。料仓的出口处装有主、副控制闸门12，因此振动给料器的料槽也相应的划分为主副两个通道，其出口处装有由电磁铁控制的粗、细给料活门14和15，以便在停止给料时快速的切断料流。秤斗1的底部装有摆动式活门，可被排料控制阀16打开，并由拉伸弹簧复位（图中未画出）。秤斗1悬挂在主秤杆4的左侧刀口上，并与撑杆2相连以减轻给料时秤斗的冲击振动，保护刀口。

杠杆式称量机构是一种传统的称量机构，具有结构简单、使用方便等优点，其缺点是稳定性、动态性均较差，称量精度也不稳定。

3. 多秤斗称量充填机

多秤斗称量充填机一般是由一个储料斗、多台供料器、多套称量系统、多个秤斗、多套开斗机构、一个漏斗等构成。图3-19为一种双秤斗称量充填机。其工作原理与单秤斗称量充填机基本相同，所不同的是由于采用了两套称量系统，因而工作效率可以成倍提高。

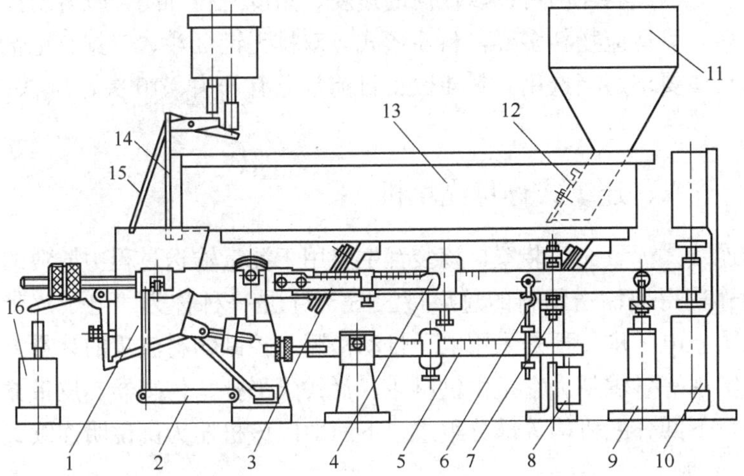

图 3-18 杠杆式称量机构

1—秤斗 2—撑杆 3—微调秤杆 4—主秤杆 5—副秤杆 6—吊杆 7—限位架 8—电磁铁 9—阻尼器 10—接近开关 11—料仓 12—闸门 13—电磁振动给料器 14—粗给料活门 15—细给料活门 16—排料控制阀

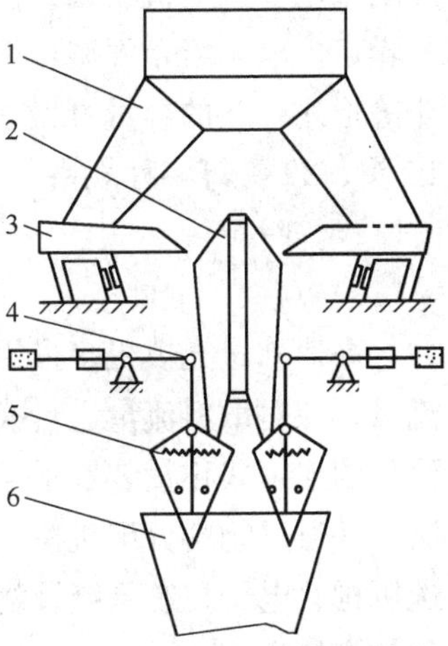

图 3-19 双秤斗称量充填机

1—上进料斗 2—导管 3—供料机构 4—称量机构 5—秤斗 6—漏斗

4. 组合式称量充填机

组合式称量充填机又称电子组合秤，结构组成如图 3-20。其工作原理是：开机后，由控制单元使料斗 6 和称重斗 8 都装满物料。称重斗内的物料质量由传感器测得，并以电信号的形式送到组合控制单元进行质量组合（n 个称重斗有 $2n-1$ 种组合结果）。从计算结果中选出最接近设计要求的质量组合，在称重斗驱动单元控制下，只有参与最佳组合的称重斗闸门被开启，将其物料倒入收集漏斗 11 中。一次充填结束后，驱动单元使对应的料斗 6 闸门打开，把物料加到称重斗中，并控制振动加料器给空料斗再次加料。料斗 6 的

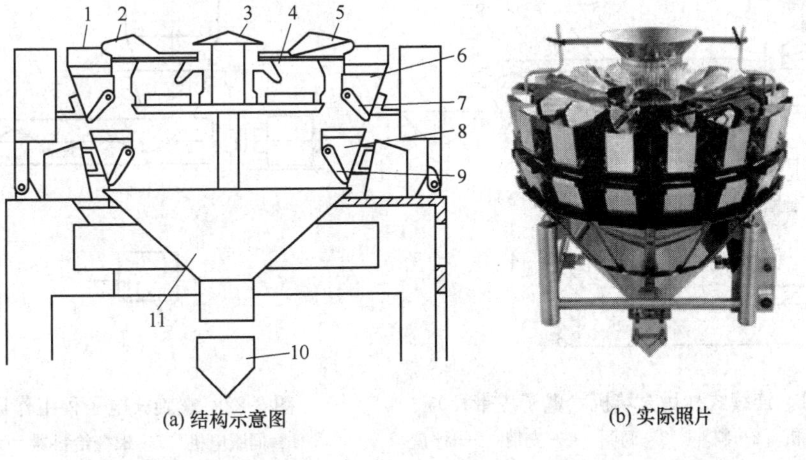

(a) 结构示意图

(b) 实际照片

图 3-20 组合式称重充填机

1—称重台 2—振动加料器 3—振动式喂料台 4—电磁振动器 5—导料槽 6—料斗 7—料斗闸门 8—称重斗 9—称重斗闸门 10—包装容器 11—收集漏斗

开闭采用步进电机驱动、控制。因此料斗门可以以任何的速度、角度进行开闭，较容易控制噪声。电子组合秤型号很多，可适应物料多样，料斗形式有双排无记忆斗、三排有记忆斗等形式，斗的容量可根据具体要求适当选用。料斗数目目前常见有 8 头、10 头、14 头、16 头、20 头等多种规格。

二、连续式称量充填机

高速称量充填机多采用连续式称量充填装置，该装置主要用于测量输送过程中散料的流量，并对散料流量进行换算获得被输送物料的总质量。图 3-21 是一种称为“电子皮带秤”的连续式称量装置示意图。电子皮带秤是采用电子自动检测、控制物料流量的计量方法，并通过物料分配机构以实现等量供料。它是由供料斗、盘式天平秤、传感器、皮带输送机构、电子控制系统及物料下卸分配机构等部分组成。下面即以该机器为例说明连续式称量充填机。

由于皮带机对物料的运输是连续进行的，所以要求的称重值，实际上是对皮带上一段时间内物料流量的累计。其工作原理是：物料加入料斗 2 内，通过闸门 3 落到皮带 4 上，电子秤通过皮带下的秤盘 5 即时测出一段皮带上物料的质量，当秤体上该段皮带的物料质量变化时，通过差动变压器 7 将此质量变化转换为相应的电量变化信号，经电子检测机构综合放大后，驱动可逆电机带动料斗闸门 3 升降，控制皮带上物料层的厚度，以保证皮带上的物料流量的稳定。物料再经过皮带连续送到出料斗 10 内，然后落到配料转盘上，配料转盘是一种具有等分格子的圆盘。圆盘按给定的转速作等速回转运动，盘中的每个格子在回转中所截获物料的质量相同。当转到卸料工位时，物料从格子的底部经漏斗落入包装容器内。

连续式称量装置除电子皮带秤外，还有如图 3-22 所示的螺旋式电子秤。工作过程

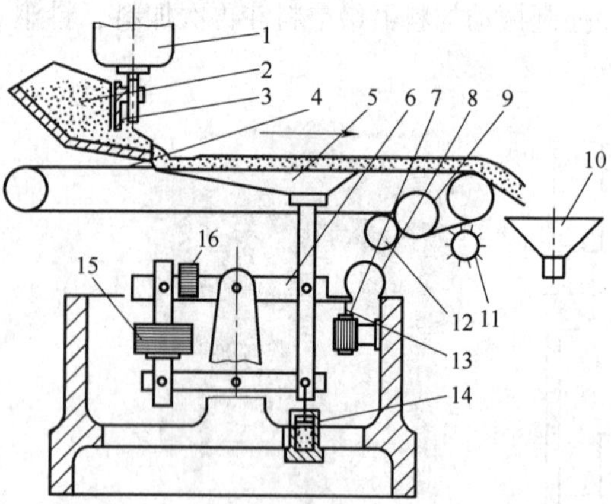

图 3-21　连续式称量充填机（电子皮带秤）

1—可逆电机　2—料斗　3—闸门　4—皮带　5—秤盘　6—杠杆秤　7—差动变压器　8—弹簧　9—主动带轮　10—出料斗　11—毛刷轮　12—压轮　13—变压器铁心　14—油阻尼器　15-微砝码　16—配重

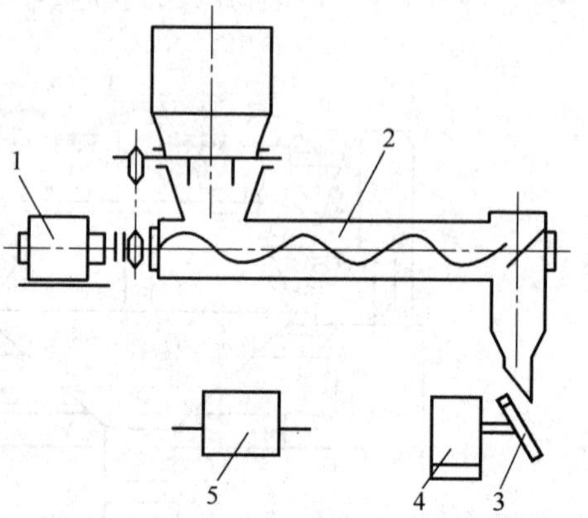

图 3-22　螺旋式电子秤工作原理图

1—伺服电机　2—螺杆给料器　3—挡板　4—传感器　5—控制器

是：物料由料斗流到螺杆给料器 2 中，在螺杆旋转推送作用下流至挡板 3 上，然后通过分配机构进入容器，完成计量分装过程。其控制原理为，挡板 3 的安装角度要使物料冲力的垂直分量能传给传感器。因传感器输出信号的强弱与物流冲力成比例，所以，通过控制器调节螺杆给料器的转速即可达到定时计量的目的。物料的下冲高度及其与挡板的接触面积是影响螺旋秤正常工作的主要因素。这种秤只适用于不产生黏附与起拱的颗粒状物料。

三、应用范围及选用原则

（1）无秤斗称重充填机主要用于易结块或黏滞性强的产品的包装，不适于包装容器质量较大或质量变化较大的场合。选用原则为：①考虑该产品是否适用；②考虑选用何种称量范围及精度规格，只有以上两方面考虑全面才能做到选用正确。

（2）多秤斗充填机和单秤斗充填机由于其工作原理相同，故适用范围也基本相同，主要用于流动性较好，颗粒均匀的物料的称重充填，可以广泛用于食品、日化等诸多行业，一般不适宜片、块状物料。由于采用三级振动技术使得该机型也能很好地解决诸如薯片、条等大片块状物料的称量充填。单秤斗称量充填机速度较慢，适宜于人工接袋，而不宜与包装机联合工作的场合。多秤斗称量充填机更多地与包装机联合工作。

（3）多斗电子组合式称量充填机是目前最先进的称重式计量充填机。它的不同机型适宜于范围极其广泛的物料计量充填，其对颗粒不均匀及形状不规则物料的计量尤其适用，多斗电子组合式代表了称重式计量充填机的发展方向。

（4）连续式称量充填机可用于粒度均匀、小颗粒状物料的计量。选用时应充分注意到其速度高而精度低的特点。

第四节 计数充填机械

由于生产的标准化、规格化、机械化，某些较大的块体物料，如巧克力豆、饼干等产品各自都具有相同的份量和质量，在对这些产品进行包装时，多采用计数定量充填机作业。在对一些袋装产品、盒式产品等的二次包装中，也往往应用计数定量包装充填机械。计数定量的方法分为两大类：第一类是被包装物品具有一定规则的整齐排列，其中包括预先就具有规则而整齐的排列和经过整理后的整齐排列，然后再对这些排列进行计数；第二类是从混乱的被包装物品集合体中直接取出一定个数。

一、被包装物品呈规则排列的计数机构

这类机构常见的有长度、容积、堆积等几种计数型式。

1. 长度计数机构

图 3-23（a）所示为一长度计数机构示意图。计量时，排列有序的物料经输送机构送到计量机构中，当行进物品的前端触到计量腔的挡板 5 时，因挡板上装有微动开关 4，此开关一旦受到压迫，就立即发出信号，指令横向推板 3 迅速动作，将一定计量数目的物品推送到包装台上进行裹包包装。图 3-23（b）所示为装箱长度计数装置的工作现场照片（图中右上角箭头 1 处为长度计数装置）。

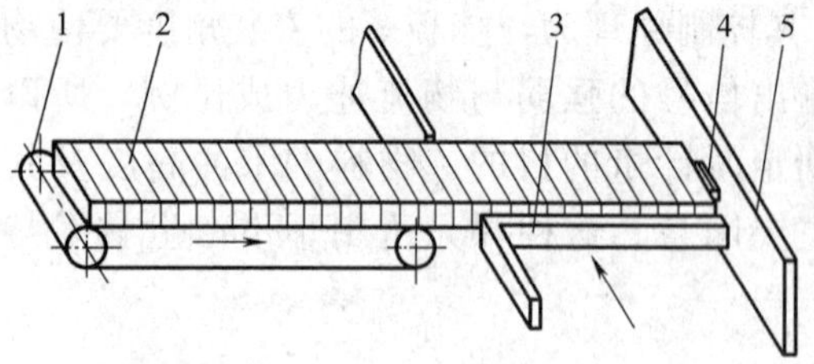

(a) 长度计数机构示意图

(b) 长度计数装置照片

图 3-23　长度计数机构

1—输送带　2—被包装物品　3—横向推板　4—微动开关　5—挡板

2. 容积计数机构

图 3-24 所示为一容积计数机构示意图。这种机构通常用于直径或长度相等的物品的包装上。其工作过程是：物料自料斗 1 下落到定容箱 3 内，形成有规则的排列。当定容箱 3 充满时，即达到了预定的计量数时，料斗 1 与定容箱 3 之间的闸门 2 关闭，同时定容箱 3 底门打开，物品因自重进入包装盒。一次包装完毕后，定容箱底门关闭，进料闸门 2 又打开，如此又开始第二次包装计量工序。为避免物品在料斗中架桥起拱，通常将料斗箱以凸轮机构带动进行振动。

3. 堆积计数机构

图 3-25 所示为一种堆积计数机构。这种机构主要用于几种不同品种的组合包装，每种各取一定数量而组成一个大包。其工作过程是：计量托体与上下推头协同动作，完成取量及包装作业。首先托体 1 作间歇运动，每向右移动一格，则从料斗 2 中落送一包被包物品至托体中，托体向右移动四格后才能完成一大包的计量充填。

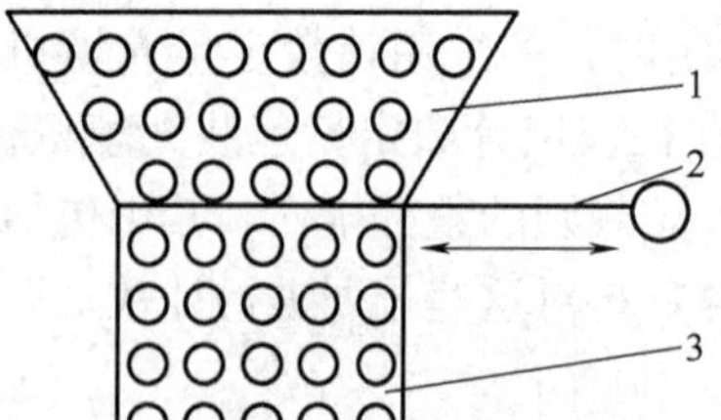

图 3-24　容积计数机构示意图

1—料斗　2—闸门　3—定容箱

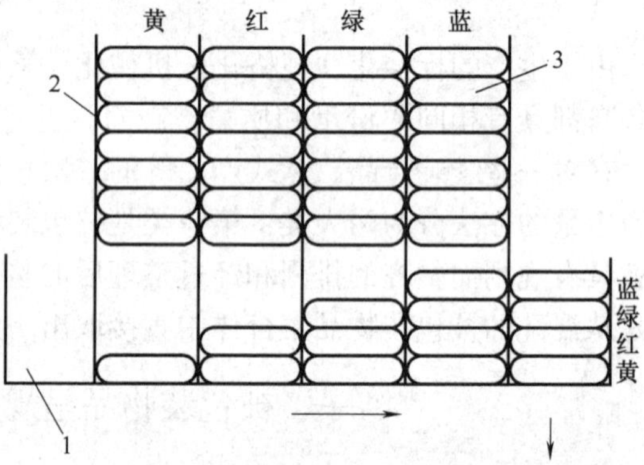

图 3-25　堆积计数机构示意图

1—托体　2—料斗　3—被包装物品

二、被包装物品呈杂乱形状的计数机构

对胶囊、药片等一些难于排列，但有一定的重量与形状的颗粒状物品，包装时又常常是以计数方式进行。这类计数机构常用的有转盘、转鼓、推板等计数计量机构。

1. 转盘式计数机构

图 3-26 所示为转盘式计数机构示意图。其工作原理是：定量盘 2 转动，直到其上的小孔与料斗 1 底部接通，料斗中的物料落入小孔中（每孔一颗）。由于定量盘上的小孔计数额分为三组，互成 120°方位，所以，当定量盘上的小孔有二组进入装料工位时，则必有一组处在卸料位卸料。物料通过卸料槽 3 充入包装容器。为确保物料能顺利地进入计量盘的小孔中，常使定量盘上小孔的直径比物料的直径大 0.5～1mm，盘的厚度也较物料的厚度（或直径）稍厚些。料箱的正面平板多采用透明材料，以利于观察料箱内物料及充填入孔的情况。此板底部与计量盘上面不宜留有过大间隙，以防物料多余转出或将物料刮碎。定量盘在转动过程中，很容易检查所有孔是否都充填有物品以及物品是否破碎或损坏。

盘上孔的布局可以一次充填一个或几个容器。容器的移动也可调整以便进行二次充填，这就可以使几组孔的物料充填入较大的容器。例如每次充填 50 个物品，充填二次每个包装容器内就有 100 个物品。

当物品尺寸变化或每次充填数量改变时，可以换上有合适尺寸形状的盘来代替转盘，物品通过振荡等方式进入板孔。板盘移动带走物料，然后物料经过槽进入容器，还有的在物料区下面装有阀门，阀门打开时就传送物料。

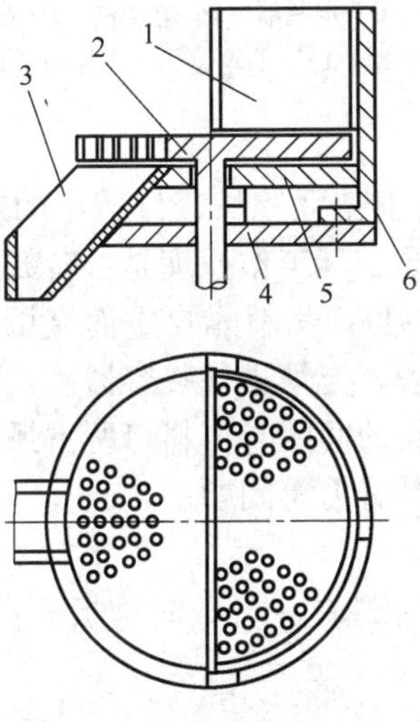

(a) 转盘计数机构示意图

(b) 转盘计数装置照片

图 3-26　转盘式计数机构

1—料斗　2—定量盘　3—卸料槽　4—底盘　5—卸料盘　6—支架

图 3-27（a）所示为转盘计数机原理图。工作原理是：变换手轮 15 的位置，在电动机 7 的驱动下分别经槽轮机构 14 或齿轮 16 使孔盘 1 作间歇或连续转动，该孔盘与水平成一定角度倾角安装，盘上每隔一定角度呈扇面均布一定数量的小孔而形成若干组均分的间隔孔区，改变每一扇形区的孔数即可改变计数值。孔盘上的孔径稍大于物料直径，盘厚略大于物料厚度，以确保每个孔只能容纳一颗物料。在倾斜孔盘转动过程中，物料靠自重在孔盘低处进入孔中，并由固定盘 2 托住孔盘内的物料，当盘上某一孔区逐渐转到卸料槽 3 时，物料靠自重落下而填充到包装容器 4 中。为了使输送带 5 上的瓶口和卸料槽下口准确对位，利用凸轮 8 带动一对撞针，经软线传输定瓶器 6 动作，将到位附近的瓶定位，以防

物料散落瓶外。图 3-27（b）所示为 PSP-100 型双头转盘计数数片机。

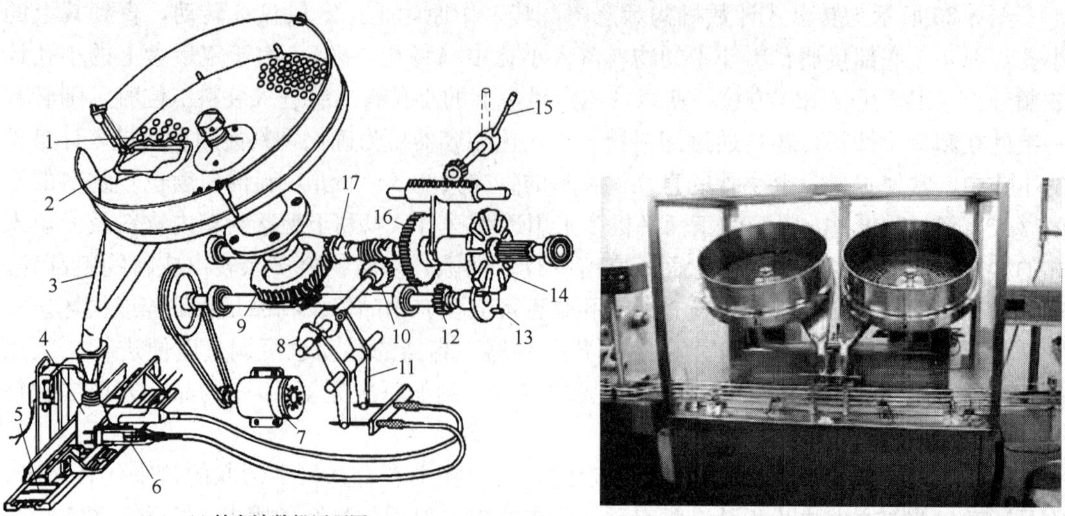

(a) 转盘计数机原理图　　(b) PSP-100 型双头转盘计数数片机外观

图 3-27　转盘计数机

1—带孔转盘　2—固定盘　3—卸料槽　4—包装容器　5—输送带　6—定瓶器　7—电动机　8—凸轮　9—大蜗轮　10—蜗轮　11—摆动杆　12—小直齿轮　13—拨销　14—槽轮　15—手轮　16—直齿轮　17—蜗杆

2. 转鼓式计数机构

图 3-28 所示为转鼓式计数机构示意图。它应用于糖豆等长径比较小的颗粒物料集合自动包装计量，计量原理与转盘式计量原理基本相同。其工作原理是：转鼓运动时，各组计量孔眼在料斗中搓动（一般应以不破损物料为原则），物料靠自重而充填入孔眼。当充满物料的孔眼转到出料口时，物料又靠自重跌落下去，充填进包装容器。

采用此种计数机构时，必须注意到各组计量孔眼的间距与出料口所占弧角的关系，同时还要考虑到物料与转鼓壳体的摩擦以及颗粒间的黏着力等问题。

3. 推板式计数机构

图 3-29 所示为推板式计数机构示意图。其工作原理是：开始时推板 6 自右向左移动，

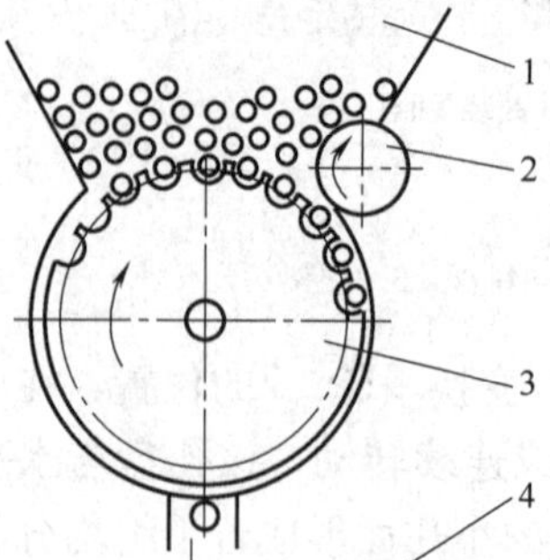

图 3-28　转鼓式计数机构示意图

1—料斗　2—拨料轮　3—计数转鼓　4—输送带

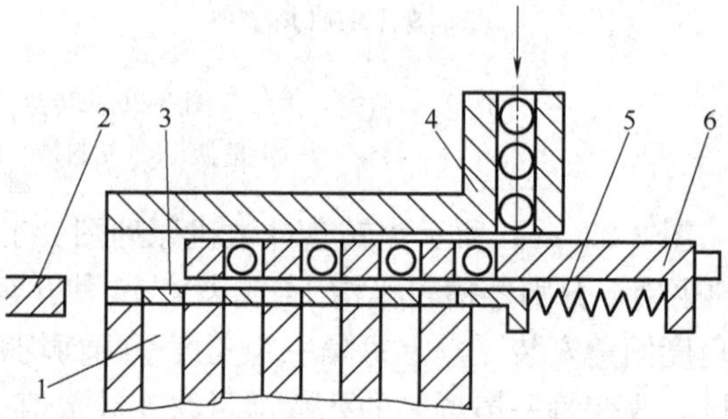

图 3-29　推板式计数机构示意图

1—出料口　2—挡块　3—漏板　4—供料槽体　5—弹簧　6—推板

孔眼逐个通过料箱供料口，一旦孔口对正，物料就落入推板 6 孔眼中。继续向左推移推板，弹簧 5 受到越来越大的压力，当弹簧弹力足以克服漏板 3 的摩擦阻力时，推板、漏板及弹簧一起左移，直到漏板 3 被挡块 2 挡住，此时漏板孔恰好正对供料槽孔，于是推板孔中的物品各自通过出料口落入包装容器中。

除了上述的转盘、转鼓、推板三种计数计量机构外，被包装物品呈杂乱形状的计数机构还有其他的计数装置，下面举例说明。

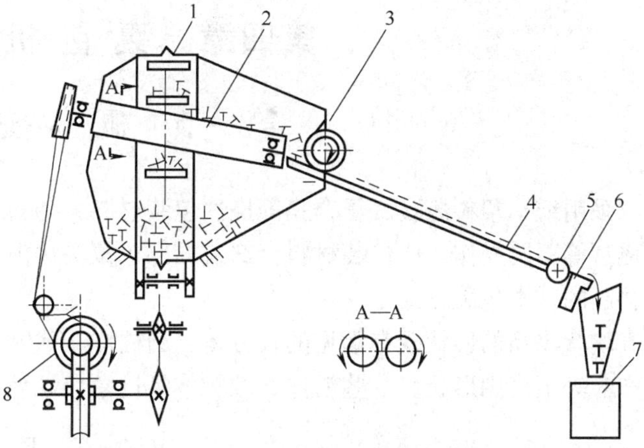

图 3-30 木螺钉计数装置

1—刮板给料器 2—料辊 3—打料轮 4—滑槽 5—光电计数器 6—磁性闸门 7—包装容器 8—电动机

如图 3-30 所示的木螺钉计数装置，工作时，电动机 8 经传动系统驱动刮板给料器 1 旋转，刮板带着杂乱的木螺钉从给料器的上部落到两相向旋转的料辊 2 之间，待定向排列后由打料轮 3 将重叠排列的剔除，成一列送入滑槽 4，最后落到包装容器 7 内。在滑槽 4 的下端装有光电计数器 5 和磁性闸门 6。当木螺钉依次通过光电计数器时发出电信号输入计数电路进行计数，并由数码管加以显示。达到给定量时即发出控制信号关闭磁性闸门。从而完成一次计数工作循环。

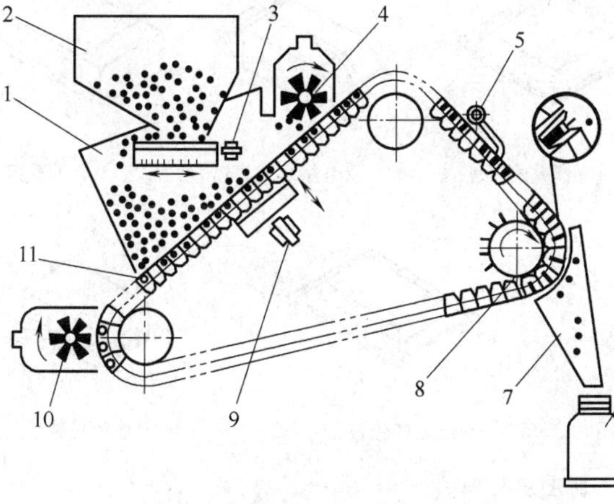

图 3-31 履带计数装置

1、2—料仓 3—筛分器 4—拨料毛刷 5—探测器 6—包装容器 7—卸料斗槽 8—径向推头 9—振动器 10—清屑毛刷 11—履带条板

图 3-31 所示为履带计数装置，该履带由若干组带凹穴的和光面的条板 11 所组成并调整其计数值。物料在料仓 2 的底部经筛分器 3 筛分后进到料仓 1，然后靠自重和振动器 9 的作用不断落入板穴中，并由拨料毛刷 4 将板上的多余物料拨去。当物料移至卸料工位，便借转鼓的径向推头 8 使之成排的掉下，再经卸料斗槽 7 装入容器 6。

在履带连续运行过程中，通过探测器 5 一旦检查出条板凹穴有缺料现象，即自动停车。该装置适用于片状和球形等规则物料的计数。

第四章　裹 包 机 械

第一节　概　　述

采用纸、塑料薄膜、复合膜等挠性包装材料，通过折叠、扭结、缠绕、粘合、热封、热成型等不同操作，使包装材料全部或局部包覆块状物品的包装方法称为裹包。裹包是块状物品的基本包装方式之一。

块状物品的形状既有常见的长方体、圆柱体、球体等规则几何形状，也有如水果、家禽产品等不规则形状。一些粉体、散粒体经过盒、盘等预包装后，也可看作是块状物品。

一、裹 包 形 式

各种块状物品具有各自不同的形状、尺寸等特性和不同的包装工艺要求，从而产生了全裹包、半裹包、缠绕裹包、拉伸裹包、贴体包装、收缩包装等多种不同的裹包形式。图 4-1 所示为几种典型的裹包形式。

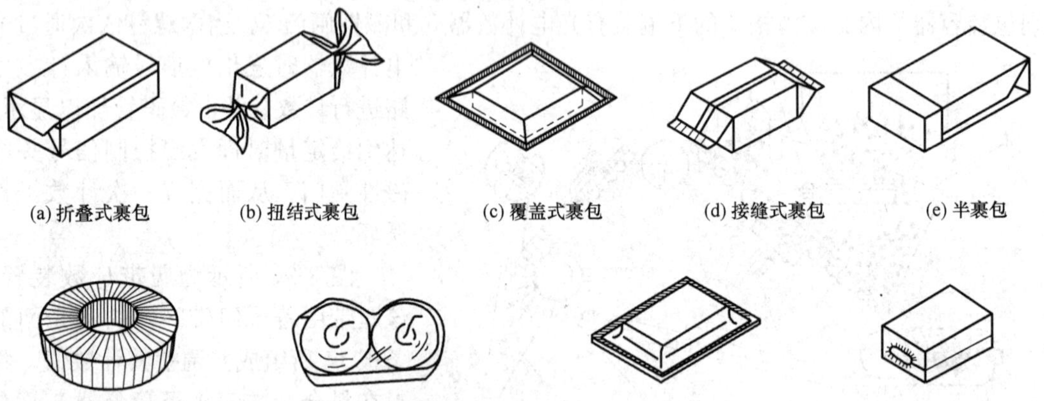

(a) 折叠式裹包　(b) 扭结式裹包　(c) 覆盖式裹包　(d) 接缝式裹包　(e) 半裹包

(f) 缠绕式裹包　(g) 拉伸式裹包　(h) 贴体包装　(i) 收缩包装

图 4-1　典型裹包形式

二、裹包机的基本类型

裹包机械适合于对具有一定刚度的块状物品进行包装，既可以对单件块状物品进行单件裹包，也可以对若干件块状物品的集合进行集合裹包。裹包机械种类繁多，功能结构各异，按包装后成品的形态可分为全裹包机和半裹包机。根据块状物品不同的裹包形式，裹包机械则可分为以下八类：

（1）折叠式裹包机；

（2）扭结式裹包机；

(3) 接缝式裹包机；
(4) 覆盖式裹包机；
(5) 缠绕式裹包机；
(6) 拉伸式裹包机；
(7) 贴体包装机；
(8) 收缩包装机。

三、裹包机的基本参数

裹包机械的基本参数有生产效率、包装尺寸、电机功率、整机重量、外形尺寸等。应根据产品不同的包装要求，选择不同的参数。

图 4-2 所示为香烟透明盒包装机，可对单包或条盒进行自动裹包，并自动粘贴防伪金拉线，其参数如下：

图 4-2 香烟透明盒包装机

包装材料：OPP 或 BOPP 薄膜、热粘玻璃纸及防伪金拉线

生产效率：25～120 包/min

电源：380V 50Hz

电机功率：0.75kW

电热功率：3.7kW

包装范围：(40～160)mm×(20～100)mm×(10～40)mm

外形尺寸：2700mm×800mm×1600mm

重量：约 600kg

第二节 折叠式裹包机

用挠性包装材料裹包在块状物品上，用搭接方式包成筒状，再将伸出块状物品两端的包装材料按一定的工艺方式进行折叠封闭的机器称为折叠式裹包机。折叠式裹包机使用广泛，包装外形整齐美观。

一、折叠式裹包工艺

由于折叠式裹包的形式较多，裹包的方法和设备也是多种多样的。下面简要介绍几种典型的折叠裹包工艺。

（一）卧式直线型折叠裹包工艺

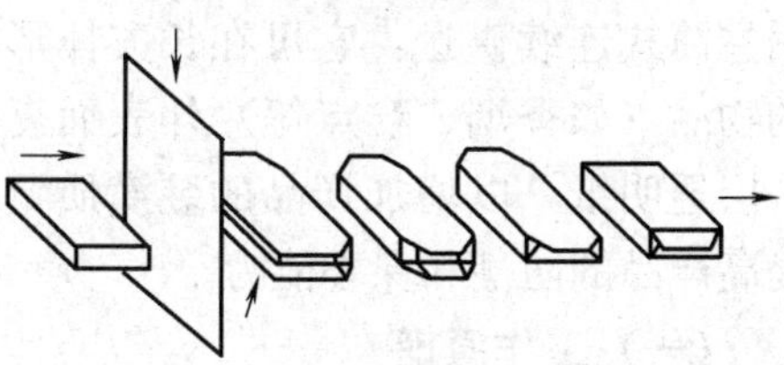

图 4-3 卧式直线型折叠裹包工艺路线图

图 4-3 所示为卧式直线型折叠裹包工艺路线图。块状物品与包装材料接触后一直做水平直线运动，并在运动过程中实现对包装材料的折叠封闭。输送机构简单是此裹包工艺的特点，但由于直线输送的路程较长，折叠裹包机占地面积太大。

（二）阶梯型折叠裹包工艺

图 4-4 所示为阶梯型折叠裹包工艺路线图。在裹包过程中，先作顶推的垂直直线运动，后作水平直线运动。此工艺可缩短输送路程，但由于多了垂直方向的顶推动作，使得物品的输送机构较为复杂。

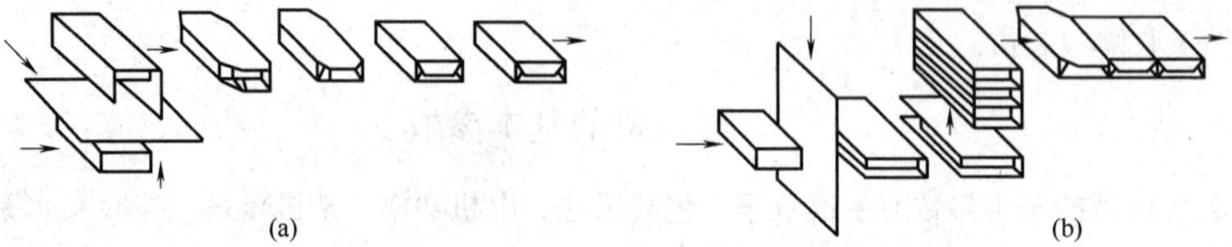

图 4-4 阶梯型折叠裹包工艺路线图

图 4-4 中所示两种工艺的区别，主要是裹包后包装纸的接缝位置有所不同。图（a）所示的接缝位置在底面，图（b）所示的接缝位置在侧面。

（三）组合型折叠裹包工艺

图 4-5 所示为组合型折叠裹包工艺路线图。在裹包过程中，先作水平方向的直线运动，后作半圆弧的旋转运动，再作水平方向的直线运动。这些运动可分别由水平输送带和转盘来实现，因此，不但可减小裹包机的占地面积，物品的输送机构也较简单。

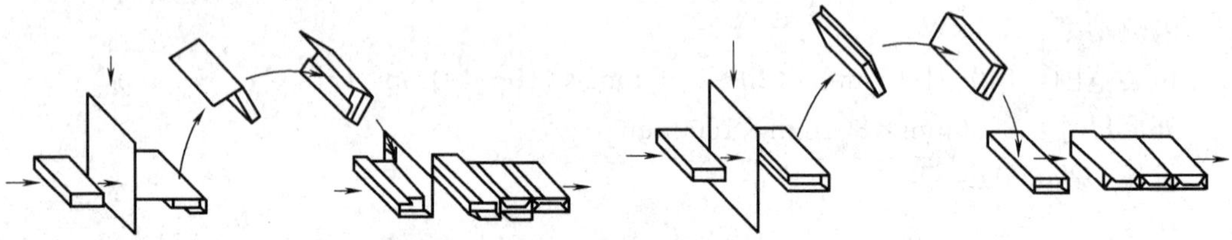

图 4-5 组合型折叠裹包工艺路线图

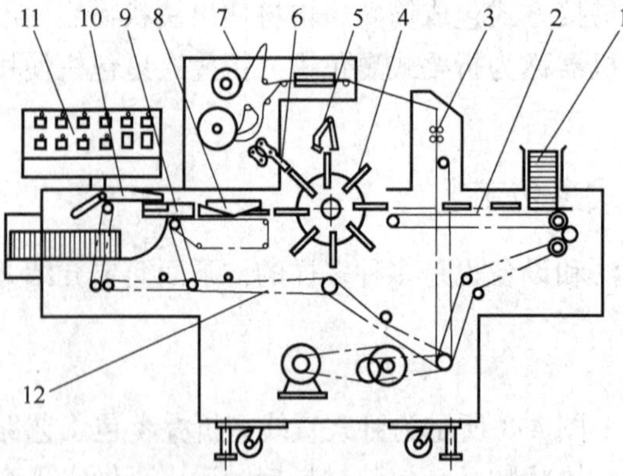

图 4-6 转盘折叠式裹包机结构示意图

1—贮料仓 2—输送链 3—包装纸裁切输送机构 4—转盘 5—侧面折叠机构 6—侧面热封机构 7—供纸机构 8—端面折叠机构 9—端面热封机构 10—出料机构 11—控制柜 12—传动机构

由于折叠裹包的形式和工艺多种多样，实现折叠裹包的机器种类也很多，下面分别介绍两种典型折叠式裹包机。

二、转盘折叠式裹包机

图 4-6 所示为转盘折叠式裹包机的结构示意图。该机为全自动包装机，被包装物由输送链连续供给，包装材料采用卷筒式连续供送，它可在长方体形状的物品（如香烟、糕点等）外表面裹包一层透明纸，以增加产品的装潢质量和提高产品的防潮和保香能力。

（一）工作原理

块状物品叠放在贮料仓 1 中，当输送

链 2 上的推板运动到贮料仓的下方时，将位于最底层的块状物品向左推送，贮料仓中的其他块状物品就在自重的作用下下落。定长切断的透明纸由包装纸裁切输送机构 3 送到转盘 4 的导槽前，在推板的推动下将透明纸与块状物品一起推入导槽内，导槽的四侧壁先后分别折叠透明纸，实现对块状物品的 U 形三面裹包，再对两端面的前短边进行折叠。

转盘 4 是由间歇机构驱动的，导槽内的块状物品也随其间歇性向上转动。当转动到侧面折叠机构 5 下方停歇时，对透明纸进行侧面的折叠裹包，当转动到侧面热封机构 6 下方停歇时，完成对透明纸的侧面封接。

当转盘继续转动至导槽为水平位置停歇时，由导槽底部的顶杆将包装件从导槽中推出，并由排料推板继续向左推送。在经过端面折叠机构 8 时，完成两端面的折叠。在经过端面热封机构 9 时，完成两端面封接。最后由出料机构 10 将完成裹包的包装件成排堆放输出，从而完成整个包装过程。

由上述工作原理可知，转盘折叠式裹包机所采用的折叠裹包工艺为组合型折叠裹包工艺，如图 4-7 所示。

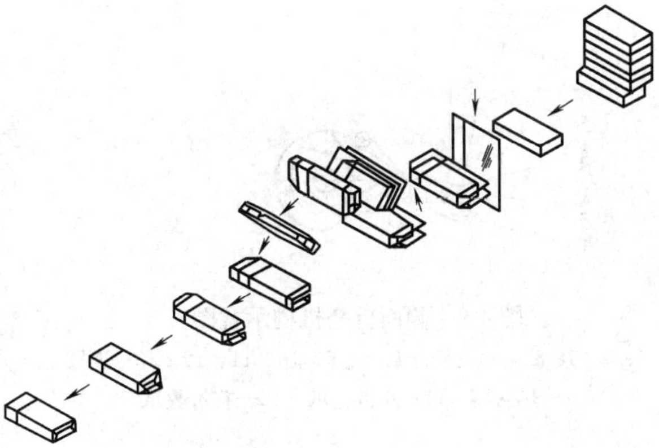

图 4-7　转盘折叠式裹包机工艺路线图

（二）主要执行机构

1. 包装纸供送机构

香烟透明纸包装为了便于将透明纸拆封撕开，一般在透明纸一端需要加入一条拉线带。图 4-8 所示为包装纸供送机构示意图。透明纸和拉线带以卷筒形式装在卷筒纸架上。两卷轴均装有制动器，以保证包装材料拉动时具有一定的张力，避免纸卷的漂移和错位。由于透明纸卷轴的惯性较大，为防止产生过大的张力，在拉纸过程中须松开制动器。

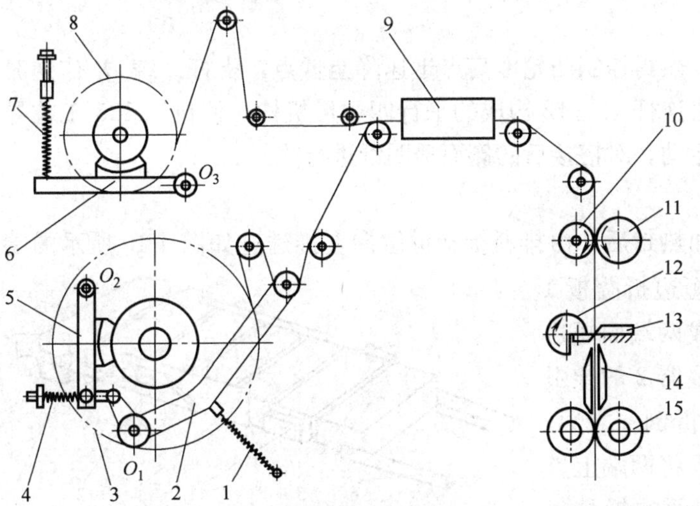

图 4-8　包装纸供送机构示意图

1、7—拉簧　2—杠杆　3—透明纸卷　4—压簧　5、6—制动器　8—拉线带卷　9—热合器　10—橡胶辊　11—牵引辊　12—切纸滚刀　13—固定刀片　14—导板　15—输送对辊

供纸时，张紧滚筒受拉纸张力的作用向上抬起，杠杆 2 绕 O_1 作逆时针转动，其左臂推动制动器 5 绕 O_2 顺时针转动，使制动器离开透明纸卷轴的制动轮，解除制动。拉纸停止时，由于没有了拉纸张力，制动器在压簧 4 的作用下复位制动。制动力的大小可通过调节压簧 4 来控制。

拉线带卷轴由于拉线

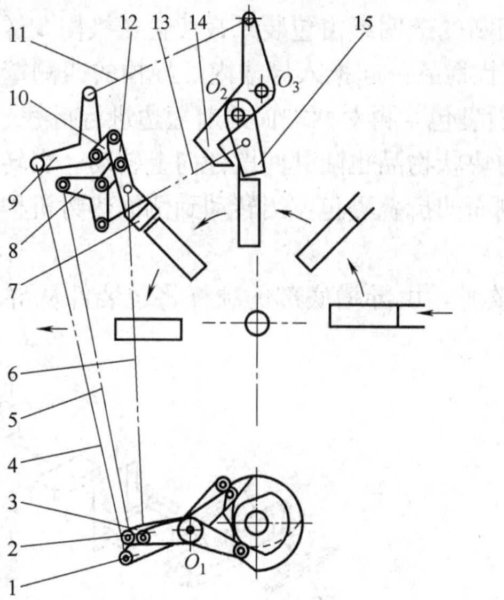

图 4-9　侧面折叠机构示意图

1、2、3、8、9—支杆　4、5、6、10、11、12、13—连杆　7—热封器　14—左折叠爪　15—右折叠爪

带很窄，惯性较小，所需制动力也较小，拉带时可不松开制动器，始终处于制动状态。其制动力的大小可通过调整拉簧 7 的拉力来调节。

透明纸与拉线带经热合器 9 的加热压合后，在牵引辊 11 和橡胶辊 10 的牵引下，由切纸滚刀 12 裁切成所需长度，再通过输送对辊 15 输送到包装工位。

2. 侧面折叠、热封机构

如图 4-9 所示，当转盘在间歇机构的控制下，向上转动到导槽成垂直位置停歇时，右折叠爪 15 控制凸轮降程开始，支杆 3 绕支点 O_1 顺时针转动，推动连杆 5 向上运动，使支杆 8 也顺时针转动，通过连杆 13 拉动右折叠爪绕 O_2 作顺时针转动，将侧面右边的透明纸折向左边。

当右折叠控制凸轮降到最低点时，左折叠控制凸轮开始升程，凸轮推动滚子使支杆 1 绕 O_1 逆时针转动，通过连杆 4 使支杆 9 逆时针转动，再通过连杆 11 拉动左折叠爪 14 作逆时针转动，将侧面左边透明纸折向右边。在左折叠爪逆时针转动一定角度后，右折叠爪才开始后退，以保证左边折叠的透明纸盖住右边已折叠好的透明纸。左折叠爪上装有加热装置，折叠后对两折叠边进行加热定型，防止透明纸在折叠爪退出后弹起，从而保证下一步封合能顺利进行。

在侧面折叠工作的同时，热封控制凸轮由高点迅速降至低点，支杆 2 绕 O_1 作逆时针方向转动，通过连杆 6 拉动由连杆 10、12 构成的平行四边形机构，使位于 135°工位导槽上方的热封器 7 向下作平移运动，对搭接后的侧面透明纸进行热封。

3. 端面折叠、热封机构

包装件在完成侧面折叠和热封后，由排料推板继续向左推送进如图 4-10 所示的端面折叠、热封机构。首先，由短边折叠板 1 将两端面的前短边压倒，完成两端面短边的折叠。随后，在下长边折叠器 2 的导引下，将两端下方的长边向上折倒。之后，在上长边折叠器 3 的导引下，将两端上方的长边向下折叠，完成两端面的折叠封闭。最后，由两端的热封器 4 完成对两端折叠透明纸的热封，通过导轨 6 输出成品。

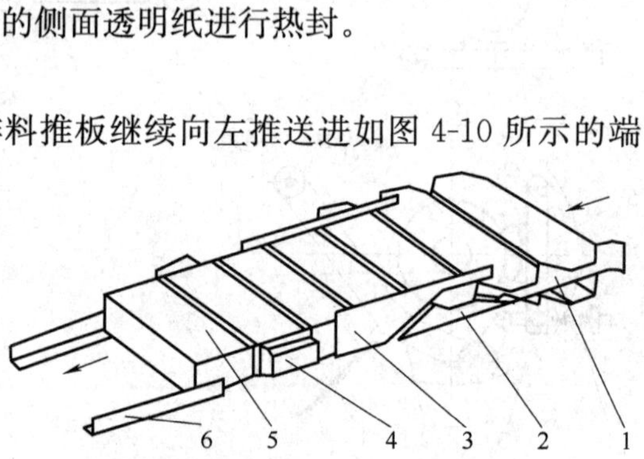

图 4-10　端面折叠机构示意图

1—短边折叠板　2—下长边折叠器　3—上长边折叠器　4—热封器　5—成品　6—导轨

三、条盒透明纸裹包机

图 4-11 所示为条盒透明纸裹包机结构简图。该机主要由透明纸供送系统 1、裹包系统 2、条盒输入系统 3、电气控制柜 4、动力系统 5 等组成。常用于条盒烟、盒装茶叶等长方体块状物品的包装。

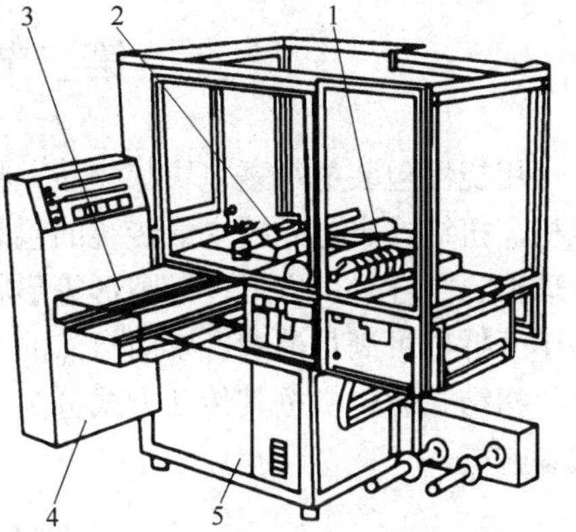

图 4-11 条盒透明纸裹包机结构简图
1—透明纸供送系统 2—裹包系统
3—条盒输入系统 4—电气控制柜
5—动力系统

该裹包机所采用的工艺流程为阶梯型折叠裹包工艺流程。工作原理如图 4-12 所示，整个包装过程如下：

(1) 条盒烟 1 由输送带送入顶板 4 上。随后，被定长切断的透明纸 2 送到条盒烟 1 的上方，覆盖条盒烟 1。如图 4-12 (a) 所示。

(2) 顶板 4 带着条盒烟 1 与透明纸 2 沿垂直通道 3 上升，在垂直通道的导向下，使透明纸呈倒 U 形三面包裹条盒烟 1。

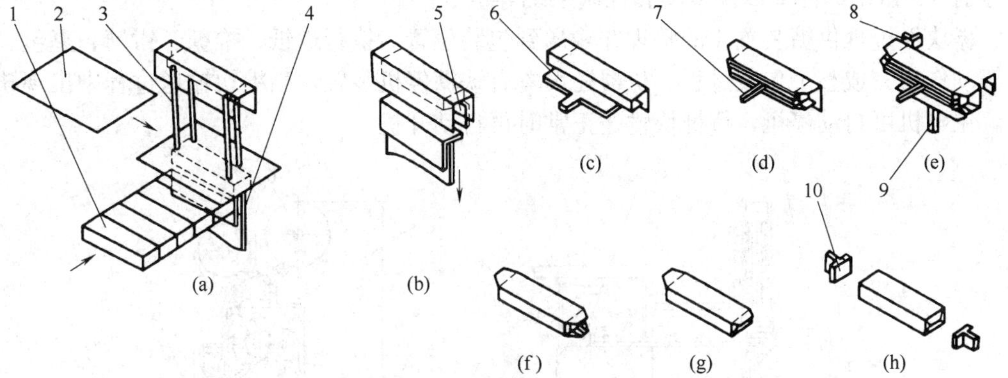

图 4-12 条盒透明纸裹包机工作原理图
1—条盒烟 2—透明纸 3—垂直通道 4—顶板 5—摆动板 6—折叠板
7—推板与两端面折叠板 8—固定折叠板 9—底面热封器 10—端面热封器

(3) 当顶板 4 上升到最高位置后，摆动板 5 与折叠板 6 一起将条盒烟 1 托住。顶板 4 开始下降到起始位。如图 4-12 (b) 所示。

(4) 折叠板 6 将透明纸底面的前长边进行折叠。如图 4-12 (c) 所示。

(5) 推板与两端面折叠板 7 开始运动，完成两端面前部短边的折叠任务。如图 4-12 (d) 所示。

(6) 在推板与两端面折叠板 7 继续向前的推送过程中，底板（图中未画）和固定折叠板 8 完成底面后长边和两端面后部短边的折叠任务。如图 4-12 (e) 所示。随后，底面热封器 9 向上运动，将底面长边热封。条盒的裹包状态如图 4-12 (f) 所示。

(7) 条盒在输送带的推动下进入输出机构，在输出机构两侧固定折叠板的导向下，先进行两端面下部长边的折叠，如图 4-12 (g) 所示，再进行两端面上部长边的折叠。

（8）最后由两端面热封器 10 对条盒两端透明纸进行热封，完成整个透明纸条盒的包装任务，如图 4-12（h）所示。

第三节 扭结式裹包机

用挠性包装材料裹包块状物品，将末端伸出的裹包材料扭结封闭的机器称为扭结式裹包机。扭结式裹包是糖果最传统的包装方法之一，近年来已推广应用到其他产品的包装，对球形、圆柱形、方形、椭圆形等形状的产品都可实施裹包。产品裹包后的外形美观，且易于开拆，可满足消费者崇尚自然的心态，因此应用非常广泛。

扭结式裹包机按其传动方式分为间歇式和连续式两种。以下分别介绍这两种双端扭结式裹包机。

一、间歇回转型扭结裹包机

（一）总体结构

图 4-13 所示是 BZ350-Ⅰ型糖果包装机外形图，属于间歇回转型扭结裹包机的一种，主要用于圆柱形和长方形糖块的双层纸包装。它主要由理供糖装置 4、供纸装置 8、钳糖工序盘 5、扭结部件 2 以及传动和控制系统等组成。

糖块经过理供糖装置 4 的整理并输送到包装位置，执行送纸、推糖、钳糖、裹包、扭结等动作，完成整个包装过程。机器还设置有缺糖停机装置，当糖块输送过程中出现缺糖时，主电机可自动停机，待糖块输送正常时再自动开机。

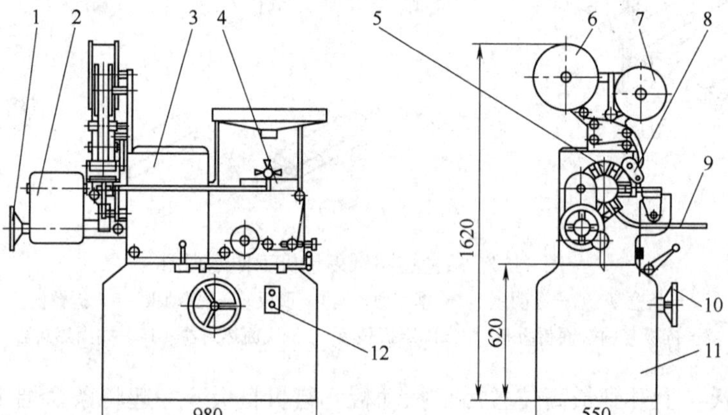

图 4-13 BZ 350-Ⅰ型糖果包装机外形图

1—盘车手轮 2—扭结部件 3—主箱体 4—理供糖装置 5—钳糖工序盘 6—商标纸卷 7—内衬纸卷 8—供纸装置 9—成品输出槽 10—调速手轮 11—机座 12—电源开关

（二）扭结裹包工艺

图 4-14 所示为扭结裹包工艺路线图。整个包装过程如下：

（1）糖块 2 经过理糖整理后，由输送带 1 送到裹包工位，如图 4-14（a）所示。与此同时，包装纸 5 也输送到位。

（2）送糖杆 3 和接糖杆 6 相继动作，把糖块连同包装纸一起夹住。随后，包装纸被辊

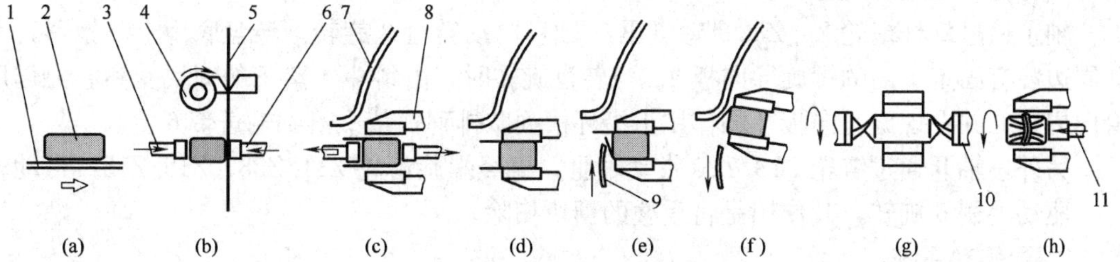

图 4-14　扭结裹包工艺路线图

1—输送带　2—糖块　3—送糖杆　4—辊刀　5—包装纸　6—接糖杆　7—固定抄纸板
8—钳糖手　9—下抄纸板　10—扭结手　11—打糖杆

刀 4 切断，如图 4-14（b）所示。

（3）送糖杆和接糖杆向右运动，将糖块和包装纸送入张开的钳糖手 8 中，如图 4-14（c）所示。

（4）钳糖手闭合，将糖块和包装纸夹住，完成对糖块的三面裹包。随后，送糖杆和接糖杆退后复位，如图 4-14（d）所示。

（5）下抄纸板 9 向上摆动将糖块下侧的包装纸向上折叠，如图 4-14（e）所示。

（6）安装在工序盘上的钳糖手 8，跟随工序盘作间歇转动。在转动的过程中，糖块上侧的包装纸被固定抄纸板 7 阻挡弯折，下抄纸板 9 在上侧折边开始弯曲时及时下摆复位，如图 4-14（f）所示。

（7）当钳糖手转动到扭结工位停歇时，由扭结手 10 进行两端扭结。至此，完成一个包装，如图 4-14（g）所示。

（8）钳糖手转动到最后的一个工位时，钳糖手张开，糖果成品被推糖杆 11 打出，如图 4-14（h）所示。

（三）传动系统

BZ 350-Ⅰ型糖果包装机的传动系统由两部分组成，包括理糖传动系统和主传动系统。它们是相互独立的，分别配有独立的动力源，即整机由两台电机驱动两套传动系统工作，以下加以详述。

1. 理糖传动系统

理糖装置的作用是使待包装糖块通过整理排列，依次整齐地传入输送带，输送到裹包工位。理糖传动系统如图 4-15 所示。

电机 1 通过 D50/D112 的 V 带传动，驱动轴Ⅰ旋转，再经齿轮 Z17/Z46 带动轴Ⅱ。轴Ⅱ上的带轮牵动输送带 6

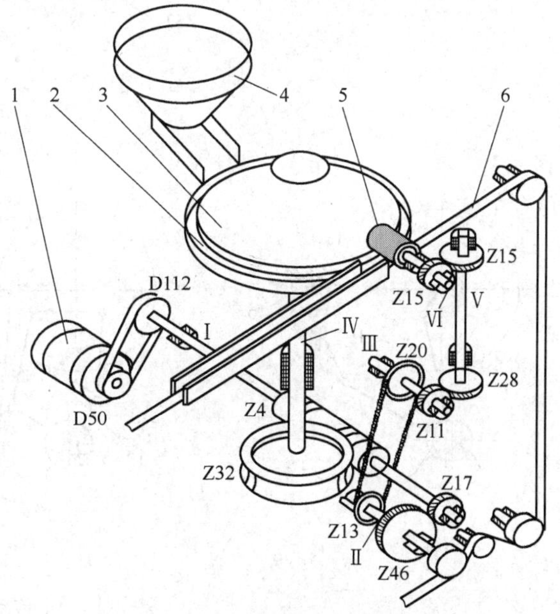

图 4-15　理糖传动系统

1—电机　2—螺旋导向板　3—转盘
4—料斗　5—毛刷　6—输送带

运行，将糖块运送到裹包工位。

轴Ⅰ通过蜗杆蜗轮 Z4/Z32 带动轴Ⅳ，轴Ⅳ驱动转盘 3 旋转。转盘底为上凸锥形，在其周边装有固定不动的螺旋导向板 2。当转盘旋转时，由料斗 4 落下的糖块受离心力作用滑向周边，并在螺旋导向板 2 的作用下沿环槽列队排列，依次落到输送带 6 上。

另外，轴Ⅱ通过链轮 Z13/Z20 带动轴Ⅲ，再经螺旋齿轮 Z11/Z28、Z15/Z15，带动轴Ⅵ，驱动毛刷 5 旋转，其作用是将重叠的糖块扫除。

2. 主传动系统

主传动系统如图 4-16 所示。为了实现包装速度的无级调整，在主传动系统中采用了分离锥轮式无级变速机构。旋转调速手轮 8 可使电机移动，改变两皮带轮的中心距，从而改变皮带在分离锥轮上的接触半径，以达到无级变速的目的。

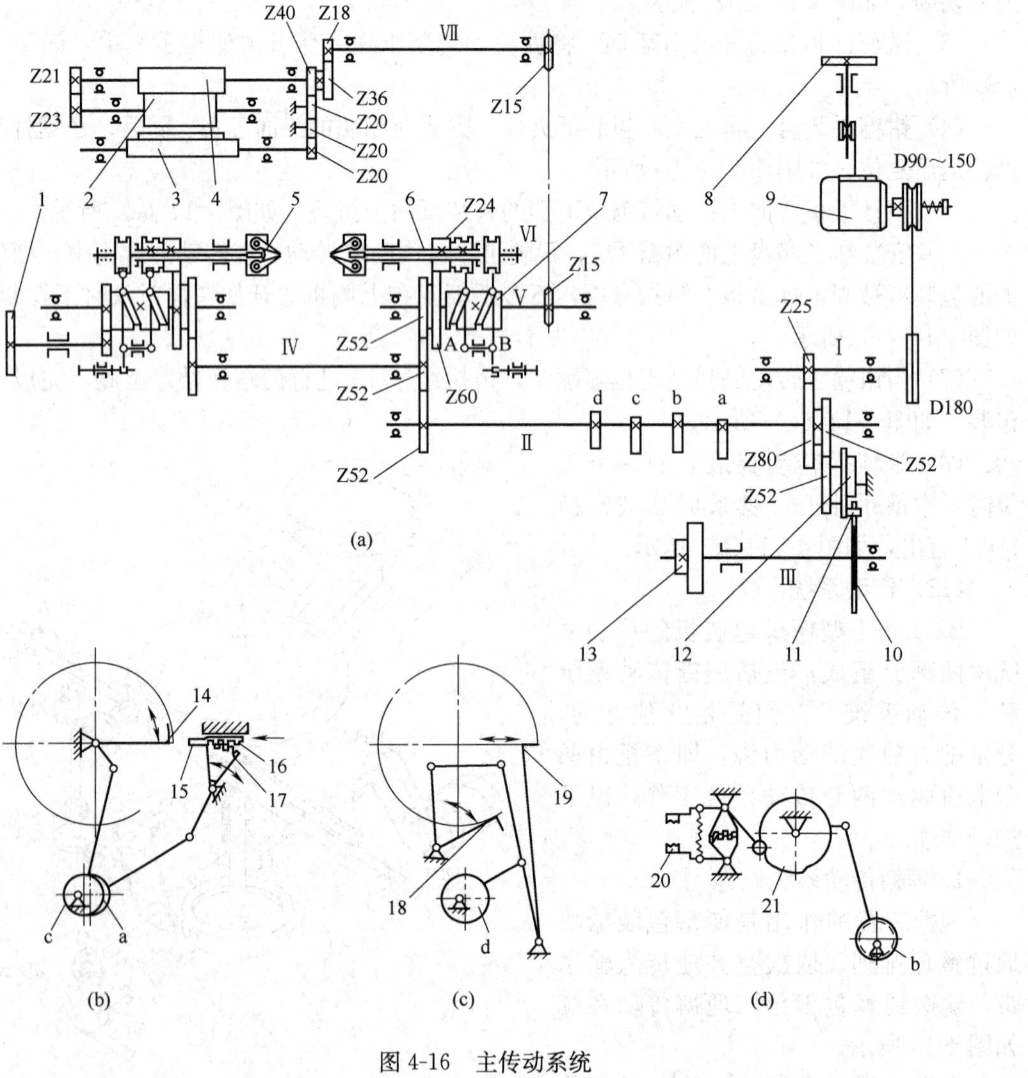

图 4-16　主传动系统

1—盘车手轮　2—橡胶辊　3—滚刀轴　4—卷纸轴　5—扭结手　6—扭手套轴　7—扭手凸轮　8—调速手轮　9—电机　10—槽轮　11—拨销　12—拨盘　13—工序盘　14—抄纸板　15—送糖杆　16—齿条　17—扇形齿轮　18—打糖杆　19—接糖杆　20—钳糖手　21—凸轮　a、b、c、d—偏心轮

电机 9 经无级变速带轮机构带动轴Ⅰ旋转，轴Ⅰ经齿轮 Z25/Z80 传动到分配轴Ⅱ，轴Ⅱ上各个偏心轮和齿轮分别带动各构件，实现送糖、送纸、切纸、抄纸、钳糖手开合、工序盘间歇转位、扭结以及卸糖等动作。各机构传动如下：

（1）送糖。送糖杆机构由轴Ⅱ上的偏心轮 a 驱动，如图 4-16（b）所示。偏心轮 a 回转，通过连杆使扇形齿轮 17 摆动，从而带动装有送糖杆 15 的齿条 16 往复直线移动，完成送糖动作。

（2）接糖。接糖杆机构由轴Ⅱ上的偏心轮 d 驱动，如图 4-16（c）所示。偏心轮 d 通过杠杆机构带动接糖杆 19 往复移动，完成接糖动作。

（3）打糖。同样由轴Ⅱ上的偏心轮 d 控制，通过杠杆机构使打糖杆 18 往复摆动，将裹包好的糖果从钳糖手中打出。

（4）钳糖手开合。钳糖手开合动作由轴Ⅱ上的偏心轮 b 控制，如图 4-16（d）所示。偏心轮 b 旋转时，通过连杆机构带动凸轮 21 往复摆动，而凸轮 21 通过滚子、杠杆带动一对扇形齿轮啮合运动，从而控制钳糖手 20 的张开或夹紧。

（5）抄纸。抄纸板的动作由轴Ⅱ上的偏心轮 c 控制，如图 4-16（b）所示，偏心轮 c 通过杠杆机构使抄纸板 14 上下摆动，实现下折边。

（6）扭结。轴Ⅱ经由过渡齿轮 Z52 带动轴Ⅴ，再通过齿轮 Z60/Z24 带动扭手套轴 6 旋转，从而使与扭手套轴固联的扭结手 5 也一起旋转。轴Ⅴ上的扭手凸轮 7 通过摆杆 A 使扭结手 5 作轴向进退运动；扭手凸轮 7 通过摆杆 B 使齿条轴向移动，从而控制扭结手爪的开合。旋转盘车手轮 1 可对机器进行手动调整。

（7）工序盘间歇转位。工序盘 13 的轮转由槽轮机构控制，如图 4-16（a）所示，轴Ⅱ经一对齿轮 Z52 带动拨盘 12 转动，拨盘上的拨销 11 拨动槽轮 10，使工序盘 13 作间歇转动。安装在工序盘上的钳糖手 20 依次在各个工位轮转。

（8）送纸与切纸。轴Ⅴ经链传动 Z15 带动轴Ⅶ，通过齿轮 Z18/Z36 带动卷纸轴 4 旋转，卷纸轴 4 通过齿轮 Z21/Z23 带动橡胶辊 2 旋转，完成牵引送纸。卷纸轴 4 通过齿轮 Z40 以及过渡齿轮 Z20 带动滚刀轴 3 旋转，实现切纸动作。

（四）主要机构及工作原理

1. 工序盘

BZ350-Ⅰ型糖果包装机的工序盘装有六副钳糖手，随工序盘作间歇式轮转。图 4-17 所示为工序盘机构简图，工序盘 3 与工序盘轴 10 之间以圆锥销固联，使工序盘轴能带动工序盘作间歇转动。工序盘轴 10 上套有铜套 9，通过偏心轮及连杆机构可使铜套在工序盘轴上转动。因为下凸轮 11 用键 8 固定在铜套 9 上，而上凸轮 1 用螺钉与下凸轮 11 固联。因此，

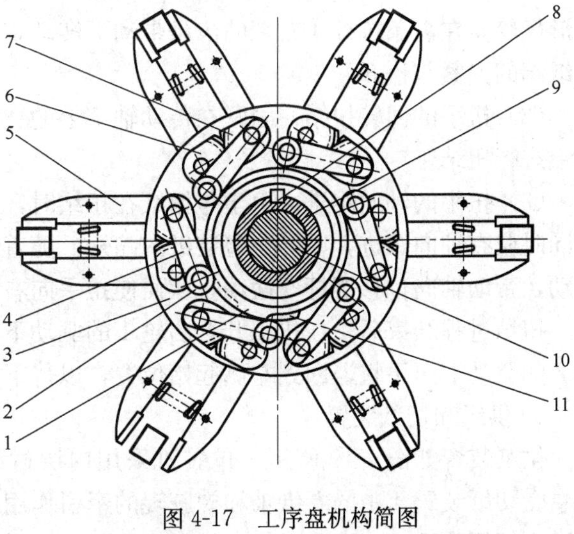

图 4-17　工序盘机构简图

1—上凸轮　2—滚子　3—工序盘　4—滚子臂
5—钳糖手　6、7—扇形齿轮　8—键
9—铜套　10—工序盘轴　11—下凸轮

凸轮 1、11 会随铜套一起摆动。

当工序盘顺时针转动，钳糖手转位到出糖位置时，滚子 2 与下凸轮 11 的上升曲线接触，使滚子臂 4 顺时针摇动，从而带动扇形齿轮 7 和 6 相对摆动，使钳糖手张开，同时打糖杆将包装好的糖块打出。

当工序盘继续轮转，钳糖手转位至进糖位置时，仍然处于张开状态，此时送糖杆和接糖杆动作，把糖块与包装纸一起顶入钳糖手。待送糖杆和接糖杆即将离开时，上凸轮 1 和下凸轮 11 随铜套逆时针摆动，使滚子 2 落到上凸轮 1 的下降曲线，从而带动钳糖手闭合，靠弹簧力夹紧糖块。装配时，通过调整上凸轮 1 和下凸轮 11 的交错位置角度，就可改变上升曲线的弧长，从而改变钳糖手张开的持续时间。为确保钳糖手在进糖工位能迅速准确地闭合，必须使上凸轮 1 和下凸轮 11 在偏心轮和连杆机构的控制下能及时摆动。

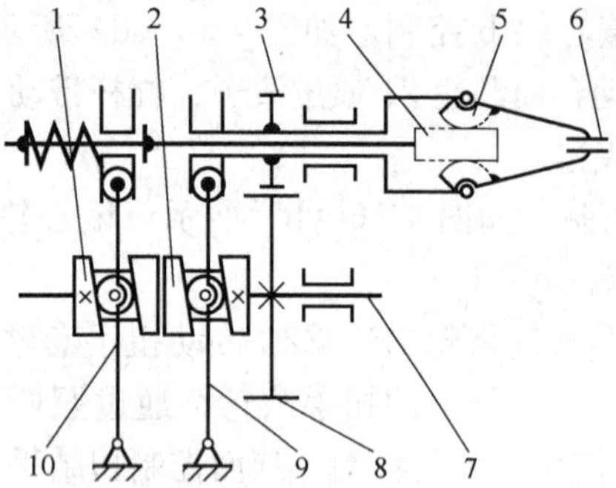

图 4-18　扭结机械手结构简图

1—扭手开合凸轮　2—轴向位移凸轮　3—齿轮　4—齿条拉杆　5—扇形齿轮　6—扭结手指　7—传动轴　8—宽齿轮　9—轴向位移摆杆　10—扭手开合摆杆

2. 扭结机构

当糖果送到扭结工位时，一对机械手同时夹紧两纸端，完成扭结封闭动作。扭结机械手对称布置，同向旋转。图 4-18 所示为扭结机械手的结构简图，图中只画出了左半部分的机械手，右半部分对称布置。

根据工艺要求，扭结机械手在扭结过程中需完成以下三个动作：

（1）扭结手爪的开合　动力由分配轴经齿轮传动带动传动轴 7 回转，固联在传动轴 7 上的扭手开合凸轮 1 也随之转动，并带动扭手开合摆杆 10 来回摆动，从而使齿条拉杆 4 左右移动，扭结手爪的扇形齿轮 5 在齿条拉杆 4 右端的齿条带动下转动，使扭结手指 6 闭合与张开，以完成对包装纸端的夹紧与松开。

（2）扭手的回转扭结　固联在传动轴 7 上的宽齿轮 8 通过齿轮 3 带动扭手回转，对包装纸进行扭结。

（3）扭手的轴向跟进　由于包糖纸在扭结时，长度会缩短，因此要求扭手在回转扭结的同时应有轴向跟进，以补偿包装纸的缩短。随着固联在传动轴 7 上的轴向位移凸轮 2 的转动，带动轴向位移摆杆 9 摆动，从而使扭手向右移动。

扭结过程结束后，在扭手开合凸轮 1 的驱动下，扭结手指 6 张开，同时在轴向位移凸轮 2 的驱动下扭手将退回到左侧起始位置，以待下次扭结作业。

3. 供纸和切纸装置

供纸装置如图 4-19 所示，包装机采用内层衬纸和外层商标纸两卷包装纸同时供送。纸卷受切纸装置 4 中的卷纸轴和橡胶辊的牵引作用，由商标纸架 1 和衬纸架 3 松卷，经导辊进入切纸装置 4。

图 4-20 所示为切纸装置的结构图。图（b）所示为装纸时扳开橡胶辊 9 后的状态。内衬纸和商标纸经导辊后受到卷纸轴 4 和橡胶辊 9 的牵引输送，通过导板 7 后被滚刀 8 切断

成单张包装纸。

滚刀8的转速为卷纸轴4转速的两倍，即切下的纸长近似于卷纸轴外圆周长的一半。在变动糖块规格时，应调换相应直径的卷纸轴。同时，为了保证卷纸轴4与橡胶辊8的线速度一致，还应调换卷纸轴上的输出齿轮。

支架11上还配有一个重锤2，可对橡胶辊施加一定的压力，以保证包装纸能连续、可靠地供送。为保证送纸不跑偏，橡胶辊和卷纸轴之间的压力沿轴线方向应保持均衡。

滚刀8和固定刀6之间的位置应仔细调节，使两刀刃口能轻轻擦过，以保证顺利切下包装纸，并且纸边光滑完整。安装固定刀6时应使其刀刃稍后于导板7的前侧平面，以避免包装纸沿导板送出时碰着刀口而卷曲。

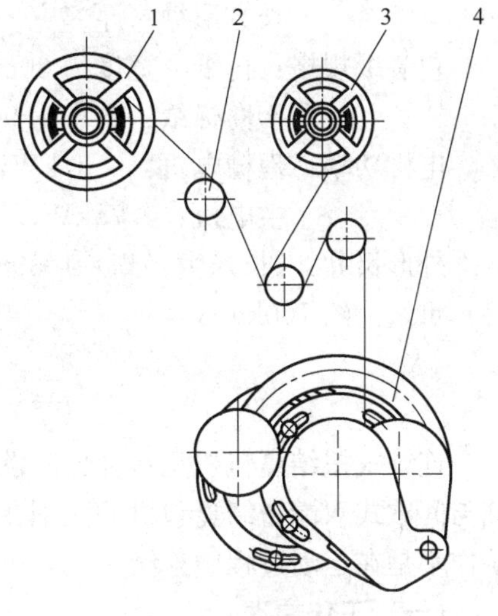

图4-19 供纸装置

1—商标纸架 2—导辊 3—衬纸架 4—切纸装置

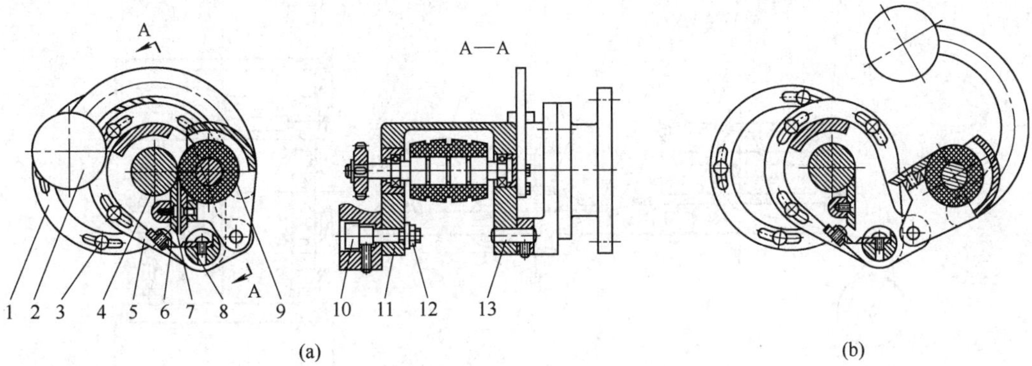

图4-20 切纸装置

1—法兰盘 2—重锤 3—螺栓 4—卷纸轴 5—刀架 6—固定刀 7—导板 8—滚刀 9—橡胶辊 10—销轴 11—支架 12—螺母 13—销

4. 缺糖停车装置

如图4-21所示，糖块在输送带上一粒紧接一粒依次输送时，糖块将摇杆1顶起，摇杆上部与接近开关3接触，使其接通，令主电机继电器通电，主电机保持运转。当缺糖时，摇杆受重锤4的作用绕铰支2向下摆动，使其上部离开接近开关，开关断开，使主电机断电停机，可避免缺糖时包装纸继续送入裹包扭结装置而产生故障和废料。当糖块恢复供应时，主电机继电器将恢复通电，机器可重新恢复运转。

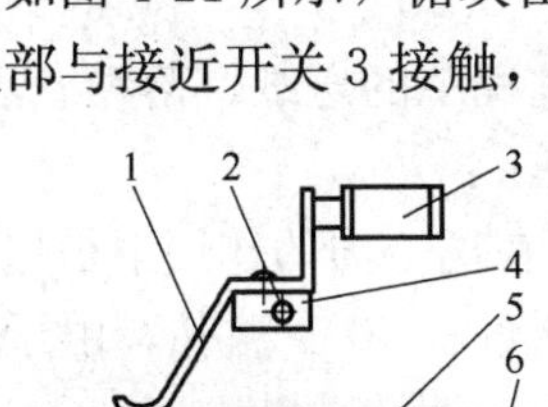

图4-21 缺糖停车装置

1—摇杆 2—铰支 3—接近开关 4—重锤 5—糖块 6—输送带

（五）BZ350-I型糖果包装机主要技术参数

生产能力：200～300粒/min（无级调速）

糖块规格：圆柱形糖（直径×长度）ϕ13mm×32mm

长方形糖（厚×宽×长度）11mm×16mm×27mm

包装纸规格：衬纸：宽度为30mm的糯米纸或蜡纸

商标纸：宽度为90mm的蜡纸或玻璃纸

电机功率：理糖电机：0.37kW，1350r/min

主电机：0.75kW，1410r/min

外形尺寸：（长×宽×高）1530mm×970mm×1570mm

重量：约700kg

二、连续式扭结裹包机

连续式扭结裹包机是一种比间歇式扭结裹包机速度更高的自动化包装机械。其设计原理与间歇式双端扭结裹包机的区别在于，取消了包装机的主传送间歇传动机构，各种裹包动作都是在运动过程中连续完成，极大地提高了裹包机的生产率。

（一）工作原理

连续式扭结裹包机已发展了多种机型，但工作原理基本相同，如YB-400型连续式糖果包装机就是其中一种比较典型的机型，其裹包工作原理如图4-22所示。

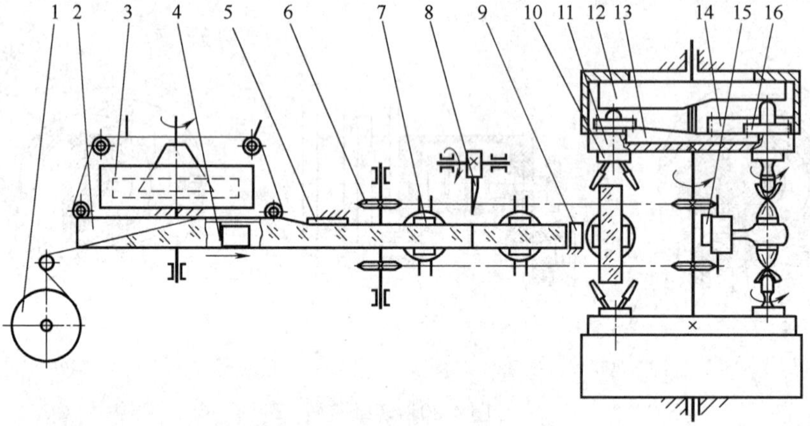

图4-22　连续式扭结裹包机工作原理图

1—包装纸　2—成型器　3—理糖机构　4—推糖板　5—固定折纸板　6—传动链　7—钳糖手　8—切纸刀　9—导向板　10—扭手　11—扭手转盘　12—扭手开合凸轮　13—轴移凸轮　14—内齿轮　15—转位轴套　16—扭结齿轮

该机采用了链传动钳糖手，配合同步扭结机构，使包装过程中的送纸、落糖、裹纸、钳糖、切纸、扭结等全部环节实现了连续化。整个包装过程如下：

（1）理糖　糖块由料斗落入理糖机构3并随理糖盘旋转，在离心力的作用下被甩到理糖盘的周边。在理糖盘外侧装有糖孔盘，糖孔盘边缘上均匀分布着40个糖孔。由于理糖盘与糖孔盘之间存在转速差，可使糖块依次落入40个糖孔中。

（2）裹包　当糖孔盘的糖孔位置转动至出糖口上方时，糖块落入截面为U字形的成型器2内，由链式推料机构的推糖板4等间距向右推送。包装卷纸经过成型器2外侧卷折成U字形，完成对糖块的三面裹包。在通过固定折纸板5时，将向上伸出的包装纸分别折入，完成对糖块的四面裹包，糖块与包装纸形成一条筒状。

(3) 钳糖　由安装在传动链 6 上的钳糖手 7 夹住四面裹包后的糖块纸筒继续向右运动。因此，钳糖手也担负着整个包装材料的牵引作用。

(4) 分切　当糖块纸筒运动至切纸工位时，由旋转的切纸刀 8 将糖块纸筒的包装纸切断。

(5) 转位　钳糖手在经过导向板 9 时，钳糖手上的转位轴套 15，受导向板 9 的作用翻转 90°，使糖块纸筒由水平位置变成垂直位置，以便垂直布置的扭结装置对其进行双端扭结。

(6) 扭结　扭结工位处在扭手转盘 11 的右半圆弧处。在这段圆弧内，钳糖手的中心线与扭手 10 的轴线共线，且糖块纸筒的中心随传动链运动的线速度与扭手 10 公转的线速度相同。扭手共有三对，上下对称，它们在随扭手转盘 11 公转时，由于扭手上的扭结齿轮 16 与固定的内齿轮 14 啮合，扭手还将产生自转，实现对包装材料的扭结动作。扭手开合凸轮 12 控制扭手的开合。安装在扭结齿轮 16 下面的轴移凸轮 13 又使扭手在扭结过程中产生轴向移动。

(7) 卸糖　钳糖手继续随传动链运动，由固定在机架上的钳手开合凸轮将钳手打开，成品受自重及打糖杆的作用下落。之后，钳糖手受另一个导向板的作用，反向转位 90°，恢复到接糖工位状态。

由于连续式扭结包装机对糖果的四面裹包是利用固定的成型器与折纸板完成的，钳糖手的开闭和转位是利用固定凸轮与导向板实现的，使包装机中的运动构件大为减少，简化了包装执行机构和传动系统。

（二）转位钳糖手机构

转位钳糖手可绕其轴线旋转。通过连接套 4 上的四个销孔，可用销将其固装在两条传动链条之间，随链条一起运动。转位钳糖手的结构如图 4-23 所示。

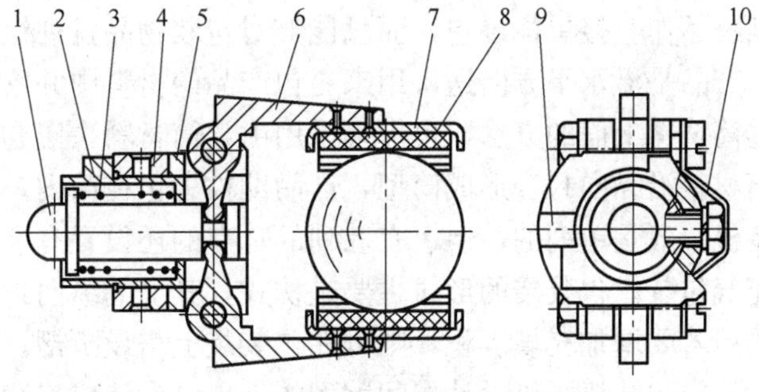

图 4-23　转位钳糖手

1—开闭顶杆　2—转向轴套　3—压簧　4—连接套　5—钳手座　6—钳爪　7—钳爪板　8—钳爪胶垫　9—挡块　10—防护罩

根据工艺要求，钳糖手在出糖工位必须张开，一直持续到钳糖工位。在钳糖工位接糖后，钳糖手才可闭合，在进入扭结工位前，钳糖手需转位 90°，在卸糖工位后，钳糖手又翻转至初始位置。即钳糖手在运行过程中需要实现两个动作：一是由固定凸轮推动开闭顶杆 1 使钳爪 6 张开，或在压簧 3 的作用下使钳爪 6 闭合，二是转位动作，当钳糖手随链条运行时，转向轴套 2 在导向板的阻挡作用下产生 90°转位，从而带动钳糖手翻转 90°。连接套 4 上的挡块 9 对钳糖手的旋转起限位作用。

（三）扭结机械手机构

扭结机械手的结构如图 4-24 所示。扭结机械手的固定爪 8 用螺纹与齿轮轴套 6 相连接，并用螺钉 2 固定，防止其松动。齿轮轴套 6 与滚动轴承之间为较松的间隙配合，齿轮轴套 6 可在滚动轴承的内圈中作轴向移动。在轴移凸轮 7 的下降段，齿轮轴套 6 受压缩弹

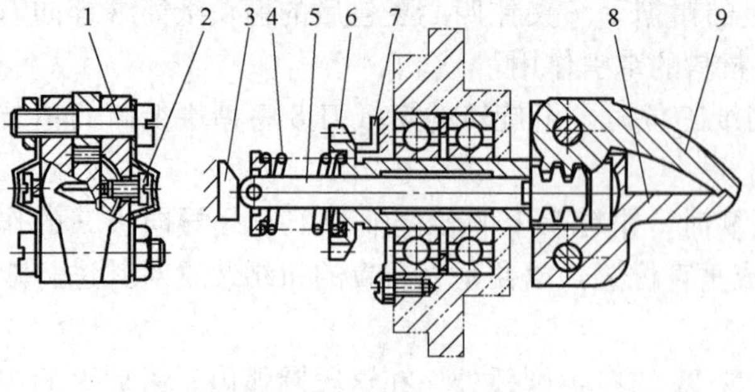

图 4-24　扭结机械手结构图

1—螺杆　2—螺钉　3—扭手开合凸轮　4—弹簧　5—推杆　6—齿轮轴套　7—轴移凸轮　8—固定爪　9—活动爪

簧 4 推力的作用向右移动，补偿因扭结而产生的包装材料的缩短。

活动爪 9 用螺杆 1 与齿轮轴套 6 联接，并可绕螺杆 1 转动。活动爪 9 的左端为扇形齿轮，与推杆 5 右端的齿条相啮合。受扭手开合凸轮 3 的作用，推杆 5 与齿轮轴套 6 发生相对轴移，由齿条驱动活动爪 9 作张开与闭合运动。

通过固定内齿轮与齿轮轴套 6 左端齿轮的啮合运动，实现了扭结机械手的自转运动，完成对包装材料的扭结动作。

第四节　接缝式裹包机

用成卷挠性包装材料裹包块状物品，并将末端伸出的裹包材料按同面粘接的方式进行热压封闭、分切的机器称为接缝式裹包机。因物品经包装后的外形如枕状，故又被称为枕型包装机。

接缝式裹包机是一种能适合多种规格对产品进行裹包式包装的设备。不但能对块状等规则物品作直接单体裹包，而且能够对包装物品排列组合后进行集积式包装。在包装过程中，产品是沿水平方向送入用来裹包产品的材料中并密封的。可以采用将产品送到输送中的卷筒材料上面的方法，也可以采用由卷筒材料去裹包间歇转位转盘输送的产品的方法。卷筒材料沿纵向封合形成筒型，产品即被裹包在筒内，两端封合后，即可切断分离。这种包装机一般是单列的，但也有双列的；有的还设置有卷筒材料自动对正装置；有的则可进行充气包装。包装袋的形式主要是枕式，其上的纵向封合可以是搭接式的，也可以是鳍缝式的。若要增加充填容积，则可在包装袋上增设折褶。该机还可制作四边鳍缝式封合包装袋。这类包装机既可设计成间歇型的，也可设计成连续型的；其适用性广，一般可以通过调整，实现包装规格的变换。由于其适用范围广，工作平稳可靠，噪声低，生产率高，故在生产中应用广泛。

一、接缝式裹包机的工作原理

接缝式裹包机的工艺路线如图 4-25 所示。塑料薄膜卷 1 在牵引辊 7 和中缝热封辊 6 的联合牵引下匀速前进，在通过成型器 3 时被折成筒状。供送链上的推头 8 将被包装物品 10 推送入成型器中的筒状薄膜材料内，被包装物品便随同筒状薄膜材料一起前进。

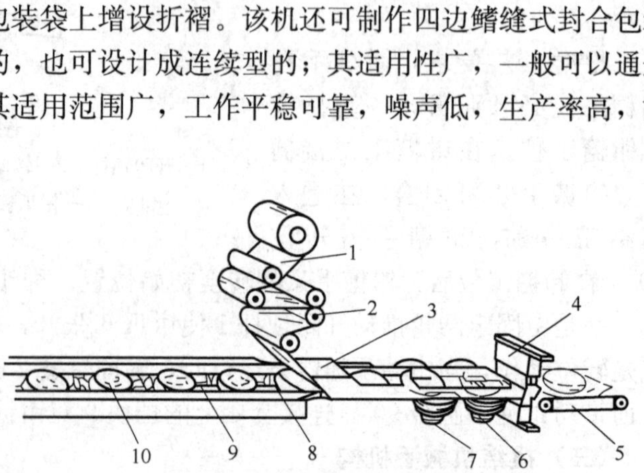

图 4-25　接缝式裹包机工艺路线图

1—塑料薄膜卷　2—导辊　3—成型器　4—端封切断器　5—输出带　6—中缝热封辊　7—牵引辊　8—推头　9—供送链　10—被包装物品

端封切断器 4 在热封左侧袋的前端和右侧袋的后端的同时，在中间切断分开，输出带 5 将成品输出。

各类接缝裹包设备的工作原理并无太大差异，但在横封切刀动作上，有往复式与回转式，所以接缝裹包设备也以最后成品切断方式不同分为往复运动式及回转式。

二、接缝式裹包机的组成

接缝裹包设备因包装物料的差异，在结构设计上也有差异。按功能分类，可归结为由 6 个主要部分构成，如图 4-26，即产品进料机构、包材输送机构、制袋机构、封切机构、日期打印机构及控制系统。

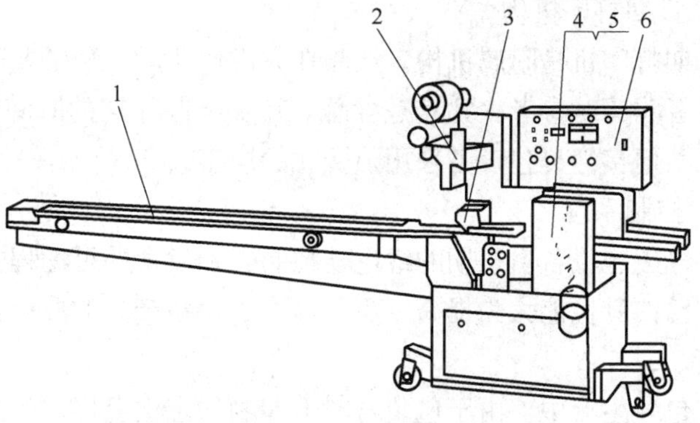

图 4-26　接缝裹包设备结构简图

1—产品进料机构　2—包材输送机构　3—制袋机构　4—封切机构　5—日期打印机构　6—控制系统

1. 产品进料机构

产品进料机构由进料机构、引导板、产品推送销、引导宽度调整手轮所组成。产品由自动供料设备或手工送入产品进料机构两片引导板之间的沟内。由进料器链条之上的产品推送销顺着链条方向推送。如果包装不同宽度物料，两引导板距离可调整，调整手轮可适应不同物料宽度。引导板与引导板下物料支承板通常用不锈钢制成，以保证有良好的卫生条件。

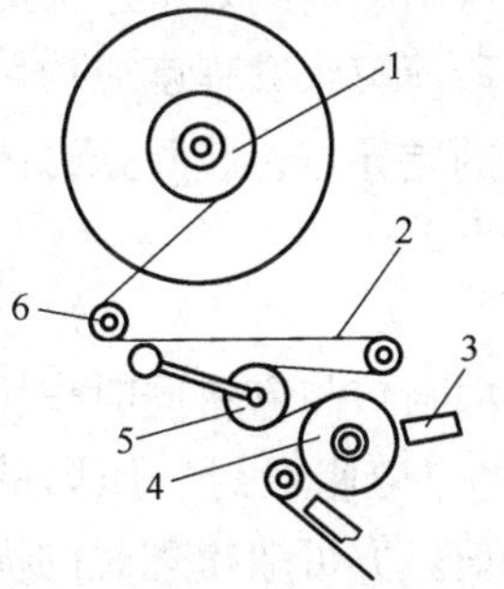

图 4-27　包材输送机构

1—卷材固定座　2—包装材料　3—光电管　4—牵引滚轮　5—压辊　6—张紧轮

2. 包材输送机构

包材输送机构如图 4-27 所示，由卷材固定座 1、牵引滚轮 4、压辊 5、张力调整滚轮 6 等组成。

纸卷固定座是用来固定包装纸卷之用；而纸卷张力控制机构是保持包装纸在任何情况下，不论卷材轴在停止或旋转时都能保持包装材料的张力。

包装材料是靠包材输送机构中的牵引滚轮与包装材料的摩擦送出，所以牵引滚轮机构中，设有牵引滚轮、橡胶摩擦压轮、弹簧压力调整装置。

3. 制袋机构

制袋机构是将包装材料由片状成型为袋状。通常分为两种：一种为固定式，即只能成型一种袋子规格，若需包装另一尺寸的产品，则需更换制袋器；另一种为可调式，也就是在可调范围之内，只要拨动调节机构，即可完成制袋器宽度调整。制袋器固定在机器上的位置，应对准产品移送的中心线，并低于进料输送机引导底部 2～6mm。

4. 封切机构

封切机构是完成产品包装的主要机构，包括纵向热封滚轮和横向热封切断装置。其工作原理是：牵引滚轮牵引形成筒状出来的包装物向前运送至纵封滚轮，加热的纵封滚轮完成其纵向封合，导向块将纵向封口展平，横向热封切断装置进行横向热封，与此同时经过切割刀与铁砧的相对运动将包装物按要求进行切断分割。横向热封切断装置可同时利用加热、加压的方法，进行热压印。

对于不同的包装材料，可通过调节热封温度以及压力的方法，达到最佳的封切效果。

5. 日期打印机构

日期打印机是附属机构。产品在完成作业后，通常要印上产品生产日期、编号等，以供消费者购买时参考。尤其是食品有其安全保存期的时间限制。日期打印机构有滚轮式、热烫式。但接缝裹包设备采用热烫式的居多。

6. 控制系统

接缝裹包设备由早期的继电器控制式到后来的可编程式控制器，到现在的微电脑控制系统，已使其性能大为提高。不仅提高了包装产品的质量，而且在可靠性和适用性方面大大提高。

在包装生产中，由于包装材料上印刷的定位色标之间存在误差，包装材料的拉伸以及机械传动等因素的影响，包装材料上预定的封切部位有可能偏离正确的位置而产生误差。为了消除误差而达到正确封切的目的，必须考虑自动定位问题。目前解决这一问题大都是根据包装材料的定位标设置连续式光电自动定位系统。

三、各机构运动的同步要求

1. 供膜与纵封运动的同步要求

接缝式裹包机正常工作时，纵向封口应达到热合紧密、压痕清晰整洁的效果。为此包装薄膜从送膜开始，直至进入成型器、牵引辊、纵封轧花辊，各段薄膜张紧程度应均匀适中。由于包装材料的材质、厚度、抗拉伸强度、热收缩率及环境的差异，包装膜张力调整无确定性规律。一般可通过观察、触摸的方法将其调节到理想状态。

2. 纵封与横封运动的同步要求

由于接缝式裹包机属于连续式包装机，纵向封口轧花辊和横向封口刀座将同时作用于匀速运动的包装薄膜，以完成纵、横向封口。因此，要求横向封口刀座在封口压紧的瞬间，表面线速度与纵向封口轧花辊表面线速度要维持一恒定的差值，方可取得理想的横向封口及切断效果。

3. 送料与横封运动的同步要求

接缝式裹包机进料机构，通常是由等间距推料器组成的闭环输送链，每一件包装物随推料器的运动进入成型器，实现物料的填充。之后，再随包装膜的运动，通过横封机构完成横向封口和切断。在横向封合时，须避免横封机构压在包装物上。当包装材料印有定距商标图案，并要求图案与物品始终保持相对位置时，则需要自动补偿供送长度与图案间距不一致所造成的积累误差。

目前，由于步进电机在接缝式裹包机中的应用，很容易根据光电跟踪控制信号，实现对包装周期长短的随机微量调节，以达到横向封口封切点尽量靠近包装材料印刷色标中心的目的，且补偿精度大幅度提高。与此同时，可省略大量的机械传动零部件，进一步提高了包装设备的工作稳定性。

第五节　缠绕式裹包机

缠绕式裹包机是使用带状挠性包装材料多圈缠绕裹包产品的机器，广泛应用于钢带、铜带、铝带、钢丝、焊丝、线缆、轴承、轮胎、胶管等各种环形产品的缠绕裹包，也可用于管材、棒材等直长型产品的集束缠绕裹包。经过缠绕裹包包装，不仅可使产品得到美观大方的外观，还具有良好的防潮、防尘、防锈、防老化、防意外损伤等作用。

一、环体缠绕式裹包机

1. 环体缠绕式裹包机的类型

（1）根据缠绕裹包时环形物品的摆放位置不同，环体缠绕式裹包机可分为立式与卧式两类。

立式环体缠绕裹包机为常用类型。图 4-28 所示为立式盘管缠绕式裹包机，其环形物品旋转的驱动与支承机构简单，物品装卸方便。

图 4-29 所示为卧式钢带缠绕裹包机，常用于裹包较窄的或不能立置的环形物品。其环形物品旋转的驱动与支承机构较复杂，物品装卸费力，设备占地面积大。

（2）根据包装带的供带方式不同，环体缠绕式裹包机可分为环上供带式（如图 4-28 所示）与环外供带式（如图 4-30 所示）两类。

图 4-28　立式盘管缠绕裹包机

图 4-29　卧式钢带缠绕裹包机

图 4-30　金属带缠绕式裹包机

2. 工作原理

在环体缠绕裹包的过程中，包装带相对环形体需做环绕运动与纵移运动。环绕运动一般由缠绕环的旋转来实现，而纵移运动可通过环形物品的旋转来实现。

（1）环上供带式　图 4-31 所示为环上供带立式环体缠绕裹包机的工作原理示意图。在滑座 3 上装有若干个支撑轮 2 和两个位于下方的旋转驱动轮 8，用于支撑和驱动缠绕环 7 按图中箭头所示方向作旋转运动。在滑座 3 和缠绕环 7 上开有槽口，以便于环形物品 1 的安放。

包装带卷 4 安置在缠绕环 7 的一端，跟随缠绕环作旋转运动，使包装带在环形物品内孔中不断穿绕，并由张力辊 6 控制包装带的裹紧度。

在缠绕环旋转的同时，环形物品在滚动驱动辊 10 的驱动下缓慢滚动，使包装带均匀地缠绕在环形物品的不同位置上。当环形物品滚动一周后，即完成对环形物品的缠绕裹包。

环上供带式环体缠绕裹包机的结构较简单，但由于包装带卷要从环形物品的内孔中穿行，包装带卷的大小将受环形物品内孔尺寸的限制，只适用于内孔较大的环形物品的缠绕裹包。

（2）环外供带式　对于内孔较小的环形物品，可采用环外供带的方式进行缠绕裹包。其工作原理如图 4-32 所示。在由支撑轮 6 和旋转驱动轮 7 所支撑的缠绕环 4 上，装有多个贮带轮 2（一般为 7 至 10 个）。

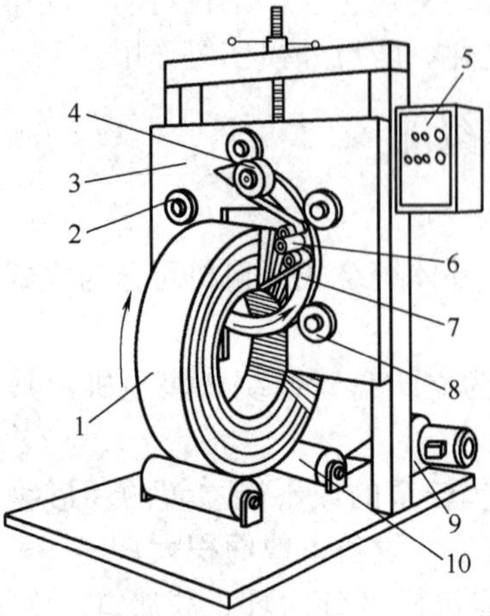

图 4-31　立式环体缠绕裹包机工作原理示意图
1—环形物品　2—支撑轮　3—滑座　4—包装带卷
5—控制箱　6—张力辊　7—缠绕环　8—旋转驱动轮
9—动力系统　10—滚动驱动辊

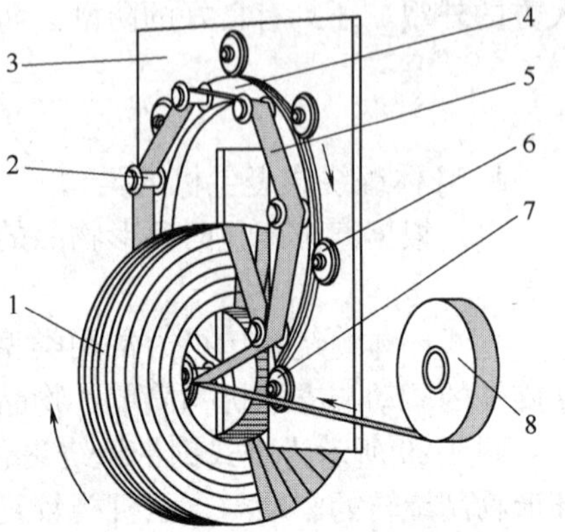

图 4-32　环外供带工作原理示意图
1—环形物品　2—贮带轮　3—滑座
4—缠绕环　5—包装带　6—支撑轮
7—旋转驱动轮　8—包装带卷

工作时，包装带 5 从包装带卷 8 中拉出，以顺时针方向从缠绕环 4 上的各贮带轮 2 外绕过，再从缠绕环的开口处拉出缠绕在环形物品上。随着缠绕环的不断旋转，包装带先绕在缠绕环上的贮带轮中，然后，再不断地从贮带轮上包装带的内层抽出，从而实现了边裹包边供带的连续作业。

为避免在贮带轮上缠绕过多的包装带，可根据缠绕裹包需用的带长，在缠绕裹包的过程中进行截取。

3．GD-300 立式金属带缠绕裹包机主要技术参数

图 4-33 所示的 GD-300 立式金属带缠绕裹包机主要是为冶金行业设计制造的缠绕包装装备，广泛应用于铜带、钢带、铝带、轴承、钢丝、线缆、轮胎、胶管及其他各类环形物体的缠绕包装。

该机采用 PLC（可编程控制器）及人机对话触摸屏，操作简便，输入产品外径、内径、宽度后，PLC 系统便会自动计算出包装带的长度和圈数，自动定位、自动切带。采用变频调速，可根据需要调整包装带的重叠度。包装带张力可调。其主要技术参数为：

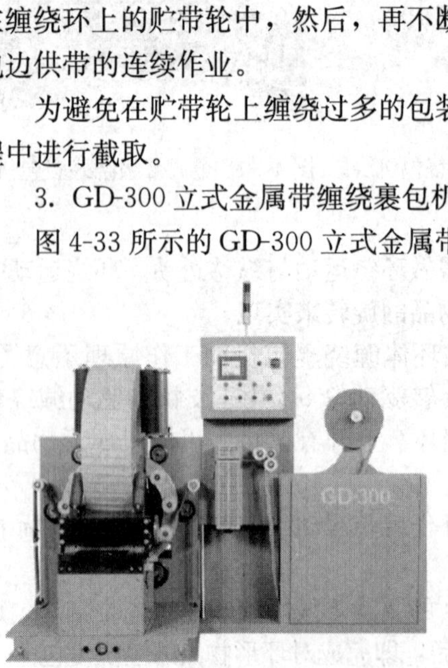

图 4-33　GD-300 立式金属带缠绕裹包机

金属带宽度：50～300mm

金属带外径：500～1000mm

金属带内径：300～500mm

包装材料：复合纸带（带宽 70～90mm，最大外径 600mm）

托辊线速度：6m/min（变频可调）

环体转速：60～80r/min（变频可调）

托辊承重：2500kg

叠合范围：30%～70%（任意重叠）

总功率：4kW

电源：380V，三相四线

重量：约 1000kg

外形尺寸：2500mm×1400mm×1800mm

二、直长型集束缠绕裹包机

1. 工作原理

根据工艺要求，在缠绕裹包过程中，包装带相对于直长型物品需有旋转运动和轴向移动。与环体缠绕裹包相同，包装带的旋转运动仍可采用缠绕环的方式来实现，只是缠绕环无需开口，而轴向移动可由直长型物品的运动来实现。

图 4-34 所示为直长型集束缠绕裹包机的工作原理示意图。缠绕环 4 由安装在座板 8 上的支撑轮 3 和旋转驱动轮 7 支撑，并受旋转驱动轮 7 的驱动，按图中箭头所示方向作旋转运动。安装在缠绕环上的包装带卷 6 跟随缠绕环一起运动，将包装带缠绕在管材 1 的外表面上。包装带的裹紧度可由张力辊 5 进行控制。在缠绕环旋转的同时，管材 1 受前后滚道输送机的推送，不断向前移动，使包装带缠绕在管材外表面的不同位置，完成对管材外表面的缠绕裹包。

2. GZ-300 直管缠绕裹包机主要技术参数

图 4-35 所示为 GZ-300 直管缠绕裹包机，主要是为冶金、塑胶等行业设计制造的一款缠绕包装设备，广泛应用于焊管、无缝管、不锈钢管、铜管、铝管、塑料管、棒材、扁

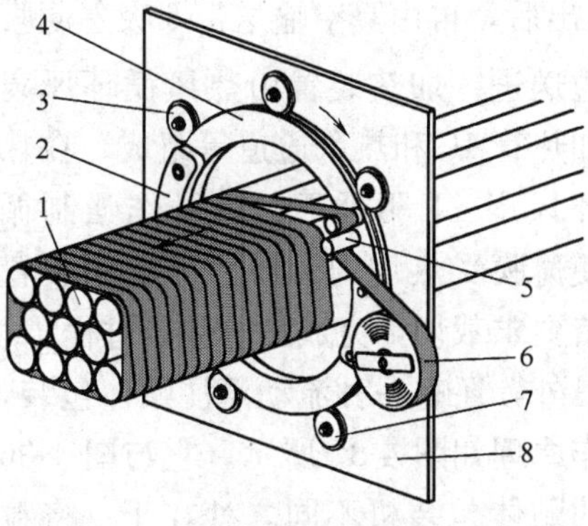

图 4-34　直长型集束缠绕裹包机工作原理示意图

1—管材　2—配重块　3—支撑轮　4—缠绕环　5—张力辊　6—包装带卷　7—旋转驱动轮　8—座板

图 4-35　GZ-300 直管缠绕裹包机

材、型材等长型产品的缠绕裹包包装。其主要技术参数为：

产品长度：2000～6000mm

产品直径：≤300mm

工作面高度：800mm

输送速度：4～6m/min

输送线长度：6m

滑环速度：约 60 r/min

叠合范围：30%～70%

包装材料：带宽为 100mm 的编织带、缠绕膜、复合纸带等

功率：约 1.2 kW

电源：380V/50Hz，三相四线

气源：600～800kPa

第六节　贴体包装机

贴体包装机是指将产品置于底板上，使覆盖产品的塑料薄片（或薄膜）在加热和抽真空作用下紧贴产品，并与底板封合的机器。

贴体包装所用的包装材料，主要是塑料薄膜和涂布热封涂料的衬底两类。塑料薄膜材料常用聚乙烯或离子键聚合物。衬底材料通常用瓦楞纸板或白纸板。因抽真空的需要，白纸板必须进行穿微孔加工，穿孔的方法是用带针滚轮滚压白纸板，穿出直径为 0.15mm 左右的微孔，穿孔密度为每平方厘米 3～4 个。

贴体包装机一般多为手动式，结构简单，价格便宜。图 4-36 所示为贴体包装机的工作原理。衬底纸板 5 以单张供给，衬底纸板印刷后一般涂有热熔树脂或粘接剂涂层。被包装物品 4 由手工或自动供给到衬底纸板 5 上所要求的位置。输送带 3 上有孔穴，在输送带载着衬底纸板通过抽真空区段时，对衬底纸板抽取真空，使受热软化了的塑料薄膜贴附在被包装物品上，并与衬底纸板粘合。薄膜 9 经导辊 7 送出后，再由真空输送带 6 吸着薄膜两侧边送进。加热装置由热风循环风扇 11、加热管 10 和热风通道等组成。在热风循环风扇 11 驱动下，热风作强制循环，使薄膜受热均匀。最后由切断装置按包装要求裁切，完成贴体包装过程。

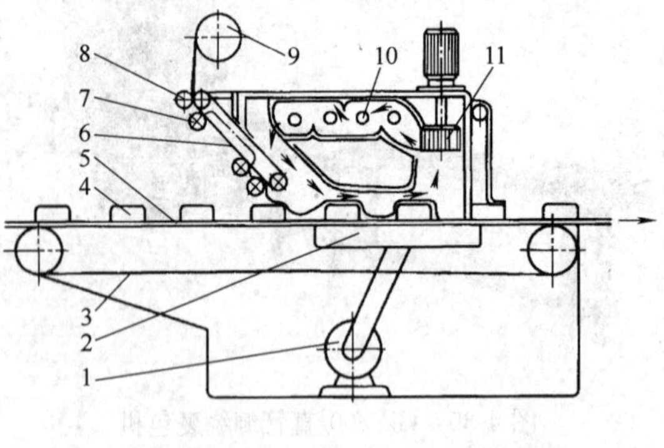

图 4-36　贴体包装机工作原理图

1—真空泵　2—真空箱　3—输送带　4—被包装物品　5—衬底纸板　6—真空输送带　7—导辊　8—松卷辊　9—薄膜　10—加热管　11—循环风扇

另外，还有一种流动灌注贴体包装，其工作原理如图 4-37 所示。它与图 4-36 所示的贴体包装机不同之处在于：将粒状树脂塑料经加热熔融后，从塑料挤出机头 6 挤出，通过特殊的薄膜喷嘴 5 而成融态薄膜，覆盖在被包装物品和衬底板上。

贴体包装有很多优点，它可以将产品成组包装，体现其集合功能；可将产品固定在预定位置上，防止产品在运输中损坏，防止产品受潮变质；因薄膜透明，可起到展示产品的功能；同时，衬底可以印刷，增强商品的宣传效果。

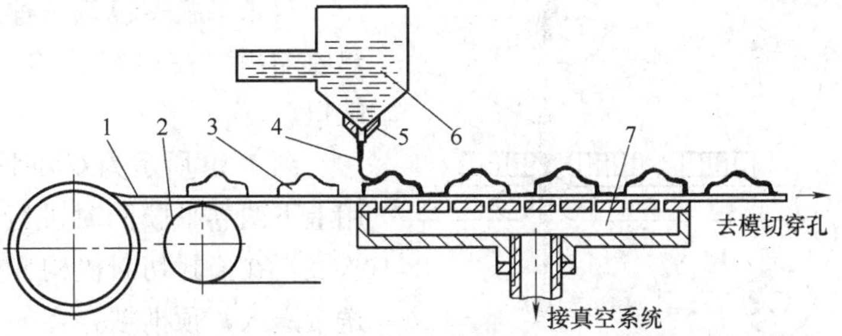

图 4-37　流动灌注贴体包装工作原理图

1—衬底纸板　2—输送机　3—被包装物品　4—挤出薄膜　5—薄膜喷嘴　6—塑料挤出机头　7—真空箱

第七节　收缩包装机

利用具有热收缩性能的塑料薄膜对块状物品进行包裹，再对薄膜进行加热，使之受热收缩后裹紧产品的机器称为收缩包装机。收缩包装机用途较广，主要用于销售包装和运输包装，特别适合于形态不规则物品的包装。

适用于收缩包装的薄膜材料有聚乙烯（PE）、聚氯乙烯（PVC）、聚丙烯（PP）、聚酯（PET）、聚苯乙烯（PS）、乙烯-醋酸乙烯共聚物（EVA）等。其中以聚乙烯（PE）薄膜用量最大，其次是聚氯乙烯（PVC），两者占收缩薄膜总量的75%左右。收缩薄膜的主要技术指标包括收缩率、收缩张力，收缩温度、热封性等。收缩薄膜的收缩率大多要求在50%左右。

一、收缩包装工艺

收缩包装机主要由裹包机、热收缩通道和输送装置等组成。图 4-38 所示为热收缩包装机的外形图。

块状物品先在包装封口机上被收缩薄膜裹包，然后再通过热收缩通道使薄膜收缩，紧套物品，从而实现收缩包装。对于收缩标签包装，则需要先把筒形薄膜标签套于包装物品如瓶类的颈或腰部，再经加热通道使标签收缩。裹包封口形式的不同，将影响收缩包装的最终形态。

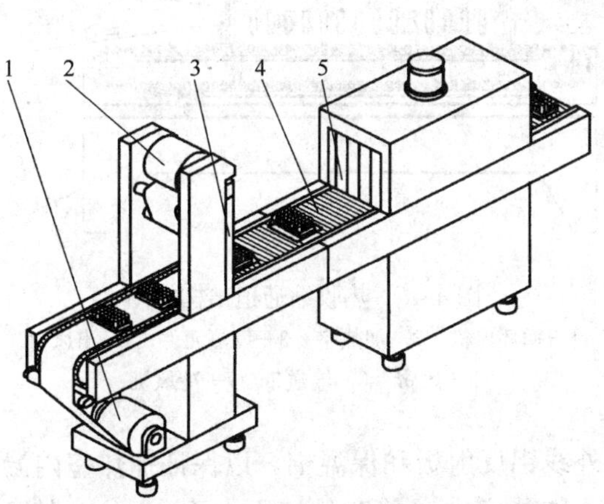

图 4-38　热收缩包装机外形图

1—下卷膜　2—上卷膜　3—横封机构　4—输送带　5—热收缩通道

二、用于收缩包装的裹包机类型

1. 卧式接缝式裹包机

当卧式接缝式裹包机用于收缩包装时，只需将包装材料改用热收缩薄膜即可。这是一种高效连续式的裹包形式，可用于小件物料的高速自动包装。

2. 双张平膜裹包机

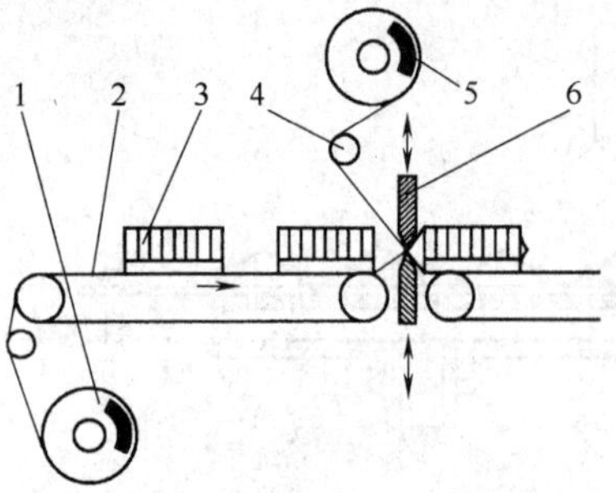

图 4-39　双张平膜裹包工作原理图
1—下卷膜　2—输送带　3—物品　4—导辊
5—上卷膜　6—横封切断机构

双张平膜裹包是一种两端开放式的裹包。薄膜受热收缩后，在包装品的两个端面会留下两个椭圆形缺口。

图 4-39 所示为双张平膜裹包工作原理图。包装采用上下两卷平膜同时进行。上下两卷平膜经导辊组 4 松展，在横封切断机构 6 处封合前端接口。物品由输送带送入，顶推粘合在一起的上下薄膜向前行进，到预定长度时，横封切断机构 6 动作，完成上下膜的封合和切断。这样，封合后的上下两平膜将物品四面裹包。

3. 覆盖式裹包机

覆盖式的收缩裹包不但起到紧束包装件的作用，还起到密封的作用，应用于纸箱包装时，可弥补纸箱密封性能不好的缺点。其工作原理与双张平膜裹包机相似，只是增加了两个纵封器。包装时，同样采用上下两卷薄膜，由横封切断使上下膜粘合成整幅。物品被输送带送入，顶推薄膜前进，整体越过横封器后，被封合切断。套着薄膜的包装件被输送带送入纵封器，使两侧纵向封合，从而形成一个四面封口的包装件。

除了以上介绍的几种裹包机外，配套用于收缩包装的裹包机还有很多种，但无论采用哪种裹包形式，其共同点都是采用收缩膜全部或部分地裹包块状物品，以适应选定的收缩包装形态。

三、热收缩通道

热收缩通道的结构简图如图 4-40 所示。主要由内衬绝热材料的加热室 2、输送带 6 和冷风机 7 等组成。加热室内设有发热元件 3、热风循环风机 1 等。

经裹包后的物品，由输送带 6 从左风帘口送入加热室 2，在加热室 2 内受到循环热空气的加热，包装膜收缩。物品离开加热室后，随即由冷风机 7 进行风冷降温定型，完成收缩包装。

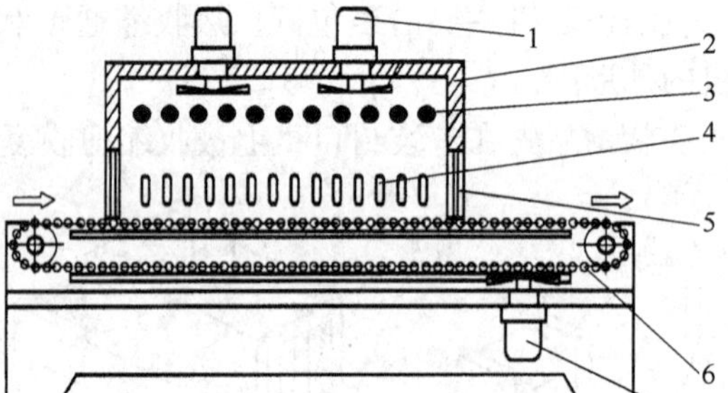

图 4-40　热收缩通道结构简图
1—循环风机　2—加热室　3—发热元件　4—出风口
5—风帘　6—输送带　7—冷风机

加热室中的发热元件 3，通常采用电阻发热管或远红外线发热管。发热管一般分布在加热室的上方，但有些机型为了保证包装物外表面受热更均匀，在输送带下也增设了发热管。热风循环风机 1 的应用，可强制加热室内热风循环，保证热风均匀吹到包装物的各表面。

加热室内衬的绝热材料可选用特制的红外线铝反射板和保温棉，以保证加热室内温度稳定和节能。通过温度自动调控装置的控制，加热室内温差变化应不大于±5℃，温度的调节范围应在 40～300℃可调。为防止加热室内的热空气外泄耗能，在加热室的出入口常采用柔软的橡胶片设置风帘。

第五章　封口机械

第一节　概　　述

包装容器的封口，是包装工艺中不可缺少的工序。容器封口能有效地保护产品，使产品在保质期内不因包装作业影响而损坏变质，还可以避免产品在运输中散落，有利于产品的储存、销售陈列和使用。所谓封口机械是指在包装容器内盛装产品后，对容器进行封口的机械。

包装质量在很大程度上取决于封口质量，因为容器封口质量的好坏将直接影响包装产品的外观质量和保质期，因此，选用合适的封口机以实现封口工序的机械化、自动化操作是提高封口质量的重要保证。目前市场上封口机械的品种很多，其机械功能也从过去单一的封口功能向多功能方向发展。

包装用容器多样，如就容器结构刚性来说有用金属薄板、玻璃、陶瓷和木材等材料做成的瓶、罐、桶、箱等刚性包装容器；还有用纸、纸板、塑料膜及其复合材料做成的袋、筒、盒等柔性包装容器。不同的包装容器有不同的封口方式，如塑料袋多采用接触式加热加压封口或非接触式的超声波熔焊封口；麻袋、布袋、编织袋多采用缝合的方式封口；箱类容器多采用钉封粘合或胶带粘封的方式封口。

对于玻璃瓶和金属罐等刚性、半刚性容器，根据其种类及其对产品的封口方式，常见的大体上有下列几种形式（图 5-1）：

（1）卷边封　如图 5-1（a）所示，卷边封是将翻边的罐身与涂有密封填料的罐盖内侧周边互相钩合、卷曲并压紧而使容器密封的一种封口形式。这种形式主要用于马口铁罐、铝罐等金属容器以及一些复合罐的封合。

（2）压盖封　如图 5-1（b）、（c）所示，压盖封是将内侧涂有密封填料的外盖压紧并咬住瓶身或罐身而使其密封的一种封口形式。图 5-1（b）所示的这种形式多用于玻璃瓶与金属盖组合的瓶装广口容器，如罐头、肉酱、果酱等容器盖的封口；图 5-1（c）所示为皇冠型盖封，主要用于瓶装啤酒、饮料、酒类等。

（3）旋盖封　如图 5-1（d）所示，旋盖封是将螺纹盖旋紧容器口而使其密封的一种封口形式。这种形式主要用于盖子为塑料或金属件，而罐身为玻璃、陶瓷、塑料或金属件组合的容器，如饮料瓶、牙膏管等。螺旋盖容易开启和密封并能重复使用，应用相当广泛。

（4）压塞封　如图 5-1（e）所示，压塞封是将内塞压在容器口内而使其密封的一种封口形式。这种封口瓶塞的材料主要是橡胶、塑料、软木等，利用材料本身的弹性变形来密封瓶口。该形式主要用于一些玻璃瓶容器，如瓶装葡萄酒、瓶装药品等的封口。由于内塞难以密封完全，通常还要辅以蜡封、旋盖封或压盖封。

（5）折叠封　如图 5-1（f）所示，折叠封是将包装容器的开口处压扁再进行多次折叠

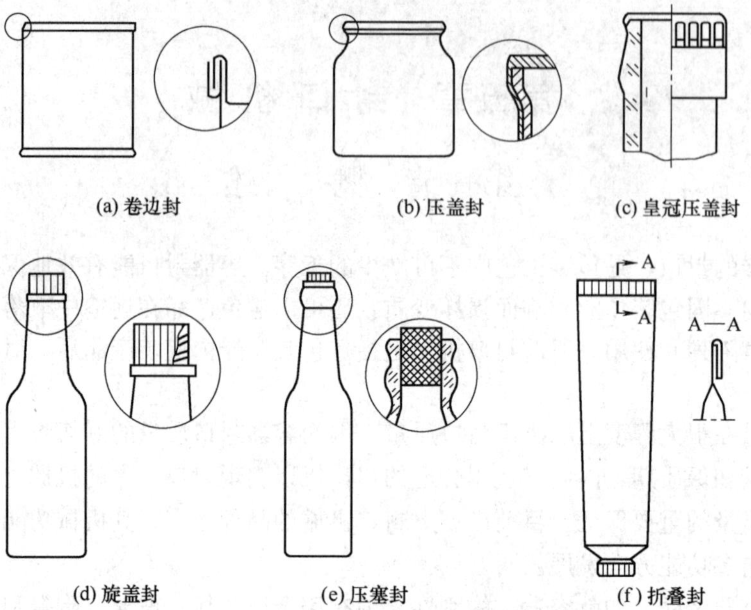

图 5-1　刚性、半刚性容器的几种封口形式

而使其密封的一种封口形式。这种形式主要用于装填膏状物料的铝管等半刚性容器的封口。为增强封口的密封效果，通常折叠后需要压痕。

按照封口方式的不同，封口机械分类如下：

- 封口机
  - 无封口材料的封口机
    - 热压封口机
    - 脉冲封口机
    - 熔焊封口机
    - 压纹封口机
    - 折叠式封口机
    - 插合式封口机
  - 有封口材料的封口机
    - 滚压封口机
    - 卷边封口机
    - 压力封口机
    - 旋合封口机
  - 有辅助封口材料的封口机
    - 结扎封口机
    - 胶带封口机
    - 粘结封口机
    - 缝合封口机
    - 钉合机

同其他包装机械一样，封口机械也向多功能与自动化方向发展。目前，市场上各类封口机应用极为广泛，有单一功能封口机，更有许多与其他机器共同组成生产自动线的封口单元。在提高生产效率、减少劳动强度的同时，也大大提高了产品的包装质量。下面介绍几类比较典型的封口机械。

第二节　玻璃瓶封口机

玻璃瓶容器多用盖或塞做包装封口，视其装载物料对包装要求的不同，包装封口形式各异。有的用金属盖配以弹性密封圈垫进行滚压卷边密封瓶口，或用滚压力法密封瓶口；有的用配有弹性密封圈垫的螺旋盖旋拧在瓶口的封口螺旋上进行封口。封口方式不同，所用的封口装置结构也各异，但各种封口装置结构中均由盖或塞等封口元件的供给装置、加盖或加塞装置、封口执行装置等组成。玻璃瓶封口常用加盖密封的方法包括压盖、旋盖、防盗盖等不同结构形式。

一、压盖封口机结构原理

压盖封口的瓶盖一般称为皇冠盖，所谓皇冠盖是预压成的冠状金属圆盖，边缘有折皱周边，盖内浇注有密封环料。封口时，皇冠形瓶盖加在待封装料瓶口上，由机械施以滚压，促使位于盖与瓶口间密封垫产生较大的弹性接触挤压变形，瓶盖结构上的波纹形周边被挤压而变形卡在瓶子封口凸棱的下缘，造成盖与瓶间的机械勾连，并使盖内密封材料产生适当的压缩变形量，得到牢固且严密的密封性封口连接，完成对瓶口的密封。压盖封口目前是啤酒等玻璃瓶最常见的封口形式，其密封性能好、制作简易、成本低。图 5-2 所示为用皇冠形瓶盖作压盖封口的示意图。

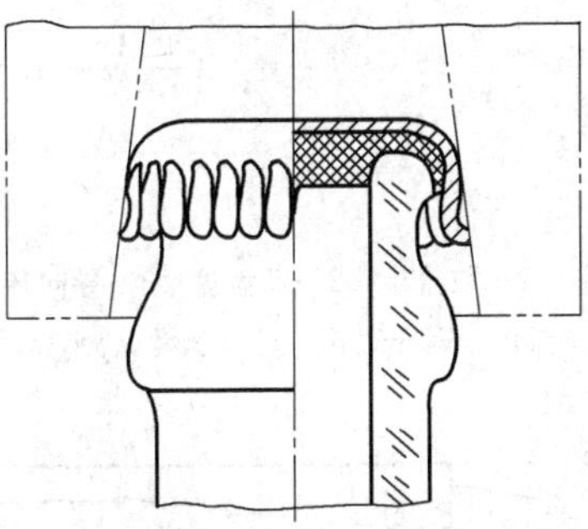

图 5-2　皇冠形瓶盖压封示意图

如组成机构图 5-3（b）所示，压盖机主要由供瓶系统、供盖机构、压盖机头和变速传动系统等部分组成。图 5-3（a）为压盖机工作原理示意图，贮盖斗 1 内存放皇冠盖，周边等间距地装有若干导向环 3 的理盖盘 2 在电机 16 带动下旋转。盖子在贮盖斗内被搅动，并按同一方向经过导向环 3 进入输盖槽 4，然后由气嘴 6 的压缩空气吹进压盖头 5 的底端槽口内。压盖头 5 和星形盘 7 均由齿轮 9 带动旋转，瓶子被送入星形盘并正好位于压盖头的下方。压盖头与瓶子同步旋转，同时固定凸轮 14 带动压盖头作上下运动对盖子施加一定压力，实现压盖动作。蜗杆蜗轮 10 与螺母螺旋 11 可使中心固定轴 12 升降，以适应不同瓶高压盖的需要。

图 5-3 所示的转盘送盖装置结构简单，但机械搅动会导致盖上商标磨损，且供盖速度也不能太快。图 5-4 所示为电磁振动料斗式送盖装置，盖子放在贮盖斗 1 内，贮盖斗内壁上有螺旋形的瓶盖跑道 2，贮盖斗的底部装有衔铁 3，它与装在底盘 6 上的电磁线圈 4 相对应，整个贮盖斗用几组弹性片 5 支撑在底盘上，而底盘又经减振垫 7 与机座相连，从而形成一个近似双自由度系统的振动送盖模型。在激振电磁吸力为正半周时，带动贮盖斗向下方振动；后半周时，因电磁铁用半波整流供电，其吸力为零，贮盖斗在弹性片 5 作用下向前上方回弹，带动螺旋形跑道上的瓶盖加速运动直至被抛起，此时，贮盖斗再在电磁吸力作用下向下振动时，瓶盖已产生了一个小位移。于是，瓶盖以较高的频率不断向前微跳。螺旋形跑道上设有一定形状的孔眼，用来剔除跑道上反向排列的瓶盖，使其重新落回

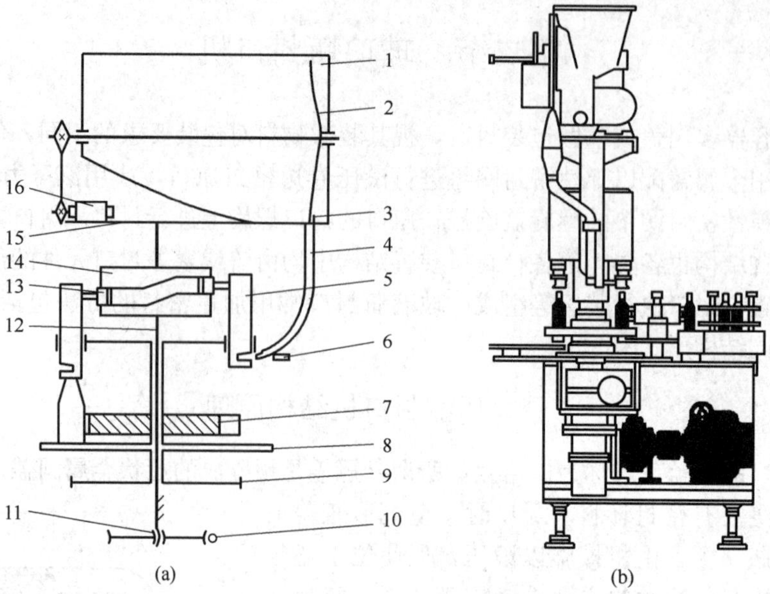

图 5-3　压盖机工作原理示意图

1—贮盖斗　2—理盖盘　3—导向环　4—输盖槽　5—压盖头　6—气嘴　7—星形盘　8—底盘　9—齿轮　10—蜗杆蜗轮　11—螺母螺旋　12—中心固定轴　13—滚子　14—固定凸轮　15—固定顶盘　16—电机

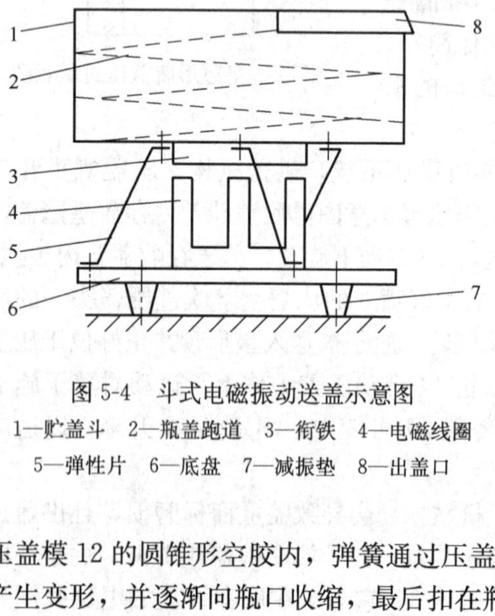

图 5-4　斗式电磁振动送盖示意图

1—贮盖斗　2—瓶盖跑道　3—衔铁　4—电磁线圈　5—弹性片　6—底盘　7—减振垫　8—出盖口

贮盖斗内。

图 5-5（a）为压盖头的结构原理示意图。在封口机中，它以滑动配合安装在机内的压盖机头座上。对多头的压力封口机，压盖机头除通过滚子 1 在机内固定凸轮的滑槽内移动，使机头获得压盖封口工作所必需的升降运动外，还要随压盖机头座绕封口机的主轴旋转。压盖机头的工作过程如下：瓶口进入导向环 14 内，使瓶体与机头的中心对中，当盖子进入压头 11 底端槽口 13 内后，压头 11 开始下降，导向环 14 校正瓶口位置使其准确套上盖子。压头继续下降，紧压在瓶口上的瓶盖逐渐进入压盖模 12 的圆锥形空胶内，弹簧通过压盖模向瓶盖的四周施加压力，迫使皇冠盖的周边产生变形，并逐渐向瓶口收缩，最后扣在瓶口下部的凸缘处，使瓶盖和瓶口牢固地连接在一起，使盖子与瓶口密封。随后压头上升，弹簧 8 伸长并经冲头 10 迫使瓶子从压盖膜掉落，完成压盖封口并避免吊瓶现象出现。弹簧 4、5 的作用是为了补偿瓶高的误差，它们可通过螺套 9 调节成足够的预压缩量，对于最低瓶而言，压盖过程中它们不再被压缩，而对于高瓶而言，压盖过程中超过冲头与顶杆控制的行程后，它们就要被压缩，显然，这时的压盖力将有较大的增加，很易出现破瓶现象。图 5-5（b）为 KRONES 公司的压盖封口机工作过程图。

图 5-5　压盖头的结构原理图

1、2—滚子　3—套筒　4、5、8—弹簧　6—顶杆　7—预杆套　9—螺套　10—冲头
11—压头　12—压盖模　13—槽口　14—导向环

二、旋盖封口机结构原理

对于一些瓶装的罐头、果酱、调料酱、酱油、醋、香油等物料，常采用旋盖的结构形式实现封口。若一次使用不完，还可将盖子重新旋上盖紧密封，便于保存。玻璃瓶的螺纹封口方式主要有两种：多头螺纹连接封口和单头螺纹连接封口。

罐头包装用瓶的螺纹连接封口结构如图 5-6 所示，该结构为多头螺纹连接封口方式。在玻璃瓶的封口结合部位制作三到四道连接螺纹段，螺纹段具有较大导程。瓶盖上有与瓶封口螺纹道数相对应的凸爪，封口时与瓶口螺纹段相咬合；封口盖内垫有弹性胶圈或涂布弹性胶。旋盖封口时，盖上的爪沿瓶上封口螺纹段旋进，盖上的爪进入封口螺纹的距离逐渐增大，进到螺旋底部时挤压盖与瓶口端部间的弹性胶圈，使其产生挤压变形，保证封口连接的密封紧密。

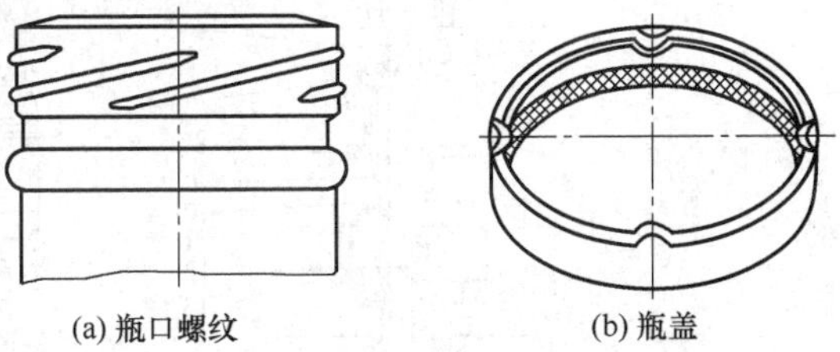

图 5-6　玻璃瓶多头螺纹连接结构

酱油、醋、香油、一些饮料果汁、医药及其他物品包装中，用玻璃瓶作包装容器时，包装用螺纹连接方式封口都采用单头螺纹连接；其封口结构如图 5-7 所示。瓶的封口部位上有约两整圈或两整圈以上的螺纹，瓶盖上有同样规格的连接螺纹，螺旋升角较小，具有连接自锁性，能保持连接的牢靠性。为使瓶盖封口得到高密封性能，瓶盖内常垫有弹性材料制作的密封衬垫。

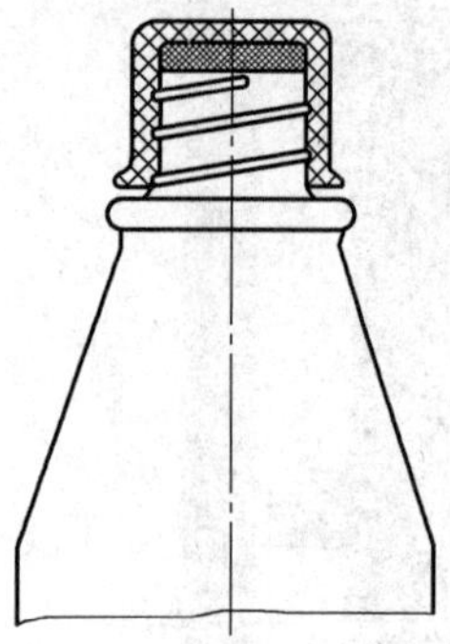

图 5-7　玻璃瓶单头螺纹连接结构

旋盖机的总体结构示意如图 5-8（a）所示，与压盖机基本类似，主要是执行机构即旋盖头的结构不同于压盖头。旋盖夹头由二片组成，一片是取盖夹头 20，另一片是抓盖夹头 21，小弹簧 19 保证夹盖时有足够的夹紧力。定位凸轮 8 与升降块 13 分别在转盘旁固定凸轮（图中未示）的控制下均可作上下运动。旋盖夹头的运动由齿轮 4 传入，经摩擦离合器 3，由升降轴 5 带动两半爪夹头实现旋转运动。旋盖开始前，定位凸轮顶端的切向槽被挡块 7 顶住，摩擦离合器被迫打滑，这时二片夹头上下错开，二片夹头并不旋转。在旋盖头接近进盖工位时，定位凸轮 8 控制取盖夹头 20 下降，完成取盖。接着，抓盖夹头 21 在升降块 13 控制下迅速下降，与取盖夹头一起完成抓盖动作。此时，摩擦离合器重新转动，使二片夹头一起旋转。二片夹头抓紧盖子旋转过程中，又逐步下降，旋转不到两圈即可旋紧，完成旋盖动作。待螺纹旋到底后，夹头若仍向下旋转，摩擦离合器会因阻力过大而打滑，避免拧坏瓶盖。随后，二片夹头停止转动。接着，抓盖夹头和取盖夹头分别在升降块和定位凸轮的控制下先后上升，脱离瓶盖恢复至原始位置。图 5-8（b）所示为 KRONES 公司旋盖机的安装与工作过程图。

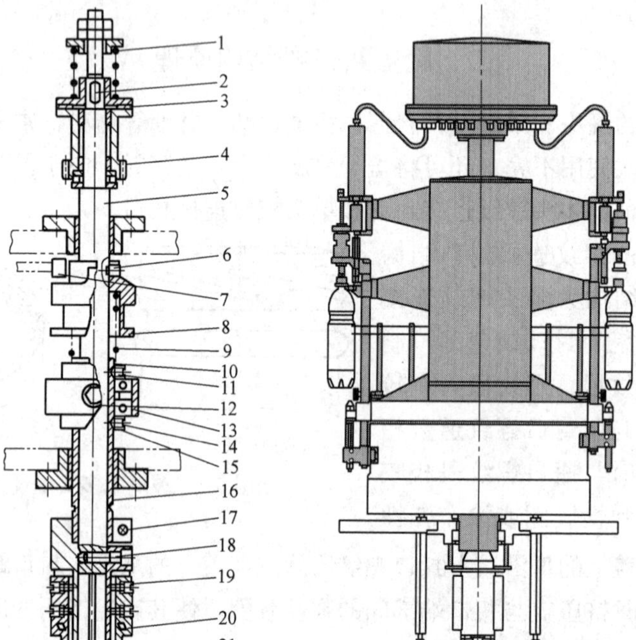

图 5-8　旋盖头结构原理图

1、9—弹簧　2—键　3—摩擦离合器　4—小齿轮　5—升降轴　6、11、14、18—螺钉　7—挡块　8—定位凸轮　10—上挡圈　12—滚子　13—升降块　15—下挡圈　16—升降套　17—夹紧螺钉　19—小弹簧　20—取盖夹头　21—抓盖夹头

图 5-9 和图 5-10 分别为国产 HXG-6 回转式三（四）旋盖机与 XG-1 新型单头旋盖机的工作过程照片。

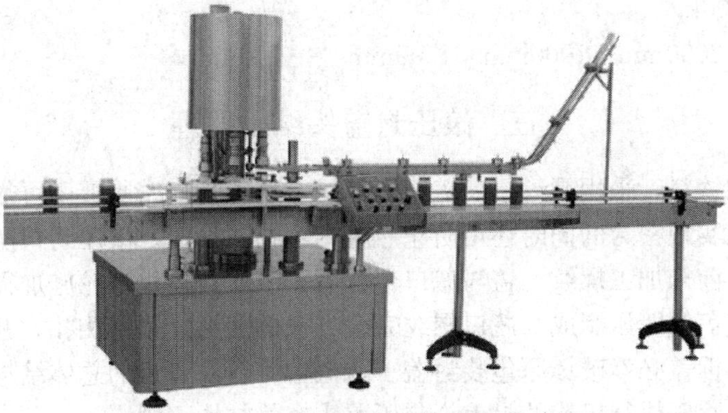

图 5-9　HXG-6 回转式三（四）旋盖机

HXG-6 回转式三（四）旋盖机主要技术参数：
适用规格：20～1000mL
生产能力：5000～10000 瓶/h
夹盖合格率：≥99%
旋盖合格率：≥99%
电源：380V　2.2kW
气压力：0.4～0.6MPa
耗气量：20m^3/h
重量：1200kg
外形尺寸：3500mm×1200mm×2000mm

图 5-10　XG-1 新型单头旋盖机

XG-1 新型单头旋盖机主要技术参数：
可选螺纹盖尺寸：ϕ12～70mm
旋（轧）盖速度（瓶 F40mm）：2400～3000 瓶/h
旋（轧）盖合格率：≥99%

电源：380V/220V　50Hz

用电功率：0.8kW

净重：约600kg

外形尺寸：2000mm×1000mm×1500mm

三、滚压封盖头结构原理

有些酒类和饮料，采用螺纹扭断盖滚压封口，这种封口密封严密可靠、启封方便，封口外形美观，在实现密封的同时还可防止瓶装内容物被偷盗。滚压封口所用防盗盖一般采用铝质盖，封口前未加工螺纹。盖与瓶口套合后，滚压封口机滚轮施加径向压紧力沿盖侧壁滚压一周，将盖侧壁压制成与瓶口螺纹完全吻合的变形，紧密相扣，并使瓶盖底边紧紧滚封在瓶颈处，拆盖必然破坏原包装封盖。防盗盖滚压封口机的总体结构与前述压盖机基本类似，主要是滚压执行机构的封盖头与压盖头有着结构不同。

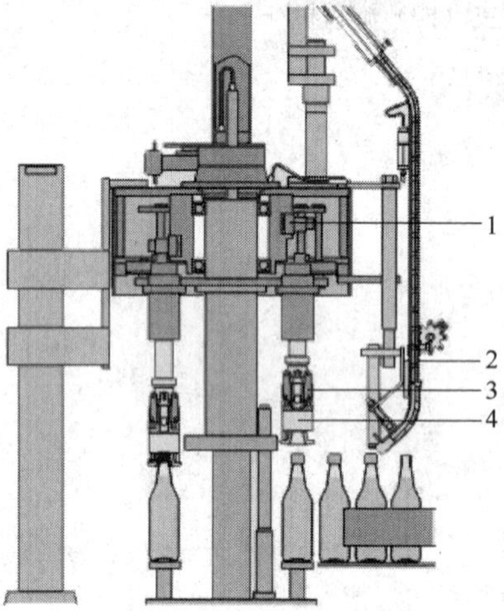

(a)

(b)

图5-11　滚压封盖头结构

1—凸轮滚柱　2—送盖通道　3—封边辊　4—封盖头

图5-11（a）所示为滚压封盖头的结构原理图，自右向左送来灌装完毕的瓶子经过送盖通道2后，将螺纹瓶盖套在待封瓶口，瓶继续移动到封盖头4正下方时，开始封口工作，单个封盖头具体工作过程结合图5-12进行介绍。图5-11（b）所示为KRONES公司滚压封盖头的安装与工作过程图。

滚压封口机主要由滚压封盖头、供瓶机构、托瓶机构、调整机构和传动机构等部分组成，滚压封盖头是封口的执行机构。图5-12（a）为滚压封盖头的结构示意图。工作原理是：小齿轮3在绕封盖机中心轴公转的同时又作自转，经齿轮套7、导筒8带动支座12旋转，支座12上用销轴13铰支三根周向成对称布置的辊杆11，其中两根的底端分别装有螺旋辊18，它们在高度方向装有一定偏差，另一根的底端装有封边辊16，其高度低于两只螺旋辊。压头15与压头杆20固连，在升降套2与弹簧5的作用下，作上下运动。封盖时，滚压封盖头下降，套在瓶口上的铝盖经导向罩17定向后与压头15相接触。升降套2下降到一定位置时，压头被下面瓶盖顶住不能再下降，弹簧5则压缩，使压头对铝盖顶

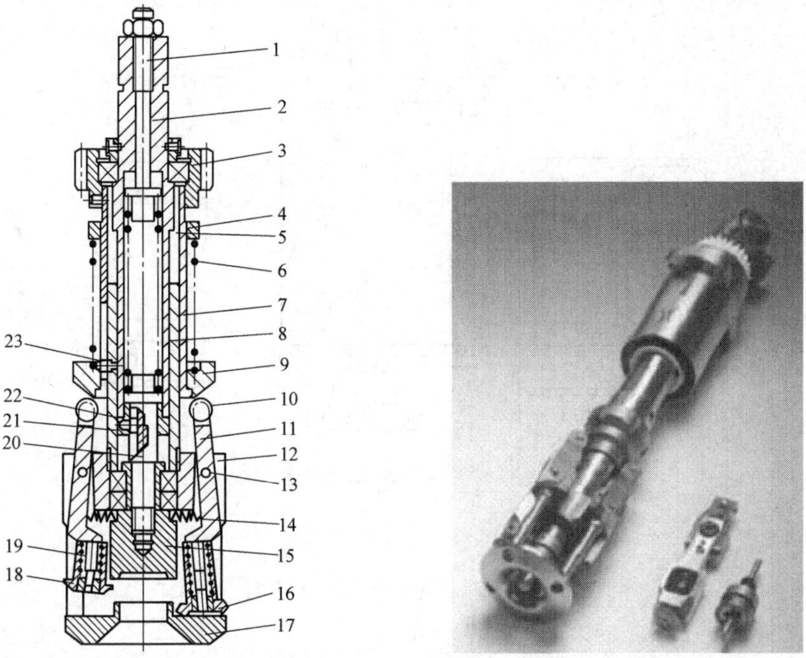

(a)　　　　(b)

图 5-12　滚压封盖头结构原理图

1—顶杆　2—升降套　3—小齿轮　4—螺母　5、6、14、19—弹簧　7—齿轮套　8—导筒　9—压块　10—滚子　11—辊杆　12—支座　13—销轴　15—压头　16—封边辊　17—导向罩　18—螺旋辊　20—压头杆　21—导向螺帽　22、23—导向键

端产生压紧力。此时，导筒 8、支座 12、辊杆 11 均不能继续下降，但齿轮套 7 却仍能随升降套 2 继续下降，使得压块 9 压迫辊杆 11 绕销轴 13 摆动，螺旋辊 18、封边辊 16 作径向移动，对铝盖产生滚压径向力。螺旋辊和封边辊向瓶盖中心作径向运动的同时，又由小齿轮 3 带动绕瓶盖旋转，螺旋辊沿瓶口螺纹作螺旋移动，其螺距的移动差值由弹簧 19 来补偿。封边辊也沿铝盖底边进行滚动压封。封盖完成后，升降套 2 开始上升，压块 9 与滚子 10 脱离接触，螺旋辊和封边辊在弹簧 14 作用下张开，整个滚压封盖头在升降套带动下上升至初始位置。图 5-12（b）为 KRONES 公司滚压封盖头照片。

第三节　金属罐封口机

金属罐密封多用卷边封口，采用二重卷边的方法使罐体与罐盖的周边牢固紧密地钩合而形成卷边缝的机械称作封罐机。为了卷边缝的密封性，在罐盖内侧预先涂上一层弹性胶膜或其他填充材料。二重卷边缝是卷边滚轮分两次作业进行滚压形成的封缝。图 5-13 为二重卷边作业示意图。第一次作业称为头道卷边，该过程如图 5-14（a）～(c）所示。在头道卷边作业开始时，如图 5-14（a）头道卷边滚轮首先靠拢并接触罐盖，然后压迫罐盖及罐身的边缘使其逐渐靠近并相互钩合，如图 5-14（b）、（c），完成头道卷边。第二次作业称为二道卷边，如图 5-15 所示，在第一次作业完成之后，头道卷边滚轮退开，换上二道滚轮，卷边开始时位置如图 5-15（a），卷边结束时位置如图 5-15（b）。头道卷边滚轮和

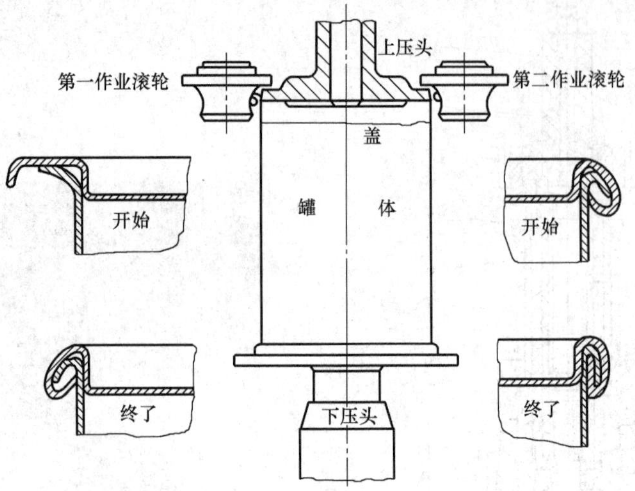

图 5-13　二重卷边作业示意图

图 5-14　头道卷边作业
1—滚轮　2—压头　3—罐身　4—罐盖

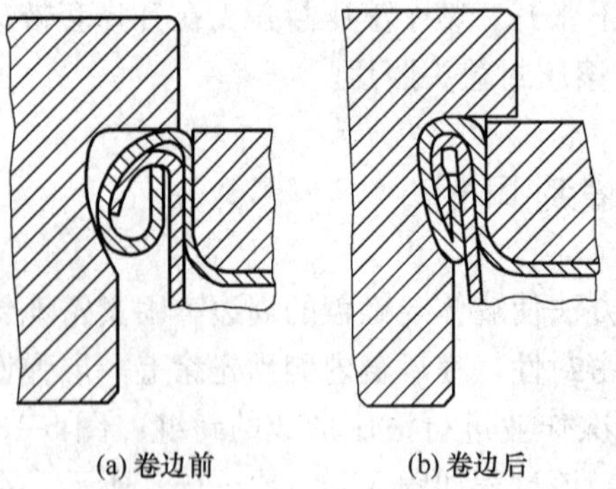

图 5-15　二道卷边作业

二道卷边滚轮的结构形状有所不同，通常头道卷边滚轮的沟槽深而窄，二道卷边滚轮的沟槽则浅而宽。

封口过程中金属容器的外形可能是圆形、椭圆形、方形、马蹄形、其他异型等多样形状，故把封罐机构的形式按罐形分为圆形罐封罐机和异型罐封罐机两大类。下面分别介绍两种封罐机的工作原理。

一、普通圆形罐封罐机结构原理

GT4B2 型真空自动封罐机为典型的圆形罐封罐机，它广泛用于各种圆形罐的真空封罐，其外形如图 5-16 所示，主要由封罐机构 2、六槽转盘机构 3、送盖机构 4、送罐机构 5、卸罐机构 6 及电气控制系统等组成。

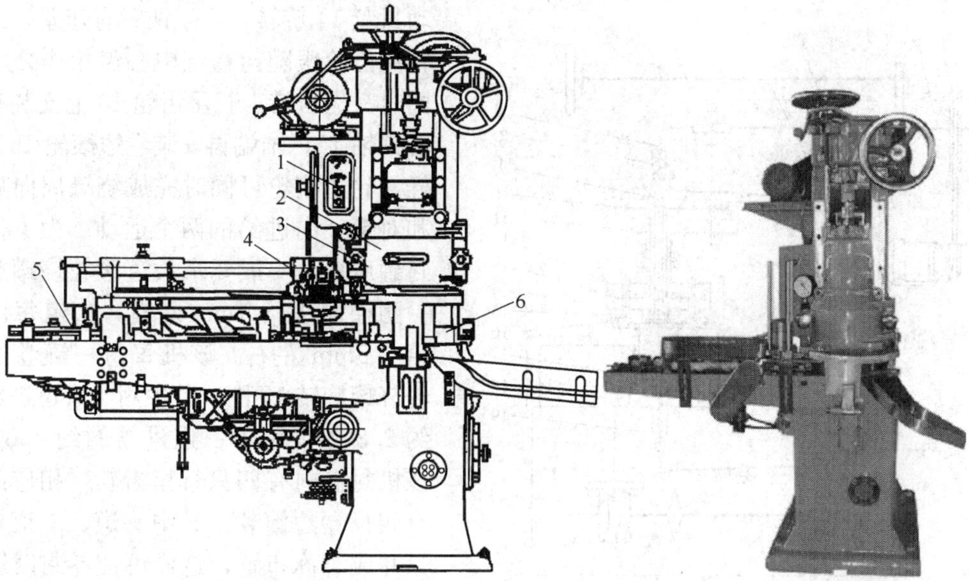

图 5-16　GT4B2 型真空自动封罐机外形图
1—控制按钮　2—封罐机构　3—六槽转盘机构　4—送盖机构　5—送罐机构　6—卸罐机构

图 5-17 所示为 GT4B2 型圆形罐封罐机的卷封工艺过程。充填有物料的罐体，借装在推送链上的等间距推头 15 间歇地将其送入六槽转盘 11 的进罐工位处。放在罐盖存槽 12 内的罐盖叠由分盖器 13 将最下面的一只分离出，并由往复运动的推盖板 14 有节奏地送至进罐工位罐体的上方，随着六槽转盘间歇转至卷封工位时，托罐盘 10、压盖杆 1 将罐身及罐盖一起升起，直至固定的上压头定位后，由封盘 7 上的两道卷边滚轮 8 依次完成二重卷边。最后，当卷封好的罐头被间歇转至出罐工位时，即沿着斜道滑至输送带上被带走。为了避免降罐时的吊罐现象，在压盖杆 1 与移动的套筒 2 间装有弹簧 3，以便降罐前给压盖杆一定预压力。

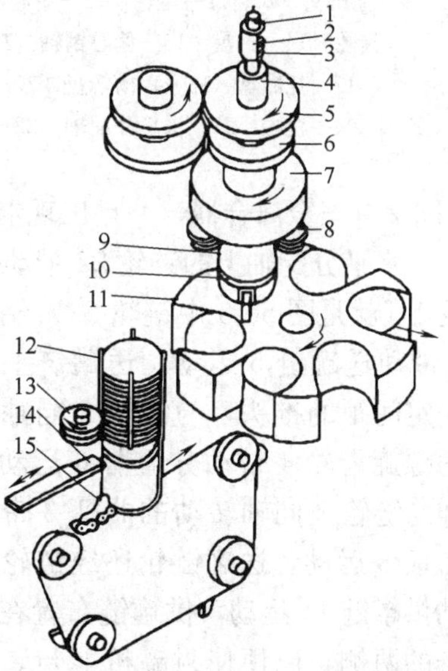

图 5-17　GT4B2 圆形罐封罐机的卷封工艺过程
1—压盖杆　2—套筒　3—弹簧　4—上压头固定支座　5、6—齿轮　7—封盘　8—卷边滚轮　9—罐体　10—托罐盘　11—六槽转盘　12—罐盖存槽　13—分盖器　14—推盖板　15—推头

图 5-18 为该机的传动系统图。电动机经 V 带轮 1、蜗轮 3 使垂直分配轴 4 旋转。轴 4 上有两只圆柱槽凸轮 5、23 分别控制顶盖杆 7、托罐盘 17 作上下运动。当托罐盘使罐体上升至罐盖触及固定的上压头 9 时，弹簧 19 被压缩，使罐体被夹紧在托罐盘与上压头之间完成卷封。当卷封结束托罐盘尚未下降前，凸轮 5 使弹簧 8 产生一定的预压缩量，迫使卷封好的罐头在托罐盘下降时有适当冲击力，以免出现吊罐影响正常生产。轴 2 经螺旋齿轮 6 并通过两只同轴齿轮分别带动齿轮 10、11 以同方向、不同速度转动。齿轮 10 带动中心齿轮 12 旋转，齿轮 11 带

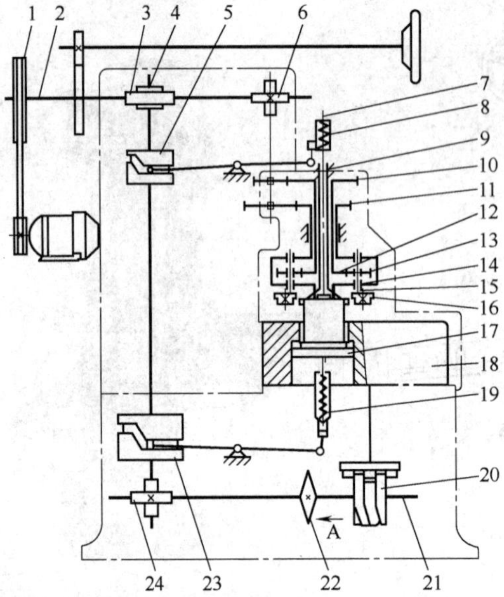

图 5-18　圆形罐封罐机传动系统图

1—V 带轮　2—轴　3—蜗轮　4—垂直分配轴　5、23—圆柱槽凸轮　6、24—螺旋齿轮　7—顶盖杆　8、19—弹簧　9—上压头　10、11—齿轮　12—中心齿轮　13—行星齿轮　14—封盘　15—偏心销轴　16—卷边滚轮　17—托罐盘　18—六槽转盘　20—蜗杆凸轮机构　21—水平分配轴　22—链轮

动封盘 14 旋转，由于两者有速差，致使行星齿轮跟随封盘绕中心齿轮作公转的同时又作自转。行星齿轮 13 上安装有偏心销轴 15，轴端再安装卷边滚轮 16，这样，卷边滚轮可同时完成绕罐周向旋转和对罐径向进给的两个运动。为了保证封罐质量，一般要求头道滚轮绕罐旋转一圈径向进给 1mm 左右，二道每圈进给 0.5mm 左右。该机每封一罐卷边滚轮绕罐旋转 18 圈，其中用于头道进给的约 2.8 圈，用于二道进给的约 1.3 圈。该机封盘内有四只行星齿轮，相应的亦有四只卷边滚轮，其中头道、二道各两只并成对称布置，这样可使卷封时罐体受力均匀，保证卷封质量，还可适当增大单位径向进给量，以便提高生产能力。

垂直分配轴 4 经螺旋齿轮 24 使水平分配轴 21 旋转。轴 21 上装有蜗杆凸轮机构 20，它带动六槽转盘 18 作间歇转动。在 V 带轮 1 和轴 2 间是由摩擦片传动的，一旦卷封时出现异常阻力，则整机停车以免损坏机件。而在蜗轮 3 与轴 4 间又有安全离合器，一旦出现卡罐等故障，则垂直分配轴 4 及水平分配轴 21 停止转动。

水平分配轴上的链轮 22 带动供罐、供盖部分的传动。作 A 向视图后可见图 5-19，链轮 1（就是图 5-18 中链轮 22）绕链轮 2 带动送罐链 5 运动，送罐链上装有一定间距的推头，与链轮 2 同轴转动的螺旋齿轮 4 带动分盖器 6 运动，同样与链轮 2 同轴转动的曲柄 3 带动推盖板 8 运动。送罐链轮还经链轮 7 带动供罐链 11 运动，供罐链布置在送罐链的两侧，以便使封罐机能与装罐机连成连续的生产线。供罐链又通过链轮 12，螺旋齿轮 13、锥齿轮 10 带动分件供送螺杆 9 旋转，以便预先将罐身逐步分隔成一定间距。供罐、供盖还需有联锁装置，当有一个罐身由供罐链运送过来时，触及链道旁的碰板，经过连杆机构将碰板的摆动传送给存盖槽下方承托罐盖的控制板，使其向一侧拉开，让成叠罐盖下落在分盖器上，以便分盖器缺口部分旋至

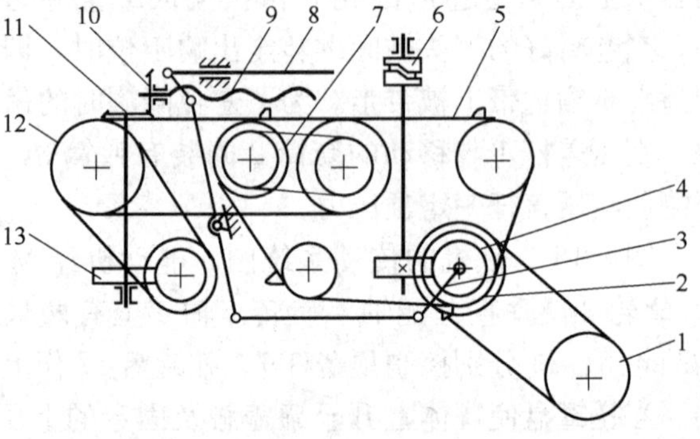

图 5-19　供罐、供盖部分传动系统图

1、2、7、12—链轮　3—曲柄　4、13—螺旋齿轮　5—送罐链　6—分盖器　8—推盖板　9—分件供送螺杆　10—锥齿轮　11—供罐链

罐盖钩边处能将最下面一只分隔开来，其余的成叠罐盖仍由控制板复位后承托。显然，若没有罐身传送过来，则控制板不可能让开，罐盖就不会被供送。

下面更详细地说明卷封机构部分的结构关系。如图 5-20 所示为圆形罐卷封机构原理图，中心是长杆 1，它的下端与压盖杆 36 成钩形连接，必要时可很方便地更换压盖杆以适应不同罐体规格的要求。压架 2、锁紧螺母 3 分别与长杆 1、滑套 5 用螺纹固连，滑套由凸轮机构控制作上下运动。在托罐下降前，凸轮使滑套 5、锁紧螺母 3 先行下降，但这时长杆 1、压架 2 却仍被罐体顶住不能下降，故弹簧 4 得以产生一定预压缩量，以便罐体下降时释放。长杆外面是压头轴 17，它由下顶帽 11、上顶帽 7，铜套 9 支承在机架 8 上，使上压头 37 能固定不动。若要调节上压头的高低位置，可松开螺母 6，扳动压头轴上端方头部分即可。压头轴的外面是花键轴 16，它的上下两端均有花键，上端由齿轮 13 带动转动，下端经花键帽 38 带动封盘 28 转动，封盘与花键帽间为端面凹凸连接。封盘的轴向定位依靠螺母 34、35，螺母 34 的内圈与花键轴螺纹连接，螺母 35 的外圈与封盘螺纹连接，这样封盘得以经花键轴 16，齿轮 13 被吊装在轴承 14 上，只需松开螺母就能方便取下封盘。花键轴的外面是齿轮 15，它的下端面直接与中心齿轮 22 的上端面成凹凸连接，使中心齿轮以不同于封盘的速度旋转。齿轮 15 的外面就是调心轴承 21，它将卷封机构整个旋转部分的重量经托盘 19、顶盘 20 支承在机架 8 上。而机架 8 又吊装在导轨内（图中未示），通过手轮、丝杆就可随意调节整个卷封机构的高低位置，以适应不同规格罐体的卷封需要。卷封机构的下端腔室与真空系统接通，只需关紧下盖 29，就能保证罐体在卷封时有一定的真空环境。为了调节罐体卷封的松紧程度，必须微量改变卷边滚轮 30 的中心与行星齿轮 26 的中心之间的距离，这样就可使卷边滚轮径向进给到达最里位置至罐头中心的距离得到微量改变，这是通过调节蜗轮 24 实现的。

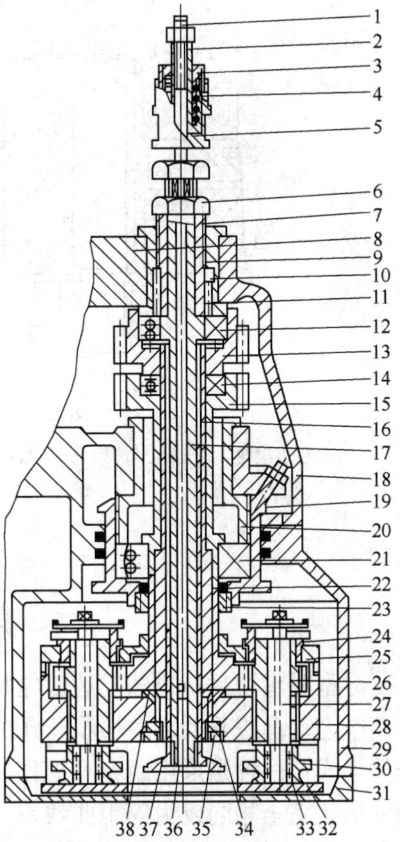

图 5-20　圆形罐卷封机构原理图

1—长杆　2—压架　3—锁紧螺母　4—弹簧　5—滑套　6、23、34、35—螺母　7—上顶帽　8—机架　9—铜套　10—键　11—下顶帽　12、14、21—轴承　13、15—齿轮　16—花键轴　17—压头轴　18—上盖　19—托盘　20—顶盘　22—中心齿轮　24—调节蜗轮　25—封盘盖　26—行星齿轮　27—小轴　28—封盘　29—下盖　30—卷边滚轮　31—底盘　32—铜盘　33—滚针　36—压盖杆　37—上压头　38—花键帽

为了调节罐体卷边的松紧程度，必须微量调节卷边滚轮 30 与罐体的中心距离。图 5-21 所示为调节机构原理图，由图可见行星齿轮 5 的自转中心为 A，其偏心孔中心为 M。销轴 4 的上端有一长方形短柄 11，它安放在蜗轮 8 上端的周向缺口内，接触点为 P，该蜗轮借螺栓 9 及压簧片 10 固装在封盘盖 7 上。调整时，放松压簧片 10，蜗杆 12 使蜗轮 8 旋转某个角度，即改变缺口的方位，于是，销轴 4 也随蜗轮 8 改变了方位，从而达到微调的

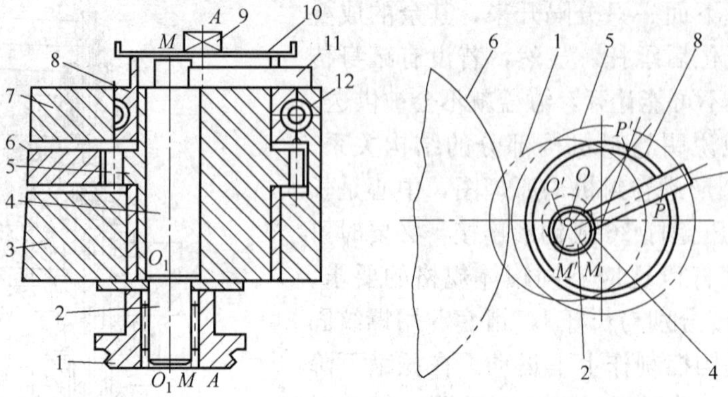

图 5-21　卷边滚轮径向位置调节原理图

1—卷边滚轮　2—偏心轴端　3—封盘　4—销轴　5—行星齿轮　6—中心齿轮　7—封盘盖　8—蜗轮　9—螺栓　10—压簧片　11—长方形短柄　12—蜗杆

目的。

二、异型罐封罐机结构原理

异型罐卷边封口机的卷边滚轮相对于罐体应同时完成三种运动，即周向旋转、径向进给两个运动和按异型罐的形状所作的仿形运动。实现仿型运动一般在卷封机构中可有两种结构形式：一种是采用罐型靠模作原动件（所谓罐形靠模是指靠模凸轮的形状与所封异型罐的形状完全相同或为等距曲线）；另一种是采用非罐型靠模作原动件。

图 5-22 所示为采用罐型靠模的异型罐卷封机构示意图。齿轮 3 和 4 在同轴齿轮 2 和 1 的带动下，以同方向不同转速转动，并分别带动封盘 6 和凸轮组 5 转动。该凸轮组共有 4 只凸轮，其中两只为头道共轭的进给凸轮，另两只为二道共轭的进给凸轮。当封盘 6，凸轮 5 绕罐周向旋转的同时由于两者间的速差，进给凸轮摆杆 14 来回摆动，再通过连杆 11、卷边滚轮摆杆 10 驱使卷边滚轮 9 作径向进给运动。与此同时，由于卷边滚轮摆杆又与罐型靠模摆杆 13 铰接在 C 点，而罐型靠模摆杆 13 跟随封盘 6 绕罐旋转过程中，又受固

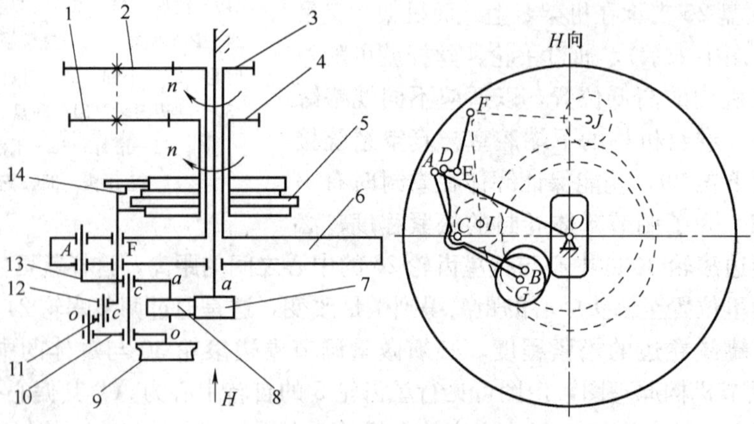

图 5-22　罐型靠模的异型罐卷封机构示意图

1、2、3、4—齿轮　5—凸轮组　6—封盘　7—罐型靠模凸轮　8—靠模滚子　9—卷边滚轮　10—卷边滚轮摆杆　11—连杆　12—摆杆　13—罐型靠模摆杆　14—进给凸轮摆杆

定的罐型靠模凸轮 7 的控制使其绕封盘上的铰支点 A 摆动，进而驱使卷边滚轮作仿型运动。该方法对于转弯处曲率变化较大的异型罐适应性差，转弯处易造成卷封不紧、起皱等不良现象。

图 5-23 为采用非罐型靠模的异型罐卷封机构原理图。同轴齿轮 28、29 分别带动齿轮 9、10 以同方向、不同速度转动，齿轮 9 带动封盘 13 转动，齿轮 10 带动头道及二道进给凸轮 11、12 转动。在绕罐周向旋转过程中，由于封盘及进给凸轮间有速差，致使进给凸轮摆杆 26 摆动，经螺钉 25 进而使摆块 24 绕其铰支点摆动，摆块 24 的两端分别铰支在封盘 13 及托盘 18 内，而在摆块 24 内又铰支着卷边滚轮摆杆 23，因此，摆块的摆动使卷边滚轮 21 完成径向进给运动。与此同时，卷边滚轮摆杆 23 又受靠模凸轮 14 的控制绕其铰支点摆动，从而使卷边滚轮 21 完成仿型运动，同样，卷边滚轮有四只并成对称布置，每道有两只。四根进给凸轮摆杆 26 分别靠四根扭力弹簧 27 压紧在进给凸轮上，四根卷边滚轮摆杆 23 靠四根拉伸弹簧 16 相互拉紧并使四只靠模凸轮滚子 15 均能压紧在靠模凸轮上。靠模凸轮 14 及上压头 19 分别经固定外套 7 及固定内套 6 固装在机架 5 上。摆杆 3 经滑块 1、顶盖杆 4 控制顶盖盘 20 的升降运动，压缩弹簧 2 的作用是避免降罐时出现吊罐现象。

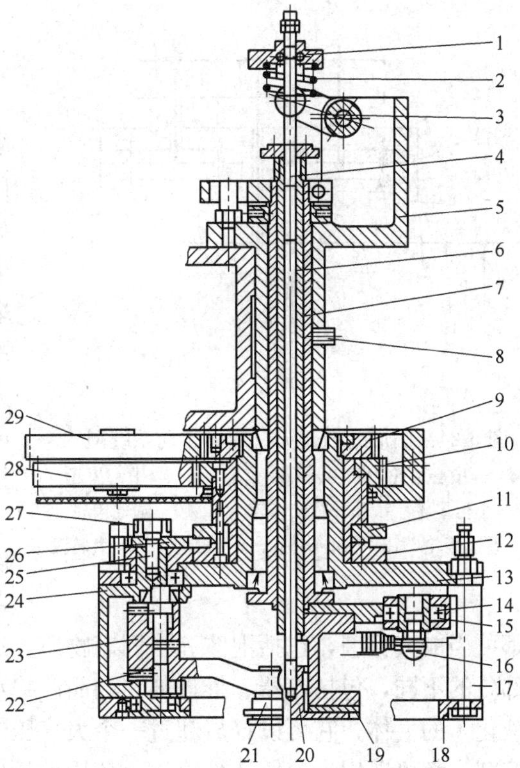

图 5-23 异型罐卷封机构原理图

1—滑块 2—压缩弹簧 3—摆杆 4—顶盖杆 5—机架 6—固定内套 7—固定外套 8—定位螺钉 9、10、28、29—齿轮 11—头道进给凸轮 12—二道进给凸轮 13—封盘 14—靠模凸轮 15—靠模凸轮滚子 16—拉伸弹簧 17—拉杆 18—托盘 19—上压头 20—顶盖盘 21—卷边滚轮 22—销轴 23—卷边滚轮摆杆 24—摆块 25—螺钉 26—进给凸轮摆杆 27—扭力弹簧

为了提高生产能力，无论是圆形罐封罐机还是异型罐封罐机，已广泛采用多头封罐机，即在一台封罐机上安装多个卷封机构，每个卷封机构的结构原理与前述相同，只是传动系统较为复杂。图 5-24 为圆形罐的四头封罐机传动系统图，有四个卷封机构（图中仅示出两个），这里每个卷封机构的结构均与上述圆形罐封罐机相同，仅数量增加为四个，故生产能力亦可提高四倍左右。工作过程是：圆锥齿轮 8 通过齿轮 7 带动中心齿轮 1、2 旋转，在两个中心齿轮周围分别布置有四只行星齿轮 3、4，行星齿轮跟随大转盘 14 公转的同时又以不同速度作自转，它们分别带动小中心齿轮 5 和封盘 13，使卷边滚轮 11 完成卷封动作。

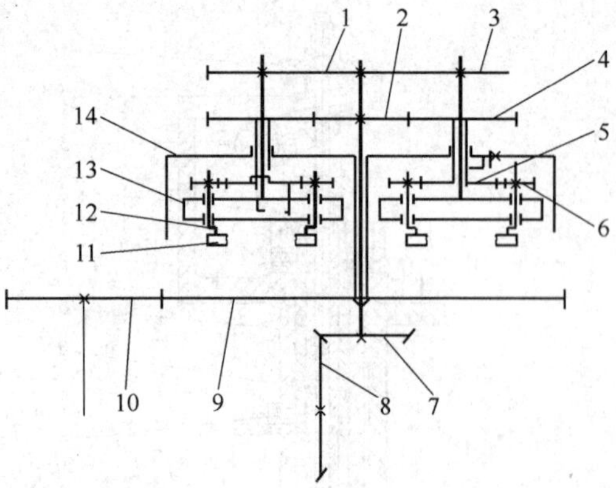

图 5-24　圆形罐的四头封罐机传动系统图

1、2—中心齿轮　3、4—行星齿轮　5—小中心齿轮　6—小行星轮　7、8—圆锥齿轮　9、10—圆柱齿轮　11—卷边滚轮　12—偏心销轴　13—封盘　14—大转盘

三、气雾罐封罐机结构原理

气雾剂是一种物料在包装的时候被压缩，而且包含特殊的活性物质，当一个阀门系统被激活时，这种活性物质就被释放出来。传统意义上，气雾剂被看做是一种剂型包装，因为包装时在物料中加入了压缩气体或是压缩液体，还有气雾罐所专用的硬件设施，使得剂型十分复杂。而另一方面，气雾罐也可简单地看做高度专用化的一种包装，而且可以非常容易地生成和控制液态或粉状喷雾。

从技术上来说，气雾罐仅仅被看做是由压缩系统来产生喷雾的包装系统，但是一般来讲，所有由压缩物质的容器释放的物质都可当成气雾剂，包括泡沫和半固态物质。这些气雾剂的特性取决于气雾罐系统基本组成部分的不同，包括容器、推进剂、药品浓缩物、阀门以及喷头。推进剂可以是压缩了的或液化了的气体，它可以释放超过一个大气压的压力来喷出气体。液态气体，不论加不加助溶剂，都可以用来溶解活性物质。使用的压缩气体为二氧化碳，氮气以及二氧化氮。通常，混合这些液态和压缩气体来得到更大的压强。

阀门和喷头是用来控制药物喷出的方向。喷头在气雾罐容器的顶部，被压以后就可以使气体喷出。喷头的设计（如口的大小、气体膨胀室的形状）和溶剂决定了喷雾的物理形态（如喷雾、泡沫、湿蒸气以及粉雾）和喷雾微粒的大小。一些专用设计可以使内容物垂直、水平或是成45°喷射。

阀门在喷头的下方，通过连接阀门和喷头的一个管子打开。阀门上装有弹簧，这样当没有喷射的时候，阀门总是关着的。阀的开口大小决定了物料的喷射速率。对于计量型，在阀里会有一个小仓，用于预先存放要喷的喷雾，这样当阀打开时，就只会喷出仓内的物料。

（一）阀门结构

1. 普通阀门的结构与工作原理

图 5-25 是一种普通型喷雾阀门结构示意图，它主要由触动器、阀杆、阀门杯、阀座、阀体、弹簧和导管组成。喷雾罐工作时，压下触动器按钮，使阀杆和阀体混合室连通，这时受压的内装物即经导管、阀体喷嘴、混合室再通过阀杆喷嘴、阀杆，最后从触动器喷嘴喷出。只要放开触动器，弹簧将阀杆顶回，就能关闭阀门（阀杆喷嘴）。

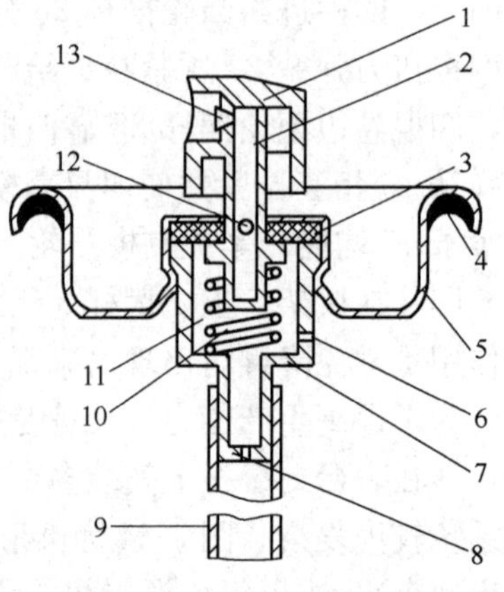

图 5-25　普通阀门结构

1—触动器　2—阀杆　3—阀座　4—衬垫　5—阀门杯　6—蒸发开关　7—阀体　8—阀体喷嘴　9—导管　10—弹簧　11—混合室　12—阀杆喷嘴　13—喷嘴

对物料和雾化剂能充分捏合的内装物，喷出后由

于雾化剂的膨胀，使喷出的雾滴多在直径 30μm 以下，用一般的阀门就能产生很好的效果。有时触动器喷嘴做成倒锥形槽的形式，使内装物以更广的角度喷出。

对物料和推进剂不能混合的内装物（三相结构），一般的作法是在阀门体侧面开一个称作“蒸发开关”的孔（见图 5-25），当混合物喷出时，喷雾罐内顶部的少量气态推进剂通过小孔进入混合室和物料混合，使得喷出物分散得更加细微。这种结构对推进剂和物料不能混合的水基物料特别适合，但蒸发开关的大小和推进剂的量之间的平衡需恰到好处。

另一种方法是在触动器的喷嘴内装一个称作“机械分散机构”的嵌入物，机械分散机构能使内装物喷出时产生涡流，从而使喷出的雾更细小。但相对而言喷雾还是比较粗糙，并有少部分呈滴状。

对喷出物为泡沫的泡沫阀门，其触动器的阀杆一般较长，起膨胀室的作用，阀杆上的喷嘴通常也较大。

2. 特殊用途阀门的机构与工作原理

对于某些要求正立或倒立均能使用的喷雾罐阀门的结构如图 5-26 所示。当正立使用时，重物在重力作用下紧靠阀体，内装物在压力作用下经 a、d、e 通道喷出；当倒立使用时，重物在重力的作用下离开阀体，通道 c 打开，内装物经 a、c、b、d、e 通道喷出。从而实现正立、倒立均可使用。

另一种计量阀门能使物料定量喷出，如图 5-27 所示。当不使用时，混合室通过阀尾通道与容器相通，而阀杆喷嘴则与混合室断开。当按下触动器按钮时，阀杆喷嘴与混合室连通，物料开始喷出，继续向下按，阀杆的阀头将阀尾通道关闭，混合室中的定量物料在推进剂所产生的压力作用下继续喷出，从而实现定量喷雾。松开阀门后，在弹簧的作用下，阀杆喷嘴关闭，阀头离开阀尾，容器中的物料又补充于混合室中。这种阀门仅适用于物料与推进剂可混合的制品。

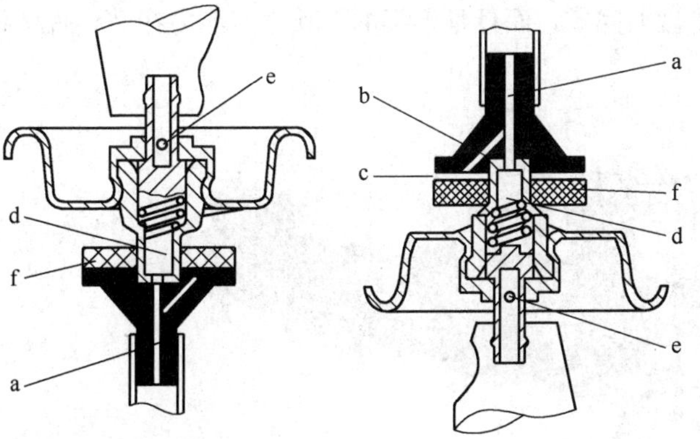

(a)正立用　(b)倒立用

图 5-26　正立和倒立两用阀门的结构

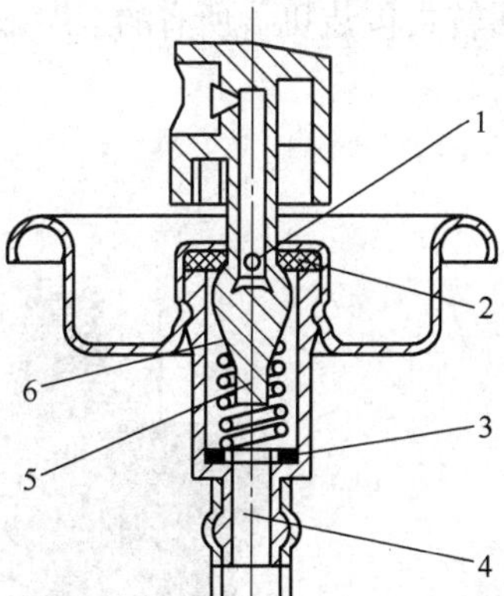

图 5-27　计量阀门机构

1—阀杆喷嘴　2、3—密封阀门　4—阀尾通道　5—阀头　6—混合室

（二）喷雾罐卷边与包装

喷雾罐包装的主要工艺包括产品灌装、阀门的选择固定和阀门卷边等（如图 5-28）。

图 5-28 喷雾罐包装主要工艺

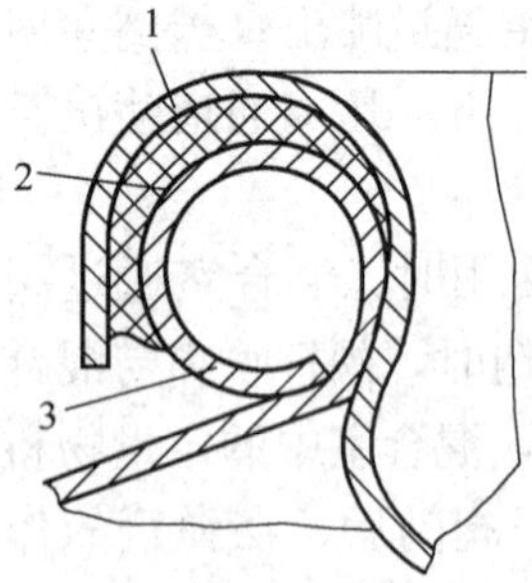

图 5-29 喷雾罐卷边结构
1—罐盖 2—密封件 3—罐体

图 5-29 为喷雾罐卷边过程，将气雾罐放在卷边工位，阀口顶住深度定位器，然后用卷边夹具将罐盖金属圈压于罐口处，完成卷边。为了提高卷边的质量及密封性，可以在罐盖和罐体之间的卷边内填充密封件。

喷雾罐包装，目前主要有直线式和回转式的灌装线。对于直线式，气雾罐被放在塑料托盘上或气垫器上，然后间歇式地移动，这样对于一组罐子，可以同时完成灌装、加阀、卷边和充气。如图 5-30 为直线式喷雾罐生产线，其生产能力为 20～150 瓶/min。对于回转式，工位被置于一个回转式的工作台上，这样可以更好地控制罐子，也可以更好地编号。对于高速的回转式包装机，所有的工序都在回转盘上完成，而且是连续的，其生产能力在 300 瓶/min 左右。

图 5-30 直线式喷雾罐生产线
1—喷雾罐的供送 2—自动地掉下一个球状物 3—双头灌装 4—罐的输送
5—罐的卷边 6—推进剂的灌装和封口 7—泄漏检验水槽

第四节 软塑材料的封口装置

软塑材料无论是单膜还是复合膜，在包装上制成袋，充填后再封口，作为商品的包装形式使用十分普遍。塑料袋装产品的封口方法有结扎、热封、钉封、粘封等，其中以热封封口的方法较简单可靠，应用最广，因而薄膜的热封装置设计十分重要。

一、热封方法与装置

热封是利用塑料具有热塑性，使封口部位的塑料薄膜局部达到熔融状态，并施加一定压力，经过一段时间后，分子互相渗透，经过冷却、定型后封合一起。

塑料袋的封口常用热压式封口机完成，其热封原理和机械结构比较简单，操作方式从手动、脚踏到全自动连续，加热方式从常热式到脉冲式，均可选到合适的机型，品种比较齐全，性能也比较稳定。

根据加热原理和热封装置结构的不同，热压式封口主要有：热板加压封口、电热丝熔断封口、高频加热封口、热辊加压封口、环带热压封口、脉冲加热封口、热刀加压熔断封口、预热压纹封合、超声波封合、电磁感应封合和红外线封合等几种类型。下面介绍几种封合方法。

1. 热板封合

这是热封原理与结构最为简单的一种，封合速度较快，可恒温控制。如图 5-31 所示，热封动作时，热板 1 在机构作用下压紧叠合薄膜 3 于承托台 5 上，使其热融封合。这种装置广泛应用于间歇式工作的自动包装机中。该方法适合于聚乙烯等复合薄膜的封合，对受热易分解或收缩的薄膜，如聚氯乙烯等不宜应用。

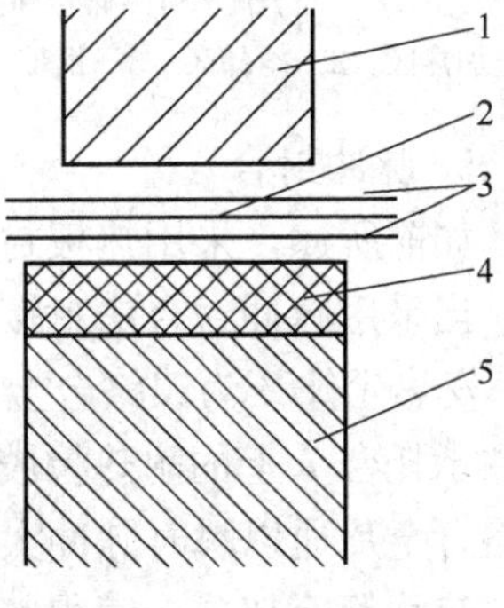

图 5-31 热板封合

1—热板 2—封缝 3—薄膜 4—耐热橡胶 5—承托台

2. 回转辊筒封合

如图 5-32 所示，给一对反向等速回转辊筒的一方或双方通电直接使辊筒发热，辊筒相对回转，牵引并压合薄膜，使其热融封合。这种装置主要用于连续式自动制袋包装机中实施纵封。该方法适合于复合包装薄膜的封合，单层薄膜因受热易变形会导致封缝外观质量较差故而不宜应用。

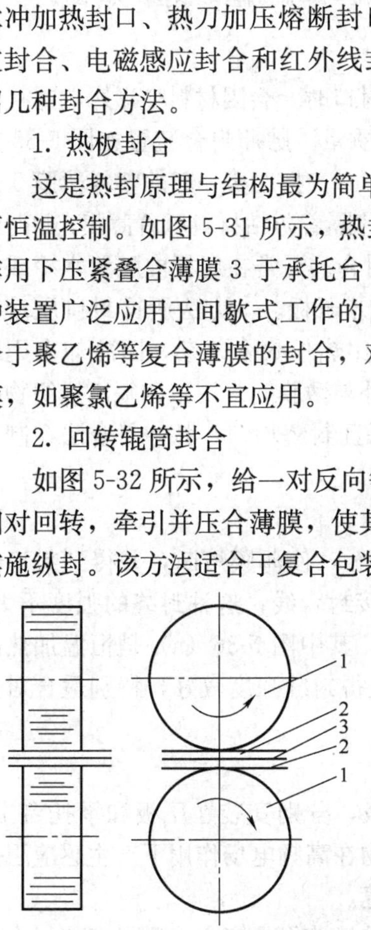

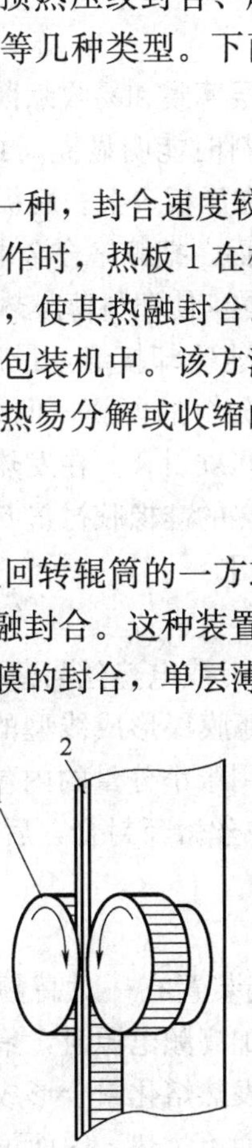

图 5-32 回转辊筒封合

1—热辊 2—薄膜 3—封缝

3. 带状封合

如图 5-33 所示，一对相向回转的金属带之间，夹着要封合的薄膜直线运动，在前进中通过钢带两侧加热、加压、冷却，实现封口。该方法能实现运动过程封合，也可适用于受热易变形的薄膜，一般用于袋口的最后封口上，但结构较为复杂。

4. 滑动加压封合

如图 5-34 所示，薄膜 4 首先通过一对通过电加热或空气加热的热板 1 的间隙，受到加热后，再经一对反向回转加压辊 2 加压封合，形成封缝 3。本方法结构简单，能适应满足热变形较大的薄膜的连续封合。

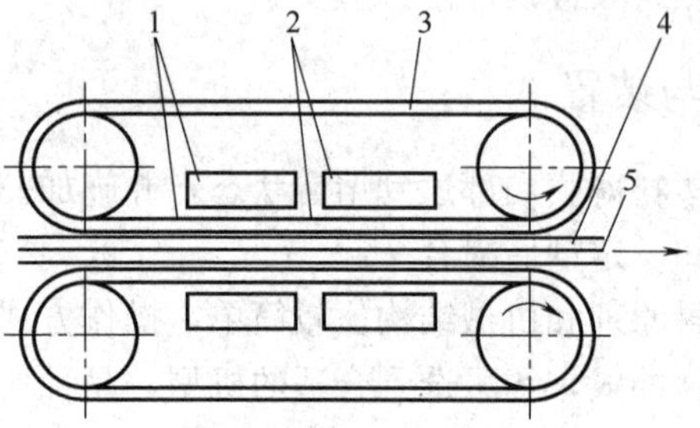

图 5-33　带状封合

1—加热区　2—冷却区　3—钢带　4—薄膜　5—封缝

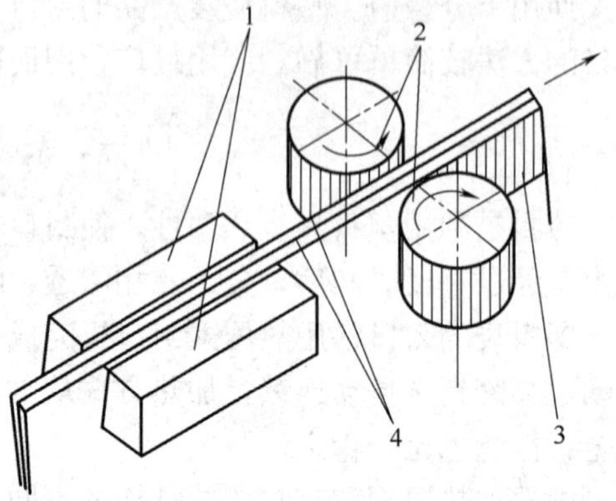

图 5-34　滑动加压封合

1—热板　2—加压辊　3—封缝　4—薄膜

5. 脉冲封合

如前所述，采用热板封合对单层薄膜和易收缩薄膜封口时，会因材料变形影响封接质量。当采用脉冲封合法封接以上材料时能明显提高封合质量。脉冲封合装置如图 5-35 所示，发热元件 2 为镍铬合金片，装在压板 1 上。压板动作时，把层叠一起的塑料薄膜 5 压紧在承托台 7 上的耐热橡胶垫 6 表面。把镍铬合金电热片隔着防粘材料压着薄膜，此时给镍铬合金片通以瞬时脉冲大电流加热，使塑料薄膜热融封合。通常在压板内配置水冷或空气散热片等冷却器，使得热封后迅速冷却接缝，最后放开压板。本方法所得封口质量较好，能够适用于易热变形与受热易分解的薄膜，但结构比热板封合复杂，因冷却占用时间，故生产率受到限制，只适用于间歇封合。在发热元件与薄膜间常用聚四氟乙烯织物作为耐热防粘材料，承托台 7 上垫耐热的硅橡胶衬垫 6，保证封缝均匀。脉冲封合法在制袋机和自动包装机中已得到广泛的应用。

6. 熔断封合

如图 5-36 所示，靠加热过的热刀或电热丝与薄膜接触，使薄膜熔断，并得到封口的一种方法，热封切断时，断面两边薄膜层形成线型的熔接封合线，这种封缝的强度不大，封口的外观独特，开启容易，仅适用于小分量的内包装。其中图 5-36（a）是恒温加热的热刀熔断封口，图 5-36（b）是电热丝熔断封合，后者所得封缝强度较好，特别适合对热收缩薄膜封口。

7. 高频封合

如图 5-37 所示，高频电热封接装置有一对高频电极，分别安装在压板和承托台上。薄膜被压在上、下电极之间，当外加高频电源时，聚合物在高频电场作用下产生感应阻抗而极性化，使材料内部诱发出热能发热熔化封合形成封缝。

因是内部加热，中心温度较高而不过热，因而可轻易地获得强度高、质量好的封合接缝。该法对聚氯乙烯很适合，但不适用低阻抗薄膜。使用电阻热融封合聚氯乙烯及聚偏二

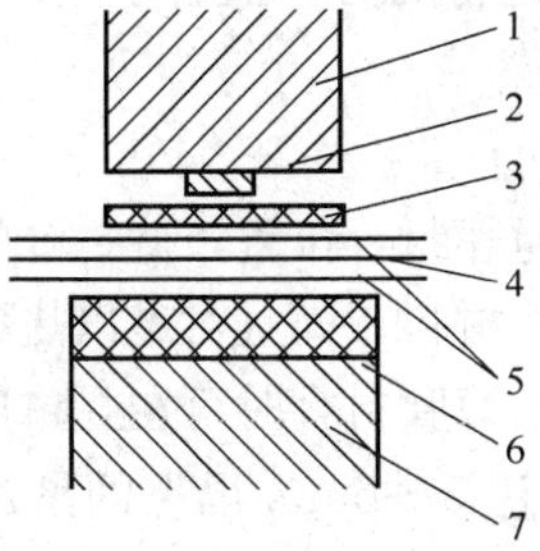

图 5-35 脉冲加压封合

1—压板 2—发热元件 3—防粘材料 4—封缝
5—薄膜 6—耐热橡胶垫 7—承托台

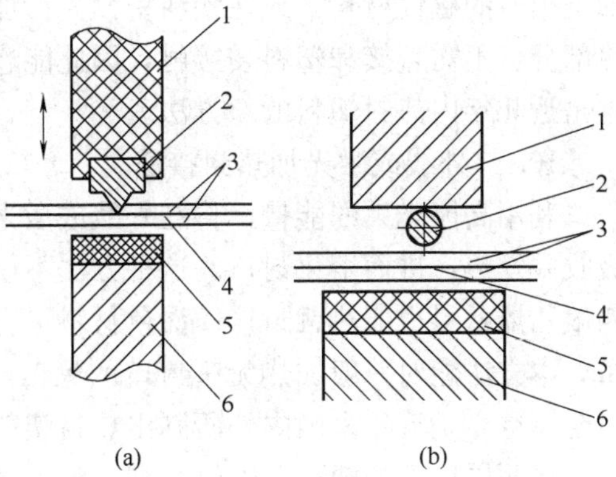

图 5-36 熔断封合

1—压板 2—发热元件 3—薄膜 4—封缝
5—耐热橡胶垫 6—承托台

氯乙烯等聚合材料薄膜时，虽然可保证较好的热封接缝，但在封合时会从氯乙烯聚合材料中分解出有毒气体。因而在此情况下电阻加热法不宜采用。但是，高频电热封接法则非常合适，因为氯乙烯类聚合材料的分子在高频电场作用下具有电诱极性化的性能。

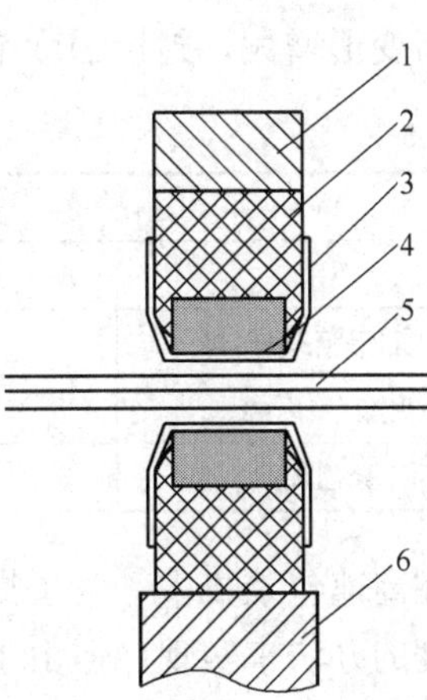

图 5-37 高频电热封接示意图

1—压板 2—绝缘板 3—防粘层
4—高频电极 5—层叠
薄膜 6—承托台

8. 超声波封合

用较高的脉冲频率使电晶体在电磁场的作用下，产生膨胀和收缩，超声头将封口压到铁砧板上，依靠交变电磁场的高频振动产生机械变形，待热封的薄膜叠层被超声波通过，受高频机械振动摩擦而使薄膜封口表面的分子高振动发热，以至相互交融而界面消失，瞬间融合为一个整体。

如图 5-38 为超声波封合示意图，超声波热融封接可用于连续性或间歇性的封接，当用于连续性热融封接时，一般在超声波加热器后再装一对滚压轮对热封缝作滚压，以提高封接质量和速度。超声波封合热效应很小，可得到无收缩、不起皱的封口，其封口强度略低于单层材料强度，尤其适应热封性能差的双向拉伸薄膜等，对于较厚的薄膜和厚 1.25mm 以下的薄片，均可采用该方法封合，但其设备投资费用较大。

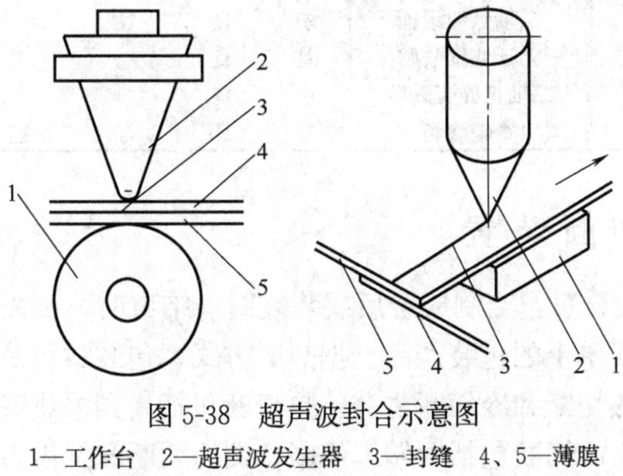

图 5-38 超声波封合示意图

1—工作台 2—超声波发生器 3—封缝 4、5—薄膜

9. 电磁感应封接法

在环形线圈上通过高频电流，使线圈周围产生高频磁场，处在高频磁场的磁性材料由于磁滞损耗而发热，这就是电磁感应封接法的原理。若在薄膜之间

加上很薄的磁性材料，或在塑料中预先掺加一些磁性氧化铁粉，塑料即瞬时熔化粘合，加热部分可不需直接和塑料袋接触，因此能连续又高速地进行封合，适合于生产线的生产，这是近几年内热封塑料的新方法。

10. 红外线或激光加热封接法

利用高能光束的能量，将红外线或激光直接照射在薄膜封合位置，待封合的塑料薄膜吸收并发热，进而熔化封口。这种方法不仅能熔接一般性材料，而且对难以热融封接的聚四氟乙烯材料也能热融封接。深色材料更容易加热，透明薄膜封合时可在封口层下铺上黑布。本方法能对一般加热无法封口的聚四氟乙烯和厚度达 5～6mm 以上的聚乙烯片进行封合，这亦是近年来国内外研制出热封塑料的新方法。

将两层以上的塑料薄膜热熔到一起，这除了与塑料材料本身的性能如熔融温度、热稳定性等有关外，还与温度、压力、时间和加热方式、封头形式有关。一般来说，温度低些、压力小些，时间长点，热封质量较好。温度太高，薄膜容易出现软化，产生较大的热收缩变形，影响封口质量，甚至烧穿；如果时间太长，有的塑料会受热分解，压力过大，使封口变形增大，封接强度下降。表 5-1 为几种常见材料的加热温度及封口速度。

表 5-1　　常见材料加热温度及封口速度

材料		封口温度/℃	封口速度/(m/min)
类别	厚度/mm		
聚酯/铝箔/聚丙烯	0.10	220～260	7.2
聚酯/聚丙烯	0.08	175～200	3.5
聚乙烯	0.08	130～150	6.0

在高速包装机中，为了提高热封速度，以充分发挥包装机的生产能力，必须用提高加热温度的办法来实现，但由于温度越高，变形越大，封缝发生收缩，影响美观，常将热封部位加以冷却，如用水冷或氟里昂强制冷却。表 5-2 列出了常用塑料包装薄膜在热封方法不同时的热封性能。

表 5-2　　常用塑料薄膜的热封性能

薄膜材料	板封	脉冲	超声波	高频封	薄膜材料	板封	脉冲	超声波	高频封
低密度聚乙烯	好	好			软质聚氯乙烯	差	好	好	
高密度聚乙烯	好	好			聚乙烯醇	好	好		
无延伸聚乙烯	好	好			二轴延伸聚酯	差	良	良	
二轴延伸聚乙烯	好	好			无延伸聚酰胺	差	良		
聚氯乙烯	良	好	好	差	二轴正伸聚酰胺	差	良		
硬质聚氯乙烯	差	好	好	良	聚碳酸酯	差	良	好	差

二、切断装置

在制袋式袋装机上，常用卷筒塑料包装材料，当制成袋后或装袋封口结束时，都需要用切断装置将相互连接着的薄膜料袋分割成单个的包装产品。据热封方式、包装材料及其在包装中的运动形式不同，切断的方式有热切断和冷切断之分。热切断包括高频电热刀切断、脉冲电加热刀切断和电加热刀切断等；冷切断包括回转刀切断、铡刀切断和锯齿刀切断等。塑料薄膜的切断，用热切断和冷切断均可实现，而纸张只能用冷切断方法。实际中，可根据热封的方法、包装料袋在制袋过程中运动形式和切口的形式等要求进行选择。

（一）热切断装置

它是通过对薄膜局部受热熔化后再施加一定压力，将薄膜分开的一种切断方式。热切断机构可与横封机构联在一起，即在横封的同时完成切断。热切断有高频电热刀、脉冲电加热熔断器及电加热切刀等几种切断方式。

1. 高频电热切断刀

高频加热刀实际是一只具有刃口的电极，常用于对聚氟乙烯薄膜袋进行封口的同时完成切断，主要用在间歇式袋装机上。如图 5-39 所示，高频电热刀 3 是一只能具有刃口的电极，安装在横封器两封合电极 2、4 的中间，将前后袋底进行封口的同时切断分离。在电极 2、4 的外侧有两对弹性夹板 1，作用是消除封口时电极与薄膜间的刚性接触，并减少封口切断过程对薄膜袋的拉力，保证封口平整美观。

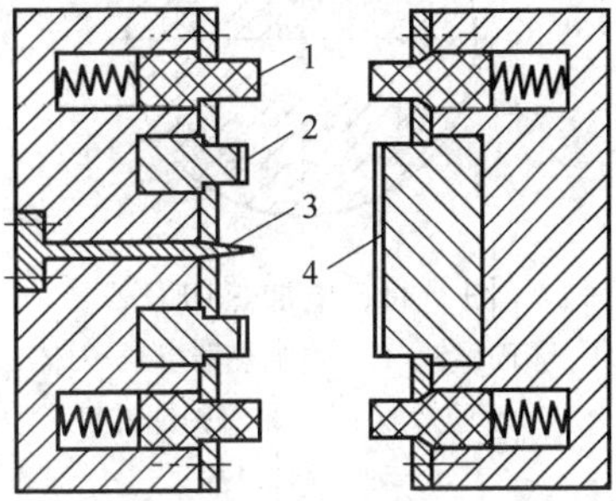

图 5-39　高频加热式横封器

1—弹性夹板　2、4—封合电极　3—高频电热刀

2. 脉冲电加热熔断器

图 5-40 所示为脉冲电加热熔断器，封口扁电热丝 5 在加热加压作用下与热封体配合融合密封薄膜，一根 1～2mm 直径的圆电热丝 7 固定在热封体上切割封缝，圆电热丝 7 和封口扁电热线 5 与热封体之间有绝缘片 4，在电热丝与薄膜之间有高温布或聚四氟乙烯片 6 作防粘隔离层。

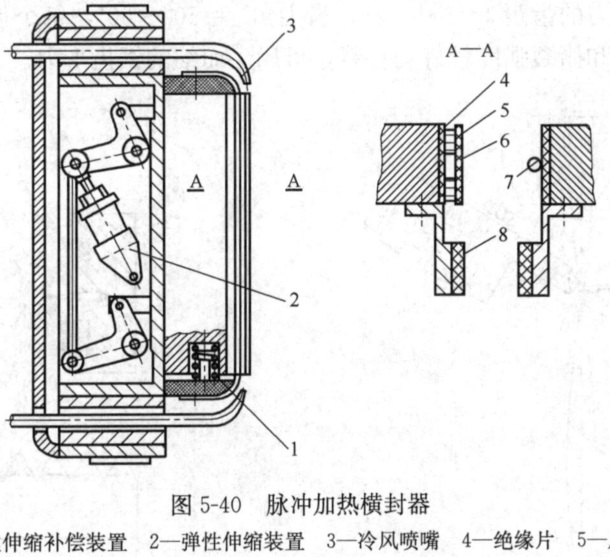

图 5-40　脉冲加热横封器

1—电热丝伸缩补偿装置　2—弹性伸缩装置　3—冷风喷嘴　4—绝缘片　5—扁电热丝　6—聚四氟乙烯片　7—圆电热丝　8—排气夹板

3. 电加热切刀

电加热切断又称恒温切断，常用于一些高速包装机上。图 5-41 所示为电加热切刀，刀体 3 被丁腈橡胶（高温绝热材料）4 包裹，并固定于轴 6 上，用螺钉 1 将刀片 7 固定在刀体 3 上，并保持一定的间隙，刀片下端与刀体间隙内安放耐热弹性材料 5，以缓冲瞬间

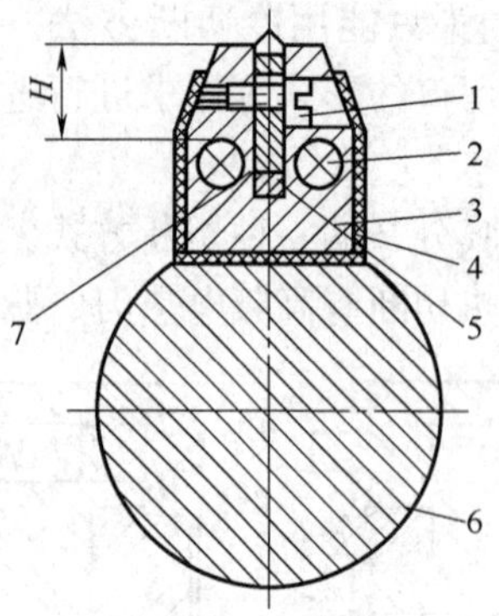

图 5-41 电加热切刀

1—紧固螺钉 2—电加热器 3—刀体 4—丁腈橡胶 5—耐热弹性材料 6—轴 7—刀片

作用力。电加热切断工作过程较为复杂，其加热过程可分为预热和工作加热两个过程。

（二）冷切断装置

冷切是利用金属刀刃的锋利度使薄膜横截面上局部受剪切力，而分开薄膜料袋的加工方法。薄膜冷切断可采用回转刀刃、锯齿刀和剪切式剪刀等方法实现。

1. 回转式切刀

图 5-42 所示为一回转刀切断机构。该机构由回转刀 1 与定刀 2 组成，两刀的形状尺寸完全相同，仅安装方向相反，回转刀顺料袋前进方向作等速回转，旋转的刀刃与固定的刀刃相撞碰，将薄膜切断，动刀与定刀间有 0.01mm 左右的微隙，保证无袋时不会打坏刀尖。工作时，回转刀刃与定刀刃间在相遇的全长上按 1°～2°的倾角依次相遇，以避免二刃口在全长上同时接触，便于将薄膜分割开。回转刀的刀口线速度通常大于包装材料的牵引速度。这种切断形式适用于较厚且有一定挺度与硬度的薄膜材料，不适用于极薄薄膜或软而绵的材料。

2. 锯齿形切刀

图 5-43 所示为锯齿形切刀示意图。封合电极 1、4 分别安装在固定板 2、5 上，锯齿刀 3 置于左封合电极 1、4 中间。相对应的右边固定板 5 中间是一凹槽，在封合电极加热热封的同时，锯齿刀齿尖插入夹于左右两个封合电极间的薄膜进行切断，使上、下袋分离。如图，锯齿形刀的齿距 $t=2\sim6\text{mm}$，齿尖角 $\alpha=50^\circ\sim60^\circ$，每个齿的两齿侧均磨成刃口，对于穿刺强度和撕裂强度较好的材料，可用尖而细的锯齿形刀。

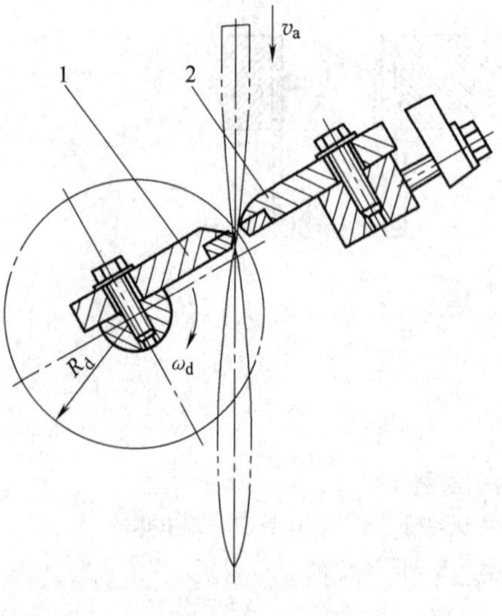

图 5-42 回转刀切断装置

1—回转刀 2—定刀

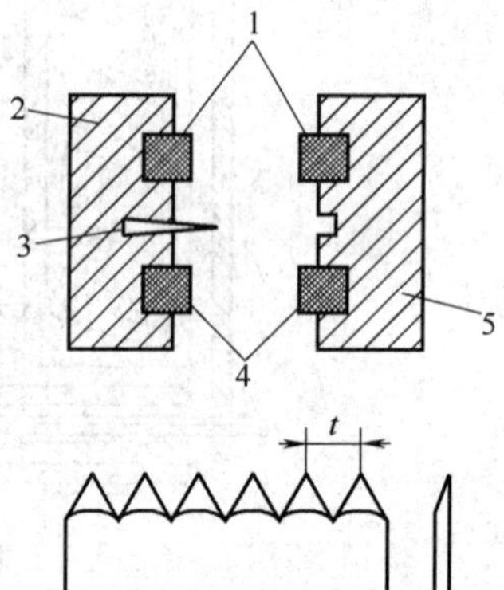

图 5-43 锯齿形切刀

1、4—封合电极 2、5—固定板 3—锯齿形刀

3. 剪切式剪刀

剪切式剪刀工作原理类似于生活用剪刀，可以是一把刀固定一把刀动，也可以是两把

刀都动。它要求剪切时的夹角不能太大，以免压偏薄膜；同时要求在剪切部位薄膜必须张紧。该切断刀对包装材料的适应性较广，但只适用于间歇运动的包装机上。

第五节　缝合式封口机

缝合法是目前开口大袋最常用的封口法，其方法一般是夹持袋口两角，用棉线或尼龙线，通过缝袋机进行缝合。根据物料的颗粒度选择缝线针距以防物料散漏。通常缝线针距一般为 3～6mm，物料颗粒较大时要求缝合密度为 120～140 针/m；太稀疏会降低缝合强度，太密将降低袋的强度，使袋沿缝线处易破裂。

缝合的主要形式如图 5-44 所示。缝合方法分为链式缝合和双锁缝合。链式缝合是将线头穿过袋壁形成环扣，每环套住前一环扣的单线缝合，如图 5-44（a）；双锁缝合是将线头穿过袋壁形成环扣，每一环皆由第二根横向线环锁住的双线缝合，如图 5-44（b）。二者各有特点，使用时根据袋重、袋的结构来选择。若是轻载袋，可用简易缝合法，将袋壁捏拢后缝合即可，如图 5-44（c）。缝合重载袋时，为了增加封口强度，也采用先在袋口处加块纸板或耐撕裂材料后，再进行缝合。此外为提高封口的密封性，也采用袋口皱纹胶带粘接缝合。

缝合式封口方法坚固而又经济，适应性强，使用时开口极为方便，封口速度快，可达 10m/min 以上。但一般的缝合式封口处有缝合针眼，阻隔性能较差。

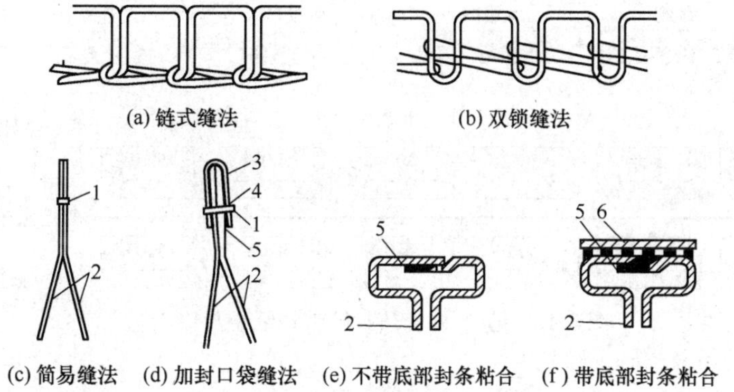

图 5-44　袋口缝合法

1—缝合线　2—袋壁　3—封口带　4—软线　5—黏合剂　6—底部封条

近年来，为进一步提高包装袋的密封性能，采用了外套热封胶带进行二次密封工艺。同时，对应带 PE 内衬层的纸袋，采用热封合与缝合的联合封口方法，使封口的密封性与封口强度都得到了保证，包装性能得到了进一步提高。组合式缝合的主要形式如图 5-45 所示。

对于纸袋，目前缝合-外套热封胶带式封口形式应用较广。其封口结构与原理见图 5-46，其封口工艺过程见图 5-47。采用先缝合后胶带密封，从而保证封口的完全密封。其封口过程主要包括：袋口的除尘、缝合、袋口修剪、热封胶带卷包、胶带加热与压合等。生产过程中，加热温度、压力均可调节，以适应不同材料的要求。图 5-48 为缝合-外套热封胶带式纸袋封口机外形图。

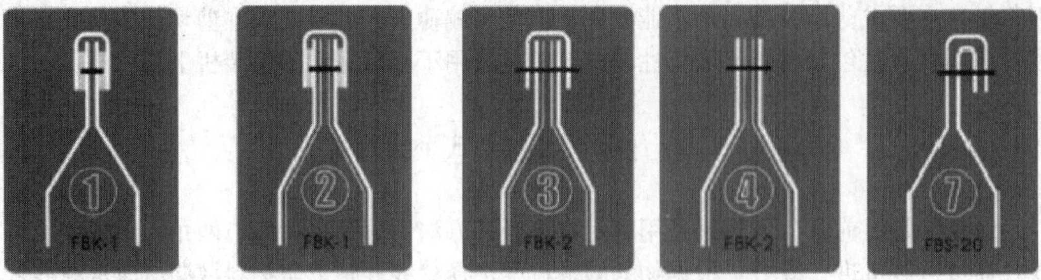

(a) 缝合-外套热封胶带 (b) 热封-缝合-外套热封胶带 (c) 热封-外套纸带-缝合 (d) 热封-缝合 (e) 卷边缝合

图 5-45 袋口组合式缝合形式

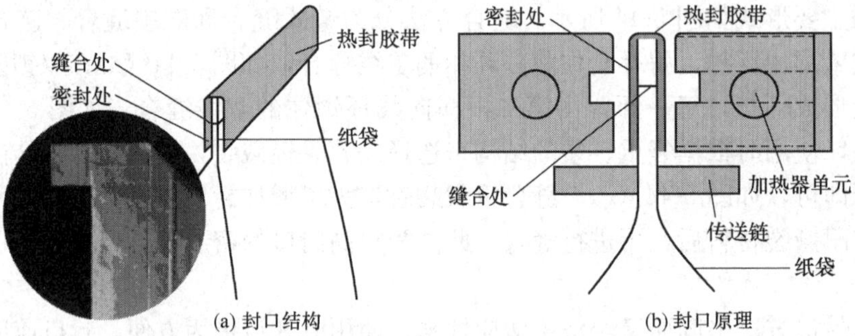

(a) 封口结构 (b) 封口原理

图 5-46 缝合-外套热封胶带式纸袋封口原理图

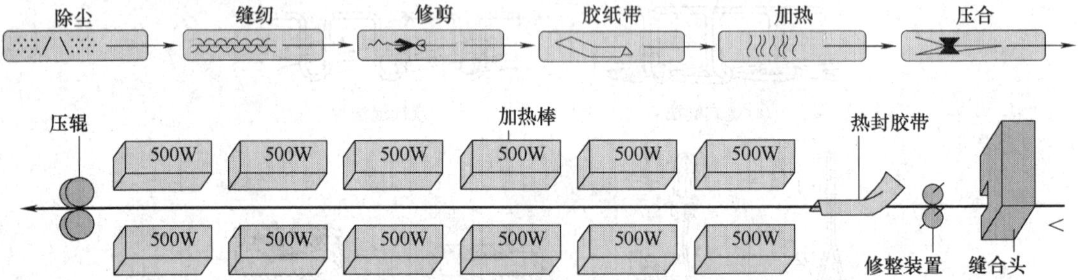

图 5-47 缝合-外套热封胶带式纸袋封口工艺

图 5-48 缝合-外套热封胶带式纸袋封口机外形图

对于带有 PE 内衬层的纸塑复合袋，热封-缝合-外套热封胶带或热封-外套纸带-缝合式封口形式应用较广，其封口结构与原理见图 5-49。该封口形式，通常应先实施 PE 内衬层的热封，在此基础上，可采用先外套纸带后缝合，或先缝合后胶带密封的方式，从而能充分保证封口密封质量。

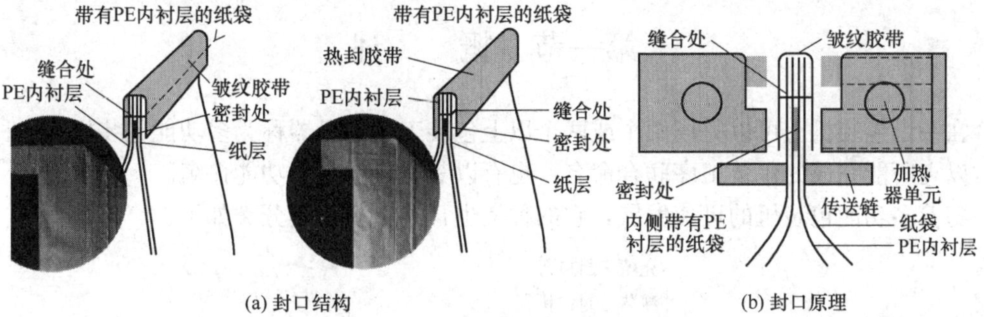

图 5-49　热封-外套纸带-缝合/热封-缝合-外套热封胶带式封口原理图

对于热封-外套纸带-缝合式封口，其封口工艺过程见图 5-50。封口过程主要包括：袋口除尘、热封内衬、袋口修剪、纸带卷包、缝合等。生产过程中，加热温度、压力均可调节，以适应不同材料、不同厚度的要求。

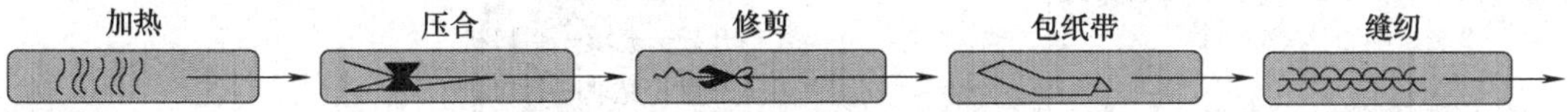

图 5-50　热封-外套纸带-缝合式封口工艺

图 5-51 为 3CM-P 型全自动热封-外套纸带-缝合式封口机外形图。该机采用水平 3 单元式给带装置，每单元可存袋 100 袋，适应高速连续作业；设有无孔袋用振动脱气装置，可排除密封袋的空气；同时，各部分设有控制与安全装置。该机具有包装质量 20～50kg，包装速度达 1200 袋/h 的高速生产能力。

图 5-51　3CM-P 型全自动热封-外套纸带-缝合式封口机外形图

第六章　多功能包装机械

第一节　概　　述

在一台包装机上可以完成两个或两个以上包装工序的机器称为多功能包装机。这种机器常以它所能完成的包装工序联合命名，也有以其完成的主要功能命名。

随着多功能包装机的迅速发展，它的种类也日趋增多，其分类如下：

- 多功能包装机
  - 充填—封口机
  - 灌装—封口机
  - 成型—充填—封口机
    - 袋成型—充填—封口机
    - 盒成型—充填—封口机
    - 箱成型—充填—封口机
    - 热成型—充填—封口机
    - 冲压成型—充填—封口机
    - 泡罩包装机
  - 定型—充填—封口机
    - 开袋—充填—封口机
    - 开盒—充填—封口机
    - 开箱—充填—封口机
    - 开瓶—充填—封口机
    - 衬袋箱—定型—充填—封口机
  - 真空包装机
  - 充气（气调）包装机

第二节　袋成型—充填—封口机

袋装作为一种古老的包装方法至今仍被视作一种最主要的包装技术而广泛使用，是由袋装本身所具有的优点所决定的。袋装具有三大特点：①价格便宜、形式丰富、适合各种不同的规格尺寸；②包装材料来源广泛，可用纸、铝箔、塑料薄膜及其他的复合材料，品种齐全，具备适应各种不同包装要求的性能特点；③袋装本身重量轻、省材料、便于流通和消费，并且通过灵活多变的装潢印刷，采用不同的材料组合、不同的图案色彩，形成从低档到高档的不同层次的包装产品，满足日益多变的市场需求。

按袋装方法分类，袋装有定型（预制）袋和袋成型—充填—封口机用袋两种。预制袋是在包装之前由手工或制袋机制成，包装时再将袋口撑开，充填物料后封口，可用开袋—充填—封口机进行装袋，这将在第三节中进行详细介绍。袋成型—充填—封口机用袋是在一台设备上连续完成从卷材到袋成型、充填、封口三个工序而形成产品包装，是目前较为先进的一种袋装技术。

将挠性包装材料形成袋，然后进行充填和封口的机器称为袋成型—充填—封口机。纸、铝箔、塑料薄膜及其复合材料等，因其具有良好的保护物品的性能，并且来源丰富、价格低廉，又易于印刷、制袋等，因此，广泛应用于袋成型－充填－封口机。

用塑料薄膜及其复合材料制成的包装袋形式较多，袋形及其大小主要取决于被充填物料的性质、容量、包装材料的性能、制袋封口方法及使用要求等。图 6-1 所示为一些常见的基本袋形。

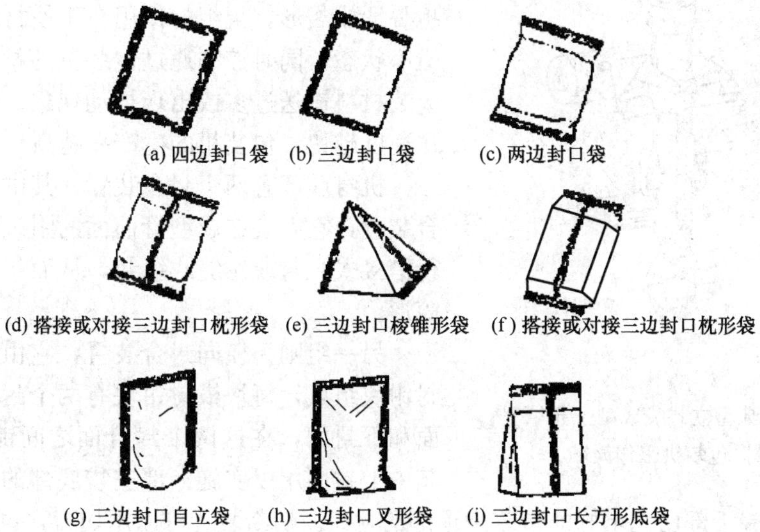

图 6-1　基本袋形示意图

一、袋成型—充填—封口机的主要类型

袋形的多样化，决定了袋成型—充填—封口机机型的繁多。按总体布局分为立式和卧式两大类；按制袋的运动形式来分，有连续式和间歇式两大类。主要机型分类如下：

- 袋成型—充填—封口机
  - 立式
    - 连续运动
    - 间歇运动
  - 卧式
    - 直移型
      - 连续运动
      - 间歇运动
    - 回转型
      - 连续运动
      - 间歇运动

由于袋成型—充填—封口机种类繁多，并且同种类型的包装机结构、工作原理和功能也不尽相同，因此，下面主要介绍几种常见的袋成型—充填—封口机。

二、立式袋成型—充填—封口机

立式袋成型包装机是指在同一台设备上、同一竖直方向上完成包装袋成型、物料的充填封口等工序的多功能包装袋成型。在该类机器上可独立完成对液体、黏流体、粉体物料的包装。随着软塑包装材料的应用愈来愈广泛，在可进行软包装的自动化机械中，立式袋成型—充填—封口机的应用最广。

立式袋成型包装所用的包装材料是具有可热封层的塑料单膜及各种复合膜等。在这类机器上可成型三边封口袋、四边封合袋、枕形袋、盒形袋等多种袋形。

（一）立式间歇袋成型—充填—封口机的工作原理

图 6-2 为典型立式成型—充填—封口包装机工作简图。包装机利用卷筒式平展材料制作软包装袋。由卷筒送来的、具有一定宽度的包装材料，通过一系列辊子输送到成型器，并经成型器折叠形成袋形。辊组的作用在于使材料张力保持在最小状态，同时控制通过包装机的材料，避免发生包装材料输送过多或出现抖动现象。薄膜材料的输送速度越快，包装机的生产率越高。

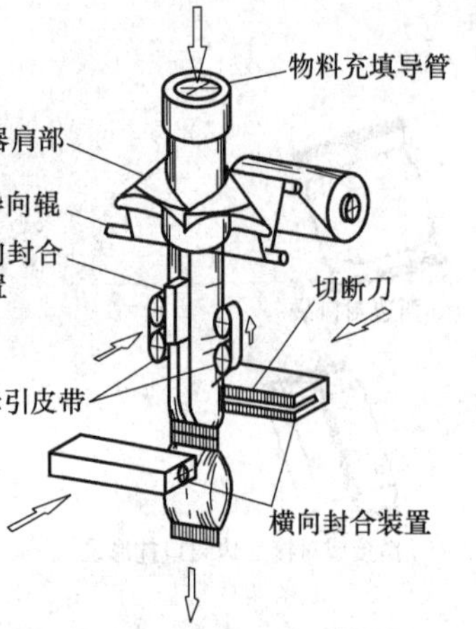

图 6-2　典型立式袋成型—充填—封口包装机工作简图

机身前部有两个封合装置，其中一组为纵向封合装置，它安装在成型管前面的附近，其作用是进行搭接式纵封或鳍缝式纵封，从而将包装材料制成筒形。

另一组则为横向封合装置，它由前、后两块横封钳块组成，每块横封钳块有两个封合面，即上封面和下封面，在这两个封合面之间镶嵌切断装置。其中上封面用以实施上部空袋底部的封口，而下封面则用以实施下部已充填好的包装袋顶部的封口。切断装置可以用切刀，也可以采用加热金属丝，它在横封钳口进行封合的同时实施切断操作。当两块横封钳块张开时，充填好物料的包装袋即完成包装作业。

如图 6-3 为一立式间歇制袋中缝封口工作原理。卷筒薄膜 3 经导辊 2 被引入成型器 4，通过成型器 4 和加料管 5 以及成型筒 6 的作用，形成中缝搭接的圆筒形。其中加料管 5 的作用为外作制袋管，内为输料管。

封合时，纵封器 7 垂直压合在套于加料管 5 外壁的薄膜搭接处，加热形成牢固的纵封。其后，纵封器回退复位，由横封牵引器 8 闭合对薄膜进行横封同时向下牵引一个袋的距离，并在最终位置加压切断。可见，每一次横封可以同时完成上袋的下口和下袋的上口封合。而物料的充填是在薄膜受牵引下移时完成的。

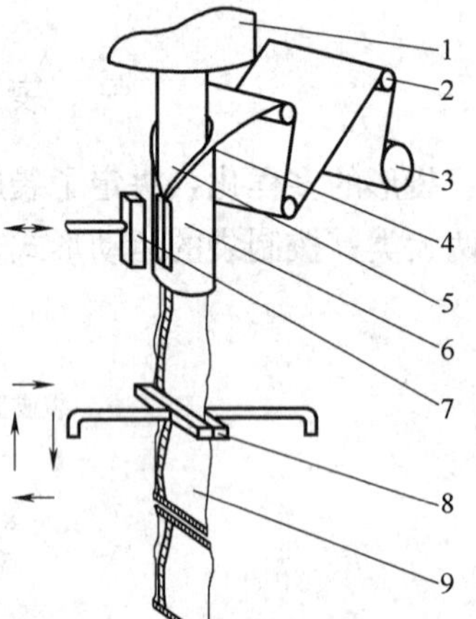

图 6-3　立式间歇制袋中缝封口工作原理图

1—供料器　2—导辊　3—卷筒薄膜　4—成型器　5—加料管　6—成型筒　7—纵封器　8—横封牵引器　9—成品袋

图 6-4 为立式（四面封口）袋成型—充填—封口机工作原理图。此类包装机可制造四边封口的包装袋型，双卷膜制袋包装机采用两卷薄膜进行连续制袋，左右薄膜卷料对称配置，经各自的导辊被纵封滚轮牵引，进入引导管处汇合。薄膜在牵引的同时被封合两边缘，形成两条纵封缝。在横封辊闭合后，物料由加料器进入，随后完成横封切断，分离上下包装袋。

单卷膜等切对合成型制袋包装机只采用一卷薄膜制袋，其制袋过程是先将薄膜对中等切分离，然后两半材料复合成型。其成型原理及性能比前者更优异。

（二）立式连续袋成型—充填—封口包装机总体结构

立式连续成型—充填—封口包装机有一系列的多种型号，适用于不同的物料以及多种规格范围的袋型。虽然如此，但其外部及内部结构是基本相似的，以下以其共同的结构和包装原理进行说明。

一种典型的立式连续制袋三边封口包装机的包装原理图，如图 6-5 所示。卷筒薄膜 1 在纵封滚轮 5 的牵引下，经导辊进入制袋成型器 3 形成纸管状。纵封滚轮在牵引的同时封合纸管对接两边缘。随后由横封辊 6 闭合实行横封切断。同样，每次横封动作可同时完成上袋的下口和下袋的上口封合，并切断分离。物料的充填是在纸管受纵封牵引下行至横封闭合前完成的。

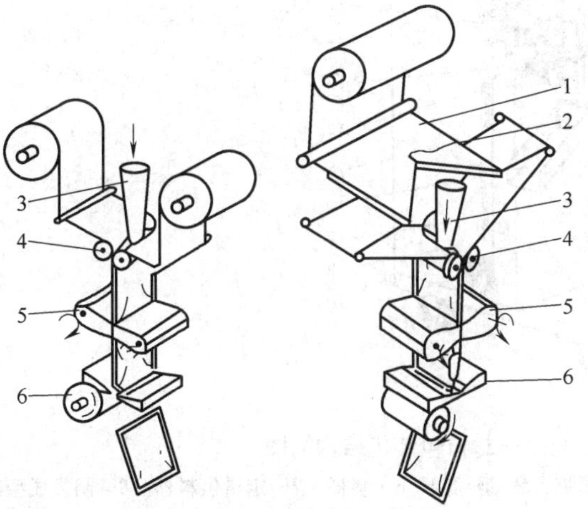

图 6-4　立式（四面封口）袋成型—充填—封口机工作原理图

1—缺口导板　2—剖切刀　3—加料管　4—纵封辊　5—横封辊　6—切刀

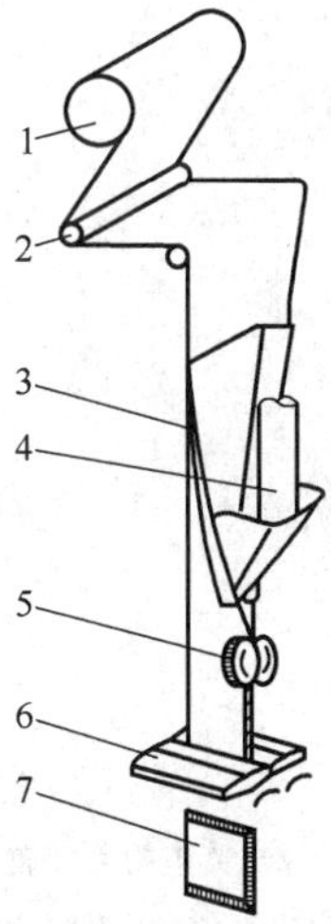

图 6-5　立式连续制袋三边封口机工作原理图

1—卷筒薄膜　2—导辊　3—成型器　4—加料器　5—纵封滚轮　6—横封辊　7—成品袋

这种机型是一种广泛应用的机型，根据这一包装原理可设计出多种的袋型。例如，在如图 6-5 所示的基础上增加一对纵封滚轮，使两对纵封滚轮对称布置在纸管两边缘，同时进行牵引纵封则形成两条纵封缝，经横封后产生的袋型则为四边封口袋。

典型的立式连续成型—充填—封口包装机总体结构如图 6-6 所示。整机包括七大部分：传动系统、薄膜供送装置、袋成型装置、纵封装置、横封及切断装置、物料供给装置及电控检测系统。

（三）立式袋成型—充填—封口机的主要工艺参数

下面列举几种可用于液体、粉体物料的立式袋成型—充填—封口机及其主要工艺参数。

1. JW-K150 单辊筒颗粒自动充填包装机

JW-K150 单辊筒颗粒自动充填包装机（图 6-7）是采用单组热辊筒封口方式，能进行三边封口的经济型自动填充包装机，主要适用于粉末、颗粒等多种物料的包装。

本机的包装膜供给采用倾斜方式，被包装的物料通过计量盘装置的精确计量后流入带

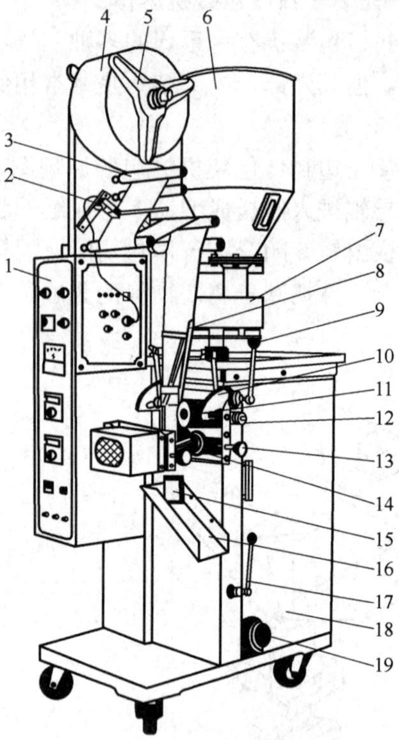

图 6-6　立式袋成型—充填—封口包装机结构简图

1—电控柜　2—光电检测装置　3—导辊　4—卷筒薄膜　5—退卷架　6—料桶　7—定量供料器　8—制袋成型器　9—供料离合手柄　10—成型器安装架　11—纵封滚轮　12—纵封调节旋钮　13—横封调节旋钮　14—横封辊　15—包装成品　16—卸料槽　17—横封离合　18—机箱　19—调速旋钮

有闸门的下料嘴，通过下料嘴闸门的开闭将物料落入包装袋中。封口花纹采用完整、连续的棋盘纹，封口稳定可靠。本机装有光电控制装置，从而保证了包装袋图案完整美观。若选配振动供料装置，则可实现多物料包装。

主要参数：

包装速度：40～120 袋/min

填充容量：1～20g 或 20～50g

制袋尺寸：60～120mm（长），40～90mm（宽）

包装薄膜宽度：60～180mm

膜卷最大直径：ϕ350mm

膜卷内径：ϕ75mm

功率：3.2kW

外形尺寸：700mm×300mm×1630mm

2. JW-J350A 智能型半流体充填包装机

JW-J350A 智能型半流体自动充填包装机外形、工作原理如图 6-8 所示。该机采用了先进的工业计算机控制系统，通过“人机对话”，可方便准确地实现制袋尺寸大幅度增长或减短及包装速度的调整变化，彩色液晶触摸式显示屏可完成绝大部分功能的设置，中文

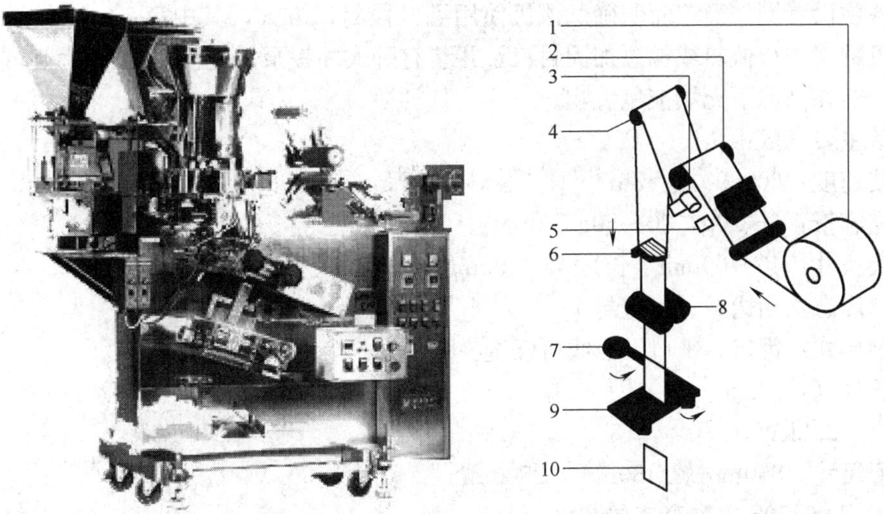

(a) 外形图　　(b) 工作原理图

图 6-7　JW-K150 单辊筒颗粒自动充填包装机

1—薄膜安装轴　2—橡胶辊筒　3—初级导向辊筒　4—最终薄膜导向辊筒　5—图案校准光电控制装置
6—薄膜导向器　7—切口装置　8—电热封口辊筒　9—分袋切割装置　10—制成品

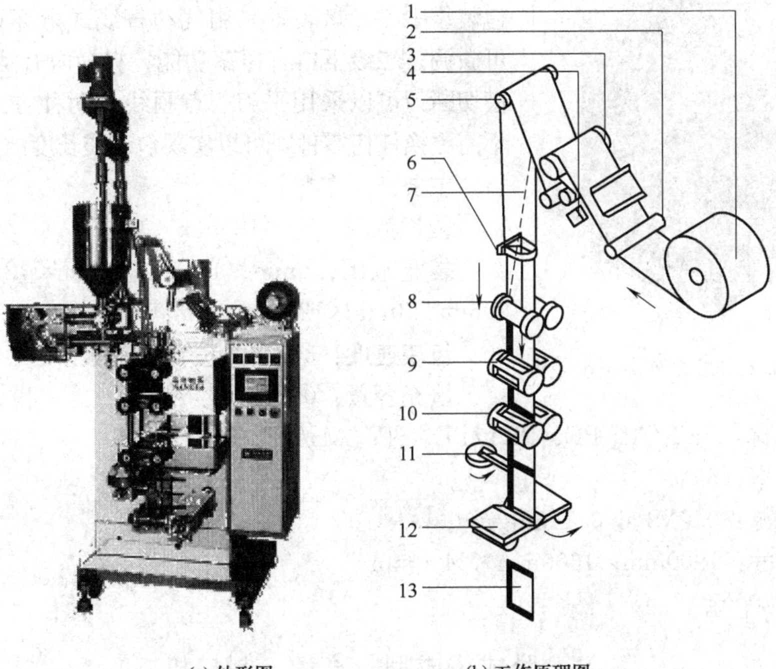

(a) 外形图　　(b) 工作原理图

图 6-8　JW-J350A 智能型半流体充填包装机

1—包装薄膜安装轴　2—初级导向辊筒　3—橡胶辊筒　4—图案校准光电控制装置　5—最终薄膜导向辊筒
6—薄膜导向器　7—被包装物的填充　8—纵向热封口辊筒　9—横向热封口辊筒
10—冷却封口辊筒　11—切口装置　12—分袋切割装置　13—制成品

提示使各项设置操作简单而明确。该机使用了三段封口方式，其中第一、二段是热封口，第三段可酌情进行低热或常温加固封口。并装有卧式冲程泵，是较理想的黏稠体自动填充包装机，能在高温下充填被包装物。

设备主要参数：

包装速度：60～90 袋/min

填充容量：1～20g，20～50g

制袋尺寸：40～60mm（长），30～90mm（宽）

封口形态：四边封、三边封

切割形式：锯齿，平口，点线可任选其一

耐压强度：50kg

功率：3.3kW

外形尺寸：850mm×1450mm×2500mm

3. DXD 6/20S 多列高速包装机

该机是针对颗粒、粉末等物料实现自动包装而设计的两对辊筒的多列包装机械（图 6-9），能以 6 列、360 包/min 的速度实现四边封口的高速包装。该机有一组纵封热辊筒装置和一组横封热辊筒装置，纵向封口花纹采用棋盘纹，横向封口花纹采用棋盘纹或平封。被包装的物料通过计量装置和下料嘴落入包装袋中。计量装置采用气动直线式量杯计量，每个杯可微调。二级下料有振荡功能，料桶内有均化装置。纵、横切断刀可以采用平刀、点画线刀两种方式之一。该机不需更换任何零件，可以实现包装袋长度的无级变化。

图 6-9　DXD 6/20S 多列高速包装机

主要技术参数：

袋长范围：50～180mm

袋宽范围：6mm×60mm、5mm×72mm、4mm×90mm、3mm×120mm

包装速度：30～60 包/min×列

填充容量：0.5～20g

适应包材：PET/AL/PE、PET/PE、NY/AL/PE、NY/PE 等

机械功率：6kW

要求气源：0.6MPa，0.14m^3/min

外形尺寸：1900mm×1600mm×2400mm

重量：800kg

三、卧式袋成型—充填—封口机

在卧式袋成型—充填—封口包装机上可以进行多种包装。包装袋有三边鳍封式包装袋、四边鳍封式包装袋、单褶包装袋、双褶包装袋、枕式包装袋、异型封合包装袋、自立袋等形式。

卧式袋成型—充填—封口包装机按总体布局分为直移式和回转式两大类，按制袋的运动形式来分，有连续式和间歇式两大类。下面主要介绍几种常见的卧式袋成型—充填—封口包装机的工作原理和总体结构。

1. 直移型卧式袋成型—充填—封口包装机

图 6-10 为直移型卧式成型—充填—封口包装机的工作原理图，(a) 为三边封袋，(b) 为四边封袋，其工作原理基本相同。

这类包装机主要由包装卷材支承装置、导辊装置、制袋成型器、光电检测装置、袋成型热封装置、牵引装置、切断装置、袋的钳持输送装置、开袋装置、计量充填装置、袋整形装置、袋封口装置及成品排出装置等组成。

与立式机相比，卧式包装机由于包装材料在成型制袋过程中充填管不伸入袋管筒中，袋口的运动方向与充填物流方向呈垂直状态，袋之间是侧边相互连接，这些因素使得卧式机无论是在包装工艺过程，还是在包装机的执行机构的结构方面均比立式包装机复杂，需增加一些专门的工作装置，如开袋装置等，但卧式包装机可实现多种形式的袋成型，且可布置多个充填装置以实施多种物料的混合充填。

三封袋（四封袋）卧式包装机（图 6-10）的包装工艺为：卷材由导辊 2 导引，经三角成型器 3 和 U 形杆 4 而折合成 U 形带，光电检测控制装置 5 对包装膜上印刷的标图案拉距进行检测和送进控制，然后由制袋热封装置 6 对 U 形折合带实施热封，封接两侧面（或底面）完成制袋。牵引装置 7 作往复直线运动将成袋及包装膜按等距牵引送进，由切断装置 8 裁切成单个包装袋，然后由袋钳送进装置作钳持送进；在开袋口工位由开袋装置将袋口吸开，并由钳持包装袋的钳手保持张开的袋口，以便物料顺利充填。当袋子送到充填工位时，由计量充填装置 10 实施计量充填，其后在整形工位由整形装置 11 对袋中松散物料实施整形处理，使其袋形便于封口操作，且钳袋的钳手向外运动，使袋口处于平直闭

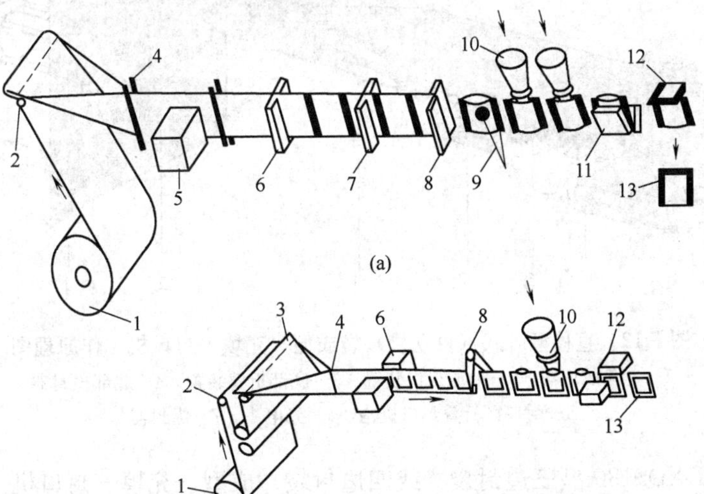

图 6-10　三边封袋（或四边封袋）成型—充填—封口机工作原理图

1—包装卷材　2—导辊　3—三角形成型器　4—U 形杆　5—光电检测控制装置　6—热封装置　7—牵引装置　8—切断装置　9—袋开口装置　10—计量充填装置　11—整形装置　12—封口装置　13—成品输出

合状态，在封口工位完成袋封口，完成的包装件从机器中输出。

机型不同，包装工艺过程略有差异。有的包装机是在充填封口后才将相连的包装袋切断分开（见图 6-11）。

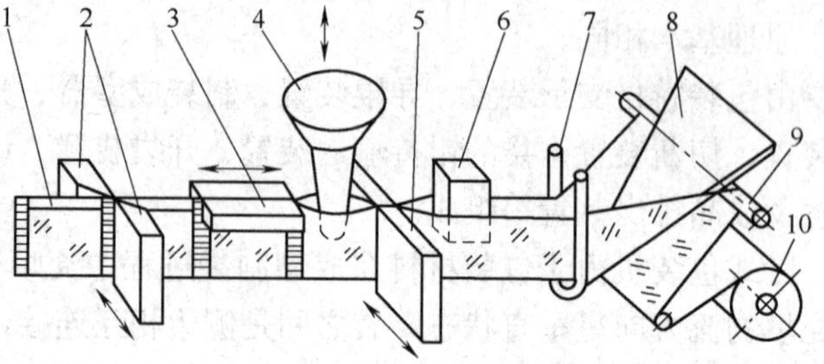

图 6-11　三边封袋卧式成型—充填—封口机工作原理图

1—三封袋成品　2—切断刀　3—纵封器　4—充填器　5—横封器　6—隔板　7—U 形杆　8—三角型成型器　9—导向轮　10—卷筒膜

图 6-12 所示为直移型卧式（自立袋）袋成型—充填—封口机工作原理示意图。与三边封袋（或四边封袋）成型—充填—封口机相比，主要是增设了袋底部折叠装置，以实现自立袋的成型。

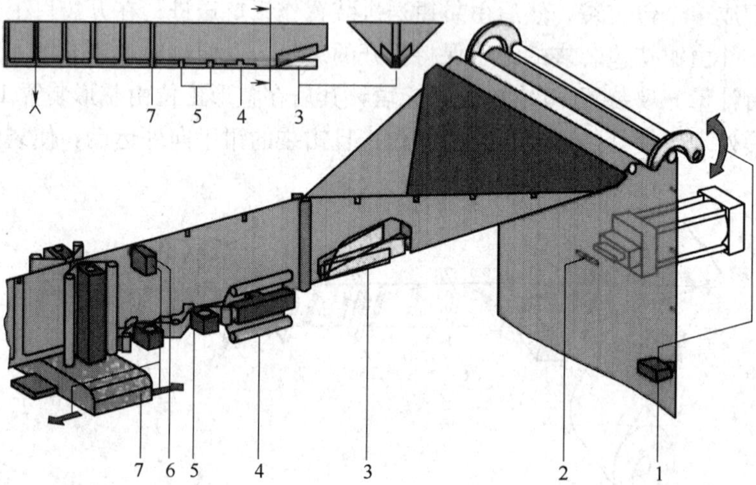

图 6-12　直移型卧式（自立袋）袋成型—充填—封口机工作原理图

1—三角成型器　2—冲压封口装置　3—底部折叠装置　4—底部横封器　5—封口区折叠封口机构　6—光电头　7—纵封器

图 6-13 为 DXDS180 型三边封袋（或四边封袋）成型—充填—封口机。该机可自动完成计量、制袋、充填、封合、打印批号、切断及计数等全部工作。配置不同的充填机构，可实现粉剂、颗粒、流体、酱体等物料的包装。

主要技术参数：

袋长范围：100～225mm

袋宽范围：85～180mm

包装速度：85袋/min（依物料和规格不同而定）

计量范围：300mL

制袋方式：三边封/四边封

功率：5.0kW

外形尺寸：3200mm×1000mm×2420mm

重量：1200kg

2. 回转型卧式袋成型—充填—封口包装机

图6-13　DXDS180型三边封袋（或四边封袋）成型—充填—封口机外形图

图6-14所示为典型的回转型卧式袋成型—充填—封口机工作原理示意图。平张薄膜经三角成型器1、底部封合器3、垂直封合器4完成制袋，经切刀7剪切成单个袋后，进入回转输送充填过程，由进料斗8完成加填物料，然后经袋口封合装置9完成袋口封合，从而完成整个包装过程。其中充填装置根据需要可设置多个，一方面可提高充填速度，另一方面，可实施多种物料的充填。

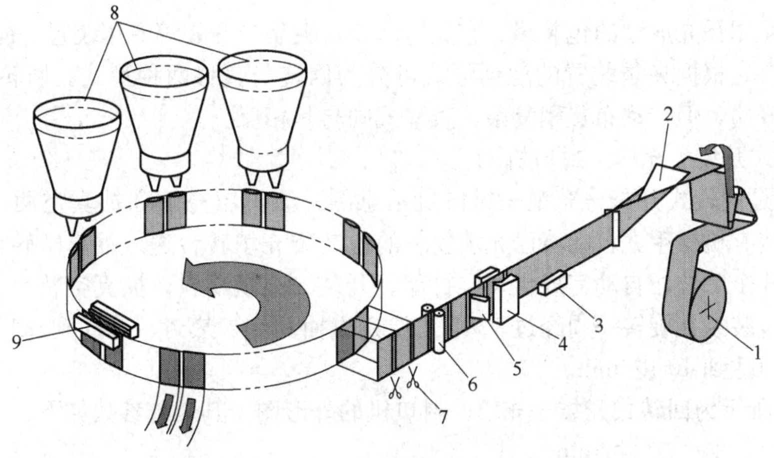

图6-14　连续回转式袋成型—充填—封口机工作原理示意图

1—卷膜　2—三角形成型器　3—袋底封合装置　4—垂直封合装置　5—光电管
6—牵引辊　7—切刀　8—进料斗　9—袋口封合装置

图6-15所示为采用筒状薄膜的回转型卧式袋成型—充填—封口机工作原理示意图。筒状薄膜8经横封装置1实施定长单边横封，其后经切刀2切断后将袋移至间歇回转的工作转盘7上，由袋夹装置6夹住。在工作转盘停歇时依次完成开袋、充填和封口工序。该机型在工位安排上比较灵活，因而对一些难以充填或多品种物料的配量包装有着良好的适应性，它的产品是两面封口扁平袋。另外，在充填粉状物料时，一般立式机型容易污染袋口面导致封口不牢，而该机则采取相应措施，如加料斗能上下升降，待插入袋口后充填粉

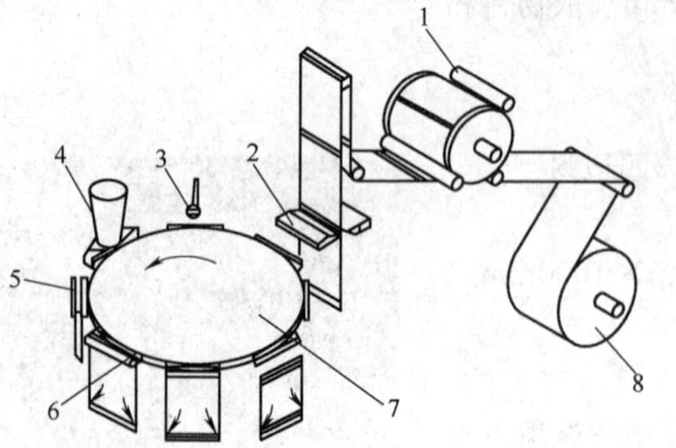

图 6-15　回转型卧式袋成型—充填—封口机工作原理示意图
1—横封器（封底）　2—切刀　3—开袋装置　4—计量充填装置　5—横封装置（封口）
6—袋夹装置　7—工作转盘　8—筒状薄膜

状物料使其不直接接触袋口；充填之后有吹风清理装置，由于袋口的适量吹风，使粘附在袋内壁及悬浮在袋内空间材料清除或迅速沉降；由充填工位到封口工位，几处转位停歇，有利于减少充填工位附近空间粉状物料的污染。

第三节　开袋—充填—封口机

该机型使用预先成型的包装袋。它具有取袋，夹袋与开袋等专用装置，能每次定量供袋并打开袋口。根据夹袋装置的运动形式可分为回转与直移两种型式。回转式结构较紧凑，使用较普遍，但传动布置稍复杂，直移式则与其相反。

1. 回转式开袋—充填—封口机

图 6-16 是回转式开袋—充填—封口机示意图，该机由充填和抽真空两个转台组成，两转台之间装有机械手，自动将已充填物料的包装袋充填转台送入抽真空转台的真空室。充填转台有 6 个工位，自动完成供袋、打印、开袋、充填物料；抽真空转台有 12 个单独的真空室，包装袋在旋转一周经过 12 个工位完成抽真空、热封、冷却到卸袋的动作，机器的生产能力达到 40 袋/min。

图 6-17 所示为回转式开袋—充填—封口机的外形图，其工艺参数如下：

生产能力：30～50 件/min

袋长：80～100mm

袋宽：最大 260mm

2. 直移式开袋—充填—封口机

图 6-18 为直移式开袋—充填—封口机原理示意图。预制空袋叠放在贮袋库 1 内，给袋装置由真空吸头与输送链 2 组成。袋口的开合借开袋喷嘴 3 控制。充填后包装袋即被加热封口，随后进行冷压定型，至尾端被排出机外。

图 6-19 为 DG-180 型塑袋灌装封口机外形，该机型为一种典型的直移式开袋—充填—封口机，主要适用于各种袋装果奶、乳酸奶、果汁饮料等的自动灌装与封口，采用液泵加压灌装，其主要技术参数为：

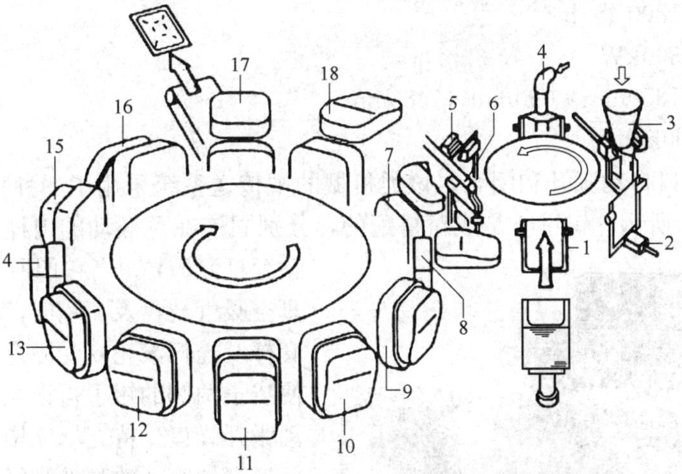

图 6-16　回转式开袋—充填—封口机工作示意图

1—吸袋夹持　2—日期打印　3、4—定量充填（灌装）　5—空工位　6—包装袋转移　7—打开真空盒盖装袋　8—关闭真空盒盖　9—预备抽真空　10—第一次抽真空　11—保持真空　12—第二次抽真空　13—袋口热封　14、15—袋口冷却　16—打开盒盖释放真空　17—卸袋　18—准备工位

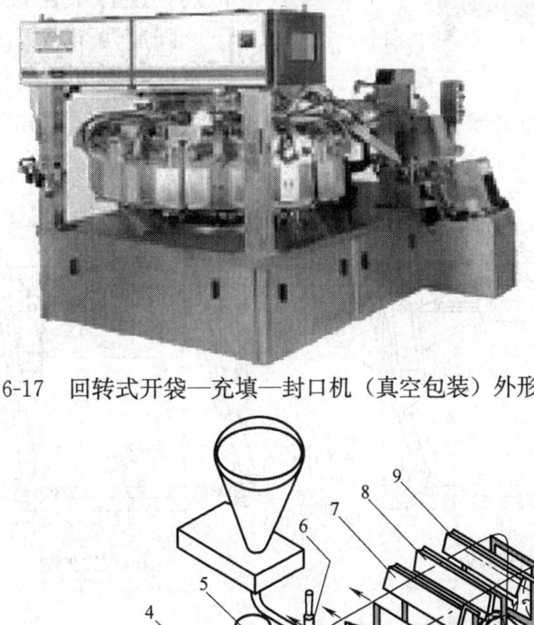

图 6-17　回转式开袋—充填—封口机（真空包装）外形图

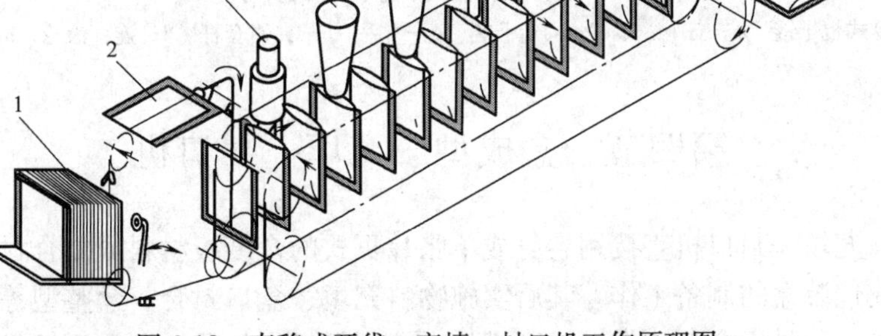

图 6-18　直移式开袋—充填—封口机工作原理图

1—贮袋库　2—输送链　3—开袋喷嘴　4、5—加料斗（块粒料）
6—加料管（液体物料）　7、8—封口器　9—冷却器

生产能力：1800 袋/h

封口功率：300kW

外形尺寸：1650mm×650mm×1480mm

重量：约 200kg

为了使袋上口自动张开和闭合，该类机械的主传送系统采用了一种特殊的夹袋-张袋机构，如图 6-20 所示。钳手 4 是成对搭配的，分别固连在可摆动的内杆和外套（简称夹钳套杆）5 上。当它们所夹持的袋子接近真空吸气转盘及喷嘴时，由于联动的夹钳套杆及连杆滚轮 6 受固定凸轮 7 的控制而使袋子两侧的钳手得以互相靠近，随之自动张开袋口。待充填完毕，连杆滚轮在内杆下端拉簧 8 的弹性恢复力作用下摆至该凸轮的下位，使左右夹钳相向外移，同时将袋口拉平以便预热封合。至成品输出工位处，连杆滚轮被另一个固定凸轮 3 压下，强制两个套杆的下端相向内移，这时拉簧已完全处于紧缩状态，通过顶转内杆可实现自动开钳卸袋。

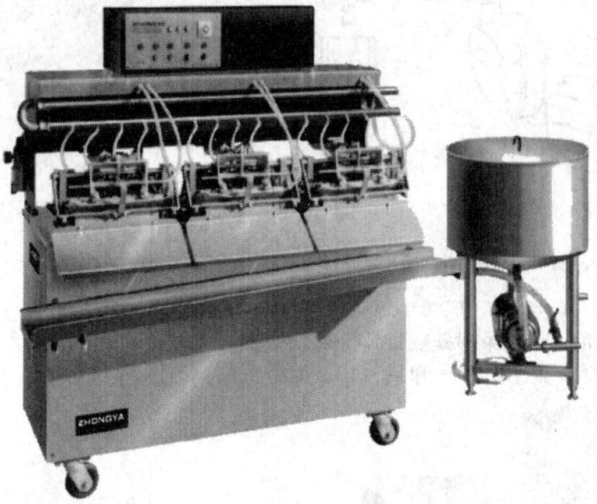

图 6-19　DG-180 型塑袋灌装封口机外形图

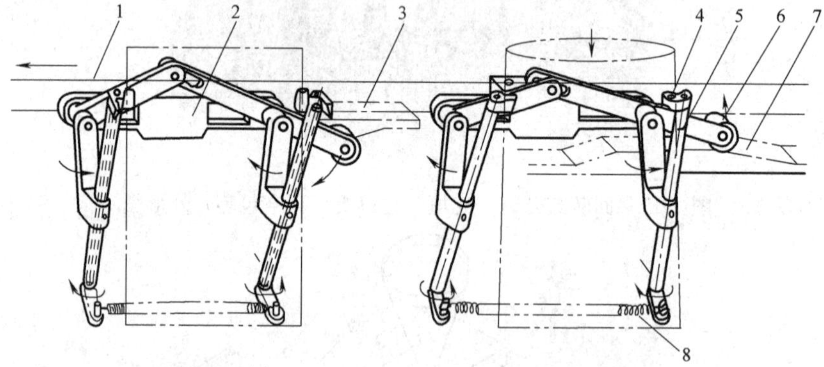

(a) 开钳卸袋　　(b) 闭钳张袋

图 6-20　主传送链的夹袋-张袋机构示意图

1—复式棍子链　2—支座　3、7—固定凸轮　4—钳手　5—夹钳套杆　6—连杆滚轮　8—拉簧

第四节　盒成型—充填—封口机

盒成型—充填—封口机直接用卷材或单张片页式的盒纸板材料或复合材料，通过成型制盒装置完成包装盒的制备工作，其后实施物料充填、盒口封合、盒整型等。盒成型有两种基本方式，一种是用盒坯片借助成型模具直接制得纸盒；另一种是用卷材纸板经成型器完成制盒，同时需要在封盒后进一步进行盒成型折翼，以得到规则的盒包装产品。

一、立式盒成型—充填—封口机

立式盒成型—充填—封口机的工作原理与袋成型—充填—封口机大体相似，只是需要在封盒后进一步进行成型折翼。

图 6-21 为用于无菌包装的立式盒成型—充填—封口机工作原理图。其包材杀菌、无菌充填等工艺过程这里不再叙述，主要说明盒成型—充填—封口的基本过程。被牵引的包装材料（纸塑复合材料）1 经压平滚筒 3 进行平整，经过打印装置 4，在卷材上印上生产信息，导向滚筒 5 使卷材预先形成横向折痕，以便包装盒在下道工序成型；宽约 7～8mm 的粘结密封带 6 先粘附在卷材内面的一边，以便卷材卷成筒形时能与卷材内面的另一边相贴，再在纵向热封时被粘牢，增加此处接口的密封性；卷材在导向滚筒 8、成型装置 9 与 12、纵封装置 11 共同作用下形成纸管；由灌装管 10 充填物料进入纸管内，液面控制装置 14 能保持灌装面始终超过管口，以免进料时出现泡沫，横向封合切断牵引装置 15 将盒底封合，然后夹住纸盒向下拉动，另一只机械夹手再在上面将其上部的纸盒进行盒底封合，并从纸管上将该纸盒切断，两只机械夹手作上下交叉运动，最后由成型折翼 16 使其向内屈折，完成纸盒整形，包装好的成品 17 由输送带送出。

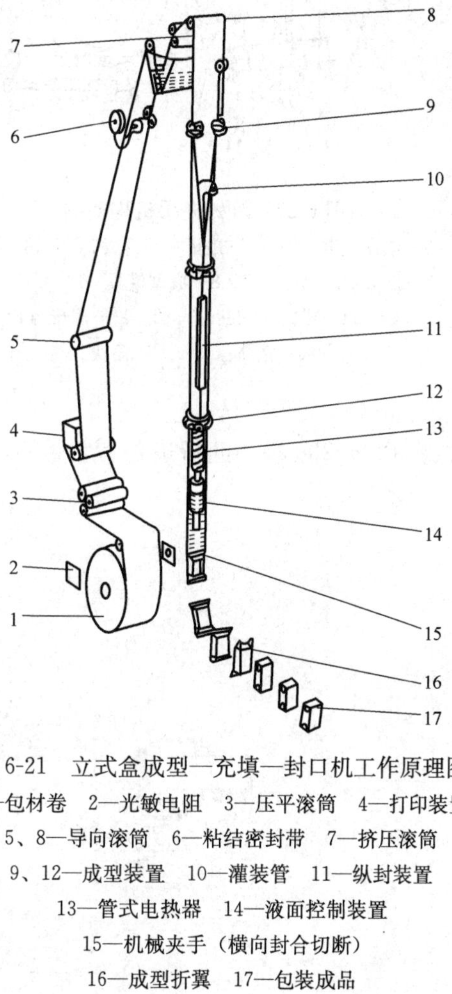

图 6-21　立式盒成型—充填—封口机工作原理图
1—包材卷　2—光敏电阻　3—压平滚筒　4—打印装置
5、8—导向滚筒　6—粘结密封带　7—挤压滚筒
9、12—成型装置　10—灌装管　11—纵封装置
13—管式电热器　14—液面控制装置
15—机械夹手（横向封合切断）
16—成型折翼　17—包装成品

其中，作上下交叉运动的机械夹手，其机构简图如图 6-22 所示。其工作原理是：凸轮 5 经摆杆 6 使一些成型模具 7、8 及一对横封、切断器 10、11 等沿立柱 14 作上下运动，固定轨道 9 又使一对成型模具在向下运动时紧紧关上，将纸管连同已充填的物料一起夹紧向下拉动并压制成型。槽凸轮 4 经摆杆 3、大三角块 15 使一对扇形齿轮 12、13 啮合摆动，进而使横封、切断器作开合运动。一旦模具到达下限位置且已完成横封及切断，则摆动气缸 1 动作，经小三角块 2、大三角块 15 使模具及横封、切断器迅速打开。工作中，只需调节气缸动作的时间就能改变包装盒长度。

二、卧式盒成型—充填—封口机

目前，卧式盒成型通常由模切盒片经专用模芯后实施折叠裹包成型，其后进行充填与封口。其主要分为直接由盒片进行的盒成型—充填—封口机，以及附加衬袋的盒成型—充

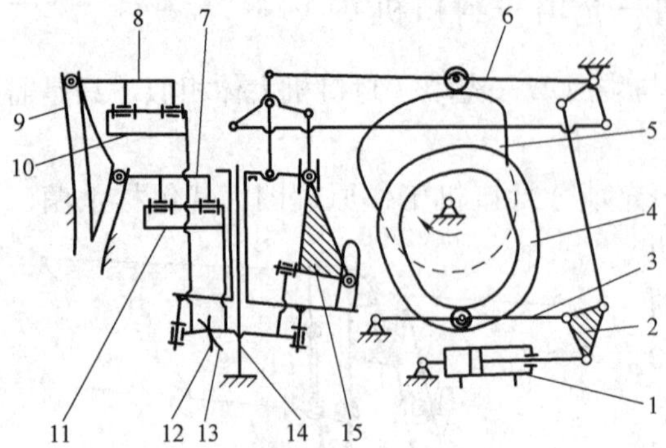

图 6-22　机械夹手机构简图
1—摆动气缸　2—小三角块　3—摆杆　4—槽凸轮
5—凸轮　6—摆杆　7、8—成型模具　9—固定轨道
10、11—横封、切断器　12、13—扇形齿轮
14—立柱　15—大三角块

填—封口机等。前者主要用于固体物料的充填包装，后者可用于液体物料的灌装包装。

（一）盒成型—充填—封口机

如图 6-23 为直接由盒片进行的盒成型—充填—封口机工作示意图。此为水平与垂直折线组合型多工位间歇传送路线，适于顶端开口难叠平的长方体盒型的多件包装。纸盒成型是借模芯向下推动已模切压痕好的盒片使之通过型模而折角粘搭起来的（有的也可用锁口方法将盒体的两个侧面加以固定）。然后将带翻转盖的空盒推送到充填工位，分步夹持放入按规定数量叠放在一起的竖立小袋及隔板。单列式每盒装 15～40 袋，四列式每盒装 120～200 袋。经折边舌和盖舌后，就可插入封口，生产能力为 30 件/min.

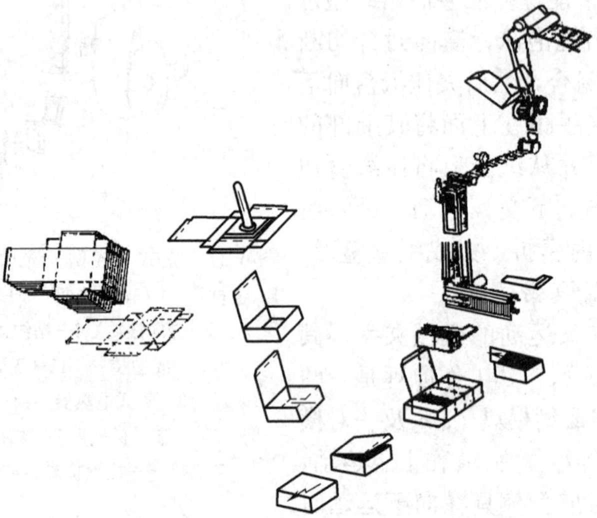

图 6-23　盒成型—充填—封口机工作原理图

（二）附加衬袋的盒成型—充填—封口机

图 6-24 为附加衬袋的盒成型—充填—封口机工作原理图。此为水平圆弧与折线组合型多工位间歇传送路线。卷筒式衬袋材料经定长切割，即以单张供送到成型转台。该台面上均布辐射状长方体模芯，借机械作用将它折成一端封口的软袋。接着，将送入的模切压痕好的纸盒片紧裹其外，待粘搭好了盒底后推出转台，改为开口朝上的竖立状态。然后沿水平直线传送路线依次完成计量充填、物重选别剔除、热封衬袋上口、粘搭压平盒盖等作业。由于该机的成型与包装工序较分散，生产能力进一步提高到 130 件/min。

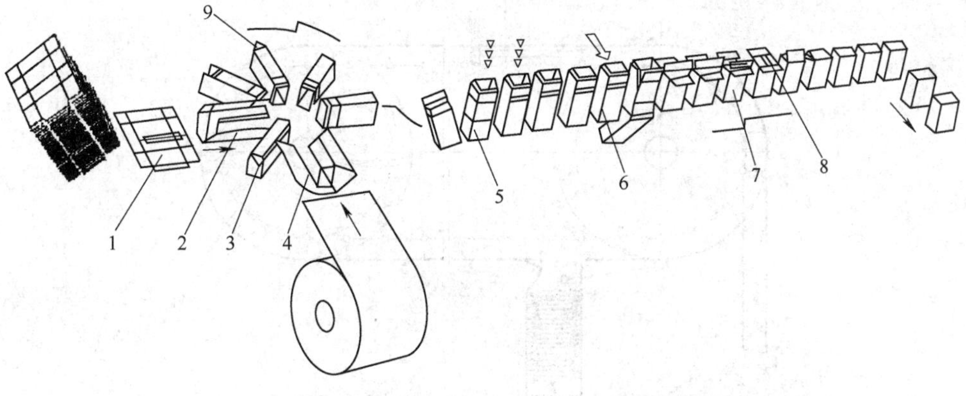

图 6-24　附加衬袋的盒成型—充填—封口机工作原理图
1—模切盒片送入　2—纸盒折叠　3—纸袋成型　4—定长切割纸片　5—物料充填
6—物重选别剔除　7—衬袋封口纸盒封口　8—纸盒封口　9—纸盒裹包封底

第五节　开盒—充填—封口机

开盒—充填—封口机是自动装盒机中的主要类别之一。所用包装盒主要是盒底、盒体、盒盖三者连接为一体的折舌封盖式纸盒。包装盒盒体的两端各有三面分别连接有两片小折舌和一片大的插接封口盖，当折合两边小折舌并插接上大封盖后，就构成包装盒的折合封合底和折合封口盖。

开盒—充填—封口机通常为直接由预成型的折叠盒片进行开盒充填封口，这种包装盒密封性较差，直接装载细粉粒物品时易产生渗漏，对块状及颗粒度较大物品则能直接进行装盒包装。它主要应用于各种包装件的装盒包装、单件装或组合装装盒包装中。包装盒为直立式状态，也可以是横卧状态，包装物品填入包装盒中方式也将不同，从而装盒包装用机械装置的结构配置也就不同。为提高包装盒的密封性能与应用场合，近年来，发展了带内衬袋的纸盒包装，可实现液体物料的包装。

开盒—充填—封口机按照充填时纸盒的位置状态，可分为立式开盒成型—充填—封口机、卧式开盒成型—充填—封口机。

一、立式开盒成型—充填—封口机

（一）典型立式开盒成型—充填—封口机

图 6-25 示出一种典型的折舌封盖纸板盒用立式开盒成型—充填—封口机。

1. 基本组成与工作过程

此包装机由包括供盒成型装置、包装盒供送装置、被包装物品定量装盒装置、封口盖折合装置、机架、传动和电气控制装置，以及包装检测及印码附属装置等构成。

其工作过程为：由供盒成型装置将以叠合盒片形成供给的包装盒盒库中吸出撑展成立体状态的盒筒，并送入包装盒传送用链条输送机的纸盒托槽内。此时的包装盒的底口及上口都是敞开的，之后，由折封盒底装置折合封底折舌和插接底封盖，形成封闭的盒底，被包装物品通过供物定量装填装置充填至包装盒中，包装盒由折封盒盖装置折合封口折舌和

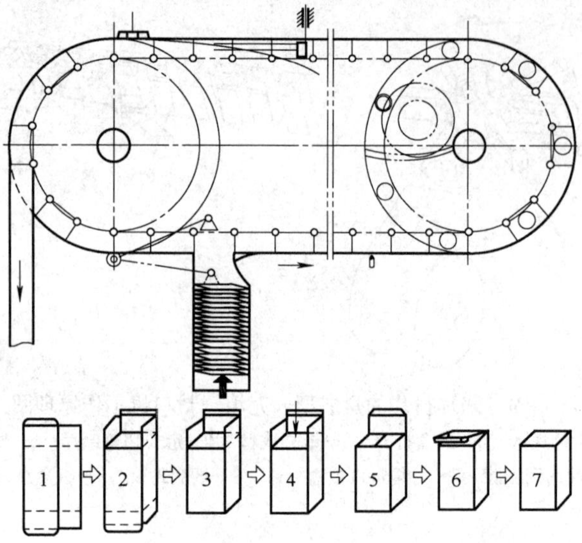

图 6-25　立式开盒成型—充填—封口机工作示意图

插接封口盖实现盒封口，其中可根据需要进行粘贴封口签，最后从装盒机中排卸出。

2. 主要装置

(1) 供盒成型装置　图 6-26 给出其中一种结构装置。它的功能是将供装盒包装用叠合盒片自盒库中吸出，撑展成立体盒筒，并送到纸盒托槽内。包装盒以叠合盒片成叠地置放在叠合盒片箱 2 中，盒片箱前方设有弹性挡爪 5 挡住盒片叠，后部有推进盒片叠的推块 3。盒片的送进多采用真空吸嘴吸送方式，真空吸嘴安装在摆杆 1 前端，与真空系统相接，摆杆 1 由传动装置驱动作返复运动，将叠合盒片自盒片箱吸取出，经过成型通道时，撑展成方柱形盒筒体，最后送到链条输送机的纸盒托槽 7 内定位。此后，真空吸嘴断开真空，链条输送机载着盒筒向前行进一个工作节距，摆杆 1 回摆使真空吸嘴贴合到纸盒片箱前，与盒片叠表面接触，当接通真空时将该盒片吸住。如此循环重复，不断实施供盒成型。

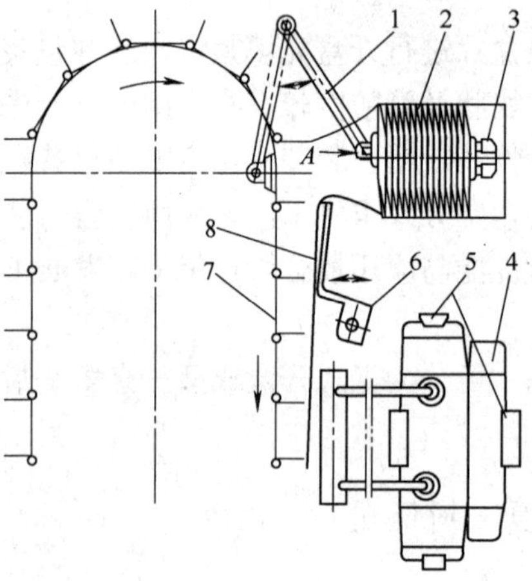

图 6-26　供盒成型装置

1—摆杆　2—盒片箱　3—推块　4—纸盒
5—挡爪　6—摆杆　7—纸盒托槽　8—导板

(2) 包装盒传送装置　如图 6-26 所示，此装置由上、下两条平行配置的装有纸盒托槽 7 的链条输送机和处在纸盒托槽外的围栏导板 8 组成。其功能是自上盒工位接受供盒成型装置传送到达纸盒托槽中的纸盒，并托持纸盒由传动装置驱动作间歇性传输，将纸盒顺序地在各工位间进行传送，并接受相应的包装加工工作，最后在纸盒到达排卸工位时才脱离开纸盒托槽被排卸出。

(3) 盒底与盒口折封装置　常见的盒底、盒口折封装置如图 6-27 所示。两者工作原理基本相同。其主要功能是折合盒底或盒封口处的两侧折舌和封盖，封闭盒筒底口或上口，以完成封口。

图中采用摆动折舌板与固定折舌板组合的结构，结构相对简单，它设在折封工位区上。包装盒在装盒机中的运行方向是自左向右行进，折封盒底时其右侧折舌用固定板折转，左侧折舌则用摆动折舌板折转，并保持直至被固定折舌板接续压住为止。封合插接盖系采用固定式折合导杆 3 与插封舌板 4 组合完成，固定式折舌导杆将封盖折转盖住两侧舌，最后由插封舌板引导，将封口插接盖上的封口插舌插入盒腔而完成折封工作。当直接装载松散细粉粒物品时，需在折封前加密封用薄膜层后才进行折封。

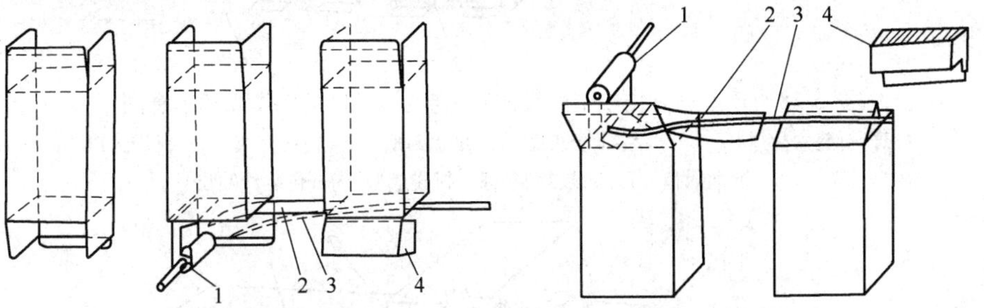

(a) 盒底折封装置　　(b) 盒口折封装置

图 6-27　折封盒装置工作简图

1—摆动折舌板　2—固定折舌板　3—折合导杆　4—插封舌板

(4) 定量充填装置　其功能是将待装物品按计量要求定量装填入包装盒中。其采用的充填方法这里不再叙述。需要指出的是，在充填松散类物料的机械中，为使充填物料能充满盒中，且提高其装载密度，方便进行封口作业，通常在盒底的承托（板）上附设振动装置。

(5) 附属装置　现代的自动装盒机为完善其功能，提高生产可靠性，降低包装成本等，需要设置检控装置、印码装置、计数装置等一些附属性装置。检控装置最常见为有无包装盒送达的光电检测装置，通过有无包装盒及时送达装盒工位，控制是否进行充填物料；也有加设重量选别装置的，将包装不合格品剔除。

（二）立式开盒—衬袋成型—充填—封口机

如图 6-28 为开盒—衬袋成型（卧式）—充填—封口机工作原理示意图。首先把预制好的折叠盒片撑开成型，衬袋卷材经三角形成型器成型并封底后，经夹袋装置进入纸盒，盒底封合后进行充填，此后依次进行衬袋封口、纸盒封口，完成整个包装作业。

其包装工艺方法的特点是：

(1) 采用三角形成型器及热封器制作两侧边封的开口衬袋，既简单省料，又便于实现袋子的多规格化。

(2) 底边已被折叠，主传送过程遂减少一道封合工序。

(3) 纸盒叠平，而衬袋现场成型，使装盒工艺更加机动灵活，尤其能根据包装条件的变化适当组配不同品质的盒袋材料，而且也可不加衬袋很方便地改为开盒—充填—封口的包装过程。

(4) 需要配备一套衬袋现场成型装置，占用空间较大。

如图 6-29 为开盒—衬袋成型（立式）—充填—封口机工作原理示意图。首先把预制好的折叠盒片撑开成型，衬袋卷材经翻领成型器和模芯制作有中间纵缝、两侧窝边、底面封

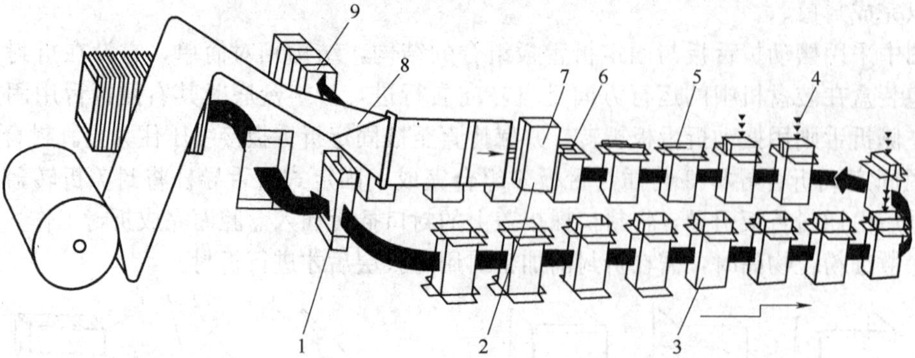

图 6-28　开盒—衬袋成型（卧式）—充填—封口机工作原理示意图

1—折叠盒片撑开　2—成型纸袋进盒　3—纸盒封底　4—物料充填　5—衬袋封口

6—纸盒封口　7—衬袋封底　8—衬袋成型　9—包装件输出

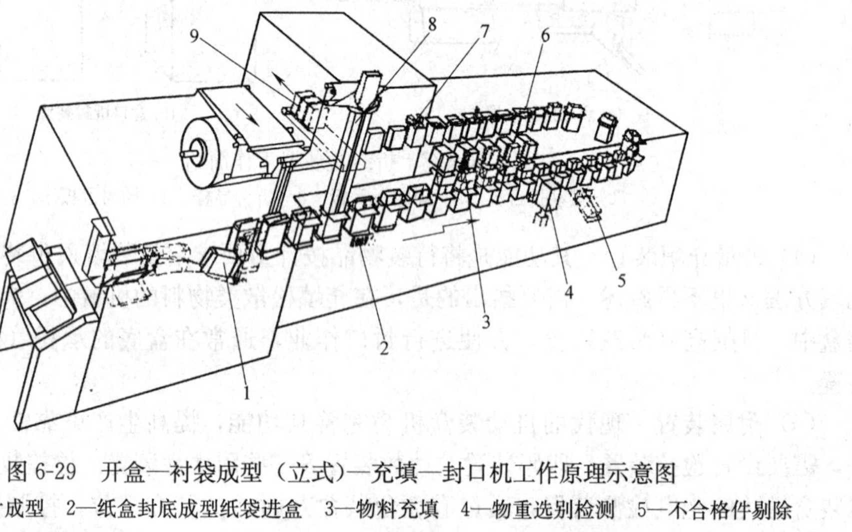

图 6-29　开盒—衬袋成型（立式）—充填—封口机工作原理示意图

1—折叠盒片成型　2—纸盒封底成型纸袋进盒　3—物料充填　4—物重选别检测　5—不合格件剔除

6—衬袋封口　7—纸盒封口　8—衬袋成型与进盒　9—包装件输出

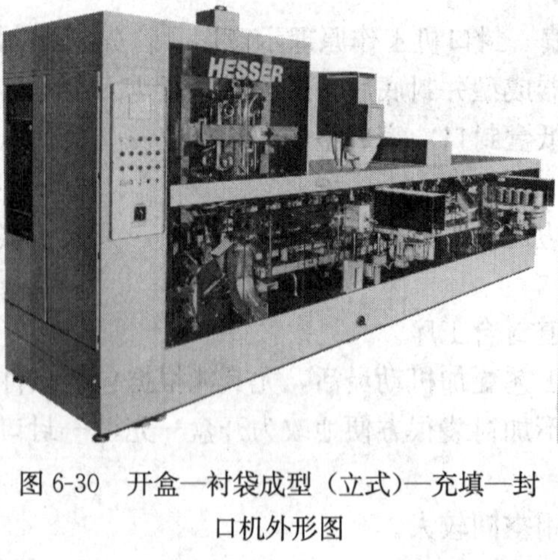

图 6-30　开盒—衬袋成型（立式）—充填—封口机外形图

口的内衬袋并封底。经夹袋装置进入纸盒，盒底封合后进行充填，此后依次进行衬袋封口、粘搭压平盒盖，完成整个包装作业。其中包含物重选别检测工序，对不合格件及时剔除。采用立式成型衬袋，生产能力较高，通常可达 60 件/min 以上。图 6-30 为开盒—衬袋成型（立式）—充填—封口机外形图。

二、卧式开盒成型—充填—封口机

卧式开盒成型—充填—封口机由于充填时纸盒处于横卧状态，通常采用推入式充填，充填对象一般为块状件、经过一次包装的单件或组合件。图 6-31 为连续式开盒—充填—封口机的主要组成。目前这类机型已被

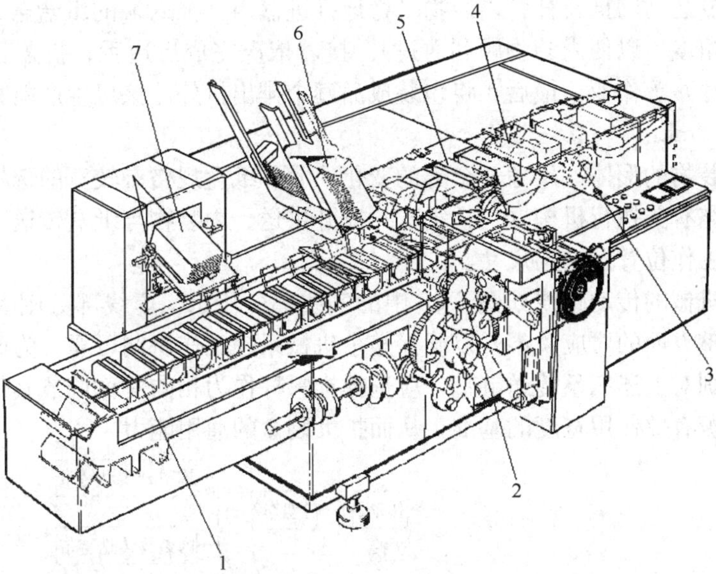

图 6-31　连续式开盒—充填—封口机主要组成

1—内装物传送链　2—推料杆传动链　3—纸盒传送链　4— 成品输送带及空盒剔除装置
5—纸盒折舌封口装置　6—纸盒片撑开供送装置　7—产品说明单折叠供送装置

推广使用。

该机主要组成部分包括：分立挡板式内装物传送链、产品说明单折叠供送装置、下部吸推式纸盒片撑开供送装置、推料杆传动链、分立夹板式纸盒传送链、纸盒折舌封口装置、成品输送带与空盒剔除装置以及编码打印、自动控制等。

图 6-32 所示为该机的水平直线型多工位连续传送路线。它适用于开口的长方体盒型，垂直于传送方向的盒体尺寸为最大，可包装限定尺寸范围内的多种固态物品。

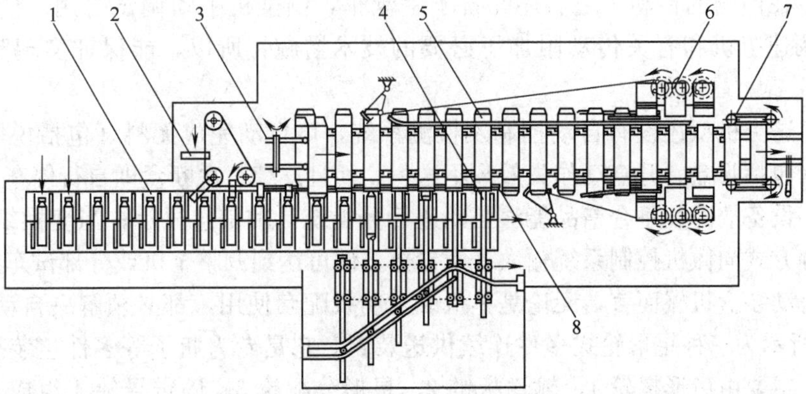

图 6-32　开盒—充填—封口机工作原理图

1—内装物传送链　2—产品说明单折叠供送装置　3—纸盒片撑开供送装置　4—推料杆传动链
5—纸盒折舌封口装置　6—纸盒传送链　7—成品输送带及空盒剔除装置　8—固定导轨

内装物（有的附带产品说明单）、推料杆和纸盒三条传送链带并列配置，以同步速度绕长圆形轨道连续循环运行。内装物和纸盒均从同一端供送到各自链带上，而与其一一对应并作横向往复运动的推料杆将内装物平稳地推进盒内（推入端的纸盒盖舌借固定导轨 8 向上张开一定角度，以便内装物顺利通过）。接着依次完成折边舌、折盖舌、封盒盖、剔空盒（或纸盒片）等作业。最后，将包装成品逐个排出机外。该机生产能力较高，一般可达 100～200 件/min。

为适应内装物的形体、尺寸、个数的变化，允许纸盒规格有较宽的选择范围。当更换产品时，需调整有关执行机构（包括纸盒片撑开供送、内装物与纸盒传送、折舌封口、成品输出等）的工作位置及结构尺寸。

此类装盒机械的传动路线如图 6-33 中的实线部分所示。虚线部分则表示各主要工作单元在相位调整方面的对应关系，以确保整个机械系统工作协调可靠。为此在适当部位增设手盘车，特别对上述三条传送链带，应选择推料杆作为相向对称调节其他两条链上分立挡板和分立夹板有效作用宽度的基准，从而扩大装盒的通用能力。

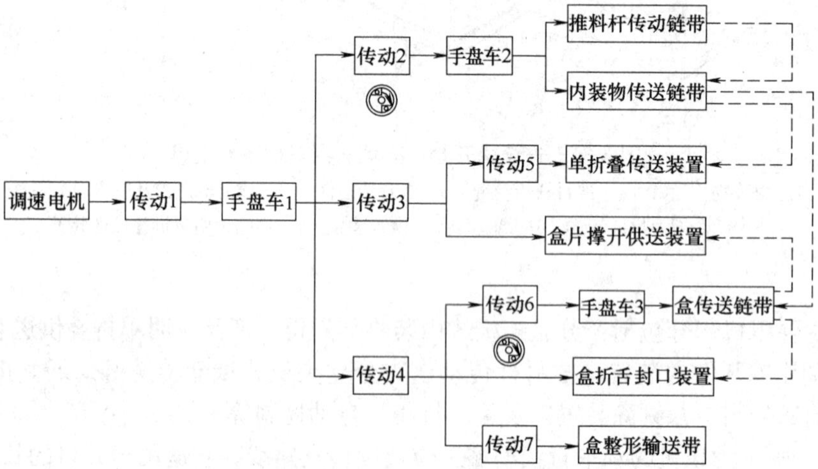

图 6-33　连续式开盒—充填—封口机传动路线图

另外，在前路的传动 1 之后还配备了手盘车，供全机手动调试之用。调试完毕后，由于无级调速电机和有关传动附加了必要的技术措施，所以，能保证实现整体的单向传动。

目前，这类机型还设有自动控制及检测系统，可自动完成无料（包括说明单）不送盒，无盒（包括吸盒、开盒动作失效）不送料，而且连续三次断盒即自行停车。此外，对生产能力、设备故障和不合格品能够自动进行分类统计和信息显示；当变换纸盒规格时，只需以按键方式向微机控制系统输入若干参数，便可达到调整全机或分部试车的目的。

就全自动装盒机械而言，无论是单机或自动线配套使用，都必须解决自动加料问题。如图 6-34 所示为一种星形轮式多件连续供送装置，它是专为瓶子等多件包装提供的连续供送装置，主要由齿形拨轮 1、输送板链 2、星形分配轮 3、固定导轨 4 组成。若改变每盒的充填个数，需要更换相适应的星轮推头，同时调整各传送链带上分立挡板和分立夹板的工作间距。

实际上，被包装产品的多样化，必会导致为装盒机械配套的供料装置的不断更新，要结合实际加以选用。

参阅图 6-35，此为垂直双折线型多工位开盒—充填—封口机工作原理图，适用于长

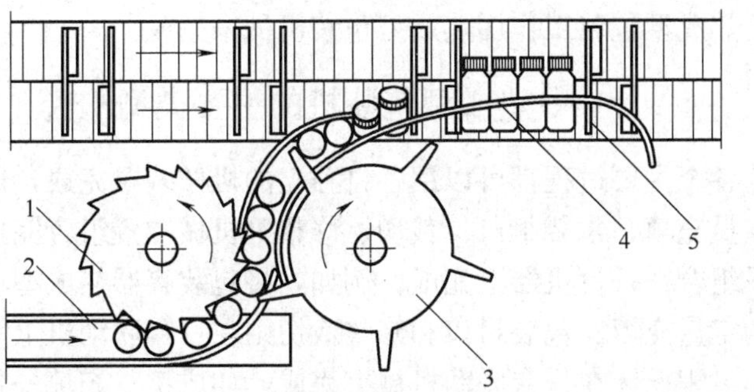

图 6-34　星形轮式多件连续供送装置简图

1—齿形拨轮　2—输送板链　3—星形分配轮　4—固定导轨　5—分立挡板式内装物传送链带

条形和长块形物件的水平推入式装盒。主传送链带上均布整体式轻质承载元件。停歇时，分别进行开盒、插入夹座、分步推送内装物、塞盖舌等作业；运动时，则分别进行折边舌、折盖舌、折盒盖等作业。由于采用了作横向往复运动的双推头（或三推头），简化了长距离推料部分的机械结构。但当执行机构多次时动时停地运动，若惯性质量大，制造装配精度不高，难免产生冲击、振动和噪声，结果会加剧机件的磨损。所以生产能力一般不超过 60 件/min。

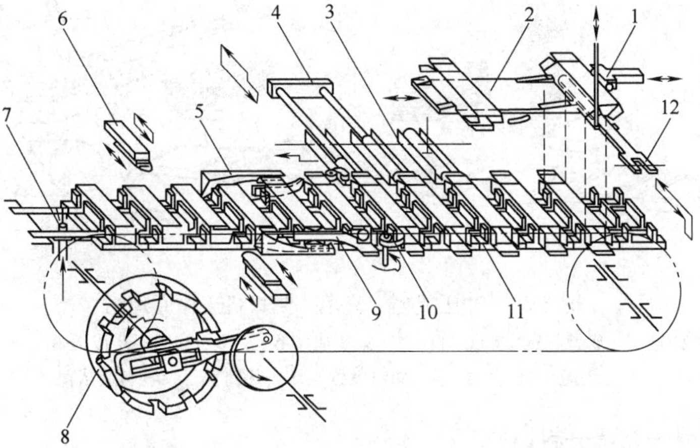

图 6-35　开盒—充填—封口机工作原理图

1—开盒装置　2—步进式纸盒片推送板　3—内装物间歇传送链带　4—双推料杆　5—折盖盒导板　6—插舌机构　7—空盒剔除喷嘴　8—端面槽轮摇杆转位机构　9—折边舌导板　10—折边舌拨杆　11—纸盒间歇传送链带　12—空盒插板

第六节　热成型—充填—封合机

塑料热成型包装于 20 世纪 60 年代后期开始在包装中得到应用，现已广泛应用于食品、药品、玩具、电器及电子元器件的包装。这是由热成型包装的特点和适应性决定的。

塑料热成型包装应用厚度为 0.15～0.5mm 的热塑性塑料薄膜，对其热成型区域用加热装置加热至熔融软化状态，借模具制出与模具形状、尺寸“相同”的包装容器，将内装物充入成型容器后，再覆盖面膜，在包装要求的条件下实施热封口，最后进行冲切得到所要求的包装成品。热成型包装工作用热成型包装机械来完成。

一、热成型包装机的主要类型

热成型包装的各个主要过程都可以用各自独立的机械装置完成，即分别用包装容器热成型、包装物品定量充填、包装封口、裁切、修整等机械装置组合完成。也可以将其中两个或三个工艺阶段组合在一台机器上完成。例如，将包装容器热成型单独在热成型机上进行，而包装物品的定量充填、包装封口和修整裁切则在一台联动机上完成。也可以将热成型包装的全部工作过程设计在一台联动机械上完成，如成型—充填—封口机，它是现代化热成型包装机械的主要类型和发展方向。常用热成型包装机械有以下几种。

（一）冲压成型—充填—封口机

图 6-36 所示为热成型容器进行被包装物品的定量充填、封口和冲切等作业的一种多功能包装机。其工作装置主要包括：包装容器的加热及冲压装置、成型容器供给装置、定量充填装置、覆膜覆盖装置、封口装置、冲切装置、包装成品输出装置和余料收取装置等。工作时，送入供给装置供给的成型容器，并依次经过充填、覆膜覆盖、封口和冲切等工位，最后完成包装作业。

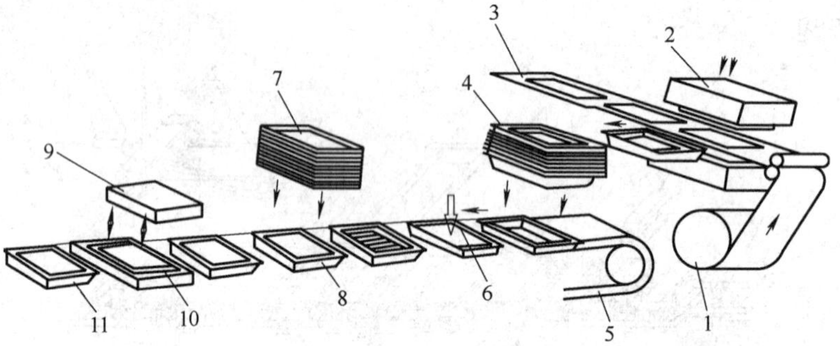

图 6-36　冲压成型—充填—封口机工作原理图

1—薄膜卷筒　2—成型装置　3—余料　4—集积成型容器　5—成型容器传送带　6—定量装料
7—送盖　8—合盖　9—加热装置　10—热封盖　11—包装成品

（二）热成型—充填—封口机

图 6-37 所示为典型的热成型—充填—封口机工作原理图。它由薄膜供给装置、加热装置、成型装置、计量充填装置、面膜覆盖装置、冲切装置、余料排出装置、包装成品排出装置等组成。主传送装置夹持热成型卷带作步进间歇移动，顺序完成全部包装作业，得到包装成品。

热成型包装机按结构和运动特征可分为直移式和回转式两大类。图 6-37 所示即为直移式热成型包装机，其全部工艺操作均沿直线行进方向顺序完成。而回转式热成型包装机工作时，工作台由传动装置驱动作步进式转位运动，顺序完成热成型、计量充填、封口和冲切等工作。直移式热成型包装机采用卷筒材料，能纵横排列多个容器，同时进行成型和包装的联动作业，有较高的生产效率，因而成为现代热成型包装机的主机型。

直移式热成型包装机除图 6-37 所示的通用机型外，还有真空—充气和无菌化热成型包装等机型。真空、充气包装的热成型机可实现真空—充气包装功能，相应增加了切口装置和真空—充气包装装置等。无菌热成型包装机通常是指从热成型材料供给到包装成品排

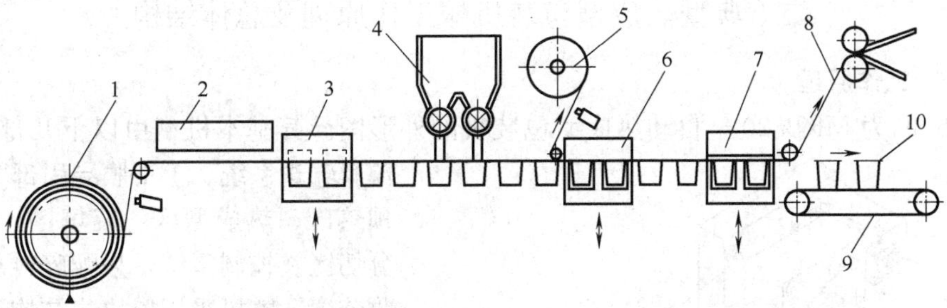

图 6-37　热成型—充填—封口机工作原理图

1—薄膜卷筒　2—加热装置　3—成型装置　4—计量充填装置　5—面膜卷筒
6—热封口装置　7—冲切装置　8—余料收卷装置　9—输出装置　10—包装成品

出完全置于无菌环境中进行，或者将热成型包装置于无菌室中完成。

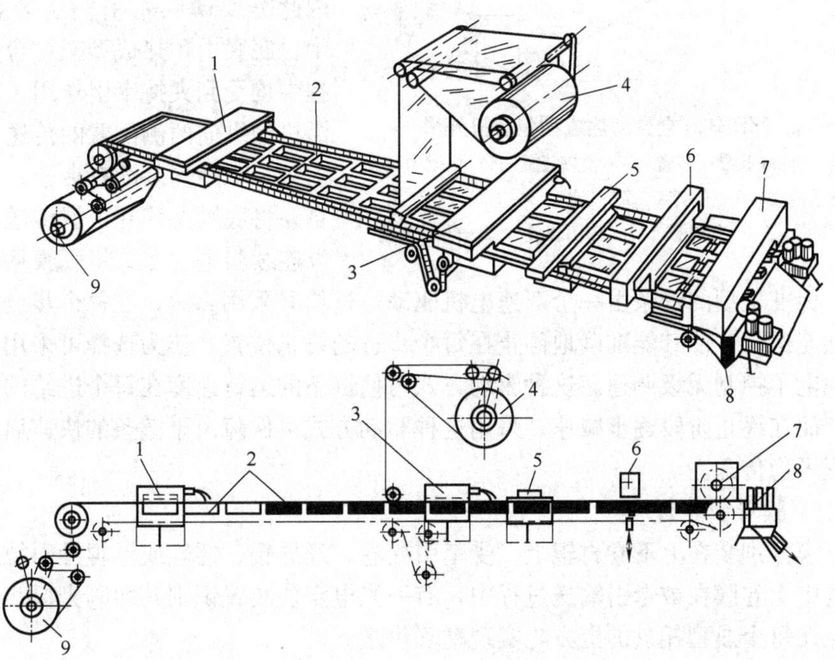

图 6-38　热成型真空包装机结构示意图

1—热成型装置　2—充填部位　3—真空热封腔　4—盖膜卷　5—封口冷却装置
6—横向切割装置　7—纵向切割装置　8—底膜边料引出　9—底膜卷

热成型真空包装机供塑料盒式真空包装，图 6-38 是该型机的结构简图。其工作过程为：底膜从膜卷 9 被输送链夹持步进送入机内，在热成型装置 1 加热软化并拉伸成盒型；成型盒在充填部位 2 充填包装物，然后被从盖膜卷 4 引出的盖膜覆盖，进入真空热封腔 3 实施抽真空或抽真空—充气，再热封；完成热封的盒带步进经封口冷却装置 5、横向切割装置 6 和纵向切割装置 7 将数排塑料盒分割成单件送出机外，同时底膜两侧边料脱离输送链送出机外卷收。

二、典型热成型包装机械工作原理及总体结构

（一）工作原理

图 6-39 为 MRB320 全自动热成型包装机的外形图。其基本机型由以下几部分组成：薄膜输送系统、上下膜导引部分、底膜预热区、热成型区、装填区、热封区、分切区及控制系统，另配碎料及边料回收装置。整机采用模块式结构设计，可根据用户需要增减各种装置，从而增减改变各种功能。

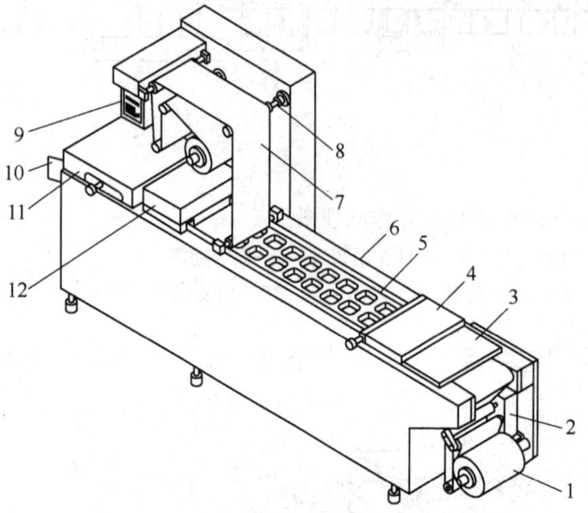

图 6-39　MRB320 全自动热成型包装机外形图

1—底膜　2—底膜导引装置　3—预热装置　4—热成型装置　5—输送链夹　6—充填区　7—上膜　8—上膜导引装置　9—控制屏　10—出料槽　11—裁切装置　12—热封装置

各部分装置的工作原理分述如下。

1. 薄膜输送系统

整机由于采用卷筒薄膜成型包装，因此需要薄膜牵引输送装置。在工作中，底膜由预热成型至封合分切的全过程中均受到夹持牵引作用，其动力来自沿机械纵向两侧配置的传送链条。链条上每一节距均装配有夹子，这些夹子可自动将底膜夹住并机械传送。传送链条以连续步进的方式将底膜从机器始端送到终端。标准机型的链条由一个双速电机驱动，进给时采用高速，在每个步进停止前自动切换成低速运行，使其能准确地停止在每个步进的终止位置。作为选择可采用步进电机驱动，实现电子控制无级调速。这种驱动方式可使链条的运行速度在每个进给的起始阶段均匀加速，而在终止阶段逐步减速。采用这种驱动方式可保障由于链条的快速启动或急速停止而实现平稳传送。

2. 上下膜导引装置

上下膜分别装在上下卷材辊上，受牵引松卷，经导辊、摇辊或浮辊导引拉展开并送入机器。其中上卷膜在被牵引输送过程中，有一光电定位装置识别其印刷光标，使上膜图案准确定位在每个成型托盘的上方，实现精确供送。

3. 底膜预热及热成型装置

底膜在成型之前需要加热。为了提高生产率，实现快速成型，在热成型区之前设有预热区，使底膜进入热成型区之前已具一定温度，从而使热成型区的升温时间可缩短并提高成型质量。根据薄膜的材质和厚度的不同，其成型温度也需要相应调整。同时，可提供的热成型方式也有多种选择，包括气压成型、真空成型、冲模成型等。

4. 充填装置

底膜成型后进入充填作业，可根据包装物料的不同配备相应的充填装置，这一区段的长度可根据需要设计。

5. 热封合装置

已经装填物料的托盘底膜进入热封合区的同时，在其上方覆盖上膜。热封区内装配有

热封模板，由气缸驱动，热封模板内带电热管，由温控元件控制其加热温度。通过热封模板可将上膜与托盘底膜热压封合。热封温度和热封时间由电控设定，以适应不同薄膜厚度、材质。根据需要在热封合区可安装真空和充气装置以实现真空或真空充气包装。同样，真空度和充气量可由电控装置控制。

6. 分切装置

热封后形成了排列整齐的包装，其后需要进行分切（横切、纵切），以获得一单位数量的包装成品。根据薄膜厚薄、软硬、材料和分切形状要求，可配备不同的分切模块。

7. 边料回收装置

分切过程中的边条由收集器收集。根据薄膜的软硬和分切方法的不同可采用真空吸出、破碎收集或缠线绕卷的方式。

8. 控制系统

在包装过程中，各模块装置之间的运动关系有着极严格的要求，需要相互精确定位、协调衔接。电控系统可采用可编程控制器（PLC）或微处理器（MC）。可将包装程序通过控制器键盘输入存储器中，机器启动后，控制器就根据储存的程序来控制机器的运作。一些主要数据如压缩空气压力、真空度、成型温度、批量号等均可设置修改以适应工作状态的变化。

（二）总体结构

图 6-40 为 MRB320 全自动热成型包装机结构总图。总体上，整机由三大部分组成。

（1）热成型区　处于机器的前段，装置有底膜退纸辊 16 及其制动器 17、底膜导入辊

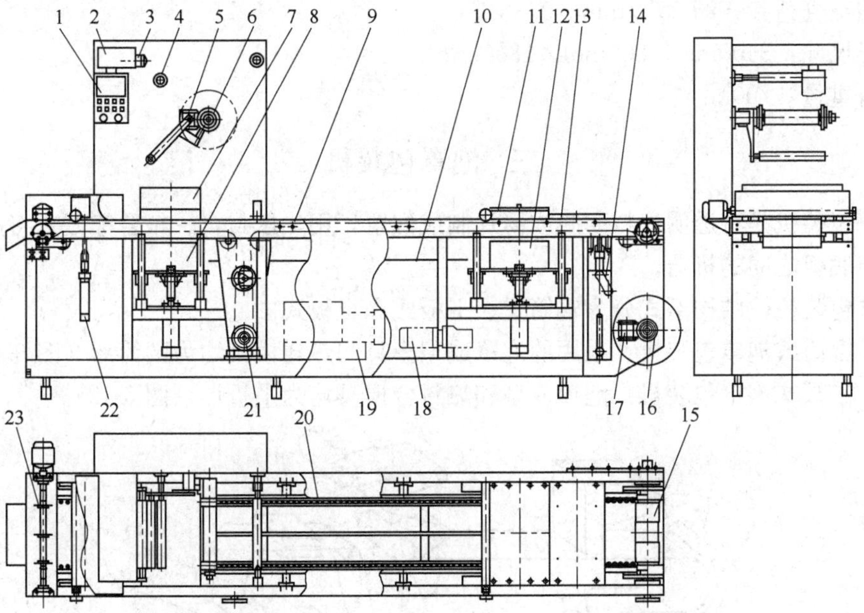

图 6-40　MRB320 全自动热成型包装机结构总图

1—控制屏　2—制动架　3—上膜制动装置　4—导辊　5—摇辊机构　6—上膜退纸辊　7—封合室座　8—托模装置　9—输送链　10—托板　11—加热部件　12—成型部件　13—预热部件　14—浮辊机构　15—底膜导入辊　16—底膜退纸辊　17—底膜制动器　18—真空泵　19—循环水泵　20—链夹　21—驱动装置　22—横切装置　23—纵切装置

15 及一系列导辊机构等，主要部分为热成型系统，由预热部件 13、成型部件 12 及加热部件 11 组成。

（2）充填区　处于机器的中段，作为前后部分的自由连接段。这一部分的长度可按充填工作量的要求设计，以适应人工装填。作为选择，自动装填机可配置在这一部分，根据不同的物料需配备不同的充填装置。

（3）封切区　处于机器的后段，也是机器的主体段。这一部分装置有封合装置 7、8 以及横切机构 22、纵切机构 23、上膜退纸辊 6 及系列导辊等。同时，全机的电控系统及驱动装置均安装在这一部分。

机器的三部分作为独立的整体设计，相互连接，并且以输送链 9 贯穿全机，由始至终。机器可轻易拆分，以便运输装卸。

（三）主要技术参数

MRB320 全自动热成型包装机主要技术参数：

底膜宽度：220～320mm

最大成型深度：100mm

最大步进长度：300mm

卷膜最大直径：300mm（上卷膜）

350mm（下卷膜）

包装速度：10～12 个工作循环/min

真空泵抽速：10～25m^3/h

压缩空气耗量：约 30L/min，0.6MPa

外形尺寸：3400mm×800mm×1800mm

设备重量：700kg

三、泡罩包装机

泡罩包装机是将透明塑料薄膜或薄片制成泡罩，用热压封合、粘合等方法将产品封合在泡罩与底板之间的机器。

泡罩包装机按结构型式分为辊筒式、平板式和辊板式。

（1）辊筒式泡罩包装机：采用的泡罩成型模具和热封模具均为圆筒形（图 6-41）。

（2）平板式泡罩包装机：泡罩成型和热封合模具均为平板形（图 6-42）。

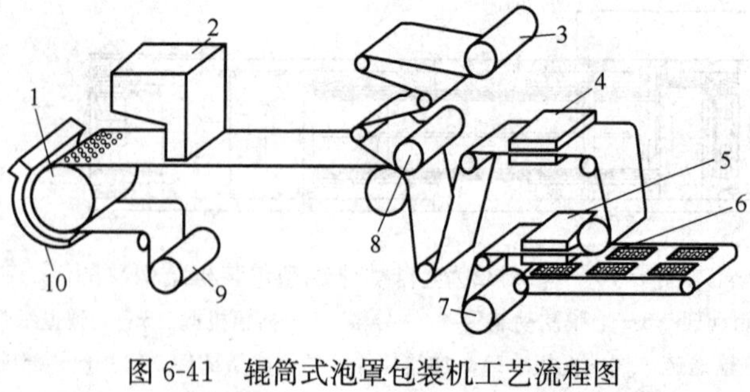

图 6-41　辊筒式泡罩包装机工艺流程图

1—辊式成型模　2—充填装置　3—覆盖膜卷筒　4—打印装置　5—冲切装置
6—包装成品　7—废料收集辊　8—热封辊　9—薄膜卷筒　10—红外加热器

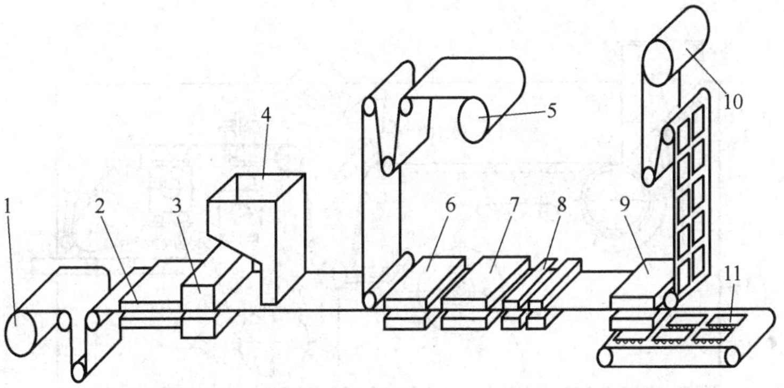

图 6-42　平板式泡罩包装机工艺流程图

1—两膜卷筒　2—加热装置　3—热成型装置　4—充填装置　5—覆盖膜卷筒　6—封合装置　7—打印装置　8—薄膜输送装置　9—冲切装置　10—废料收集装置　11—包装成品

（3）辊板式泡罩包装机：泡罩成型模具为平板形，热封合模具为圆筒形（图 6-43）。

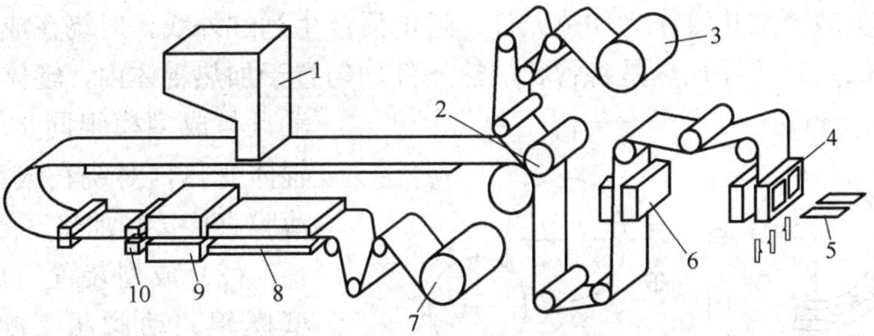

图 6-43　辊板式泡罩包装机工艺流程图

1—充填装置　2—热封辊　3—覆盖膜卷筒　4—冲切装置　5—包装成品　6—打印装置　7—薄膜卷筒　8—上、下加热板　9—板式成型膜　10—薄膜输送机构

（一）辊式泡罩包装机

根据包装工艺流程，辊式泡罩包装机由如下工作部件构成：薄膜放卷装置、加热成型装置、导向平台、物料充填机、热封合装置、打字压印装置、步进装置、冲切装置以及各导向辊、调整辊、废料辊等。此外，还包括气控系统、电控系统、真空系统、水冷却系统等。

辊式泡罩包装机（图 6-44）一般都采用垂直放置支撑板的支架式结构。支撑板的正面为工作部件，各部件不设机罩，便于工作、观察和调整；支撑板的背面排布传动系统，传动系统多采用链传动、气控系统、真空系统，冷却系统的控制执行元件以及管路附件等也大部分安装在支撑板后。

1. 热成型装置

热成型装置由加热器和成型装置组成。热成型装置的作用是将薄膜加热软化至可塑状态，即在成型模辊上通过真空系统成型泡罩。机器工作时成型模辊匀速转动，薄膜紧贴在辊面上与模辊以相同的线速度运行，在运行中受热成型。薄膜经过此装置后成为带有规则排列泡罩的膜带。

（1）加热器　辊式泡罩包装机的加热形式一般有两种，即辐射加热和传导加热。辐射

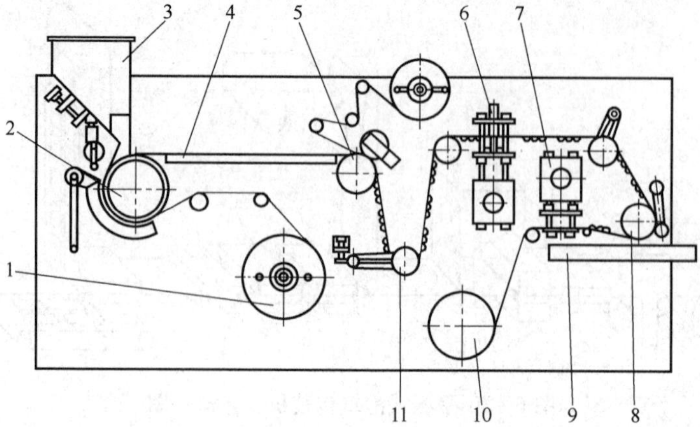

图 6-44　辊式泡罩包装机工作原理图

1—卷膜放卷装置　2—热成型装置　3—充填装置　4—导向平台　5—热封装置　6—打字压印装置　7—冲切装置　8—步进装置　9—输出装置　10—废料收集辊　11—张力调节装置

加热多采用石英玻璃加热管作为加热元件，通电后产生远红外线，对绕在成型模辊面上的薄膜进行烘烤加热；传导加热是将管状加热元件均匀置于加热辊体内，辊体与成型模辊接触且与成型模辊同步转动，通电后辊体变热，对绕在成型模辊面上的薄膜直接接触加热（图 6-45）。

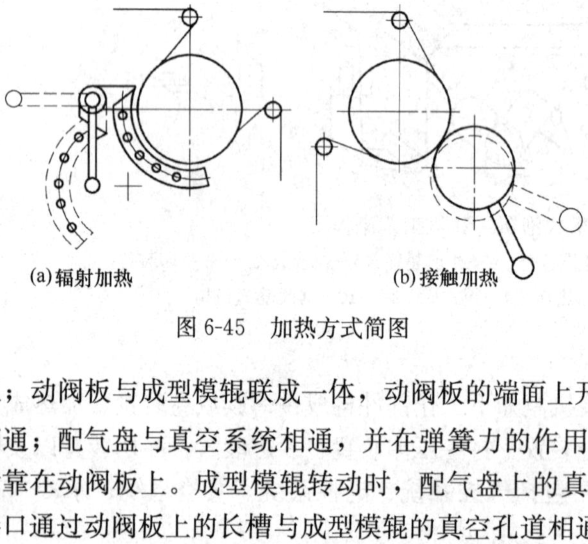

图 6-45　加热方式简图

（2）成型装置　成型装置由成型模辊、动阀板、配气盘等组成（图 6-46）。成型模辊靠近支撑板一侧的端面上沿圆周均匀制出真空孔道，辊面上制有模孔，每个模孔内有 1～3 个小孔和端面的真空孔道相通；动阀板与成型模辊联成一体，动阀板的端面上开有通气长槽，与成型模辊的真空孔道相通；配气盘与真空系统相通，并在弹簧力的作用下紧靠在动阀板上。成型模辊转动时，配气盘上的真空接口通过动阀板上的长槽与成型模辊的真空孔道相通，真空孔道再通过与其相通的小孔将成型模辊模孔内的空气吸走，这时成型模辊面紧贴着受热软化的薄膜片材。片材面形成真空，于是薄膜片材被吸成了与模孔形状相同的泡罩。随着成型模辊的不断转动，辊面上包着的薄膜片材不断被吸成泡罩。工作中，冷却系统通入冷却水至成型模辊内，保持辊面不被处于热状态的薄膜片材加热升温，薄膜瞬间成型后立即冷却定型。

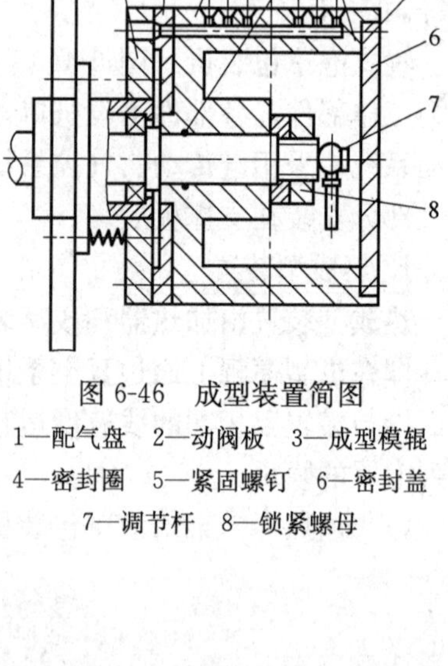

图 6-46　成型装置简图

1—配气盘　2—动阀板　3—成型模辊　4—密封圈　5—紧固螺钉　6—密封盖　7—调节杆　8—锁紧螺母

2. 热封装置

热封装置是将单面涂胶的铝箔与已填入被包装物的泡罩膜带牢固地粘合在一起，将被包装物密封在泡罩内。

如图 6-47，热封装置由封合辊、拉膜辊、支架、支撑轴等组成。封合辊 2 安装在支架 3 上，支架安装在支撑轴 4 上，拉膜辊 1 与封合辊平行安装。封合辊内装有管状加热元件，辊面上制有网纹；拉膜辊面上制有与成型模辊面上排列一致的模孔，成型后的泡罩嵌入模孔中，泡罩带随拉膜辊的转动而匀速运行。拉膜辊内通入冷却水，用来冷却绕在辊面上的薄膜泡罩带，防止泡罩在热封合时受热变形。

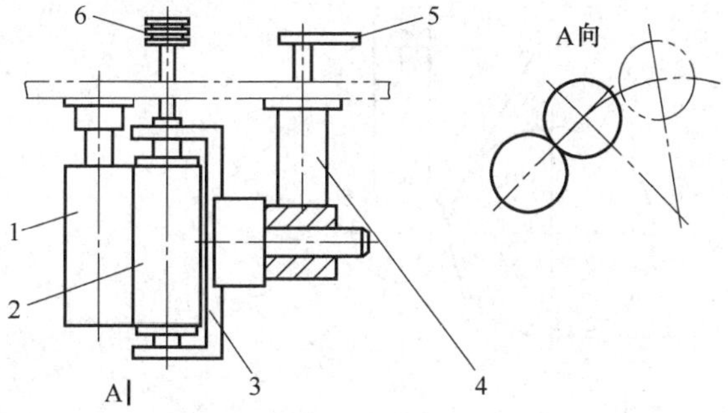

图 6-47　热封装置

1—拉膜辊　2—封合辊　3—支架　4—支撑轴　5—摆杆　6—旋转导电系统

封合辊在气控系统的辅助下能绕转动轴摆动，实现与拉膜辊的离合。封合装置工作时拉膜辊匀速转动，封合辊在工作机构的带动下迅速压紧拉膜辊，拉膜辊带动封合辊同步转动，在转动过程中将压在两辊间的泡罩带与铝箔牢固地粘合在一起。停车或工作结束时封合辊立即离开拉膜辊。拉膜辊与封合辊的压紧力是通过气控系统由气缸来提供的，压紧力的大小可以通过气控系统来调节，封合温度由热电偶和温度调节仪自动控制。

3. 步进装置

步进装置是将连续运行的泡罩膜带按需要准时定长间歇送进，以适应下一工位工作的要求。步进装置由间歇机构、进给辊、压紧辊等组成。

辊式泡罩包装机的间歇机构一般都采用槽轮机构，根据传动比的配置和不同包装板块的需要，槽轮可以采用 4 槽、5 槽、6 槽等，一般来说，槽轮的槽数是成型膜辊圆周上模孔组数的一半。进给辊在传动系统的驱动下与槽轮同步间歇转动，压紧辊在弹簧力的作用下紧贴进给辊，并与进给辊同时转动或停车。

进给辊的辊面上制有与成型模辊和拉膜辊相对应的模孔或长槽，步进装置工作时，填入物料封合后的泡罩膜带被夹在进给辊与压紧辊之间，泡罩嵌入进给辊的模孔或长槽中，挤在两辊间的泡罩膜带即随进给辊的间歇转动而被间歇拉动，拉动的长度根据需要由进给辊面上模孔或长槽间的距离来确定（图 6-48）。进给辊设置刹车装置，能克服转动惯性，以获得准确的步进距离。

4. 打字、压印、冲切装置

打字是在封合后的泡罩膜带上按设计位置打上生产批号或生产日期；压印是在泡罩膜带的封合带上压出易于折断的横向、纵向折断线，使单个被包装物能够较容易地从板块上分离，方便使用，其常见结构如图 6-49 切边是泡罩包装机的最后一道工序，经过冲切后膜带被切成单个板块，冲切后的膜带只留下纵向和横向料边（无横边冲切装置的无横向料边）。打字、压印、冲切装置是间歇运动的，间歇送入本装置的泡罩膜带由步进装置提供。

冲切装置由凸模、凹模、直线轴承、导柱及模具板等组成（图 6-50）。在传动系统的带动下由曲轴驱动，使凸模上下往复运动，凸、凹模合模时膜带被冲切成单个板块落入输料装置，至此包装机完成了全部工作过程。

冲切装置可以制成有横边冲切和无横边冲切，有横边冲切模具一般沿垂直方向移动，无横边冲切模具一般沿水平方向移动。

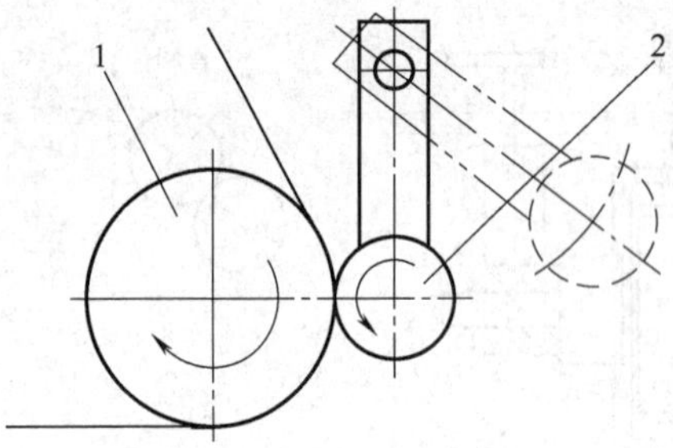

图 6-48　步进装置工作简图

1—拉膜辊　2—压紧辊

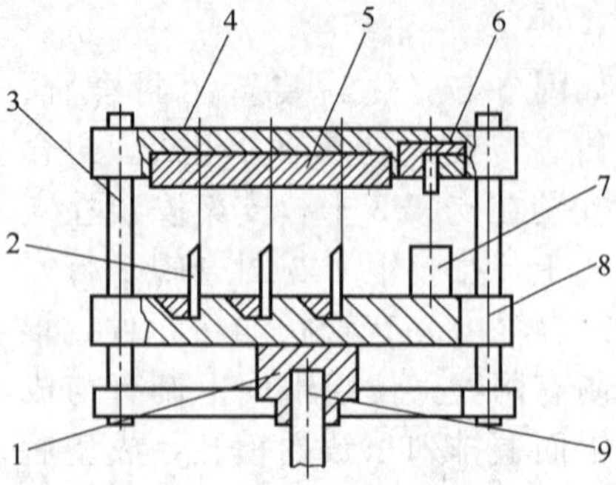

图 6-49　打字、压印结构图

1—支座　2—切刀　3—导柱　4—定模板　5—承刀板

6—字头夹　7—打字板　8—动模板　9—连杆

实际中，打字、压印、冲切三位一体放在一个工位上，机构水平放置时左边为打字、压印，下面为冲切；机构竖直放置时上面为打字、压印，下面为冲切。这种结构体积小、构件少，但工作时的负荷较集中（图 6-51）。

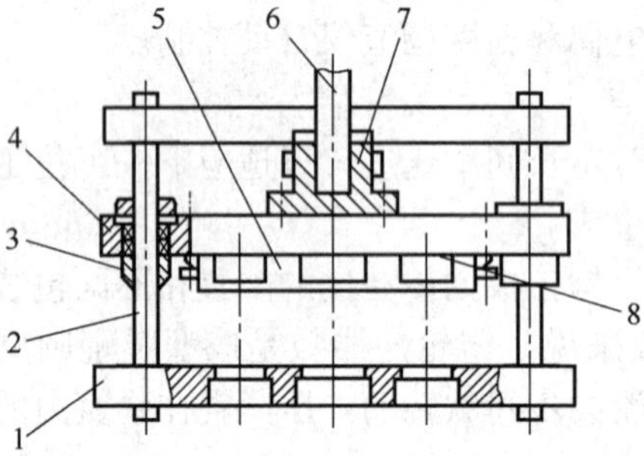

图 6-50　冲切装置结构

1—凹模　2—导柱　3—直线轴承　4—凸模板

5—脱料板　6—连杆　7—支座　8—凸模

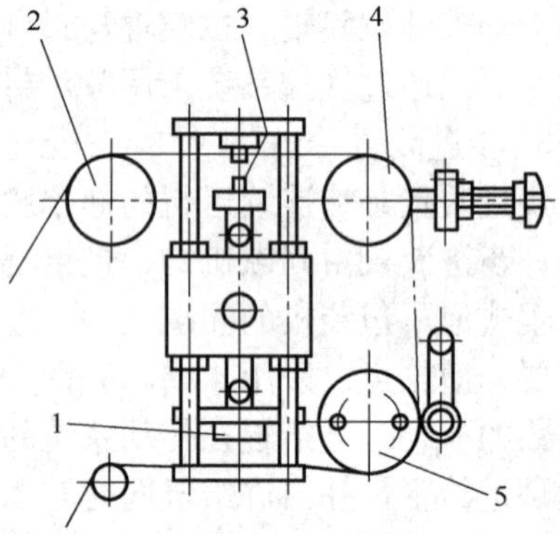

图 6-51　打字、压印、冲切一体示意图

1—凸模　2—导向辊　3—钢字头

4—调整辊　5—进给辊

（二）板式泡罩包装机

1. 板式泡罩包装机的特点

板式泡罩包装机的主要特点为：

（1）泡罩的成型以及与覆盖膜的封合均采用平板式模具，成型质量好，尺寸精度高；光泽透明性好，板块平整、不翘曲。

（2）变化适应性强，板块排列灵活，成型面积大；用同样厚度的薄膜可获得较大的拉伸比。

（3）由于采用复合正压成型技术，利用冲头和气体压力在同一工序内完成泡罩成型工艺，所以可成型出形状复杂的泡罩。

（4）一般板式泡罩包装机的充填位置空间大，可同时布置多台充填机，更易实现一个板块上多种药品的包装。扩大了包装范围，提高了包装质量。

板式泡罩包装机（图 6-52）一般采用型材焊合成一张大板。步进装置、成型装置、

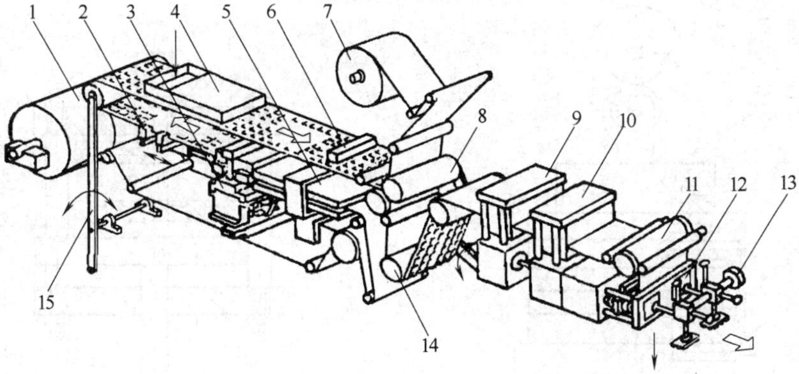

图 6-52　泡罩成型充填封口机工作原理图

1—薄膜卷筒　2—卷带牵引及制动夹头　3—泡罩成型装置　4—充填装置　5—预热装置　6—红外线扫描器　7—铝箔卷筒　8—牵引热封辊　9—撕裂缝冲孔装置　10—压印装置　11—牵引装置　12—冲切装置　13—吸嘴　14、15—张紧辊

预热装置、热封装置、冲裁装置、打字和压印装置等都是以支撑板平面为基准安装在支撑板上。在框架内部安装有传动系统、气动系统等。传动系统结构比较复杂，一般均采用链条或齿形带传动。电机通过减速器皮带轮、链轮等将动力分别传递到各执行机构。机器工作时，调整板块相对于成型、打字、压印、封合、冲裁各机构的位置方便，运动载荷可以分散开，所以传动的平稳性较好。

2. 板式泡罩包装机的组成

（1）加热装置　板式泡罩包装机均采用接触加热方式，即平板形加热器。由上、下加热板直接供给热能。上、下加热板间的距离根据不同成型膜厚度可进行调节，一般在 0.5～0.8mm。成型温度控制在 110～130℃。上、下加热板必须保持水平位置，以保证成型膜的顺利移动。

（2）成型装置　板式泡罩包装机主要采用正压成型。正压成型又有两种方式，当泡罩形状规则，成型深度较小，泡罩容积较小时，采用压缩空气直接使受热软化的薄膜成型于模腔上；而当泡罩形状变化较多，成型深度较大，泡罩容积较大时、可采用冲膜辅助成型。当冲膜对加热软化的膜片进行冲压接近凸模底部时，打开换向阀，压缩空气进入模腔。在气体压力下，成型模则紧贴在凹模上，完成进一步的成型。

图 6-53 所示为一成型装置简图，当泡罩形状规则，成型深度较小，泡罩容积较小时采用此结构。下模座 5 与下模 4 一起被固定连接在机座上，而上模在旋转的凸轮带动下垂直向下运动。当上、下两模具合模时，通过下模座 5 的通道向成型腔吹入压缩空气。模片在压缩空气的作用下被吹成泡罩。

在模具设计时，一般要根据不同的被包装物设计吹气腔。对于尺寸较大产品如针剂、安瓿等，泡罩板块之间不要求封合，只是周边封合，则吹气腔可设计成一个共用腔。如果产品较小，如片剂、胶囊等，各泡罩之间和周边都要求封合，则设计成各个泡窝均有单独的吹气腔，如图 6-53 所示。

（3）热封装置　图 6-54 所示为热封装置结构简图。板式泡罩包装机采用板式热封方式，在上封合板内装有管状加热器，为了提高封合强度和外观质量，在上、下封合板上制有网纹。另外由于板式封合接触面积大，为了在给定的系统压力下能封合牢固，还在上封

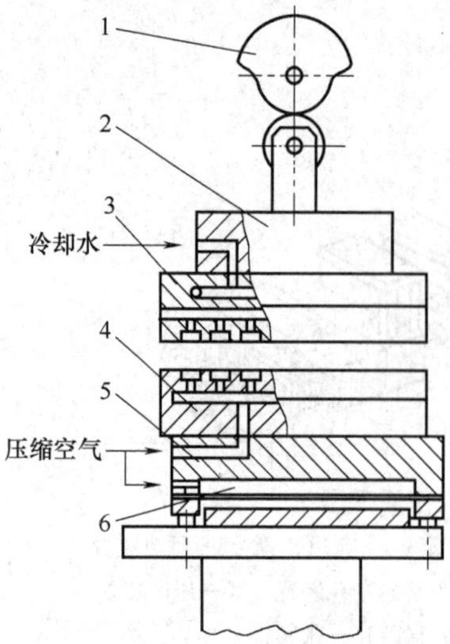

图 6-53　成型装置
1—凸轮　2—上模座　3—上模　4—下模
5—下模座　6—平衡气室

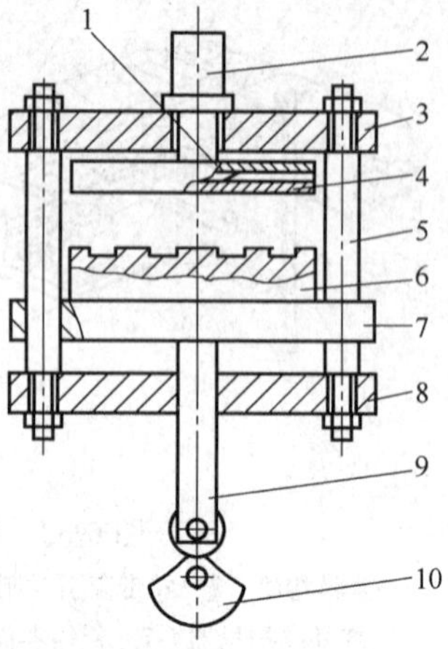

图 6-54　热封装置
1—加热管　2—增压缸　3—上固定板　4—上封合板
5—导柱　6—下封合板　7—压座板　8—下固定板
9—导向轴　10—凸轮

合板上附加有增压缸。工作时，上封合板不动，下封合板在旋转凸轮的作用下，沿垂直方向作上、下运动，完成封合功能。上、下封合板的尺寸应根据不同板块尺寸进行更换。下封合板的上、下运动可以采用凸轮驱动，也可采用气缸驱动。上封合板与增压缸之间可采用球铰链连接，以保证工作时的自动找正与工作性能。

（4）步进装置　对于板式泡罩包装机，其成型、封合、冲裁等各装置的工作过程都是在步进间隙中进行。能实现步进运动的机构较多，如棘轮机构、连杆机构、槽轮机构、凸轮机构。典型的步进装置如图 6-55 所示，为凸轮、连杆组成的复合机构。当主轴 7 带动凸轮 6 作连续旋转运动时，摆臂 8 在凸轮的作用下带动轴 9 沿着圆周方向作一定角度的间歇摆动，并将这个间歇摆动通过链轮 10、12 传至摆杆 4，使摆杆作一定角度的摆动运动。摆杆又通过连杆带动气动夹 2 沿导向杆作间歇往复运动，即步进运动。步进距离的大小根据所需产品尺寸的不同进行调整，即调节调整座 5 到轴 13 之间的距离。

（5）冲裁装置　从传动上来看，主要有两种形式：一是凹模固定，凸模运动，完成冲切过程；另一种是凸模固定，凹模运动，完成冲切过程。对于板式泡罩包装机一般都是采用后者。如图 6-56 是一冲裁装置结构简图。工作过程是：凸模固定在上座板上，当凹模在凸轮作用下，沿导柱上升到最高点时，凹模刃口、凸模刃口重叠裁切，将膜片冲切成规定尺寸。同时，凹模压迫退废料板一起向上运动，退料装置在气缸作用下向下运动，将冲切好的板块推出；而后凹模在连续转动的凸轮带动下沿导柱向下回落，同时退料板也在弹簧的作用下复位，使冲切后产生的废料边脱离凸模，由收废料机构带走。

（三）辊板式泡罩包装机

辊板式泡罩包装机是由辊式、平板式泡罩包装机衍变而来的。它克服了辊式泡罩包装机成型、平板式泡罩包装机封合的缺点，使得成品质量均能达到满意的要求。

辊板式包装机主要是由包材放卷装置、加热装置、成型装置、夹持步进装置、充填装置、铝箔放卷装置、热封合装置、打字压印装置、步进装置、冲切装置以及传动系统与电

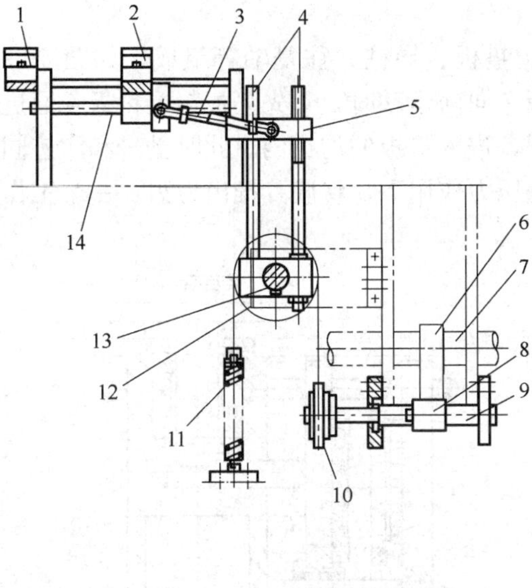

图 6-55　典型的步进装置

1、2—气动夹　3—连杆　4—摆杆　5—调整座
6—凸轮　7—主轴　8—摆臂　9、13—轴
10、12—链轮　11—弹簧　14—导向杆

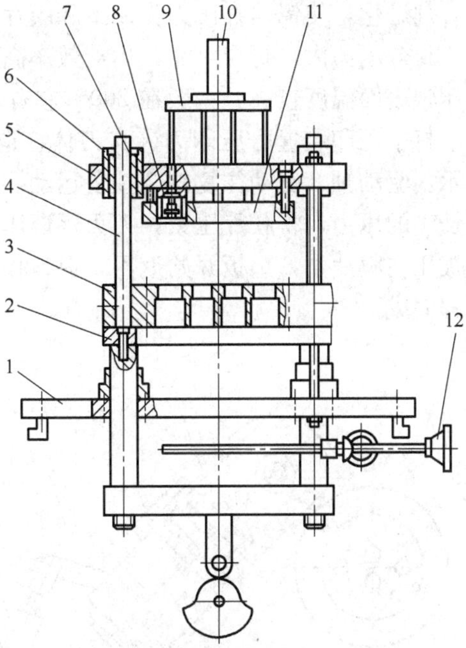

图 6-56　冲裁装置结构简图

1—固定板　2—凹模板　3—凹模　4—导柱　5—上座板
6—直线轴承　7—弹簧　8—凸模　9—退料装置
10—气缸　11—退废料板　12—调整手柄

控系统等组成，如图 6-57 所示。

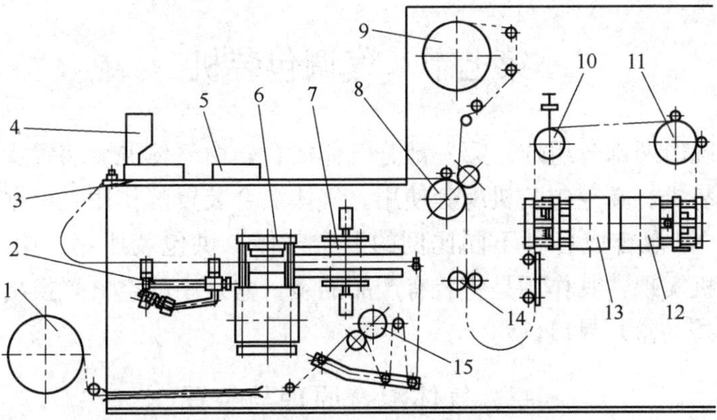

图 6-57　辊板式泡罩包装机工作原理图

1—卷膜辊　2—夹持步进装置　3—观察平台　4—充填装置　5—除尘装置　6—热成型装置
7—加热装置　8—热封合装置　9—封材辊　10—调整辊　11—步进装置　12—冲切装置
13—打字与压印装置　14—牵引装置　15—卷膜放卷装置

其中，加热装置、成型装置采用板式接触式加热，其原理方法与平板式泡罩包装机相似，这里不再叙述。主要介绍热封合装置、打字压印装置。

辊板式包装机热封合采用的是辊式热封合，如图 6-58 所示。热压辊 2 由气缸带动摆杆 5 和支架 3 压到主动辊 1 上，当充填后的泡罩膜和铝箔通过两个辊之间时，铝箔表面的粘合剂熔化，使铝箔在压力作用下和膜片粘合到一起。这种封合的两个辊在压合时是线接触，封合压力大，封合可靠，生产效率高。由于连续滚动瞬时热封，封合的时间短，要求热压辊表面温度较高，一般在200℃左右。

打字压印装置由压印刀、夹刀体、退料板、垫板、导柱、往复轴等组成，如图6-59所示。驱动轴8驱动往复轴7往复运动。当垫板2向前运动时，首先垫板与退料板4通过弹簧1的压力，将膜片压紧，刀刃逐渐压入膜片，进入垫板的沟槽内。此时批号和印迹同时被压在膜片上，垫板开始返回，退料板在弹簧压力作用下，将膜片推出刀刃，一个工作过程完成。

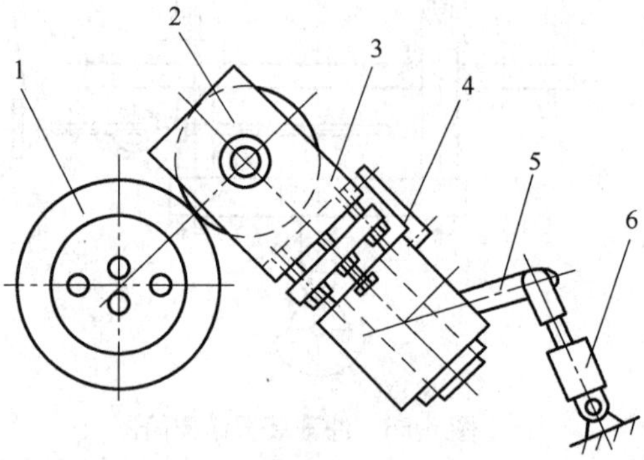

图6-58 热封合装置

1—主动辊 2—热压辊 3—支架 4—调整板 5—摆杆 6—气缸

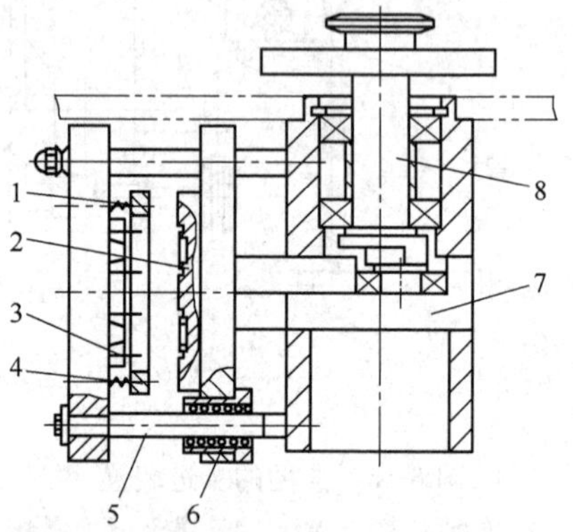

图6-59 打字压印装置

1—弹簧 2—垫板 3—压印刀 4—退料板 5—导柱 6—直线轴承 7—往复轴 8—驱动轴

第七节 气调包装机

气调包装系统由两部分组成。第一部分气体混合，由气体混合装置实现，它可作为单独部件与气调包装机、真空包装机配套使用。气体混合装置的作用是根据不同需要，准确地将O_2、CO_2、N_2混合成各种不同比例的混合气体，供包装所用。第二部分为气调包装，由气调包装机实现，其作用是将装有产品的袋（盒）中的空气置换出，然后充入所需的混合气体，将袋（盒）封口。

一、气体混合原理与装置

（一）气体比例混合原理

根据理想气体状态方程可得：

$$n_1 : n_2 : n_3 : \cdots n_m = p_1V_1 : p_2V_2 : p_3V_3 : \cdots : p_mV_m$$

式中，n_i为气体i摩尔数，p_i为气体i的分压；V_i为气体i的分体积，$i=1, 2, \cdots, m$

可见，气体比例混合可采用有两种方法：一种是在气体分压力一定时，控制混合气体流量，采用流量阀对气体作节流比例混合，国外产品如美国MULTIVAL公司生产的配件式气体比例混合器；另一种在一定容积的容器内，气体混合物的总压力一定时，控制混合气体中各气体成分的分压进行混合，目前国内产品、国外产品如丹麦PBI-Dansensor公司的 MIX9000 型都采用此方法。

（二）气体比例混合装置

如图 6-60 所示为 HQ 型气体比例混合装置。该装置可对两种以上气体进行混合。其中，对三种气体采用三只容积完全相同的定量缸 3，在每只缸的进口均设置调压阀 1，以控制进气压力 p_i（i=1、2、3），另外，在气缸两侧设置 4 只电磁阀 2，以保证来自气源的气体能顺利地通过定量缸进入混合筒，并使气源与混合筒不直接串通。设置混合筒有助于混合气体的混合和贮存，为充气包装做好准备。每次工作前，先借真空泵将混合筒和定量缸中的空气抽成近真空状态，然后各单一气体通过定量缸有序地进入混合筒，成为混合气。在充气过程中，当筒内压力 p 大于设定的压力时，定量缸即停止工作，待工作一段时间后，混合筒内混合气体的压力低于设定气压时，则定量缸便自动对混合筒充气，就这样，定量缸会自动地工作、停止、工作……不间断地向包装机械提供按比例的混合气。这里应强调指出，位于定量缸同一侧的电磁阀不能同时打开，否则该气缸将失去作用，致使混合气体比例失调。

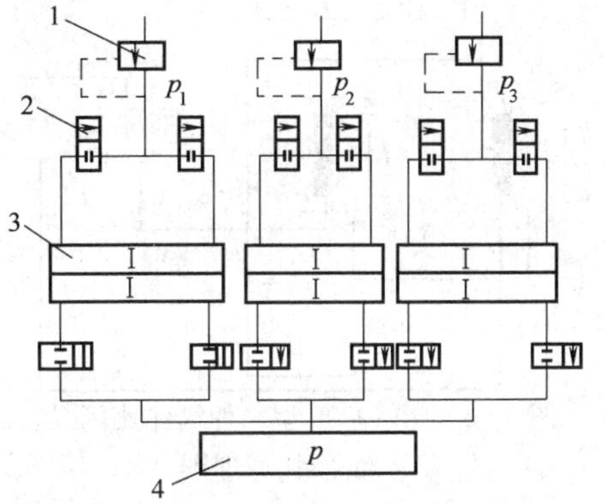

图 6-60　HQ 型气体比例混合装置原理图

1—调压阀　2—电磁阀　3—定量缸　4—混合筒

图 6-61 是 GM 型气体比例混合器的结构。混合器由电磁阀组、控制器 2、压力传感器 3、气体混合桶 4 和贮气桶 6 等组成。混合器操作时，先在微机控制器上预设定两种或三种气体混合的比例值，按下自动操作按钮即开始自动气体混合操作。气体高压钢瓶的气体经过减压阀减压后由各充气电磁阀 1 分别向气体混合桶 4 充气进行比例混合，桶内压力达到预定的总压值后，放气电磁阀 5 将混合气体充入贮气桶 6，贮气桶通过压力调节阀 7 和流量调节阀 8 将混合气体送至真空充气包装机的供气管。GM 型气体比例混合器的气体混合操作是连续进行的，当混合气体向贮气桶充气时，气体混合桶的总压下降到预定的下限值，放气阀自动关闭，各充气电磁阀再次向气体混合桶充入气体与桶内剩余的混合气体进行叠加混合，其混合比例值保持不变，待气体混合桶达到预定的总压值后，放气电磁阀再次向贮气桶充气。气体的混合与贮气如此循环进行，保持贮气桶有足够压力与体积的混合气体，向真空充气包装机连续供给混合气体。GM 型气体比例混合器在改变气体混合比例时，可通过控制器控制真空泵排除桶内剩余的混合气体，达到预定真空值再进行气体混合操作，也可以在气体混合时用混合气体将剩余的混合气体或空气通过排气阀驱出，然后关闭排气阀，气体混合比例达到一定的精度。

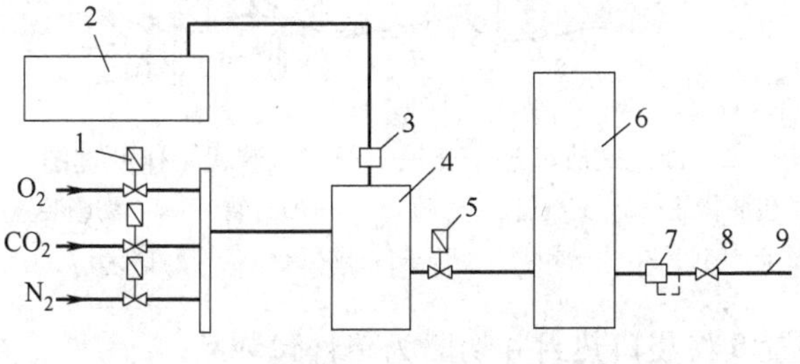

图 6-61　GM 型气体比例混合装置原理图

1—充气阀　2—控制器　3—压力传感器　4—气体混合桶

5—放气电磁阀　6—贮气桶　7—压力调节阀

8—流量调节阀　9—混合气体供气管

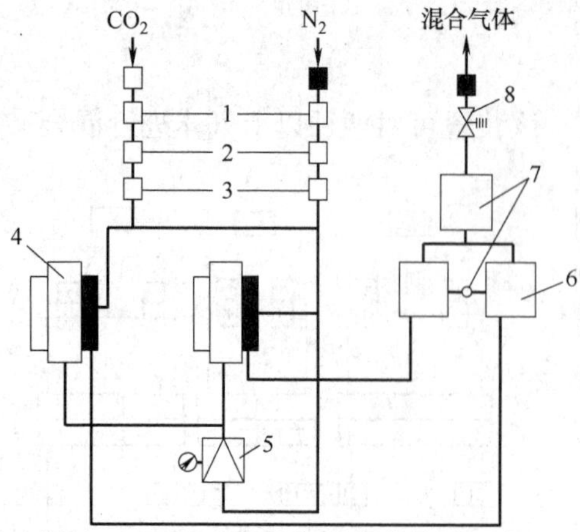

图 6-62　MIX9000 型二种气体比例混合器的结构原理图
1—过滤器　2—压力报警器　3—止回阀　4—压力比例调节阀　5—压力比例设定器　6—混合室　7—气体流量调节阀　8—压力调节阀

图 6-62 是 MIX9000 型二种气体比例混合装置。该装置用二或三只膜片式压力比例调节阀，使膜片两侧的气体构成一定的压力比例，然后在气体混合室内混合送出。CO_2 和 N_2 经过过滤器 1、减压阀 2 进入膜片式压力比例调节阀 4 的两侧，使 CO_2 与 N_2 构成一定的气体分压比，然后进入混合室 6 混合，再通过气体流量调节阀 7 和压力调节阀 8 送至充气包装机。该产品的气体比例混合精度受输出混合气体的流量和压力影响。

二、气调包装机工作原理

气调包装机械根据其气体置换的方式，可分为冲洗式气调包装机、真空补偿式气调包装机。

（一）冲洗式气调包装机

冲洗式气调包装原理是在包装袋成形时连续充入混合气体，气流将包装内的空气驱出，袋的开口端形成正压并立即封口。这种气调包装方式通常采用包装袋连续成形、充填物料并不需抽真空，包装速度快，但包装内残氧率较高，一般大于 2%。气流冲洗式用于各种立式或卧式自动制袋充填包装机。卧式自动制袋充填包装机气流冲洗式的工作原理如图 6-63 所示。混合气体从充气管 2 经喷管 3 喷出，此时包装袋的纵向和前端横向已被封口，气流将包装内的空气从薄膜制袋成型器前端 9 处驱出并保持一定的正压，隔断环境的空气；随即横封装置 4 和切断装置 5 将袋口热封并切断为单件包装品。

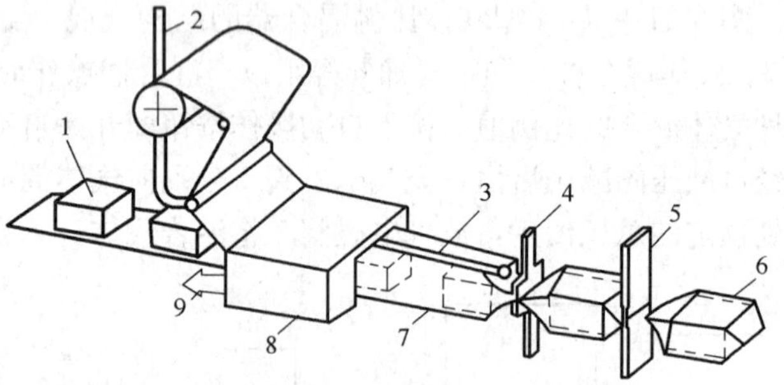

图 6-63　冲洗式成型袋—充填—封口包装机工作原理图
1—被包装物品　2—充气管　3—喷管　4—横封装置　5—切断装置　6—包装件　7—成型膜　8—制袋成型器　9—空气排出

（二）真空补偿式气调包装机

真空补偿式气调包装原理是先将包装袋或盒内的空气抽出构成一定真空度，然后充入混合气体至常压，再热封袋口。这种气调包装方式，包装内残氧率较低，应用范围广，各种真空充气包装机均可实施。由于须首先完成抽真空才能进行充气作业，故通常其包装速度比气流冲洗式低。

图 6-64 是热成型盒真空补偿式气调包装机工作原理图。其基本工艺过程为：底膜 1 经热吸塑成型为浅盘，在置入包装产品后覆盖上膜 4，进入真空—充气—热封室 9 依次进行抽真空、充气、热封，最后经切断成单个包装输出。

图 6-65 为澳大利亚 Garwood 公司生产的热成型盒真空补偿式气调包装原理图。已热

成型的塑料盒 8 与盖膜 1 同时进入真空室，真空室的上模 3 与下模 9 关闭，通过上、下模的抽气孔 5、10 将真空室的空气抽出，混合气体从中间模板 6 的充气孔 2、7 充入到盖膜上和塑料盒内，热封模 4 下降将盖膜与盒的周边热封。

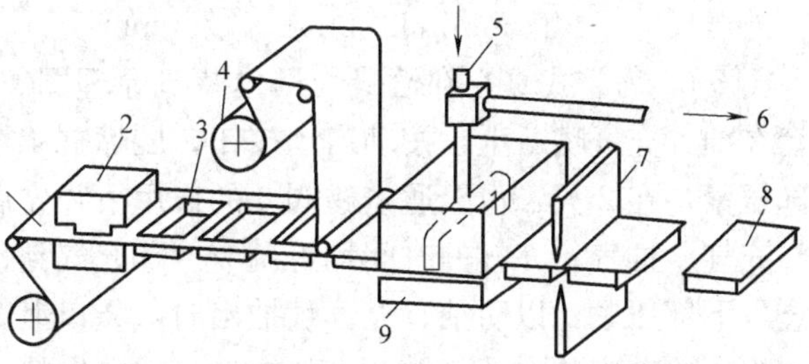

图 6-64　热成型真空补偿式气调包装机工作原理图

1—底膜　2—热成型装置　3—成型盒　4—盖膜卷材　5—充气管　6—抽真空管　7—切割刀具　8—包装件　9—真空—充气—热封室

预制盒真空补偿式气调包装机结构及工作过程如图 6-66 所示。该机由机架、传动系统、送盒部件、盖膜架、换气室、割刀以及控制系统组成。其工作原理如下：将预制盒安放在盒架 3 的槽中，并充填好包装物；通过输送链轮、链条 1、2 带动装盒板步进，步进的距离为一只盒架的宽度，步进的距离可任意调节；盒架经过盖膜 4 后，将盖膜盖到料盒上；步进到换气室 5、6 位置时，在换气室中换气和密封，本机采用二次换气；最后切割装置 7 将盖膜割断，包装盒输出，完成包装全过程。

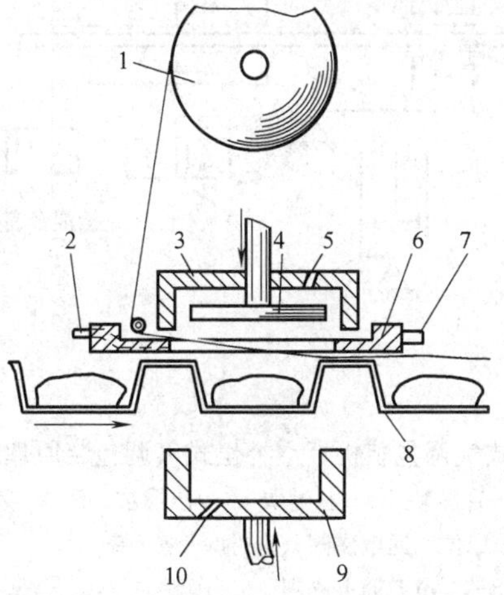

图 6-65　热成型盒真空补偿式气调包装原理图

1—盖膜　2、7—充气孔　3—真空室上模　4—热封模　5、10—抽气孔　6—中间模板　8—塑料盒　9—真空室下模

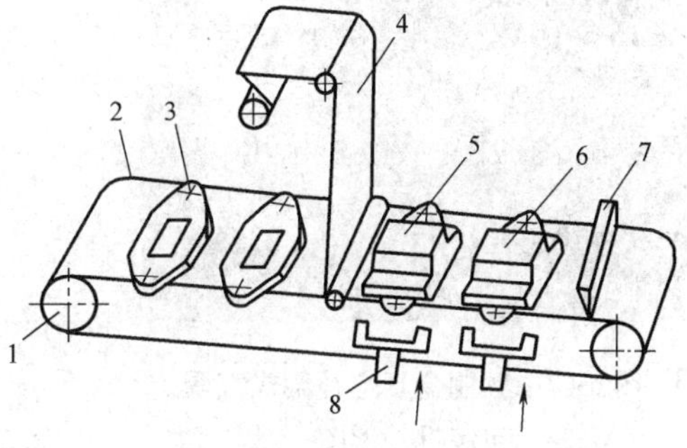

图 6-66　预制盒真空补偿式气调包装机原理图

1—链轮　2—链条　3—盒架　4—盖膜　5—一级换气室　6—二级换气室　7—切割装置　8—换气室下腔

相对于常用的一级换气，采用二级换气更能保证包装质量。第一换气室与第二换气室的结构基本一致，只是在加热板上略有区别：为在二级换气室中能继续抽气、换气，在一室预封时，封口留有若干开口，进入二级换气室进行第二次抽气、换气及封合。近年来国内开发了预制盒真空补偿式气调包装机。图 6-67 为一预制盒真空补偿式气调包装机外形图。其基本技术参数为：

工作压力：0.6～0.8MPa

功率：1.5kW

包装速度：5～8 次/min

气体混合精度：≤2%

外形尺寸：1400mm×1100mm×1750mm

图 6-68 为袋式真空补偿式气调包装机原理图。其工作过程为：将装有物品的塑料袋口套在抽、充气嘴 7 上，按动启动按钮，压嘴缸 4 下压，压嘴块 3 将抽、充气嘴及袋口的上部压紧，在 2 只二位二通电磁阀 6 的作用下，先后与真空泵与混合筒接通，对包装袋抽气与充气。抽气、充气的时间均可调节。等充气到预定的时间，压紧缸 9 上压，压紧块 2 将袋口下部压紧，以防抽、充气嘴抽出时，袋口泄气。压紧块压紧后，抽、充气嘴从袋口中抽出，接着安装在压嘴块 3 上的电热带通电发热，将包装袋口热合，电热带的通电时间与电压均可调节。等袋口封合后，各执行机构复位，取下封好口的包装袋，完成一个包装作业循环。

图 6-67 预制盒真空补偿式气调包装机外形图

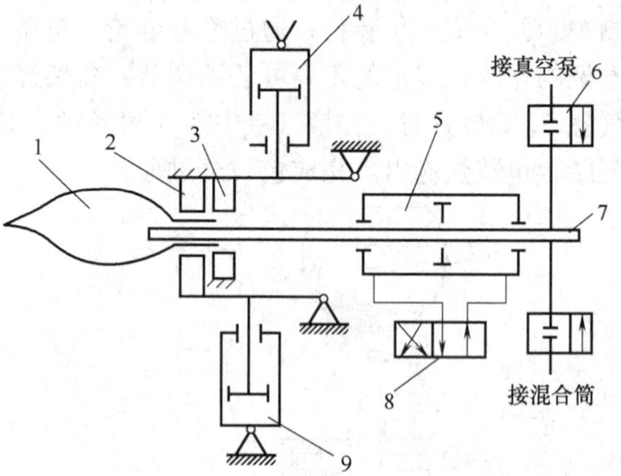

图 6-68 袋式气调包装机真空补偿式气调包装原理图
1—包装袋 2—压紧块 3—压嘴块 4—压嘴缸 5—抽嘴缸 6—二位二通电磁阀 7—抽、充气嘴 8—二位四通电磁阀 9—压紧缸

第八节 胶囊式包装机

一、胶囊剂的分类及特点

胶囊剂系指将物料盛装于硬质空胶囊或具有弹性的软质胶囊中制成的固体制剂。胶囊剂不仅外形美观，服用方便，而且具有遮盖不良气味，提高物料稳定性，控制物料释放速度等作用，是目前应用最为广泛的药物剂型之一。

胶囊剂可分为硬胶囊剂、软胶囊剂、肠溶和缓控释胶囊剂。根据胶囊的硬度和封装方法的不同，也可把胶囊剂分为硬胶囊和软胶囊两种。其中硬胶囊剂是将物料直接装填在胶壳中而制成的制剂。软胶囊剂是用滴制法或滚模压制法将加热熔融的胶液制成胶皮或胶囊，并在胶皮未干之前包裹或装入物料而制成的制剂。软胶囊的形状一般为球形、椭圆形或圆筒形，也可以是其他形状，药物填充量通常为一个剂量。这里主要介绍硬胶囊剂的充填技术及设备。

二、硬胶囊剂充填技术及设备

（一）硬胶囊的特点

硬胶囊一般呈圆筒形，由胶囊体和胶囊帽套合而成，如图 6-69 所示。胶囊体的外径略小于胶囊帽的内径，二者套合后可通过局部凹槽锁紧，也可用胶液将套口处黏合，以免二者脱开而使药物散落。

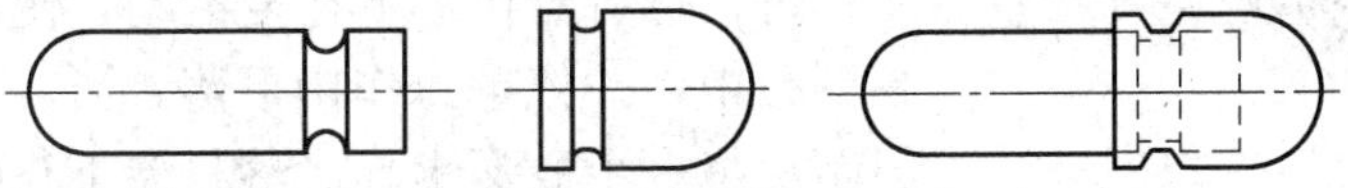

(a) 胶囊体　(b) 胶囊帽　(c) 闭合胶囊

图 6-69　硬胶囊示意图

硬胶囊剂一般可填充粉末状药物，也可填充颗粒、小丸、微片、液体或半固体性质的药物。胶囊壳的规格由大到小分为 000、00、0、1、2、3、4、5 号共八种，一般常用的是 0～5 号，随着号数由小到大，容积由大到小。

（二）硬胶囊剂的充填

胶囊填充机是生产硬胶囊剂的专用设备，对于品种单一、生产量较大的硬胶囊剂多采用全自动胶囊填充机。

按照主工作盘的运动方式，全自动胶囊填充机可分为间歇回转和连续回转两种类型。虽然间歇回转式和连续回转式在执行机构的动作方面存在差异，但其生产硬胶囊剂的工艺过程几乎相同。现以间歇回转式全自动胶囊填充机为例，介绍硬胶囊填充机的结构与工作原理。

间歇回转式全自动胶囊填充机的工作台面上设有可绕轴旋转的主工作盘，主工作盘可带动胶囊板作周向旋转。围绕主工作盘设有空胶囊排序与定向装置、拔囊装置、剔除废囊装置、闭合胶囊装置、出囊装置和清洁装置等，如图 6-70 所示。工作台下的机壳内设有传动系统，其作用是将运动传递给各装置或机构，以完成相应的工序操作。

工作时，自贮囊斗落下的杂乱无序的空胶囊经排序与定向装置后，均被排列成胶囊帽在上的状态，并逐个落入主工作盘上的囊板孔中。在拔囊区，拔囊装置利用真空吸力使胶囊体落入下囊板孔中，而胶囊帽则留在上囊板孔中。在体帽错位区，上囊板连同胶囊帽一起移开，并将胶囊体的上口置于定量填充装置的下方。在充填区，定量填充装置将物料充填进胶囊体。在废囊剔除区，剔除装置将未拨开的空胶囊从上囊板孔中剔除出去。在胶囊闭合区，上、下囊板孔的轴线对中，并通过外加压力使胶囊帽与胶囊体闭合。在出囊区，闭合胶囊被出囊装置顶出囊板孔，并经出囊滑道进入后续的包装工序（如泡罩包装）。

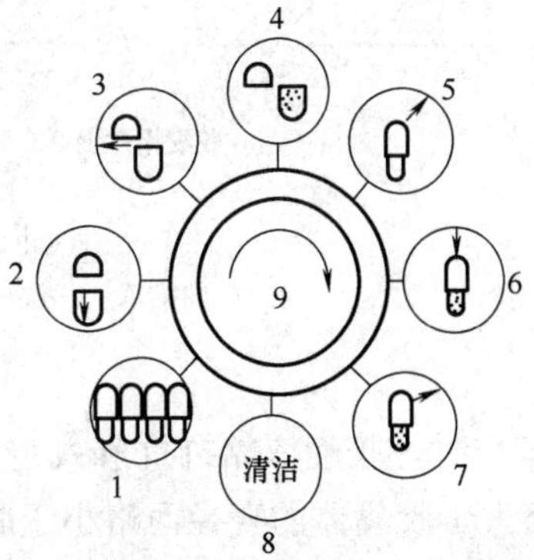

图 6-70　主工作盘及各区域功能简图

1—排序与定向区　2—拔囊区　3—体帽错位区　4—物料填充区　5—废囊剔除区　6—胶囊闭合区　7—出囊区　8—清洁区　9—主工作盘

在清洁区，清洁装置将上、下囊板孔中的物料粉、胶囊皮屑等污染物清除。随后，进入下一个操作循环。

1. 空胶囊的排序与定向

为防止空胶囊变形，包装前的空心硬胶囊均为体帽合一的套合胶囊。使用前，首先要对杂乱胶囊进行排序。

空胶囊排序装置工作原理如图 6-71 所示。落料器 2 的上部与贮囊斗 1 相通，内部设有多个圆形孔道，每一孔道的下部均设有卡囊簧片 5。工作时，落料器作上下往复滑动，使空胶囊进入落料器的孔中，并依重力作用下落。当落料器上行时，卡囊簧片将一个胶囊卡住。落料器下行时，簧片架产生旋转，卡囊簧片松开胶囊，胶囊在重力作用下由下部出口排出。当落料器再次上行并使簧片架复位时，卡囊簧片又将下一个胶囊卡住。可见，落料器上下往复滑动一次，每一孔道均输出一粒胶囊。

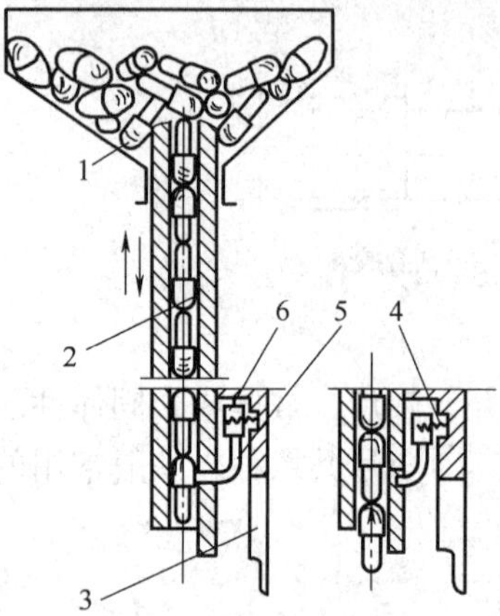

图 6-71　排序装置工作原理图
1—贮囊斗　2—落料器　3—压囊爪
4—弹簧　5—卡囊簧片　6—簧片架

由排序装置排出的空胶囊排列方向不一，有的帽在上，有的帽在下。为便于空胶囊的体帽分离，需将空胶囊按帽在上、体在下的方式进行整理排列。空胶囊的定向排列可由定向装置完成，该装置设有定向滑槽和顺向推爪，推爪可在槽内作水平往复运动，如图 6-72 所示。

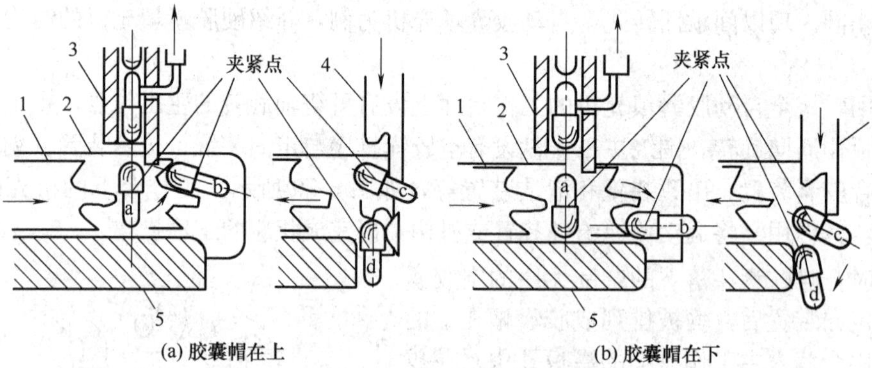

图 6-72　定向装置工作原理图
1—顺向推爪　2—定向滑槽　3—落料器　4—压囊爪　5—定向器座
a、b、c、d 分别表示定向过程中胶囊所处的空间状态

工作时，胶囊依靠自重落入定向滑槽中。由于定向滑槽的宽度（与纸面垂直的方向上）略大于胶囊体的直径而略小于腔囊帽的直径，因此滑槽对胶囊帽有一个夹紧力，但并不接触胶囊体。由于结构上的特殊设计，顺向推爪只能作用于直径较小的胶囊体中部。因此，当顺向推爪推动胶囊体运动时，胶囊体将围绕滑槽与胶囊帽的夹紧点转动，使胶囊体朝前，并被推向定向器座的边缘。此时，垂直运动的压囊爪使胶囊体翻转 90°，并将其垂直推入囊板孔中。

2. 空胶囊的体帽分离

经定向排序后的空胶囊还需将囊体与囊帽分离，以便充填物料。空胶囊的体帽分离操作由拔囊装置完成。该装置由上、下囊板以及真空系统组成，如图 6-73 所示。

当空胶囊被压囊爪推入囊板孔后，气体分配板 3 上升，其上表面与下囊板的下表面贴紧。此时，真空接通，顶杆 4 随气体分配板同步上升并伸入到下囊板的孔中，使顶杆与气孔之间形成一个环隙，以减少真空空间。上、下囊板孔的直径相同，且都为台阶孔，上、下囊板台阶孔的直径分别小于囊帽和囊体的直径。当囊体被真空吸至下囊板孔中时，上囊板孔中的台阶可挡住囊帽下行，下囊板孔中的台阶可使囊体下行至一定位置时停止，以免囊体被顶杆顶破，从而实现体帽分离。

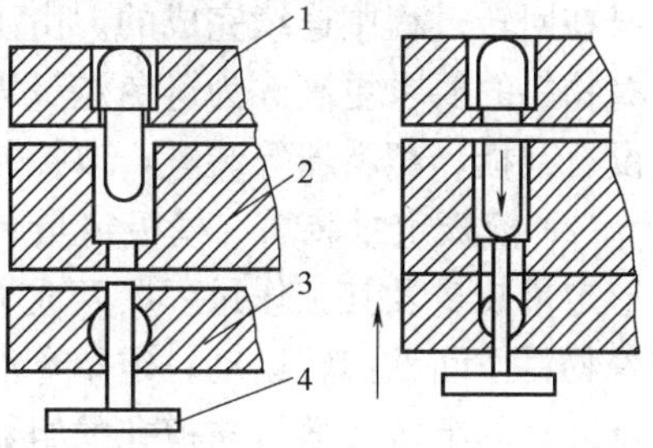

(a) 接通真空前　　(b) 接通真空后

图 6-73　拔囊装置工作原理图

1—上囊板　2—下囊板　3—真空气体分配板　4—顶杆

3. 物料充填

当空胶囊体、帽分离后，上、下囊板孔的轴线随即错开，接着物料定量充填装置将定量物料充填入下方的胶囊体中，完成物料充填过程。物料定量充填装置的类型很多，如插管定量装置、模板定量装置、活塞滑块定量装置和真空定量装置等。不同的填充方式适应于不同物料的分装，需按物料的流动性、吸湿性、物料状态（粉状或颗粒状、固态或液态）选择填充方式和机型。

(1) 插管定量装置　插管定量装置分为间歇式和连续式两种，如图 6-74 所示。

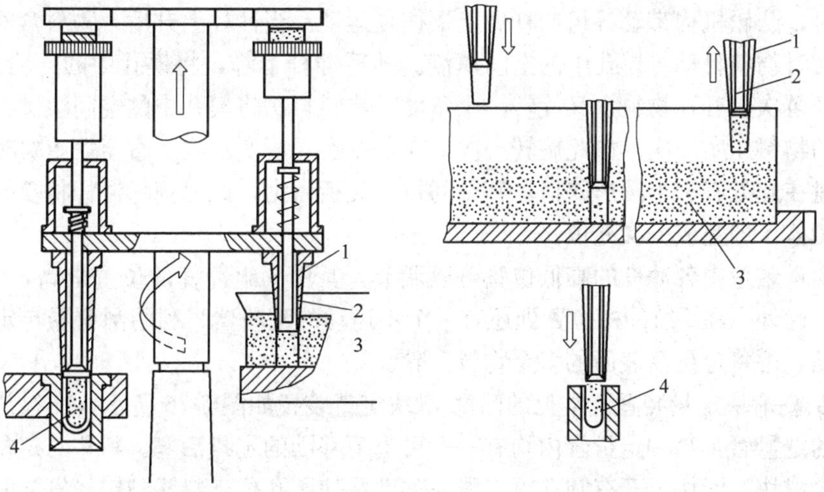

(a) 间歇式　　(b) 连续式

图 6-74　插管定量装置工作原理图

1—定量管　2—活塞　3—药粉斗　4—胶囊体

间歇式插管定量装置是将空心定量管插入物料斗中，利用管内的活塞将物料压紧，然后定量管升离粉面，并旋转 180°至胶囊体的上方。随后，活塞下降，将物料柱压入胶囊体中，完成物料充填过程。调节物料斗中的物料高度以及定量管内活塞的冲程，可调节物料的定量。此外，为减少充填误差，物料在粉斗中应保持一定的高度并具有良好的流动性。

连续式插管定量装置也是采用定量管来定量的，但其插管、压紧、填充操作是随机器本身在回转过程中连续完成的。由于充填速度较快，因此插管在物料中的停留时间很短，故对物料的要求更高。为避免定量管从物料中抽出后留下的空洞影响充填精度，物料斗中常设有刮板、耙料器等装置，以控制物料的高度，并使物料保持均匀和流动。

(2) 模板定量装量　模板定量装置的结构与工作原理如图 6-75 所示，其中左图将圆柱形定量装量及其工作过程展开成了平面形式。物料桶由定量盘和粉盒盘组成，工作时可带着物料作间歇回转运动。定量盘沿周向设有若干组模孔（图中每一单孔代表一组模孔），剂量冲头的组数和数量与模孔的组数和数量相对应。

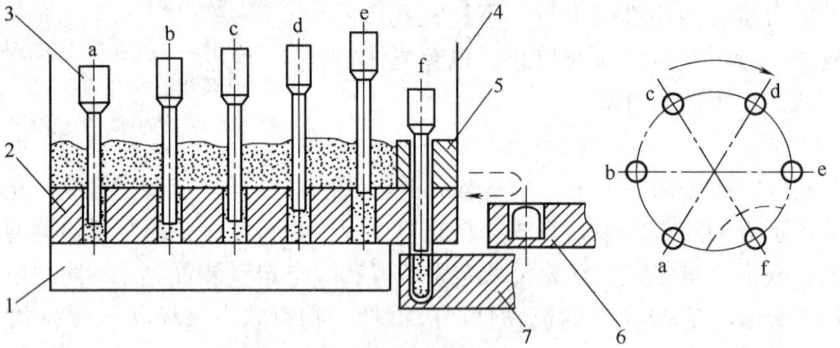

图 6-75　模板定量装置工作原理图

1—底盘　2—定量盘　3—计量冲杆　4—粉盒盘　5—刮粉器　6—上囊板　7—下囊板

工作时，凸轮机构带动各组冲杆做上下往复运动。当冲杆上升后，物料盒间歇旋转一个角度，同时物料自动将模孔中的空间填满。随后冲杆下降，将模孔中的药粉压实一次。此后，冲杆再次上升，物料盒又旋转一个角度，物料再次将模孔中的空间填满，冲杆再次将模孔中的物料压实一次。如此旋转一次，充填一次，压实一次，直至第 f 次时，定量盘下方的底盘在此处有一半圆形缺口，其空间被下囊板占据，此时剂量冲杆将模孔中的物料柱推入胶囊体，即完成一次充填。

模板定量装量中各冲杆的高低位置可以调节，其中 e 组冲杆的位置最高，f 组冲杆的位置最低。此外，在 f 组冲杆位置处还有一个不运动的刮粉器，利用刮粉器与定量盘之间的相对运动，可将定量盘表面的多余物料刮除。

(3) 活塞-滑块定量装置　常见的活塞-滑块定量装置如图 6-76 所示。在料斗的下方有多个平行的定量管，每一定量管内均有一个可上下移动的定量活塞。料斗与定量管之间设有可移动的滑块，滑块上开有圆孔。当滑块移动并使圆孔位于料斗与定量管之间时，料斗中的物料经圆孔流入定量管。随后滑块移动，将料斗与定量管隔开。此时，定量活塞下移至适当位置，使物料经支管和专用通道填入胶囊体。调节定量活塞的上升位置可控制物料的充填量。

图 6-77 是一种连续式活塞-滑块定量装置，其核心构件为一转盘，转盘上设有若干个定量圆筒，每一圆筒内均有一个可上下移动的定量活塞。工作时，定量圆筒随转盘一起转动。当定量圆筒转至第一料斗 1 下方时，定量活塞 8 下行一定距离，使第一料斗中的物料

进入定量圆筒 7。当定量圆筒转至第二料斗 4 下方时，定量活塞又下行一定距离，使第二料斗中的物料进入定量圆筒。当定量圆筒转至下囊板的上方时，定量活塞下行至适当位置，使物料经支管填充进胶囊体。随着转盘的转动，物料填充过程可连续进行。由于该装置设有两个料斗，因此可将两种不同物料的颗粒或微丸装入同一腔囊中。

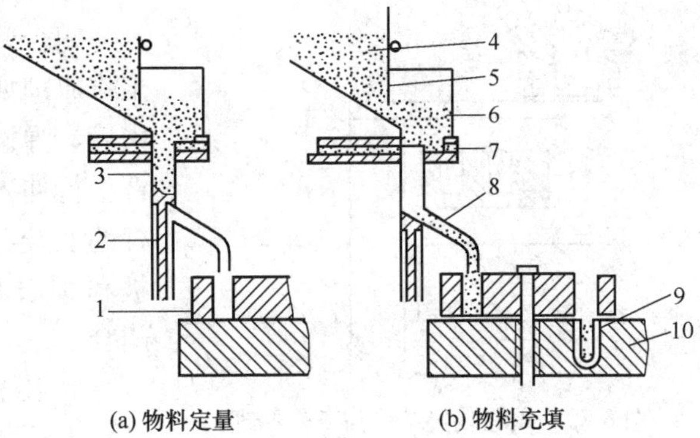

图 6-76　活塞-滑块定量装置工作原理图
1—填料器　2—定量活塞　3—定量管　4—料斗　5—物料高度调节板　6—物料颗粒或微丸　7—滑块　8—支管　9—胶囊体　10—下囊板

（4）真空定量装置　真空定量装置是一种连续式物料填充装置，其工作原理是先利用真空将物料吸入定量管，然后再利用压缩空气将物料吹入胶囊体（图 6-78）。定量管内设有定量活塞，活塞的下部安装有过滤器。在取料或充填过程中，定量管可分别与真空系统或压缩空气系统相连。取料时，定量管插入料槽，在真空的作用下，物料被吸入定量管。充填时，定量管位于胶囊体的上部，在压缩空气的作用下，将定量管中的物料吹入胶囊体。调节定量活塞的位置可控制物料的充填量。

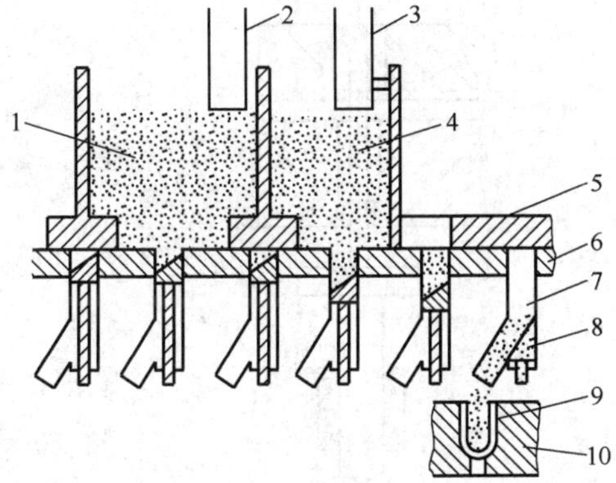

图 6-77　连续式活塞-滑块定量装置工作原理图
1—第一料斗　2、3—加料器　4—第二料斗　5—滑块底盘　6—转盘　7—定量圆筒　8—定量活塞　9—下胶囊体　10—下囊板

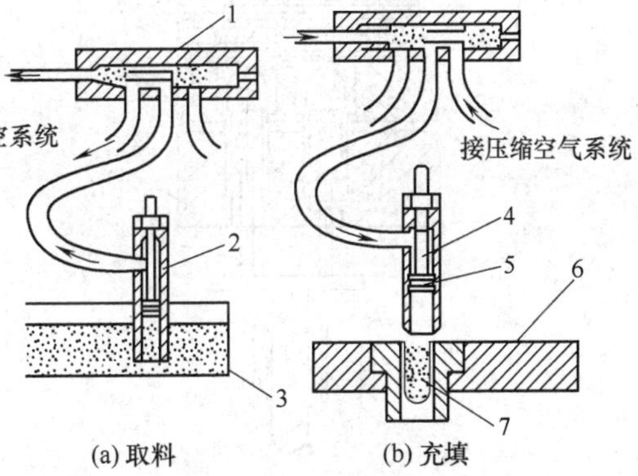

图 6-78　真空定量装置工作原理示意
1—切换装置　2—定量管　3—料槽　4—定量活塞　5—尼龙过滤器　6—下囊板　7—胶囊体

4. 剔除装置

工作中，个别空胶囊可能会因某种原因而使体帽未能分开，这些空胶囊一直滞留于上囊板孔中，但并未充填物料。为防止这些空胶囊混入成品中，应在胶囊闭合前将其剔除。

剔除装置的结构与工作原理如图 6-79 所示，其核心构件是一个可上下往复运动的顶杆架，上面设有与囊板孔相对应的顶杆。当上、下囊板转动时，顶杆架停留在下限位置。当上、下囊板转动至剔除装置并停止时，顶杆架上升，使顶杆伸入到上囊板孔中。若囊板孔中仅有胶囊帽，则上行的顶杆对囊帽不产生影响。若囊板孔中存有未拔开的空胶囊，则上行的顶杆将其顶出囊板孔，并被压缩空气吹入集囊袋中。

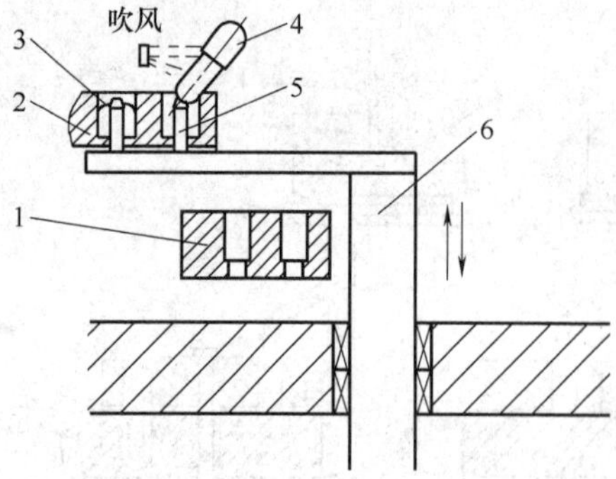

图 6-79 剔除装置结构与工作原理

1—下囊板 2—上囊板 3—胶囊帽

4—未拔开的空胶囊 5—顶杆 6—顶杆架

5. 闭合装置

闭合装置由弹性压板和顶杆组成，其结构与工作原理如图 6-80 所示。当上、下囊板的轴线对中后，弹性压板下行，将胶囊帽压住。同时，顶杆上行伸入下囊板孔中顶住胶囊体下部。随着顶杆的上升，胶囊体、帽闭合并锁紧。调节弹性压板和顶杆的运动幅度，可使不同型号的胶囊闭合。

6. 出囊装置

出囊装置的主要部件是一个可上下往复运动的出料顶杆，其工作原理如图 6-81 所示。当囊板孔轴线对中的上、下囊板携带着闭合胶囊旋转时，出料顶杆处于低位，即位于下囊板下方。当携带闭合胶囊的上、下囊板旋转至出囊装置上方并停止时，出料顶杆上升，其顶端自下而上伸入上、下囊板的囊板孔中，将闭合胶囊顶出囊板孔。随后，压缩空气将顶出的闭合胶囊吹入出囊滑道中，并被输送至包装工序。

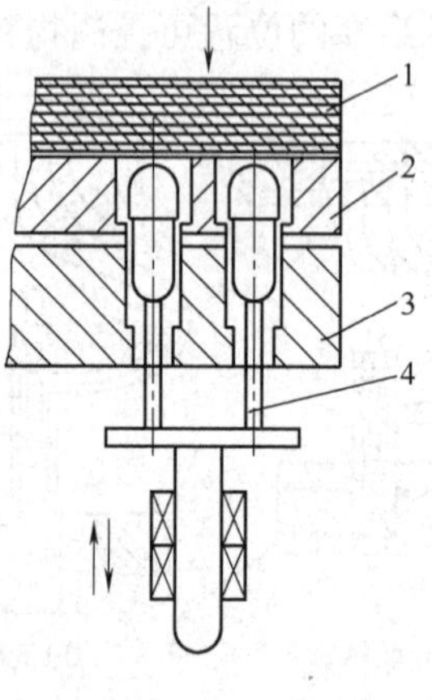

图 6-80 闭合装置工作原理图

1—弹性压板 2—上囊板 3—下囊板 4—顶杆

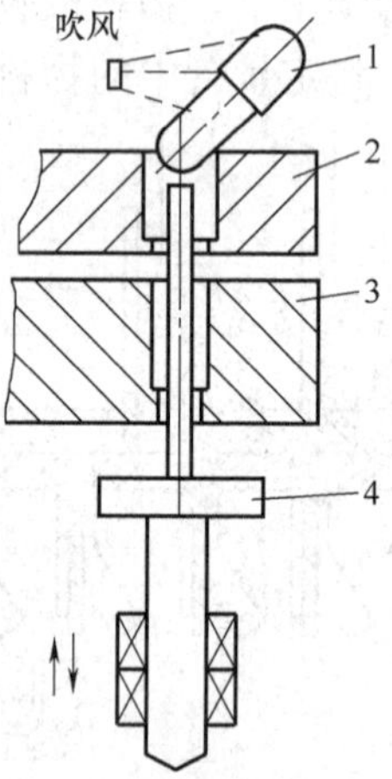

图 6-81 出囊装置工作原理图

1—闭合胶囊 2—上囊板 3—下囊板 4—出料顶杆

7. 清理装置

上、下囊板经过拔囊、填充物料、出囊等工序后，囊板孔可能会受到污染。因此，上、下囊板在进入下一周期的操作循环之前，应通过清理装置对其囊板孔进行清洁。

清理装置通常为一个设有风道和缺口的清洁室，如图 6-82 所示。当囊孔轴线对中的上、下囊板旋转至清理装置的缺口处时，压缩空气系统接通，囊板孔中的物料、囊皮屑等污染物被压缩空气自下而上吹出囊孔，并被吸尘系统吸入吸尘器。随后，上、下囊板离开清洁室，开始下一周期的循环操作。

图 6-83 为 ZJT-20 全自动胶囊填充机。采用自动间歇回转运动形式，安装在工作台中央的回转台，以 6～14r/min 的转速旋转，每转有 8 次短暂停留时间，回转台将胶囊输送到回

转台周围的各工位，送囊、分囊、充填、废囊剔除、锁囊、出囊、清洁囊板等作业同时自动进行（见图 6-84）。

该机采用计量管方式计量，计量准确并且调整装量非常方便，整机采用全封闭结构，接触药物的零件均用无毒材料，符合 GMP 标准。

主要技术参数：

最大生产率：20000 粒/h

适用胶囊：00、0、1、2、3、4

充填剂型：粉剂、微丸

主机尺寸：1015mm×1000mm×1850mm

附属设备：真空泵、吸尘机各一台

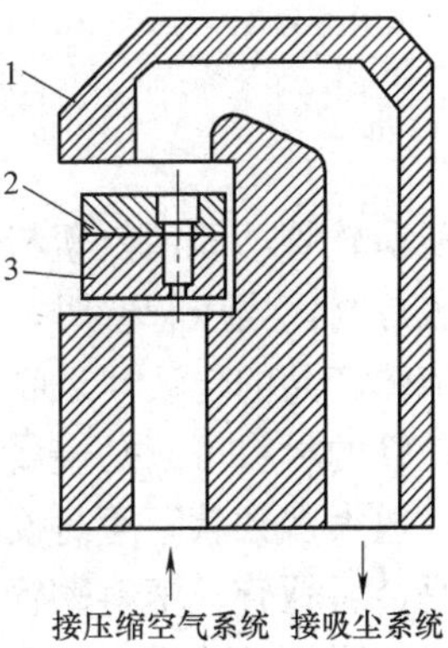

图 6-82　清洁装置结构与工作原理

1—清洁装置　2—上囊板　3—下囊板

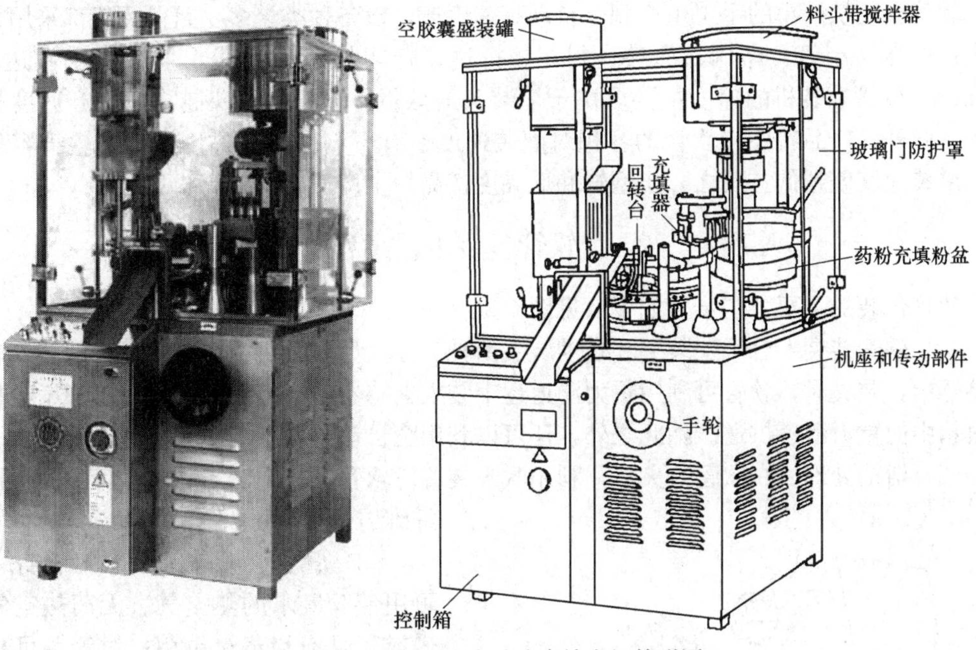

图 6-83　ZJT-20 全自动胶囊填充机外形图

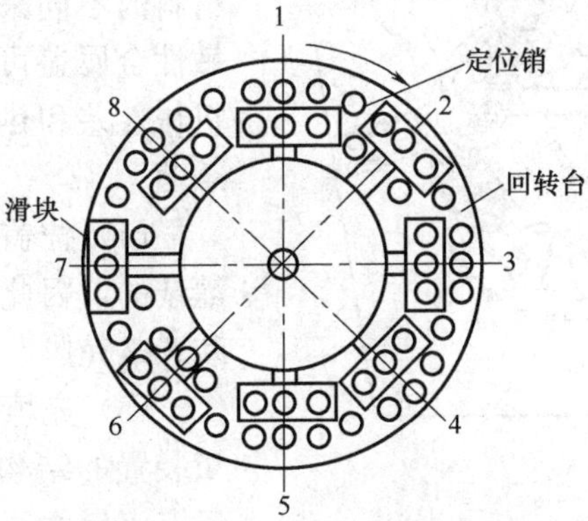

图 6-84　回转台上的工作台排列

1—送囊　2—分囊　3—颗粒充填　4—粉剂充填　5—剔囊　6—锁囊　7—出囊　8—清洁

第九节　软管包装机

所谓软管，即用软塑料或铝材料制成的圆柱形容器，头部形成管肩和管嘴，尾部折合压封或焊封，当压管壁时，内装物由管嘴挤出。软管先前主要应用于医药、日用化工等行业半流体产品的包装，近年来，半流体食品也开始应用此种形式的包装。

软管的材料可以是金属（如铝）、塑料或复合材料。其材质不同所使用的灌封设备也不同。但大多数软管灌封设备都带有附加的备选装置。只要在充填机上装上适当的附件，不论是金属软管、塑料软管，还是复合软管都可以采用同一种类型的充填机进行充填。充填机以及附件的选择，则取决于所充填的物料的品种、生产效率以及改换生产品种的频繁程度等因素。

软管包装从简单的手工生产到全自动高速生产，设备种类繁多。目前一般都采用自动化生产设备，制管、印刷、灌装、封尾、折边、打印均自动完成，生产速度可达 200 支/min。软管灌装机的速度主要取决于灌装头的数量。设备灌装头越多，生产速度相应越高。此外，产品特性、软管的容积对灌装速度也有影响。产品黏度越高，软管容积越大，灌装速度就越低。反之，小型管和低黏度产品，生产速度则较高。

一、软管包装工艺过程

软管包装的主要工艺步骤如下（见图 6-85 所示）：

（1）软管装夹　分手工装夹和自动装夹两种。在大型充填机上，软管是自动装入软管夹持器中，装夹时，软管可利用重力滑道逐个装入夹持器中。有时软管还可以利用给料器从料箱中向重力滑道供送。除此之外，还可以利用全自动给料系统来完成装夹动作。

（2）清洁处理　在软管装夹后，利用吹吸装置对软管进行清洁，除去软管中的污物和纤维屑。

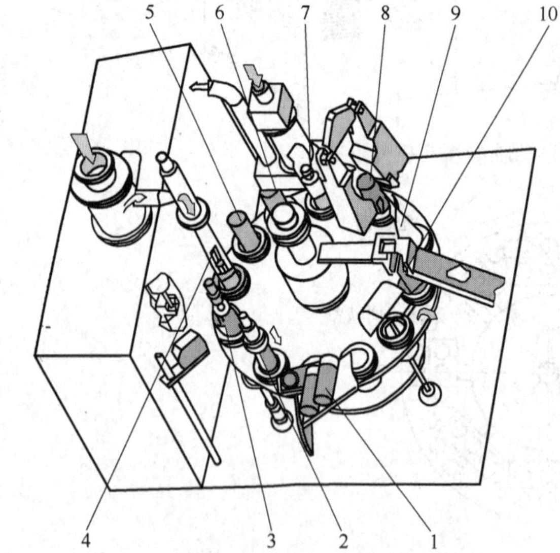

图 6-85　软管包装工艺过程图

1—供管　2—定位　3—色标定位　4—灌装　5—空工位　6、7、8—软管封尾　9—贴标、打印　10—输出

（3）管身、管盖杀菌　对管身一般可用带双氧水的热空气、无菌热空气干燥或高温饱和蒸汽杀菌；对管盖可根据材料的不同采用两种杀菌方法：对非热敏性金属盖可用高温饱和蒸汽杀菌，对机械性差和热敏性的塑料盖可用双氧水杀菌。

（4）拧盖　软管一般是由底部进行灌装的，因此通常在灌装前由专用拧盖装置来完成。

（5）充填　充填计量精度取决于计量装置的结构。在充填灌装中，避免空气混入最为重要，为此可以利用软管上升或充填嘴下降的方法，使充填嘴逼近软管的拧盖端，同时使充填嘴在充填物料的过程中向软管开口端方向作相对运动。

(6) 定位　软管可由人工排列成行，或根据定位标志，利用光电定位装置自动排列成行。为了避免由于某种原因导致充填工位缺少空管影响机械正常工作，软管灌装机上通常设有无管不充填装置。

(7) 封尾　采用热封法封尾。有高频热封法、超声波热封法、内热风封尾法等。其中高频热封法不但封口十分牢靠而且生产效率很高；超声波热封法可避免对于容易产生拉丝现象的物料可能产生软管热封口污染的问题。目前最先进的是内热风封尾法。它是将一根圆形风管伸入管尾，向管尾内壁吹入热空气，将内层 PE 熔化，然后风管退出，管尾经加压封合。这样的封口非常美观。

软管封尾形式根据所用材料的不同有不同的形式，如金属软管的封尾有单折边、双折边、鞍形折叠、双折边折叠等类型，塑料及塑料复合软管的封尾有平式管底、波纹管底等。如图 6-86 所示。

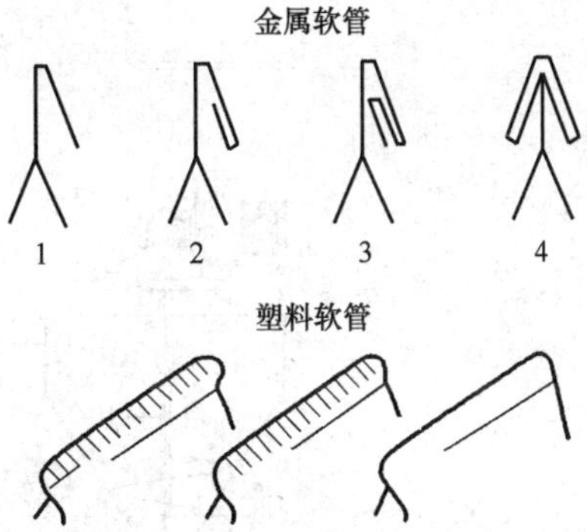

图 6-86　软管的主要封尾形式
1—单折边　2—双折边　3—双折边折叠　4—鞍形折叠

二、软管包装机结构

软管自动灌装封口机一般由软管供送定位装置、物料计量灌装装置、封尾装置、控制系统、冷却系统等组成。对灌装装置的选用取决于所充填的物料的品种、要求的生产效率和改换生产品种的频繁程度等因素，其生产效率的高低主要取决于充填嘴的头数、充填物料的品种和软管的规格等。一个充填嘴一般每分钟可以完成 40～100 支软管的充填和封口工作，两个充填嘴则可达到 80～200 支/min。其中，低值适用于黏稠性物料充填入大容量软管的情况；高值适用于低黏度物料充填入小容量软管的情况。

图 6-87 为典型的塑料软管包装机结构简图。

(1) 软管输送整理　将软管按照指定方向放入贮存槽，贮存槽大小一般可调整，软管自动整理分配到软管模座内，依靠活动夹具固定。其工作原理见图 6-88。

(2) 软管方向定位　借助机械式传动与制动离合器、凸轮传动将软管向上提升同时旋转，当对比检测器检测到的软管尾部色标点，迅速制动进行方向定位。

(3) 软管清洁　灌装前一工位先将吹气管伸入管内吹气，同时自管尾开口处吸气完成软管内部清洁。

(4) 定量灌装　灌装泵抽取定量容积，灌装时将软管上升到顶点，灌装过程中软管同时下降，使内容物气泡降低。其工作原理见图 6-89。

(5) 封尾与打印　采用热空气熔接，可实施多种形式的封尾。管尾内部加热采用特殊的模具及排风装置（图 6-90），不影响软管内部的物料，同时配置水冷却系统，保证软管外表面的质量（图 6-91）。

(6) 切尾　利用平行切刀进行管尾修切。

图 6-92 为 SGF-50 软管包装机，该机型控制部分采用最先进的智能型人机界面控制，温度设定、电机转速、生产速度等直接在屏幕上显示，并可直接在屏幕上控制调整。与物

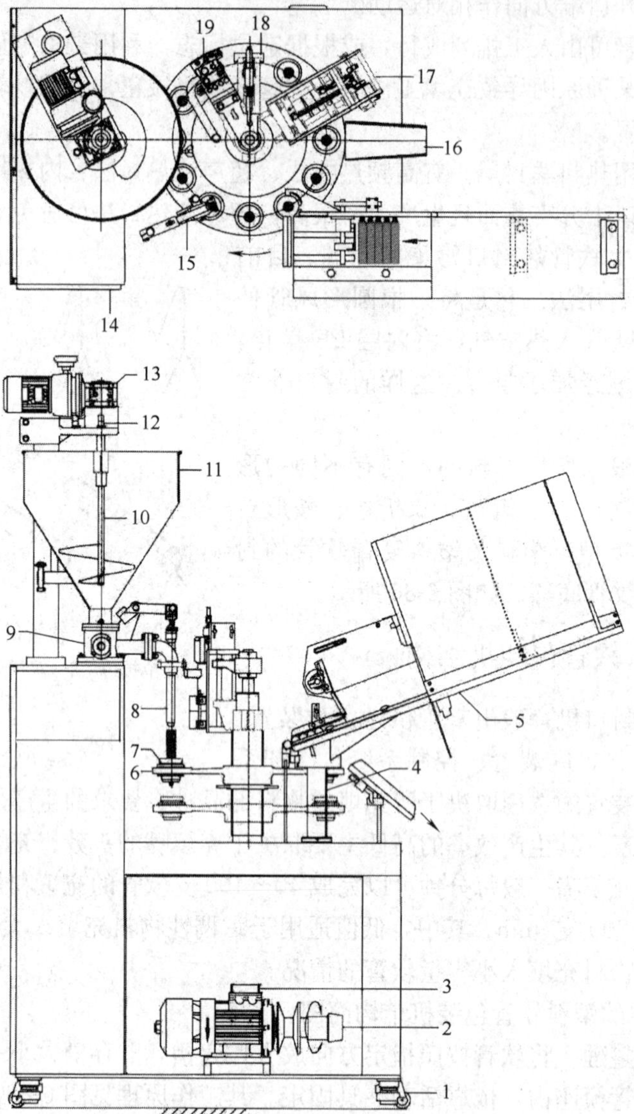

图 6-87 塑料软管包装机结构简图

1—水平调整转轮 2—无级变速器 3—主电机 4—分配器高度调整螺杆 5—软管分配器及贮存槽 6—工作转盘 7—软管模座 8—灌装喷嘴 9—三通阀 10—搅拌器 11—料桶 12—液位开关 13—减速器 14—电气控制箱 15—软管定位装置 16—软管排出装置 17—软管切尾装置 18—封尾成型装置 19—熔接装置

料接触部分采用全不锈钢 SUS304、SUS316L 材质，机器附安全透明外罩，并附有安全开关，安全门打开时机器自动停止等功能。随机配有自动送管、上管装置，软管整列后自动插入定位模内，软管方向定位采用光电及伺服电机控制，确保封尾准确，16-1-位自动回转，从软管供给、装管、灌装、封口至退出，全部自动化作业，同时有无管不填充设计。数字式高速灌装计量调整器装置在机器外前下方，调整极为方便。灌装时灌嘴伸入料管底部，边灌装边退出，确保物料不会由于空气介入产生空段而溢出，影响精度。对于黏性强易拉丝物料，另配有吹断剪切装置，确保封口不受影响。适用于药品、日用品的软管

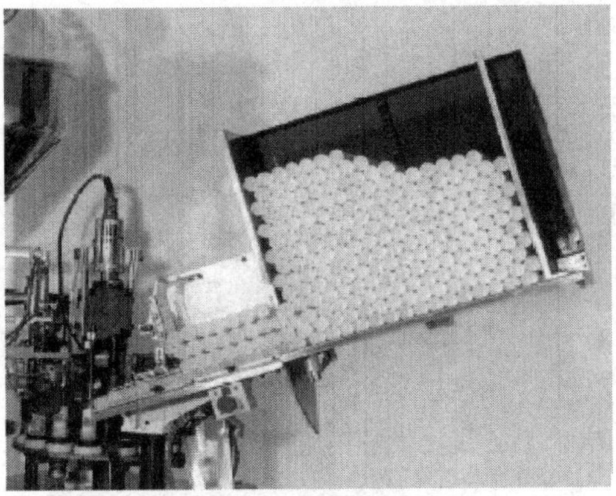

图 6-88　软管输送整理

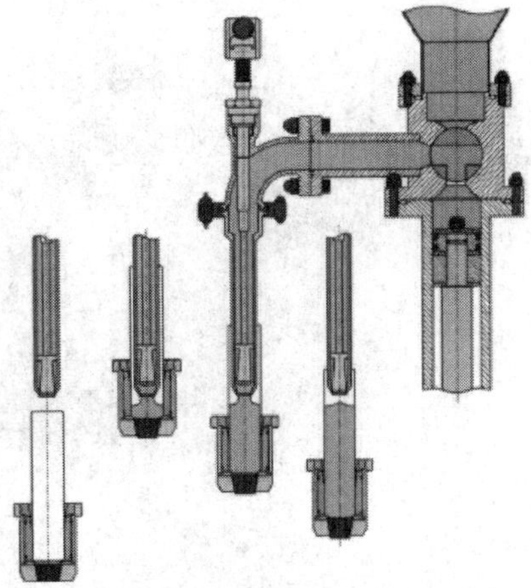

图 6-89　上升式定量灌装

图 6-90　封尾与打印装置

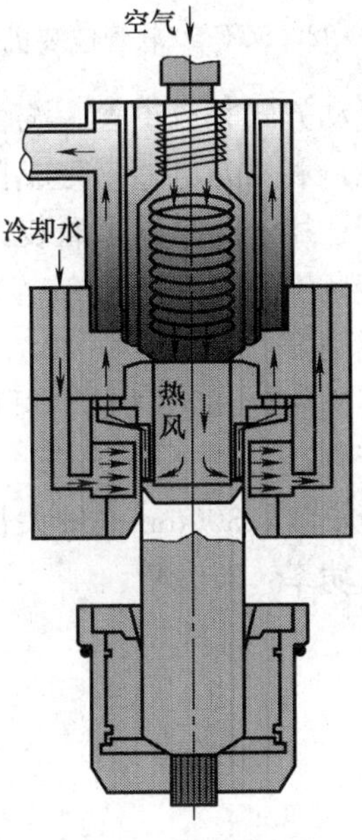

图 6-91　内热风加热原理

灌装。

该机型的主要技术参数：

生产能力：300～4200 支/h

计量精度：≤2%

空气压力：0.6MPa

外形尺寸：1650mm×1200mm×2100mm

图 6-93 为 RGNF-30D 大软管包装机，主要适用于医药、食品、化妆品、日用化工用品等行业的大管径塑管、复合管灌装封尾需要。可将各种糊状、膏状、黏稠流体等物料顺利准确地注入软管中，并完成管内热风加热、封尾和打印批号、生产日期等。

该机型特点在于结构紧凑、自动上管（可配套使用大管提升机）、传动部分全封闭。由全自动操作系统完成供管、洗管、识标、灌装、热溶、封尾、打码、修整、出成品全过

图 6-92　SGF-50 软管包装机外形图

图 6-93　RGNF-30D 软管包装机外形图

程。由气动方式完成供管、洗管，动作准确可靠。回转式软管模具附有电眼控制软管中心定位装置，利用光电感应完成自动定位。采用智能温控及冷却系统，使操作简单，封尾可靠。特别适用于药品软管灌装。其主要技术参数如下：

灌装范围：120～500mL/支

灌装精度：≤±1%

生产速度：1800 件/h（可调）

软管直径：ϕ20～ϕ60mm

软管长度：300mm（最大长度）

热封功率：3.0kW

第七章　贴标机械

第一节　概　述

贴标所用标签是指附加在包装容器或商品上的纸条或其他材料，上面印有产品说明和图样。标签对商品有装潢作用，同时便于商品的销售与管理。标签上的商标、商品的规格及主要参数、使用说明与商品介绍，是现代包装不可缺少的组成部分。

一、标签类型

标签的材质、形状很多，被贴标对象的类型、品种也很多，贴标要求也不尽相同。例如有的只需贴一张身标；有的要求贴双标；有的则要求贴三个标签（身标、肩标、颈标）；有的只要求贴封口标签。标签类型主要包括：

（1）胶粘标签　一般用纸等薄片材料制成，经印刷模切成所需形状标签，使用时用水湿润背面胶后粘贴，也可在使用时涂胶。

（2）热敏标签　制标签时在其背面涂一层热熔性塑料树脂，使用时加热标签使其涂胶层熔化而后粘贴于商品或包装容器表面。热敏标签与胶粘标签相比，价格较高，但使用方便，适应高速贴标要求，特别适合于将标签当作封闭物使用，如折叠式裹包封口的两端贴热敏标签，既是标签，又起封口作用。

（3）压敏标签　在标签背面涂上压敏胶，然后粘附在涂有硅树脂的隔离纸上，使用时将标签从隔离纸上取下贴于容器表面。压敏标签可制成单个，也可粘附在成卷隔离纸上用于高速贴标场合。

（4）系挂标签　用卡纸、薄纤维板或金属、塑料片等制成，用线绳或金属丝系挂在商品上，有时用彩色绸带系在礼品之上。

（5）插入标签　将标签放在透明的包装件内，不需固定，顾客可通过透明包装材料看到标签。

二、贴标机类型

一般地，我们把在产品或包装件上加贴标签的机器称为贴标机。按贴标工艺分，总体上贴标机可分为粘合贴标机、收缩贴标机、钉标签机以及挂标签机。这里主要介绍常用的粘合贴标机与收缩贴标机。粘合贴标机是指采用黏结剂将标签贴在包装件或产品上的机器；而收缩贴标机则是指将环状标签松套在包装件或产品上并进行收缩固定的机器。

第二节　粘合贴标设备

为满足不同包装容器、贴标位置以及粘合贴标工况条件等的贴标需求，粘合贴标机有多种类型。按自动化程度可分为半自动贴标机和全自动贴标机；按标签的种类可分为卷筒状标签贴标机、片式标签贴标机、热黏性标签贴标机、感压性标签贴标机等；按包装容器的运行方向可分为立式贴标机和卧式贴标机；按包装容器的运动形式可分为直线式贴标机和回转式贴标机。

粘合贴标的基本工艺过程主要包括：

(1) 取标　由取标机构将标签从标签盒、标签隔离纸中取出或从标签卷材切断；

(2) 标签传送　将标签传送给贴标部件；

(3) 印码　在标签上印上生产日期、产品批次等字码；

(4) 涂胶　在标签背面涂上黏结剂；

(5) 贴标　将标签粘附在容器的指定位置上；

(6) 整平　将粘在容器表面的标签进一步贴牢，消除皱折、翘曲、卷起等缺陷，使标签牢固、平整、光滑。

而对于感压性标签贴标在贴标工艺过程中则无需涂胶工序。

一、直线式真空转鼓粘合贴标机

直线粘贴指容器向前移动呈直立状，并将涂有黏结剂的标签贴在容器指定位置。它又分三种情况：

(1) 容器间歇向前移动，停止时再进行标签粘贴；

(2) 在容器移动过程中将标签送到预定工位进行粘贴；

(3) 使涂有黏结剂的标签与容器的移动速度同步，进行切线粘贴，并能同步地将标签粘贴到瓶身、瓶颈和瓶肩等处。

直线式真空转鼓粘合贴标机是最常见的粘合贴标机，因真空转鼓的作用和贴标流程不同有多种形式。

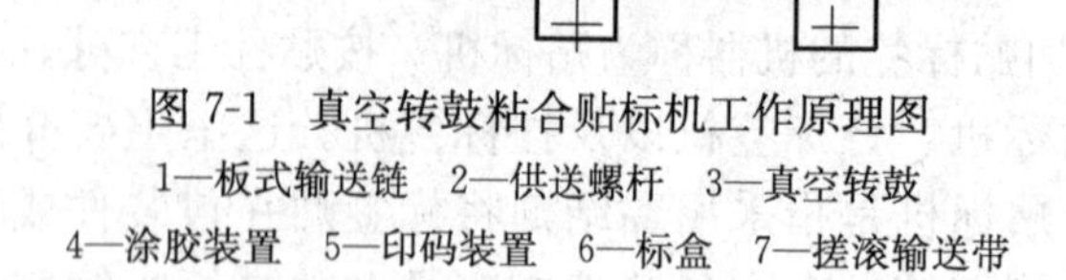

图 7-1　真空转鼓粘合贴标机工作原理图

1—板式输送链　2—供送螺杆　3—真空转鼓　4—涂胶装置　5—印码装置　6—标盒　7—搓滚输送带

图 7-1 所示的真空转鼓粘合贴标机由板式输送链、供送螺杆、真空转鼓、涂胶装置、印码装置、标盒、搓滚输送带以及橡胶衬垫等组成。

其工作过程是：包装容器由板式输送链 1 进入通过供送螺杆 2，按一定间隔送到真空转鼓 3，与此同时标盒 6 向转鼓靠近，标盒支架上的滚轮触碰真空转鼓的滑阀，使正对标盒位置的真空气眼接通，从标盒中吸出一张标签；随后标盒离开转鼓准备再次供标。带有标签的转鼓经印码装置 5、涂胶装置 4，分别在标签上打印批号、生产日期等并进行涂胶。随着转鼓的继续旋转，已涂黏结剂的标签与螺杆送来的待贴标包装容器相遇，此时转鼓上的吸标真空小孔通过阀门逐个卸压，标签失去真空吸力与真空转鼓脱离，借助真空转鼓的摩擦作用使包装容器产生旋转而使标签粘附在包装容器表面上。最后包装容器进入搓滚输送带 7 和海绵橡胶衬垫构成的通道，标签被进一步抚平、贴牢。

该机主要用于圆柱体包装容器上单个身标的粘贴。其特点主要是总体结构较简单，搓滚装置是与真空转鼓分开的独立装置；利用真空转鼓实现取标、送标；并设有“无瓶不取标”与“无标不涂胶”装置。

图 7-2 是使用卷盘标签的真空转鼓粘合贴标机工作原理图。其贴标工作过程是，待贴标包装容器由板式输送链 8 送进，经分隔星轮 9、拨轮 10 分隔拨送到贴标工位。同时标签自标签卷盘引出，绕经张紧轮 2、打印装置 3，到达由输送对辊组成的输送装置 4，输送对辊牵拉标签带由回转式裁切装置 5 进行裁切而成单张标签。单张标签在真空吸力作用下随真空转鼓 6 作回转传送，传送中由涂胶装置 7 在标签背面进行涂胶。当标签传送至贴标工位，真空转鼓卸压消除真空吸力，借助真空转鼓的摩擦作用使包装容器产生旋转而使标签粘附在包装容器表面。随后，板式输送链 8 将容器送进由衬垫压板 11 和搓滚输送带 12 组成的标签摩滚通道，贴标容器在滚动中进一步抚平标签，并使之贴牢，最后由板式输送链送出。

工作过程中实现标签的正确切断至关重要。为此，贴标机应设置标签间距检测装置、自动纠正装置，使裁切的标签完整、合格。

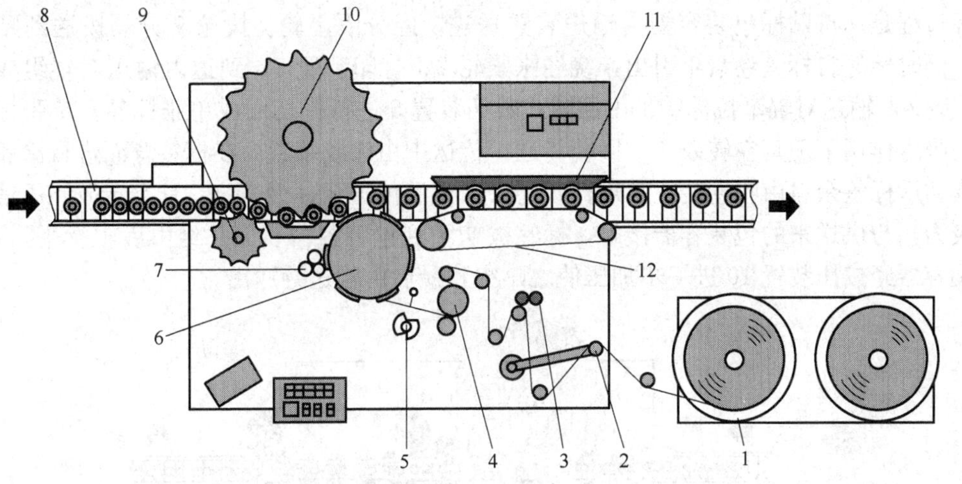

图 7-2　真空转鼓粘合贴标机工作原理图

1—卷盘标签　2—张紧轮　3—打印装置　4—输送装置　5—裁切装置　6—真空转鼓
7—涂胶装置　8—板式输送链　9—分隔星轮　10—拨轮　11—衬垫压板　12—搓滚输送带

图 7-3 所示为适合非圆柱体容器的真空转鼓粘合贴标机工作原理图。工作时，待贴标包装容器由板式输送链 10 经过供送螺杆 9，以等距分隔供送。当摇摆式标盒 1 与真空吸标传送辊 2 上的吸标板接触时，吸标传送辊利用真空吸力取出单张标签，并作回转传送，之间同时由打印装置 8 进行打印。当其转到与真空转鼓 3 上的真空吸标板接触时，吸标传送辊卸压，而真空转鼓 3 的真空吸标板接通真空，将吸取标签，在真空转鼓的转动过程中由涂胶装置 4 在标签背面涂胶。涂胶标签进入贴标工位与供送来的包装容器在加压辊 5 处接触，标签被初贴到包装容器表面并经由后辊 6 抚平。随后，包装容器经按压装置 7 进一步加压贴牢标签，最后输出包装容器。这种粘合贴标机可根据需要进行单面贴标和前后双面贴标。

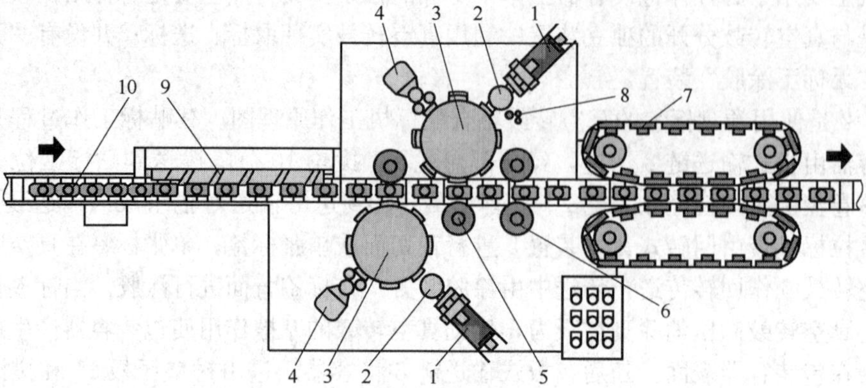

图 7-3　真空转鼓粘合贴标机工作原理图

1—标盒　2—吸标传送辊　3—真空转鼓　4—涂胶装置　5—加压辊　6—后辊　7—按压装置　8—打印装置　9—供送螺杆　10—板式输送链

使用卷盘标签的适合非圆柱体容器的真空转鼓粘合贴标机工作原理如图 7-4 所示。其贴标过程是，待贴标包装容器由输送装置送进，经分隔星轮、拨轮 9 分隔拨送到贴标工位。同时标签自标签卷盘 1 引出，绕经张紧轮 2、打印装置 3，到达由输送对辊组成的输送装置 4，输送对辊牵拉标签带由回转式裁切装置 5 进行模切而成单张标签。单张标签在真空吸力作用下随真空转鼓 6 作回转传送，传送中由涂胶装置 8 在标签背面进行涂胶。同时模切后标签余料由收卷装置 7 进行收卷。当标签传送至贴标工位，真空转鼓卸压消除真空吸力，与供送来的包装容器接触，标签被初贴到包装容器表面并经由后辊抚平。随后，包装容器经按压装置 10 进一步加压使之贴牢，最后由输送链送出。

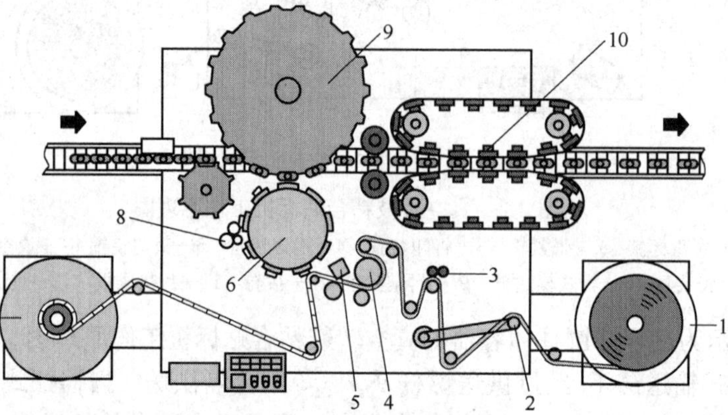

图 7-4　真空转鼓粘合贴标机工作原理图

1—标签卷盘　2—张紧轮　3—打印装置　4—输送装置　5—裁切装置　6—真空转鼓　7—收卷装置　8—涂胶装置　9—拨轮　10—按压装置

二、直线式非真空型粘合贴标机

图 7-5 为适用于圆柱体容器的非真空型粘合贴标机工作原理图。其工作过程是：包装

容器由板式输送链进入，通过供送螺杆按一定间隔送到贴标工位。取标装置 3 从标盒 1 中吸出一张标签，由传送辊 2 与压力辊 4 夹送出，与此同时与经涂胶装置 5 上的涂胶辊 6 配合进行标签涂胶并作回转传送，在拨叉辊 11 与拨叉 7 的作用下标签脱离涂胶辊，由搓送辊 8 送出与待贴标包装容器相遇，借助压板 10 和搓滚输送带 9 作用使包装容器产生旋转而使标签粘附在包装容器表面上，并进一步抚平标签使之贴牢，最后由板式输送链送出。

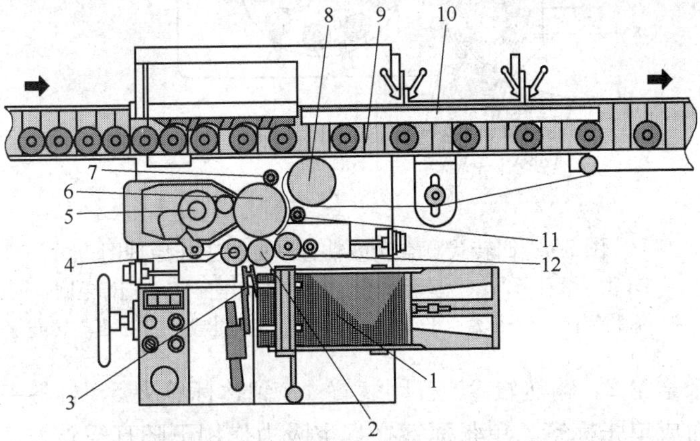

图 7-5　非真空型粘合贴标机工作原理图

1—标盒　2—传送辊　3—取标装置　4—压力辊　5—涂胶装置　6—涂胶辊
7—拨叉　8—搓送辊　9—搓滚输送带　10—压板　11—拨叉辊　12—印码装置

直线式转鼓粘合贴标机的特点是贴标时容器直接由设置在贴标机上的板式输送链进行输送，在输送过程中接受贴标，容器所经过的轨迹是一直线或近似直线。直线式粘合贴标机可完成圆柱体容器、非圆柱体容器的贴标。

三、回转式粘合贴标机

回转式粘合贴标机由输送装置与回转工作台交替载送包装容器，通过相应的贴标工位。包装容器在贴标机上经过的是一条由直线与圆弧组成的轨迹。其中的回转式真空转鼓粘合贴标机应用较为广泛。它采用真空转鼓结构部件，具有吸标、传输、贴标等多方面的功能，机器结构合理、简单，贴标工作效率和工作可靠性较高。

1. 圆柱体容器回转式粘合贴标机

图 7-6 为回转式真空转鼓粘合贴标机原理图。包装容器先由板式输送链送进，经供送螺杆 1 将包装容器分隔成要求的间距，再经星形拨轮 2，将容器送到回转工作台 4 的对应工位并随回转工作台一起转动。在取标转鼓 8 上设有若干个活动取标板，取标转鼓回转时，取标板经涂胶装置 6 涂胶，当取标板转到标盒 7 所在位置时，取标板在凸轮装置的作用下，从标盒中粘出一张标签进行回转传送并经打印装置 9 进行打印。在打印标签与真空转鼓 10 接触时，真空转鼓利用真空吸过标签并作回转传送。当与回转工作台上的包装容器接触时，真空转鼓卸去真空吸力，标签粘贴到容器表面。随着回转工作台的转动，理标毛刷 5 对标签进一步梳理、贴牢，最后包装容器由星形拨轮 3 回送到输送链上输出。

图 7-7 是使用卷盘标签的回转式真空转鼓粘合贴标机工作原理图。待贴标包装容器由板式输送链送进，经供送螺杆 10 分隔后经拨轮 9 回转送到贴标工位。同时标签自标签卷

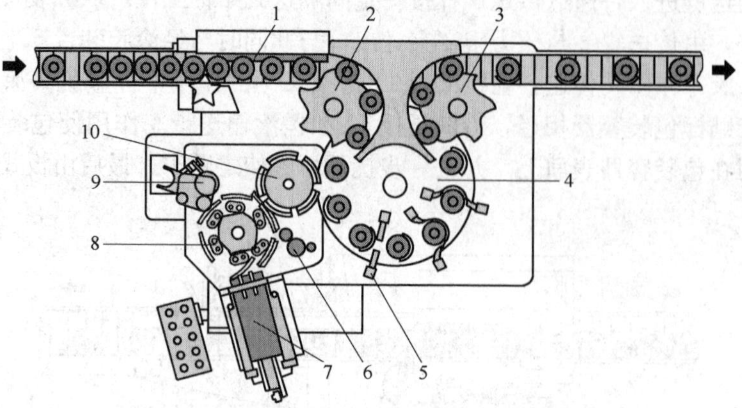

图 7-6　回转式真空转鼓粘合贴标机工作原理图

1—供送螺杆　2、3—星形拨轮　4—回转工作台　5—理标毛刷

6—涂胶装置　7—标盒　8—取标转鼓　9—打印装置　10—真空转鼓

盘 1 引出，绕经张紧轮 2、输送辊 3、打印装置 4，到达标签夹 5，标签夹向前夹送标签经切断装置 6 裁切而成单张标签。单张标签在真空吸力作用下随真空转鼓 7 作回转传送，并由涂胶装置 8 在标签背面进行涂胶。当标签传送至贴标工位，真空转鼓卸压消除真空吸力，与供送来的包装容器接触，标签被初贴到包装容器表面并经由后辅助装置进一步抚平粘合，最后回到板式输送链送出。

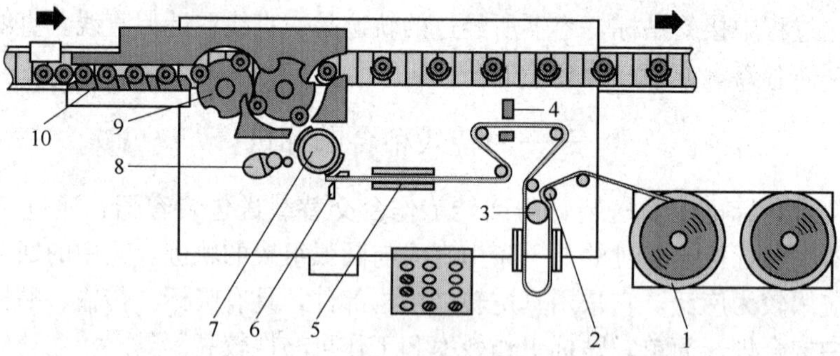

图 7-7　回转式真空转鼓粘合贴标机工作原理图

1—标签卷盘　2—张紧轮　3—输送辊　4—打印装置　5—标签夹

6—切断装置　7—真空转鼓　8—涂胶装置　9—拨轮　10—供送螺杆

2. 非圆柱体容器回转式粘合贴标机

非圆柱体容器回转式真空转鼓粘合贴标机，可用于各种形状的包装容器进行多种标签的贴标，其典型工作原理如图 7-8 所示。工作时包装容器由输送链 1 经供送螺杆 2 进行间距分隔，而后容器由拨轮 3 推拨，沿导板 4 送到回转工作台的定位托盘 6 中。同时真空吸标辊 10 从标盒 9 取出一张标签，经打印装置 11 打印代码、涂胶装置 7 涂胶，当与回转工作台上的待贴标包装容器相遇时，真空转鼓卸压，标签即粘贴到包装容器表面。随后经滚轮 13 和 14 的滚压整理，将标签贴牢，最后已贴标容器由星形拨轮 5 拨送到输送链上输出。当需对包装容器进行双面贴标时，前后两套真空转鼓装置同时工作，通过定位托盘作

传送回转运动，完成双面贴标。

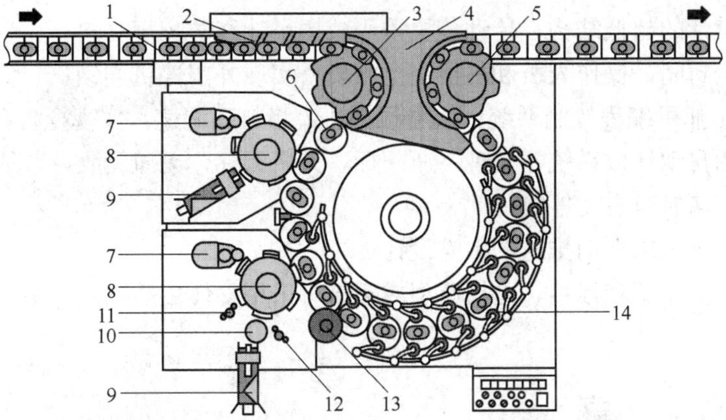

图 7-8　回转式真空转鼓粘合贴标机工作原理图

1—输送链　2—供送螺杆　3、5—星形拨轮　4—导板　6—定位托盘　7—涂胶装置　8—真空转鼓　9—标盒　10—真空吸标辊　11、12—打印装置　13—大滚轮　14—小滚轮

四、压敏胶标签贴标机

压敏胶标签的背面预涂有压敏性粘胶剂，使用时不需再对标签背面进行涂胶，可直接将标签贴到包装件或产品上。压敏胶标签要求具有良好的粘合性能、快速粘接性能以及足够的粘接力。

压敏胶标签贴标工艺总体上分为滚压法、冲击法以及空气喷射法。其中滚压贴标应用最为广泛。压敏胶标签贴标机按结构型式分，有卧式和立式等形式，各压敏标签贴标机的基本结构大体相类似。

图 7-9 所示为一立式压敏胶标签贴标机工作原理图。安装在支承架上的压敏胶卷筒标签自卷盘引展，经张力调节装置 2、标签检测装置 5 后，送达印刷辊 7 与传送辊 11 之间进行印码，经导辊组和标签剥离装置 9，将标签从隔离纸带上剥离；被剥离下的标签由压贴滚轮装置 10 压贴到已送达的待贴标包装件上；而隔离纸带则经压轮与传送辊 11，由隔离纸收卷装置 14 进行收卷。其中包装件检测装置 12 用来检测包装件的供给情况。贴标机外形如图 7 -10 所示。

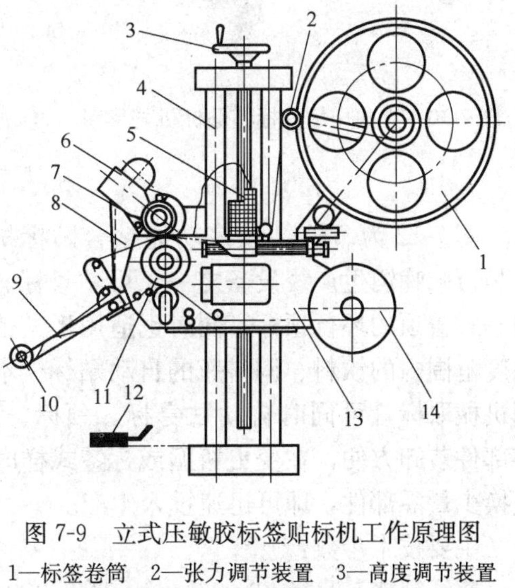

图 7-9　立式压敏胶标签贴标机工作原理图

1—标签卷筒　2—张力调节装置　3—高度调节装置　4—导柱　5—检测装置　6 一供墨装置　7—印刷辊　8—控制装置　9—剥离标签装置　10—压贴滚轮　11—传送辊　12—包装件检测装置　13—滑座　14—隔离纸收卷装置

目前，具有包装容器多个部位贴标的多

功能粘合贴标机在实际生产中具有技术优势。图 7-11 为德国雷诺系列粘合贴标机外形图。雷诺粘合贴标机有不同机型，产量从 2 万～4.5 万瓶/ h，可贴颈标、头标、身标、背标。设备的主要性能特点为：

（1）电脑设计的超低结构，传动装置采用减振设计和防噪声材料；

（2）机器全封闭，操作人员和机器完全分离，实现开门停机连锁；

（3）PLC 工业可编程控制系统，机器根据瓶流量自动调速，实现全自动控制；

（4）可靠的自动计数系统，实现一瓶一标，无瓶无标，无瓶无胶，节约胶水和标纸；

（5）爆瓶、堵瓶时自动停机；

（6）托瓶转盘采用自动排渣的中空设计；

（7）适合不同瓶型和标签，更换瓶型或标签时采用整体更换方式，不需再做调节。

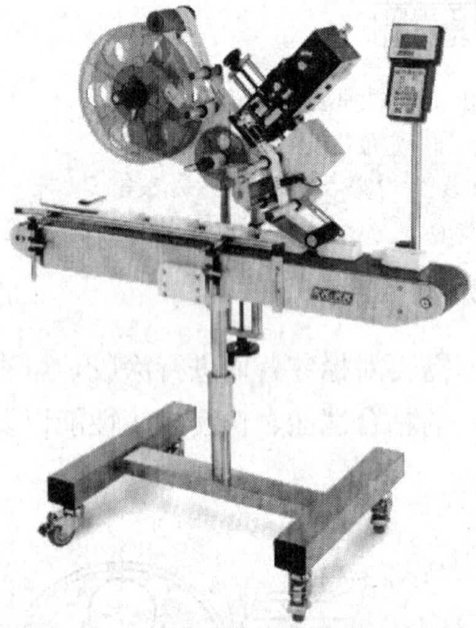

图 7-10　立式压敏胶标签贴标机外形图

图 7-11　雷诺粘合贴标机外形图

图 7-12 为 TB-12 型多功能粘合贴标机。该机是万吨啤酒生产线设备之一，可贴身标、颈标和不封盖顶的环行顶标，同时也适用于其他在此高度范围内的饮料、调料瓶的自动贴标。本机采用机械取标，可同时自动贴身标、颈标、顶标，零部件装卸方便，在变更瓶型或标签式样时只需更换少量零部件，即可迅速投入生产。

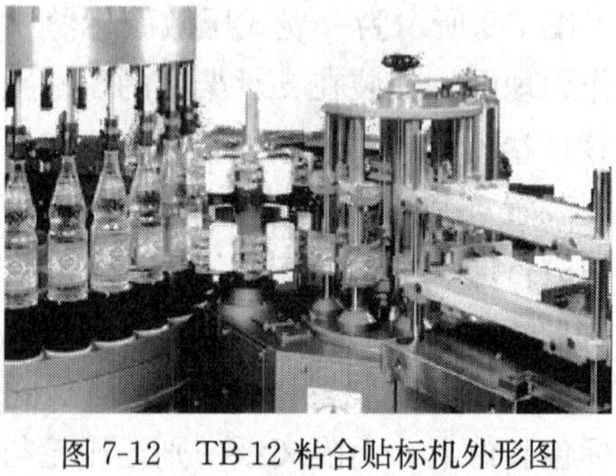

图 7-12　TB-12 粘合贴标机外形图

主要技术参数：

瓶子规格：直径 60～80mm，高度 200～320mm

生产能力：身标、颈标：3000～15000 瓶/h

头标、背标、身标、颈标：3000～10000 瓶/h

贴标数目：身标 1 个、颈标 1 个、顶标 1 个、背标 1 个

五、压式贴标机

压式贴标机（图 7-13）是一种半自动贴标机，主要用于大型包装容器的贴标。该机可采用人工或机械自动上、卸容器。其工作过程为：真空吸标装置 1 沿导轨作往复运动，其上的吸嘴依靠真空吸力，从标盒 3 吸取一张标签；在标盒 3 上部装有吹风嘴 4 与梳齿 2，使标签处于松散状态，以保证真空吸嘴每次只吸取一张标签。其后吸标装置 1 向右运动，通过涂胶辊 5 时，标签背面被涂上一层粘结剂；真空吸标装置 1 继续向右运动，直到碰到前缓冲挡块 9 时停止，标签吸嘴随之下降到待贴标容器 7 上；当标签与容器接触时，切断吸嘴真空状态，标签落在容器上；压标垫 8 下降实施标签压捺，使标签紧密地贴在容器上，同时真空吸标装置返回。后缓冲挡块 10 限制吸嘴的返程运动行程，并开始下一贴标工作循环。

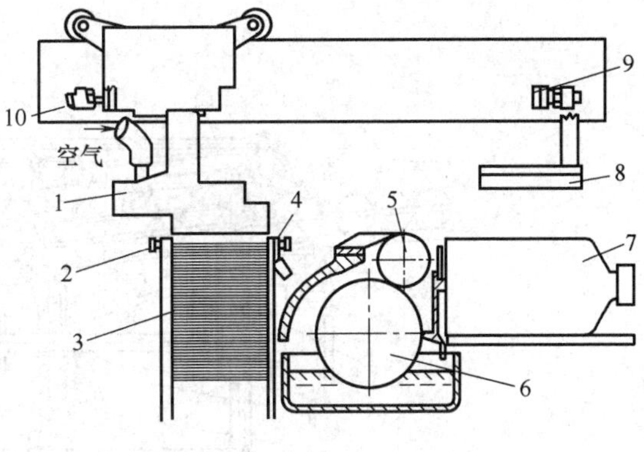

图 7-13 压式贴标机示意图

1—真空吸标装置 2—梳齿 3—标盒 4—吹风嘴 5—涂胶辊 6—胶转移辊 7—待贴标容器 8—压标垫 9—前缓冲挡块 10—后缓冲挡块

该贴标机工作较为灵活，只需改变压标垫等少数装置，即可用于在瓶、纸箱、纸盒及其他产品上贴标签，但工作速度低。

六、滚动式贴标机

滚动式贴标机通常是利用涂胶装置在容器表面某些部位涂上黏结剂，通过容器在运输或转位过程中的自转，将标签粘贴并紧裹在其表面上，然后将标签压紧压实。这类贴标机适用于圆形刚性容器的贴标，常用于圆形金属罐头的纸质标签粘贴。

典型的圆罐自动贴标机如图 7-14 所示。其主要由罐头输送装置、标签高度调整装置、贴标装置、传动装置、机架、控制系统等组成。工作过程为：待贴标签的圆罐沿导板 8 送入，间隔控制装置 9 对罐头实施间距供送。罐头进入张紧的搓罐输送带 15 下面后，借摩擦力的作用按顺序地向前滚动。当罐头途经胶盒 12 时，盒内的两个受控旋转浸沾黏结剂的小牙轮，便在罐身表面粘上两滴黏结剂。罐头继续向前滚动至标签托架 16 时，罐身表面的黏结剂粘起最上面一张标签，随着罐头的滚动，标签便紧紧地裹绕在罐身上。在罐身粘取标签前，由压在标签上的含胶压条 22 对标签的另一端涂上黏结剂，以进行圆罐的纵向粘贴、封口。贴好标签的罐头沿出罐斜板 20 输出。

设置标签高度控制装置的作用是保证罐头能自动从标签托架 16 中取到标签，因此要求标签叠正常工作时，其高度应高于控制块 14。当标签叠高度随着贴标而降低且低于控制块 14 时，罐头运行到这一位置就将压在控制块 14 上，从而使连杆 13 上升，并拉紧弹簧，使与弹簧相连的棘爪 3 离开棘轮 2。这时，曲柄连杆机构 5、摆杆 4 则将棘轮推过一齿。同时，与棘轮同轴的齿轮 25 亦转过相同的角度，进而带动齿条 24 向上运动，使标签托架 16 上升，直到标签叠高度高于控制块 14。

摇动手柄 19 可使机架上部与输送带 15 进行同步上下调节，以适应不同规格的圆罐贴标。

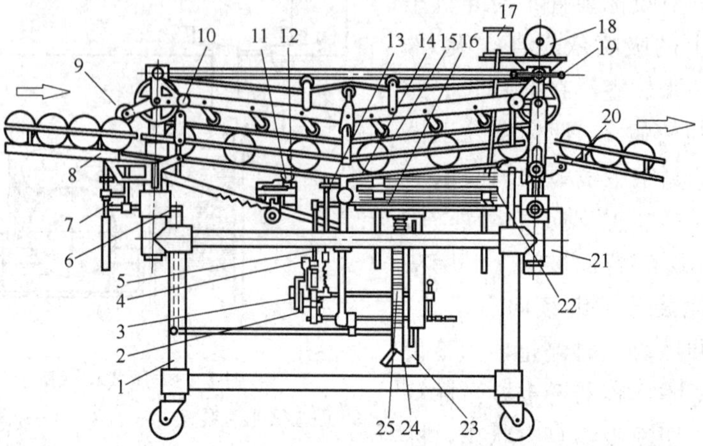

图 7-14　圆罐贴标机结构示意图

1—机架　2—棘轮　3—棘爪　4—摆杆　5—曲柄连杆机构　6、13—连杆　7—挡罐杆　8—导板　9—间隔控制装置　10—手轮　11—小牙轮　12—胶盒　14—控制块　15—输送带　16—标签托架　17—贮胶桶　18—电机　19—手柄　20—出罐斜板　21—电气箱　22—含胶压条　23—导杆　24—齿条　25—齿轮

第三节　收缩贴标机

收缩贴标工艺包含两个过程：包装容器的套标、标签加热收缩而紧箍在包装容器相应部位，从而完成包装容器的收缩套标过程。近年来，随着塑料瓶包装应用的日益扩大，收缩贴标成为其主要的贴标方法。

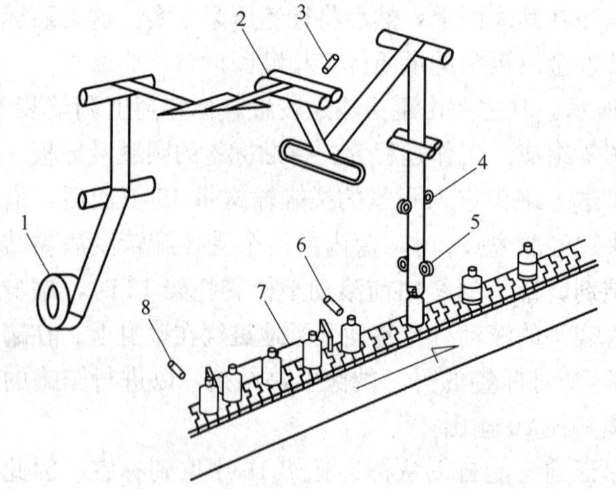

图 7-15　套标工作原理图

1—标签卷盘　2—送料胶轮　3—补料检测装置　4—箍制滚筒　5—射标滚轮　6—包装件检测装置　7—供送螺杆　8—螺旋尼龙检测装置

一、包装容器的套标

图 7-15 为套标的基本工作原理图。其工作过程为：包装容器由板式输送链进入，通过供送螺杆按一定间隔送到套标工位。接缝搭接好的标签卷盘引出后经送料胶轮以及若干对导轮后送到箍制滚筒，借助箍制滚筒成型为筒状膜，经摩擦滚轮的牵引向前移动，由切断装置切断成要求规格的

筒状标，而后在射标滚轮的作用下筒状标被向下快速推送，同时借助其他附件将标签定位于包装容器相应部位。

套标通常可完成全瓶身套标、瓶身局部套标以及瓶口套标。全瓶身套标不受瓶形的影响，只要在设备的应用范围之内，无须特殊设计，对异型瓶的套标更显优势，目前已广泛应用于各果汁饮料等塑料包装容器的套标。

瓶身局部套标适用于各类材质的包装容器，通用性广，不管包装容器形状如何只要符合套标原理（标签所处位置上部的瓶体直径小于标签下部位置直径 2mm 以上为佳）。

瓶口套标广泛应用于包装容器瓶口需密封的场合，有效提高产品附加值，提升产品形象。

如图 7-16 所示为双头套标机工作原理图。双头套标广泛应用于超高速套标场合，可实现一机配多线，一机同时套两种标签，大大降低客户设备投资和运行成本。

图 7-16　双头套标工作原理图

二、标签热收缩

包装容器在完成套标后，即进入后续的收缩炉进行热收缩。收缩炉有电加热式和蒸汽式。由于电加热式收缩炉在生产过程中易产生标签收缩不均匀、易起皱的现象，故目前应用较少。采用蒸汽式加热，热源较均匀分布，从而保证了标签收缩均匀、无起皱与过热现象，且使用成本较低，安全方便。因而目前多采用蒸汽式收缩炉。

三、收缩贴标机类型与工作参数

（一）直线式收缩贴标机

直线式收缩贴标机工作过程中，包装容器持续沿直线供送，完成系列收缩贴标工序。直线式收缩贴标机具有安装容易，适应性大，操作简单，安全可靠的特点，但贴标速度通常较低。

图 7-17 为 LBR-25 型直线式收缩贴标机外形。该机采用固定箍制滚筒的射标装置，其套标原理与图 7-15 相同。

主要技术参数：

瓶子直径：ϕ35～ϕ120mm

瓶子高度：最大 350 mm

标签周长：最大 188mm

标签高度：最大 200mm

贴标速度：250 件/min

外形尺寸：4500mm×800mm×2050mm

图 7-18 为另一种形式的直线式收缩贴标机简图（其外形图见图 7-19）。采用旋转式射

图 7-17 LBR-25 型收缩贴标机外形图

标装置，可进一步提高贴标速度。同时可在短时间内更换品种零件，故最适于兼用型生产，使多品种的少量生产成为可能；采用自动图案照合、印字、打针眼（横竖均可）、自动接标等特殊装置，可对应个别规格的生产。

主要技术参数：

贴标速度：250～600 件/min

外形尺寸：ϕ40～ϕ90mm；高 370mm

（二）回转式收缩贴标机

回转式收缩贴标机工作过程中，包装容器沿转盘回转供送，完成系列收缩贴标工序。回转式收缩贴标机贴标速度高，为高速收缩套标机，并设置专用的套标导向结构，使标签对中性好，标签结构尺寸小，收缩后更美观，同时可在短时间内更换品种零件，故适于兼用型生产。但设备复杂、投资大。

图 7-20 为一回转式收缩贴标机的工作流程图。工作过程为：待套标包装瓶由供送螺杆输送入进料平台、套标主转盘，同时随套标主转盘运动逐渐提升瓶高度，直至进入套标工位；与此同时，卷膜标签在完成剪切后，由标签吸头夹持器夹持并随标签吸头转盘运动，进入标签转接工位，通过标签接受传递器转接而进入套标主转盘，进入主转盘上后的标签由上下真空爪夹持，在随套标主转盘的回转过程中逐步打开标签。待进入套标工位时，标签已完全打开，同时待套标瓶上升，借助导向器进行准确套标，套标完成后瓶下降，待进入后续工位，由推瓶星轮推出套标瓶，进入后续的热收缩工序。整个套标过程是连续完成的，工作速度极高。其外形图见图 7-21。

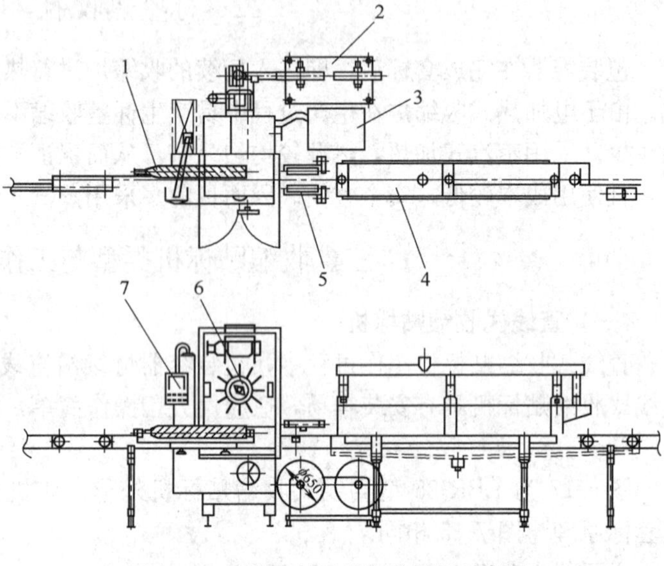

图 7-18 旋转式射标收缩贴标机示意图

1—供送装置 2—供标装置 3—真空泵 4—热收缩装置

5—套压标毛刷 6—旋转式射标装置 7—控制箱

主要技术参数：

贴标速度：常用 1200 件/min

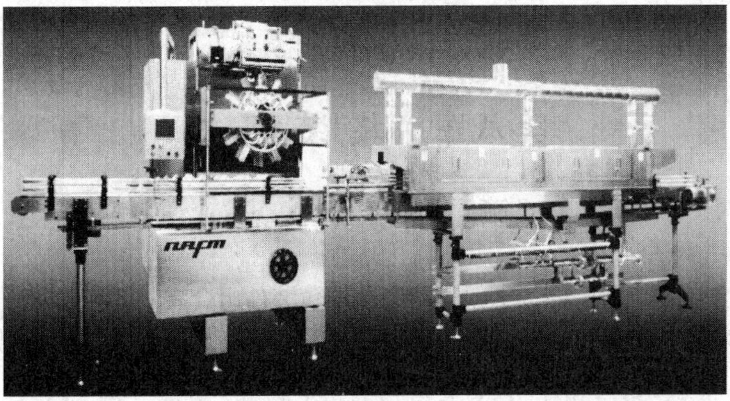

图 7-19　旋转式射标收缩贴标机外形图

产品尺寸：ϕ40～ϕ130mm；高：25～250mm

薄膜管切长度：25～220mm

套装工位：20～30

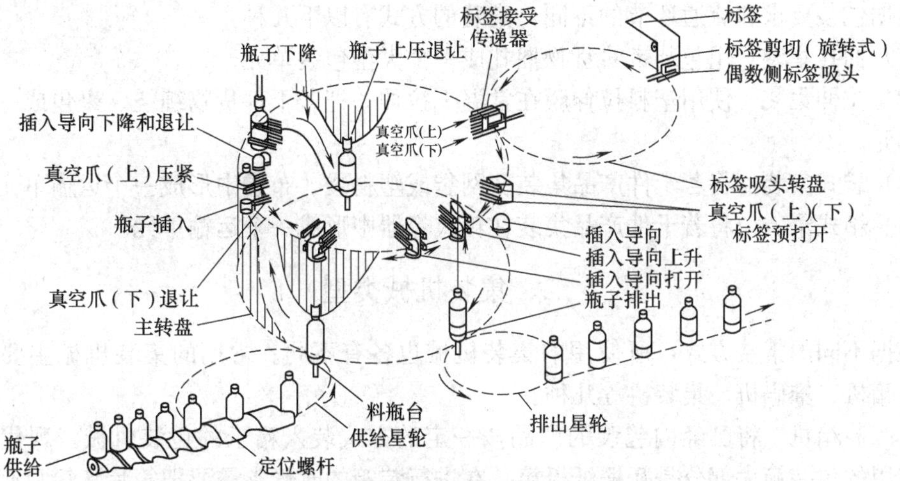

图 7-20　回转式高速收缩贴标机工作流程图

图 7-21　回转式高速收缩贴标机外形图

第八章　集装机械

第一节　概　　述

集装即集合包装，是指将一定数量的产品或包装件组合在一起，形成一个合适的运输单元，以便于装卸、储存和运输。集装的目的是为了提高仓库与货位的利用率，节省运输费用，保证商品运输安全，以及易于实现运输装卸的机械化。

随着经济的发展，企业对生产线的自动化程度要求越来越高，集装机械在生产线上的应用也越来越广泛。近年来，采用微电脑控制的自动化集装机械，已在各种生产线上取代了半自动化的集装机械。目前，在我国集装机械已逐渐形成了种类繁多、自动化程度高的发展态势。

一、集装方式

根据包装要求和流通环节的不同，集装的方式有以下几种：

（1）捆扎集装　用包装带将货物捆扎成一个大型包装单元。

（2）拉伸集装　使用塑料拉伸膜在常温下拉伸，把若干件货物缠绕、裹包成一个大型包装单元。

（3）袋式集装　将若干件产品集装在网袋或塑料袋、布袋中形成一个运输单元。

（4）箱式集装　将若干件产品集装在箱式容器中形成一个运输单元。

二、集装机械类型

根据不同的集装方式，所使用的集装机械也各有不同。常用的集装机械主要有装箱机、封箱机、堆码机、集装机等几种。

（1）装箱机　将已经内包装的产品按一定的方式装入箱子的包装机械。现代化包装中，应用的包装箱大部分是瓦楞纸板箱。在进行装箱的时候常需要把箱片从箱片库中取出来，打开成箱形，然后再进行充填并封口。完成这些作业的机械又称为开箱—充填—封口多功能包装机。

（2）封箱机　对装满物品的瓦楞纸箱进行封合的包装机械。属于外包装机械的一种，有时也与装箱机一起构成多功能包装机。

（3）集装机　将若干产品或包装件包装在一起，使其形成一个合适的搬运单元的包装机械。

（4）堆码机　将预定数量的包装件或产品，按一定的规则进行堆叠的机器。

第二节　装　箱　机

根据物品装箱工艺过程的不同，装箱机可分为三类：装入式装箱机、裹包式装箱机和套入式装箱机。

一、装入式装箱机

盒类、袋类、瓶罐类、筒类物品，以及未经初包装的块状物品，都可用装入法工艺进行装箱。根据物品的大小、性质及排列堆积方法的不同，其装入的工艺方法也不相同。常见的装入式装箱机的装箱工艺可分为三类：落入式、推入式和吊入式。

落入式装箱工艺是依靠物品本身的自重，在滑道的引导下落入箱内；推入式装箱工艺是将已排列堆积好的物品用推板推入箱内；吊入式装箱工艺是将一个或一排或几排几列物品吊起装入箱内。

在落入式与吊入式装箱工艺中，物品通常是从直立箱子的上开口装入，故又称直装式。推入式则是将物品从侧放箱子的侧面开口装入，故又称侧装式。

（一）落入式装箱机

落入式装箱机常用于软袋、瓶子等的包装。装箱装置一般由计数装置、装入执行机构和滑道组成。下面只介绍几种常见的落入式装箱机。

1. 升降式装箱机

（1）结构　由滑槽、光电传感器、计数器、输送带和垂直提升器组成。

（2）工作原理　升降式装箱机主要用于软袋商品的装箱。如图 8-1 所示，软袋由袋装机的夹爪放下后经滑槽 1 滑到由 7 根皮带组成的小型输送带 2 上，然后被输送到垂直提升器 4 中。在输送带 2 的一侧装有光电传感器 3，当软袋通过时计数，同时控制提升器的垂直提升动作，每通过一个软袋触发一次，垂直提升器上升一个工位。

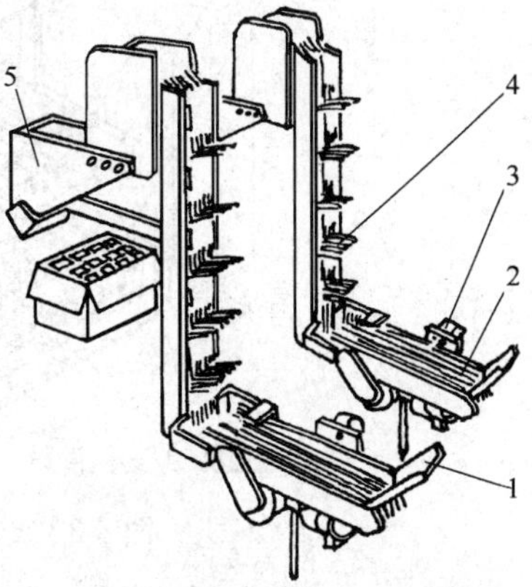

图 8-1　升降式装箱机结构图

1—滑槽　2—输送带　3—光电传感器　4—垂直提升器　5—料槽

当软袋提升到提升器顶部时，翻落到料槽 5 内，滑到下面放置的纸箱中。装箱时，有摇动装置从侧面摇动纸箱，使软袋在纸箱内平整分布。软袋够数后料槽的闸门关上，装满的纸箱由输送带送去封箱。

2. 跌落式装箱机

（1）结构　跌落式装箱机常用于瓶类产品的装箱。该机由输箱带、举箱装置、排瓶板、落瓶栅格及导瓶框架组成。

（2）工作原理　如图 8-2 所示，工作时，输瓶台 7 上的瓶子在输送带的带动下向前移动，当瓶子到达排瓶板 5 时，已离开输瓶带，但输瓶带上的瓶子仍然在后面推着这些瓶子，使之完全到达落瓶栅格 4 上，并顺着排瓶板 5 排列整齐。

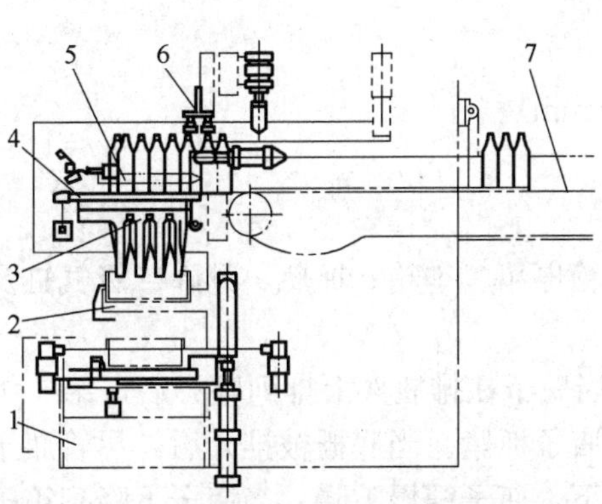

图 8-2　跌落式装箱机结构简图

1—输箱带　2—举箱装置　3—导瓶框架　4—落瓶栅格　5—排瓶板　6—止瓶装置　7—输瓶台

在触点开关的作用下，气缸使止瓶装置 6 将后面的瓶止住，使落瓶栅格上的瓶子卸除后面的压力。为了减小瓶子的跌落距离，输箱带 1 将箱子输送到指定位置后，被举箱装置 2 举起，使得导瓶框架 3 上的导瓶弹簧片插入箱格。在气缸的作用下，落瓶栅格 4 移位，使得瓶子失去支承，顺着导瓶弹簧片跌落箱中。随后举箱机构下降，装满瓶的箱子被输出。

图 8-3 所示为全自动跌落式装箱机——YQZX-1 型装箱机的结构图。该机由机架、进瓶输送机、自动排瓶装置、落瓶机构、进箱输送机、拨瓶机构、按瓶机构和出箱输送机等部分组成。装箱动作由气动元件驱动，具有结构简单，动作可靠的特点，适用于 PET 瓶、塑料瓶及可乐型玻璃瓶等瓶装物装箱用。

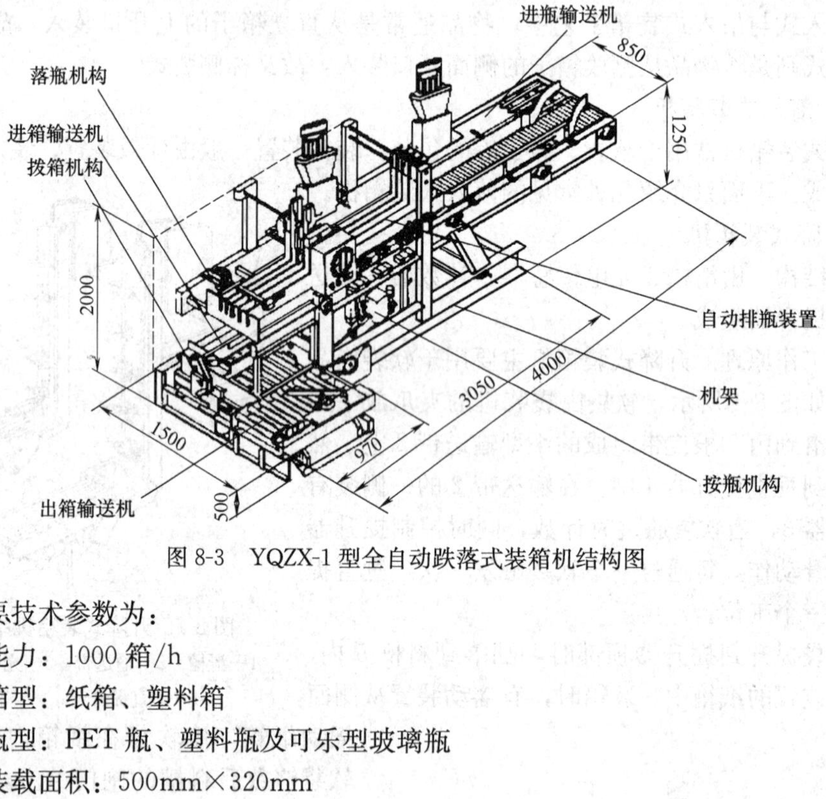

图 8-3　YQZX-1 型全自动跌落式装箱机结构图

其主要技术参数为：

公称能力：1000 箱/h

适用箱型：纸箱、塑料箱

适用瓶型：PET 瓶、塑料瓶及可乐型玻璃瓶

最大装载面积：500mm×320mm

进瓶输送链：4 列平顶链（38.1mm×82.6mm）

进出箱输送链：500mm

3. 气动抓头式装箱机

（1）结构　由输瓶带、排瓶架、挡瓶、输箱停箱、举箱、抓瓶、升降二级气缸及导瓶等装置组成。

（2）工作原理　如图 8-4 所示，工作时，当瓶子在排瓶架上排列整齐后，第一级气缸动作，使抓头下降套入瓶颈，接着抓头充气将瓶子抓紧。当底栅被推开后，尽管瓶子失去支承，但不会自由下跌。在第二级气缸的作用下，瓶子缓慢下降。当瓶子下降到箱子底部后，抓头排气，随后气缸复位，抓头离开瓶子。这样就可以控制瓶子的下落速度，减少对瓶子的冲击力，克服了跌落式装箱机的缺点。

图 8-5 所示为一机器人抓取式装箱机示意图。其采用伺服机构控制，可以满足对于水

平方向和垂直方向的堆放形式的要求。速度为 50 次/min。

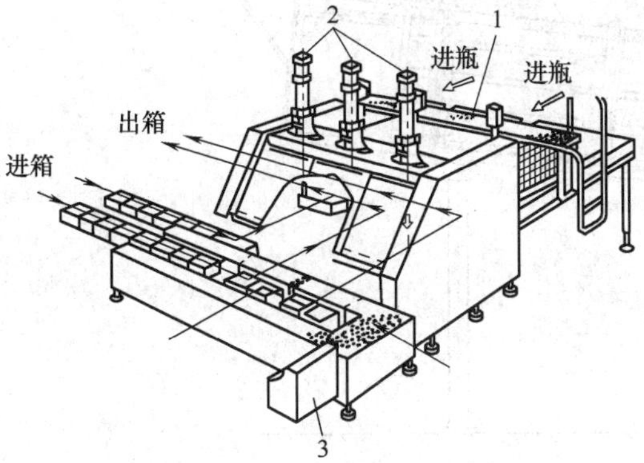

图 8-4 气动抓头式装箱机结构图

1—排瓶架 2—二级气缸 3—操作控制台

图 8-5 机器人自动抓取放置式装箱机示意图

（二）推入式装箱机

推入式装箱机比较简单，它仅需要用推板将排列堆积好的物品推入箱内。箱子一般侧放，进口平面垂直于水平面或稍倾斜。推板平面与箱子进口平面平行，在物品前进的滑道两侧，可配置防止被装物品散乱倾倒的挡板或挡条。

推入式装箱机应用广泛，可应用于盒装、袋装、瓶装等物品的装箱。下面介绍两种推入式装箱机。

1. 罐头装箱机

（1）结构 主要由进罐、分流、排列、推罐、插衬纸板、传动、气动系统等几部分组成。

（2）工作原理 通过圆形罐头的水平滚动，由分流器使罐头排列成装箱所需的排列，然后用推罐器把卧放排列整齐的罐头横向推入箱内。

（3）工作过程 图 8-6 所示为罐头装箱机的结构图。装箱机的主要工作过程如下：

① 进罐分流与排列。从贴标机滚过来的罐头沿滑槽滚动到进罐部分入口 1，在此处装有光电计数器，经进罐门 2 和分流器 3 分流到达排列仓 4，按装箱要求实现排列，并进入待入仓 5，等待装箱。

② 推罐入箱。箱子 8 预先封底，用人工把箱子上口套上，由托箱板 9 托住。纸箱挡住光电管光源，气动系统的气缸动作，推罐器 7 推罐入箱。

③ 插隔板纸。成叠隔板纸竖放在待入仓上方，纸辊筒在齿轮的驱动下转动，使隔板纸及时插下。在推罐器 7 推罐入箱时，隔板纸与罐头被一起推入箱内。

当箱中罐头装够层数后，自动发出满箱信号，托箱板放下箱子，送入出箱滚道去封箱工序。

2. 条烟装箱机

（1）结构 条烟装箱机由箱片库及其输出装置、开箱成型装置、条烟排列堆积装置、装箱装置以及机械传动和控制系统等部分组成。

（2）工作原理 如图 8-7 所示，装箱机工作时，通过取箱机构 3 将箱片库 2 最下层的

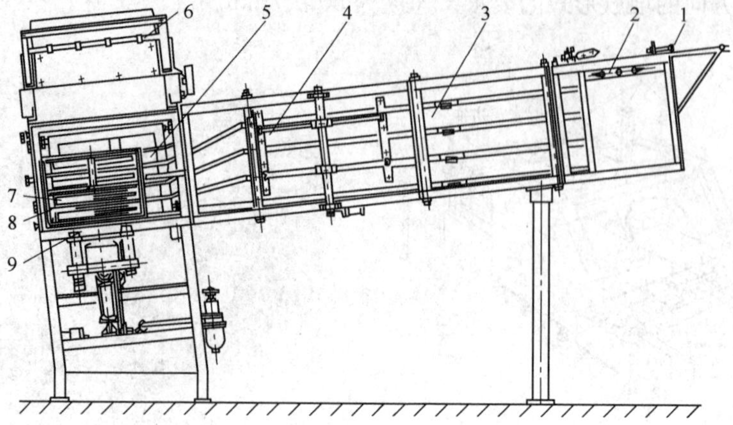

图 8-6 罐头装箱机结构图

1—入口 2—进罐门 3—分流器 4—排列仓 5—待入仓 6—插纸板机构 7—推罐器 8—箱子 9—托箱板

箱片取出，由输送装置输送到纸箱成型工位，借助于开箱成型机构 4 使其上下底盖都被打开而成箱形，并在装箱工位等待装箱。条烟 1 由条烟输送带 7 输送到条烟堆积机构 5，将条烟按照一定格式排列堆积在条烟推板 6 的前面，并在条烟推板 6 的推送下，沿水平方向推入纸箱内。

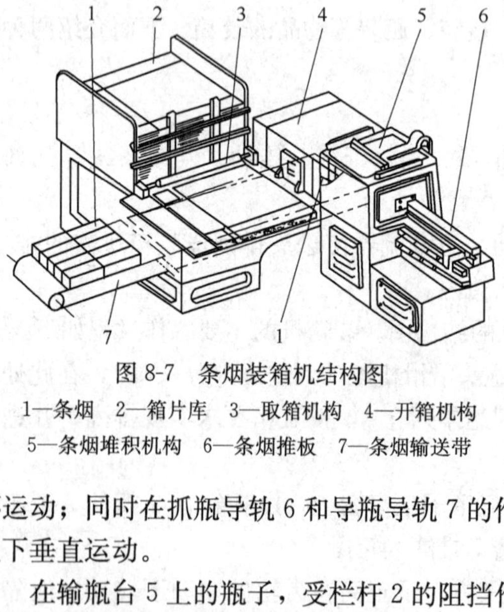

图 8-7 条烟装箱机结构图

1—条烟 2—箱片库 3—取箱机构 4—开箱机构
5—条烟堆积机构 6—条烟推板 7—条烟输送带

（三）吊入式装箱机

吊入式装箱机的种类很多，多用于瓶子的装箱作业。它主要由输送物料机构、送箱机构、装箱机构和自动控制等部分组成。下面介绍几种吊入式装箱机。

1. 水平旋转式装箱机

（1）结构 主要由同步输送带、同步输箱带、水平环形导轨及垂直升降抓头等部件组成。

（2）工作原理 如图 8-8 所示，抓头架 4 和导瓶框 3 在传动链 9 的带动下，绕轴 8 与轴 10 在输瓶台 5 和输箱带 13 的上空作循环运动；同时在抓瓶导轨 6 和导瓶导轨 7 的作用下，抓头架 4 和导瓶框 3 按一定的规律作上下垂直运动。

在输瓶台 5 上的瓶子，受栏杆 2 的阻挡作用，编组整齐排列，并与抓头架同步前进。当瓶子与抓头架同步进入抓瓶工位时，在导轨的作用下，抓头架向下运动，抓头正好套在瓶颈上，并把瓶子抓牢。

随着运动的进行，在抓瓶导轨 6 的作用下，抓住瓶子的抓头架升起，使瓶子离开输瓶台；在传动链 9 的驱动下，抓头架绕轴 8 转到输箱带的上方；同时，受输箱带上推箱块 11 的作用，使纸箱有规律地间隔排列，并与抓头架同步前进；当进入装箱工位时，在导瓶导轨 7 的作用下导瓶框架下降，导瓶弹簧片插入纸箱的箱格中；在抓瓶导轨 6 的作用下，抓头架下降，瓶子通过导瓶弹簧片将瓶子顺利地放入纸箱中，并松开瓶子；随后抓头架和导瓶框架升起，绕轴 10 转到输瓶台上方，开始下一个装箱过程。

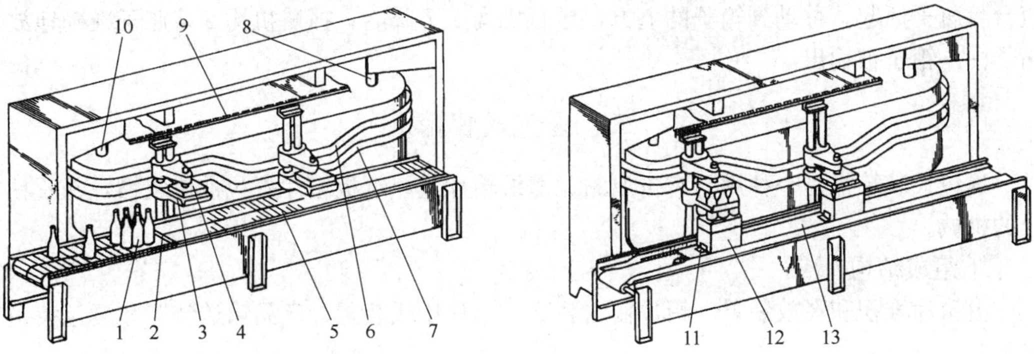

(a) 输瓶带一侧　　(b) 输箱带一侧

图 8-8　水平旋转式装箱机

1—瓶子　2—栏杆　3—导瓶框　4—抓头架　5—输瓶台　6—抓瓶导轨　7—导瓶导轨
8、10—轴　9—传动链　11—推箱块　12—纸箱　13—输箱带

2. 垂直旋转式装箱机

(1) 结构　由输送带、输箱带、垂直双凸轮槽导轨及大十字臂式抓头组件等部件组成。

(2) 工作原理　如图 8-9 所示，抓瓶装置 3 在大十字回转架 1 的带动下，沿着导轨 2 作有规律的回转运动，并在运动过程中保持抓头位置始终处于垂直状态。在输瓶台 4 上的瓶子被编组整齐排列，当抓头装置到达瓶子上方时，在导轨 2 的作用下，抓头正好套在瓶颈上，并把瓶子抓牢；然后抓瓶装置升高离开输瓶台；再下降转到输箱台 5 的上方，正好与箱子同步；这时，抓瓶装置继续下降，瓶子顺利装入箱中；随后抓头装置上升再转到输瓶台上方，准备进入下一个装箱过程。

3. 抓头移动式装箱机

(1) 结构　主要由抓瓶机构、导瓶机构、输箱机构、挡瓶机构、输瓶机构及减速机构等部件组成。

(2) 工作原理　如图 8-10 所示，工作时，瓶子在输瓶台 4 上被挡瓶机构 5 挡住并排

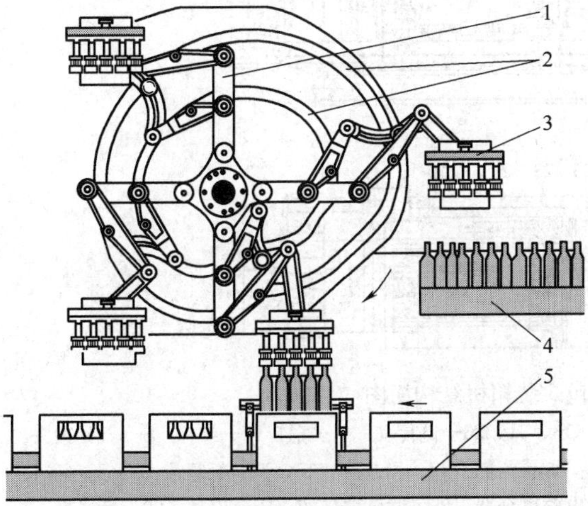

图 8-9　垂直旋转式装箱机简图

1—大十字回转架　2—导轨　3—抓瓶装置
4—输瓶台　5—输箱台

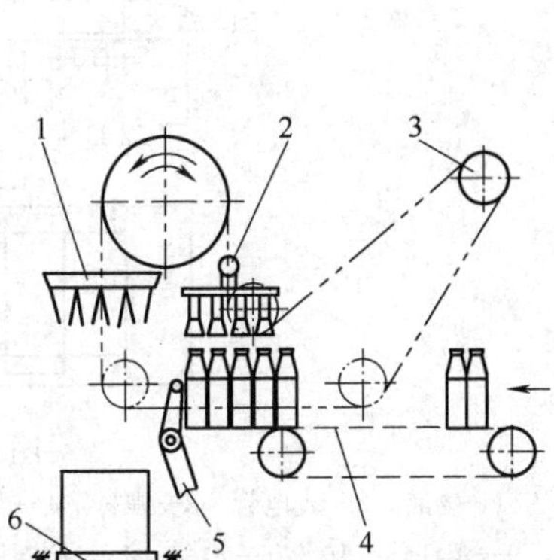

图 8-10　抓头移动式装箱机简图

1—导瓶机构　2—抓瓶机构　3—减速机构
4—输瓶台　5—挡瓶机构　6—输箱机构

列整齐；箱子在输箱机构 6 上到达准确的装箱位置，抓瓶机构 2 在传动链上运动，先从输瓶台将瓶子抓起，移动到箱子的上方，导瓶机构 1 下降后，抓瓶机构 2 将瓶子准确地放入箱子中，箱子被输出。

二、裹包式装箱机

裹包式装箱机是一种用已有折痕的瓦楞纸箱片或厚纸板箱片裹包被包装物，并胶粘封合的机械。

1. 组成结构

由箱片堆积和释放装置、箱片输送装置、箱片压线装置、产品输送装置和裹包装箱装置组成。

2. 工作原理

如图 8-11 所示，在箱片库 14 中堆积有许多纸箱片 17，真空吸头 16 吸出最下层箱片并释放在链式输送带上。电机 26 经传动系统将运动传给主动链轮 19，以带动链式输送带工作，安装在输送带上的推爪 18 将纸箱片 15 向右间歇推送。当纸箱片在压痕工位停歇时，由压痕刀具 27 对纸箱片进行压痕。装箱物品 32 由输送带 28 输送到裹包工位，并由推料板 31 将其推送到在裹包工位停歇的纸箱片上进行裹包。

当电机 10 转动时，通过锥齿轮将运动分成两部分：一部分通过链传动 13 带动螺杆轴 9 转动。螺杆轴 9 左右两端分别有左、右旋螺纹，当螺杆轴 9 正反转时，则左右横梁 30 靠近或分开，当气缸 6 中的活塞向下运动时，推动压痕刀具 27 在纸箱片上压出折痕；另一部分是带动光电管 2 作上下运动，以自动检测装箱物品的高度 H，当光电管移动到装箱物品上顶面的高度时，将会发出控制信号，使电机 10 停转，从而达到根据装箱物品的高度 H，自动调节折痕线 A 的位置的目的。

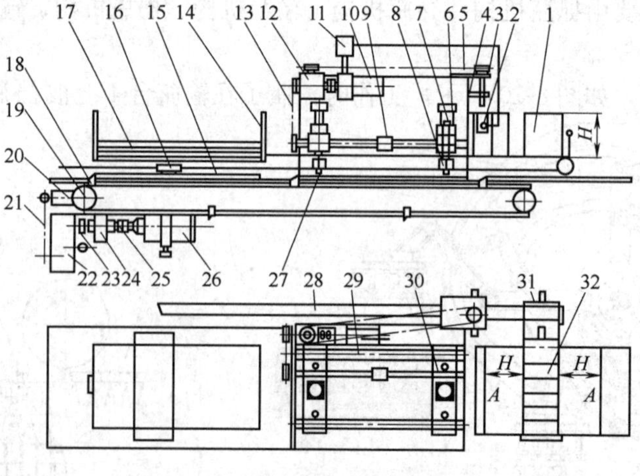

图 8-11　裹包式装箱机结构简图

1—物品　2—光电管　3—螺杆　4—导向杆　5、13、21、23—链传动　6—气缸　7—导杆　8—刀具夹头　9—螺杆轴　10、26—电机　11—控制器　12、20—圆锥齿轮　14—箱片库　15、17—纸箱片　16—真空吸头　18—推爪　19—主动链轮　22—减速器　24—电磁离合器　25—联轴器　27—压痕刀具　28—输送带　29—导向杆　30—横梁　31—推料板　32—装箱物品

图 8-12 所示为另一裹包式包装机外形图。该机可适用于多种产品的包装，如 PET

瓶、PC 瓶、易拉罐、玻璃瓶等，且能实现变频控制、自动调速，尺寸变更快捷简单。

图 8-12　自动裹包式装箱机

三、套入式装箱机

一些体积大、质量重、易散乱的物品，因装箱时不便移动和翻转，常采用套入式装箱工艺。按装箱物品装入数量的多少，可分为单体套入式装箱和集合套入式装箱。

（一）单体套入式装箱

为了使外包装纸箱刚性增强，对物品的保护更可靠，通常和托盘、捆扎带一起使用。图 8-13 所示为电冰箱的包装示意图。冰箱的包装过程是先把托盘 1 放在传送带上，再将冰箱 2 置于其上。瓦楞纸箱 3 底部是开口的，无内、外折页，上部内、外折页事先折好粘牢并加上封条。带托盘的冰箱由传送带送过来，冰箱上面放上两条（或一整块）泡沫塑料，然后把箱子从冰箱的上方套入。箱子的下底要把托盘套住，互相嵌合。最后用捆扎设备捆上两条捆扎带 4。

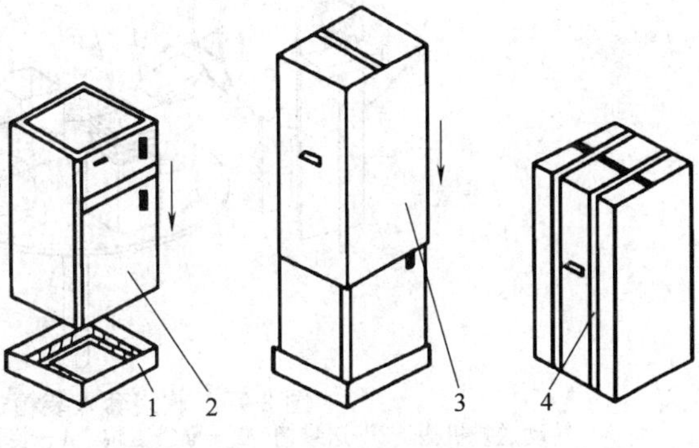

图 8-13　电冰箱包装示意图

1—托盘　2—冰箱　3—瓦楞纸箱　4—捆扎带

套箱可以用机械套入，但要辅以人工。全部自动套入将使设备大而复杂。

（二）集合套入式装箱

集合套入式装箱是指把经过排列堆积（集积）后的盒装、袋装、瓶罐类集合体套上箱子完成装箱的方法。

1. 瓶罐类套入式装箱

图 8-14 所示为瓶罐类套入装箱过程的示意图。输送带把内包装完毕的瓶罐送过来，由刮板将其计数排列。纸箱坯经取坯成形机打开，成为不封底的箱筒。箱筒自上部套入瓶罐集合体，当底部内折页碰到输送带面时弯折下去，上开口内折页被折页机构折合，然后同时弯折上、下外折页，封箱。这种装箱方法要比吊入式装箱方便可靠。

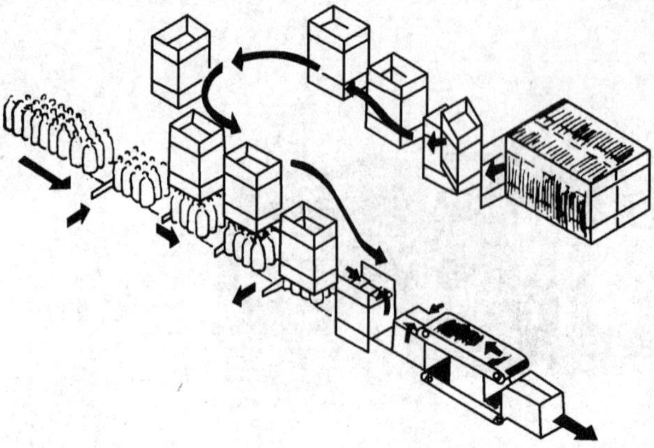

图 8-14　瓶罐套入式装箱过程示意图

2. 软袋套入式装箱

图 8-15 所示为软袋套入式装箱过程示意图。用软袋包装好的物品由转动送袋机构 1 送入堆袋工位 3 的堆袋槽 8 内。堆袋槽的大小与箱子基本一致。随着转盘 9 的转动，升降托板 5 慢慢升起，当到达装箱工位 4 时，套箱机械手 6 已经吸住一个箱子到达装箱工位 4 的上方。箱子是口朝下底向上放置。机械手下降把箱子套在软袋堆上，紧接着折内、外折页，最后封合（图中未画出）。当空出的堆袋槽转到堆袋工位时又开始下一个循环。

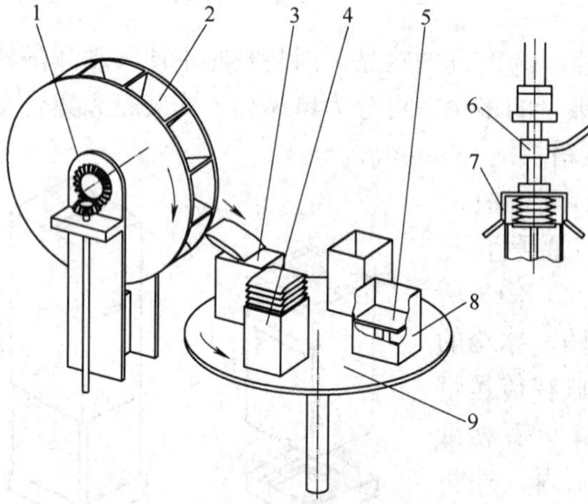

图 8-15　软袋套入装箱过程示意图

1—转动送袋机构　2—送袋槽　3—堆袋工位　4—装箱工位　5—升降托板　6—套箱机械手　7—纸箱　8—堆袋槽　9—转盘

第三节　封　箱　机

封箱机是将装满物品的瓦楞纸箱进行封合的包装机械。随着现代包装工业的发展和运输的集装化，瓦楞纸箱的应用日益广泛，从而导致了涉及瓦楞纸箱的成形、装箱、封箱机械的大量使用和发展，封箱机械已成为现代化包装流水线上不可缺少的重要组成部分。

根据使用的封箱材料不同，瓦楞纸箱的封箱方法可分为胶水封合、卡钉封合、胶带封合、带绳捆扎封合、收缩包装等类型。

一、封箱机的分类

（一）按所封面数分类

（1）单面封箱机　一般用于封箱子上盖。装箱时，箱子是预先连接成筒状的箱坯，已封好底面，物品装入后进行封箱。封箱时，先折合内折页，再折合外折页，最后封箱，如图 8-16（a）所示。

（2）双面封箱机　能同时封上盖和底面。封箱前，用人工或机器打开筒状箱坯，装入物品。在封箱时，箱子可侧放或立放，同时封上、下面，如图 8-16（b）所示。

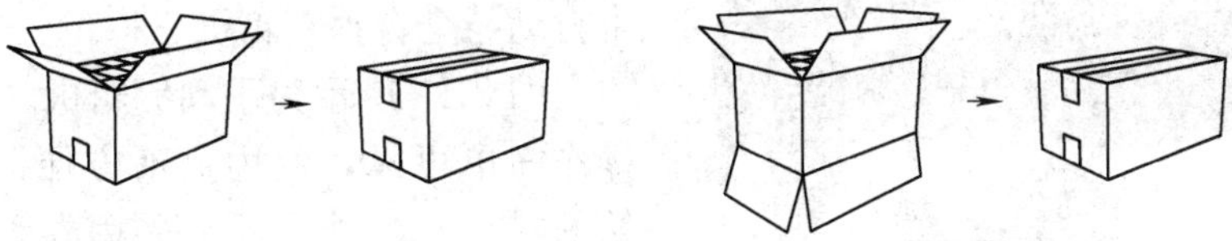
(a)　(b)

图 8-16　单面封箱与双面封箱

（二）按封带所封位置和条数分类

（1）I 型封贴机　只在箱子的上、下面外折页接缝处贴一条封带的机器。贴封的箱子形式如图 8-17（a）所示。

（2）H 型封贴机　为了防止粉尘、气体、潮气等进入箱内，或为了保证箱子有足够的强度，对纸箱上、下面同时用三条封带贴封的机器。贴封的箱子形式如图 8-17（b）所示。H 型封贴机机身较长，价格较贵，为 I 型的 2 倍左右。

（三）按专用化程度分类

（1）专用型　也叫固定型，只能用于固定尺寸纸箱的封箱。

（2）兼用型　也叫可调型，可用调节机构变换机器的有关尺寸，以适应多种尺寸规格箱子的贴封。兼用型中多数为预先调整式，它根据瓦楞纸箱规格类别，设置调节按钮，根据要封箱子的尺寸规格按动相应的按钮，机器应调整部位都能自动地按相应的尺寸进行调节，以完成不同尺寸箱子的贴封。

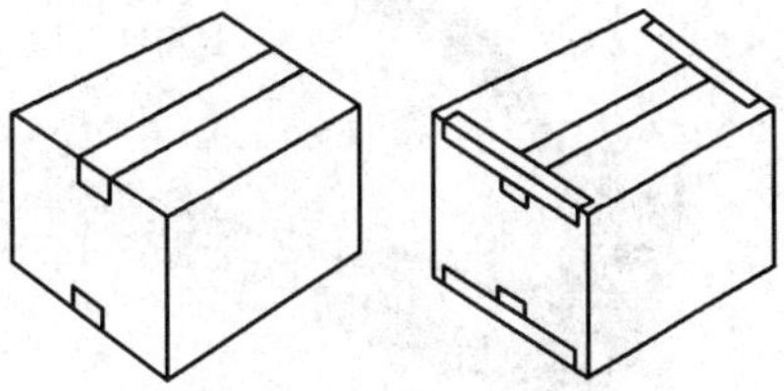
(a)　(b)

图 8-17　I 型封箱与 H 型封箱

（3）随机型　这类封箱机的自动化程度最高。在规定的范围内，各种尺寸的纸箱可以按任何顺序送入封箱机中，封箱机的各机构均能按纸箱的尺寸相应地自动调节，在完全无人操作的情况下，自动进行多种尺寸规格箱子的贴封作业。

（四）按自动化程度分类

（1）自动封箱机　封箱过程中供送纸箱、折合折页、封箱等作业全部自动进行，机速一般在 1500 箱/班以上。自动封箱机和装箱机由传送带联机使用。图 8-18 所示为 MH-FJ-3AR 型自动封箱机。它的特点是，纸箱大小变化时，人工定位，顶部自动折合，自动适时输送，不用人工看管，适合接驳全自动生产线。其主要技术参数为：

纸箱规格：高（127～480）mm×宽（127～500）mm×长（127～700）mm

电源：220V/50Hz/600W

（2）半自动封箱机　封箱作业中供送纸箱由人工进行，折合折页、封箱自动进行，机

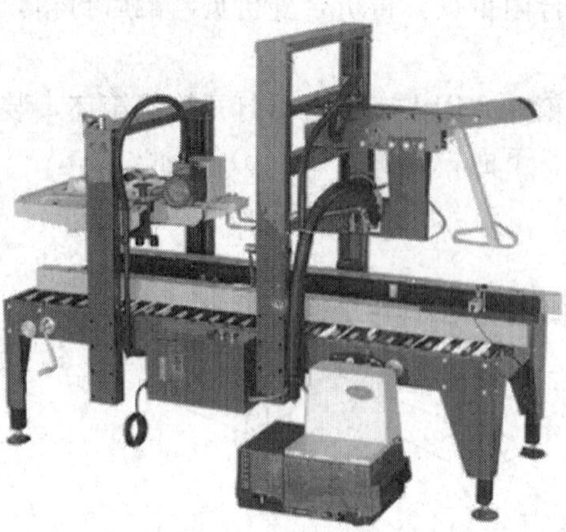

图 8-18　MH-FJ-3AR 型侧带式全自动封箱机

速一般在 1000 箱/班左右。

（五）按封箱功能分类

1. 卡钉钉合封箱机

采用卡钉或铁丝在纸箱折页连接处钉合起来完成封箱的机械称为卡钉钉合封箱机。这类机械的使用量有下降趋势。它有手动、半自动与全自动钉箱机三种。

图 8-19 所示为手动钉箱机。设备重量轻，操作简单可靠，使用灵活方便，适合各种纸箱的封合。此外，还有采用卷盘铁丝作封合材料的手动钉箱机。

半自动钉箱机由人工完成折页和箱子供给，钉箱由机械完成，能钉合箱子上、下两面，钉一个钉约需 1s，机器上下各贮放 5000 枚钉，钉箱动作多用气动完成。有的钉箱头可调节高低，以适应不同尺寸的箱子。钉子采用特殊制造的卷形，每卷 5000 枚。如图 8-20 所示为一半自动气动钉箱机。

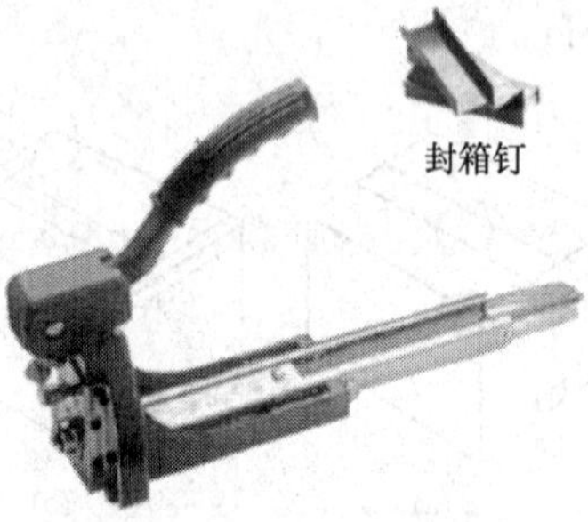

图 8-19　手动钉箱机

图 8-20　气动钉箱机

全自动钉箱机送箱、折页、钉合、送出全都自动完成，常与装箱机连用。机器的上下各有 4～6 个钉箱头，生产能力为 300 箱/h 左右。上、下钉箱头各贮 5000 枚钉子，钉箱由气动控制。有的可以自动调节尺寸，以适应各种尺寸的箱子。

2. 贴封条机

采用胶带或压敏带封合箱子折页接缝处的封箱机械称为贴封条机。主要用胶质带和胶粘带。胶质带是指在牛皮纸上涂一层动物胶或植物胶，使用时先用水浸湿。胶粘带又称压敏带，带上涂有压敏胶，使用时稍加压力即可，非常方便且粘接力强。

（1）手动贴封条机　如图 8-21 所示。它采用卷筒胶粘带作为封箱材料，胶带规格有 2in、3in、4in 三种。这种设备封箱轻巧方便，适用于产量不大的工厂。使用时只要将胶带卷 4 套装在芯轮 5 上，旋紧固定螺钉 3，使芯轮与带卷的纸芯卡紧，再将胶带头拉出并穿过挡板 6 和敷贴辊 2 之间的缝隙，然后扳紧挡板，即可封箱。封箱完成后扳动切断刀 1 上的压板切断胶带。

(2) 半自动贴封条机　它是由人工完成折页并把箱子送入，然后由机器完成贴封条。能适应多种规格箱子封箱，可以人工或机械自动进行调节。这类机械结构简单、操作方便、成本低廉，是封箱机中使用最多的一种机型，如图 8-22 所示。

还有专贴箱底封条的单面贴封条机，如图 8-23 所示，整个机身用型钢组装而成，机器无须动力，但能减轻工人的劳动强度。

(3) 全自动贴封条机　送箱、折页、贴条全部由机器自动完成。送箱也可以另由装置完成。由于自动贴封条机的能力要比装箱能力大得多，经常是一台与几条装箱流水线联机配用。图 8-24 所示为 MH-FJ-1AW 全自动贴封条机。其主要技术参数为：

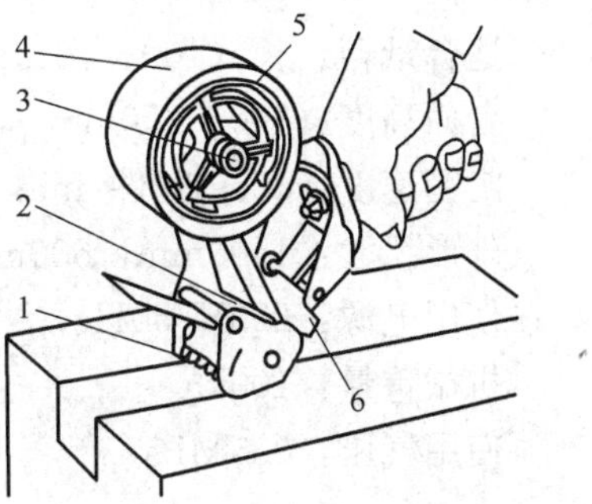

图 8-21　手动贴封条机

1—切断刀　2—敷贴辊　3—固定螺钉
4—胶带卷　5—芯轮　6—挡板

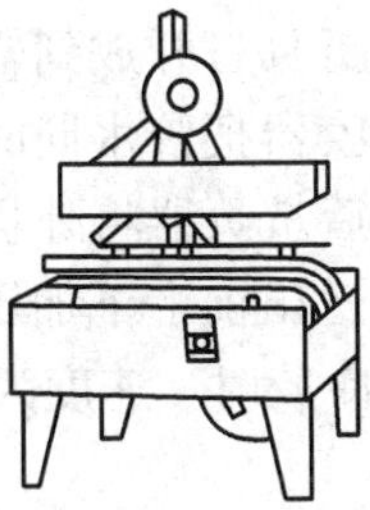

图 8-22　半自动贴封条机

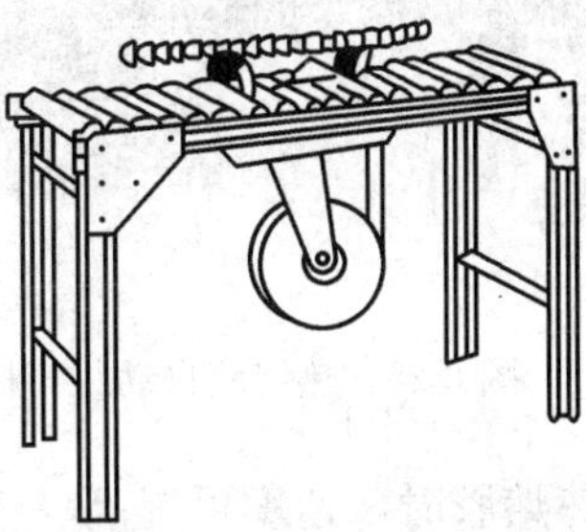

图 8-23　单面贴封条机

封箱尺寸：长（150 以上）mm×宽（120～550）mm×高（120～480）mm

速度：30 箱/min

封箱胶带：牛皮纸胶带、BOPP 胶带

胶带尺寸：48～72mm

电源：220V/50Hz/400W

重量：90kg

外形尺寸：1150mm×880mm×1200mm

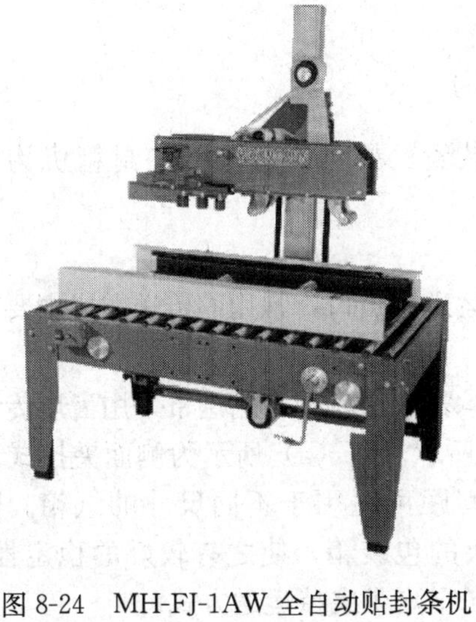

图 8-24　MH-FJ-1AW 全自动贴封条机

3. 涂胶封箱机

能在箱子的折页上涂上粘接剂，然后折页闭合使之粘接封箱的机械称为涂胶封箱机。可使用热熔胶和冷胶。

热熔胶是一种在常温下呈固态，加热后即熔融，冷却便迅速凝固的树脂型粘接剂，一般为 EVA（乙烯和醋酸乙烯共聚体）与低分子量树脂与石蜡的混合物。使用时在高于 70℃的温度下熔融，然后挤出上胶。热熔胶的成本略高于冷胶，但能适应高速封箱，且封箱机结构紧凑，因而应用日渐广泛。图 8-25 所示就是一种热熔胶自动封箱机。其主要技术参数为：

适合纸箱：长（100～400）mm×宽（100～350）mm×高（100～350）mm

台面高度：600～750mm

封箱速度：15～20 件/min

外形尺寸：1500mm×600mm×1400mm

使用电源：220V/50Hz

机械重量：100kg

使用气压：0.5MPa

图 8-25　热熔胶自动封箱机

冷胶是一种传统粘结剂，可分为树脂型、糊精、动物胶等几大类。常见的涂胶方法主要有挤出法、喷雾法和滚涂法。涂胶需一定辅助设备，箱子涂胶后不易干固，限制了封箱速度，封箱机械也相对庞大。

常用的涂胶封箱机多为半自动型，人工把箱子外折页打开放到输送带上送入封箱机，涂胶器把胶水同时喷涂到内外折页上，然后折页器将外折页折合完成封箱。箱子送出前上下加压，让胶水固接粘牢。用冷胶时，速度为10 箱/min左右，用热熔胶时，速度可提高一倍以上。

4. 复合封箱机

指采用两种或两种以上封箱方法的封箱机，例如涂胶—贴封条封箱机、涂胶—钉合封箱机等。随着封箱技术的提高，运输条件的改善，托盘集装箱的普及，复合封箱机已日渐减少。

二、封箱机的结构

封箱机主要由机架、纸箱传送系统、定时传送装置、折页折合机构和封箱机构等组成。

（一）纸箱传送系统

传送系统把纸箱从封箱机入口端经过封箱贴条后运送到出口，常用的传送方式主要有皮带传送或链条推板传送与滚道相组合。

皮带传送与不带动力滚道的组合中，滚道主要起承托滚送作用，输送带采用齿形传送带，牵引箱子做送进运动。常见的传送形式如图 8-26 所示。图（a）所示为侧面夹持式皮带，输送皮带夹持着纸箱导送前进。调节两皮带的间距可适用于不同尺寸的纸箱。图（b）所示为上下两对侧面夹持皮带，适用于高度较大的包装箱，使之有较好的稳定性。图（c）所示为下部皮带运送方式。图（d）所示为上、下皮带夹持运送方式。

链条推板运送方式主要用于涂胶封箱机，因为箱子的外折页需打开送入，若单独使用皮带运送就比较困难。另外，箱子定位必须精确，否则不能和涂胶装置配合一致。

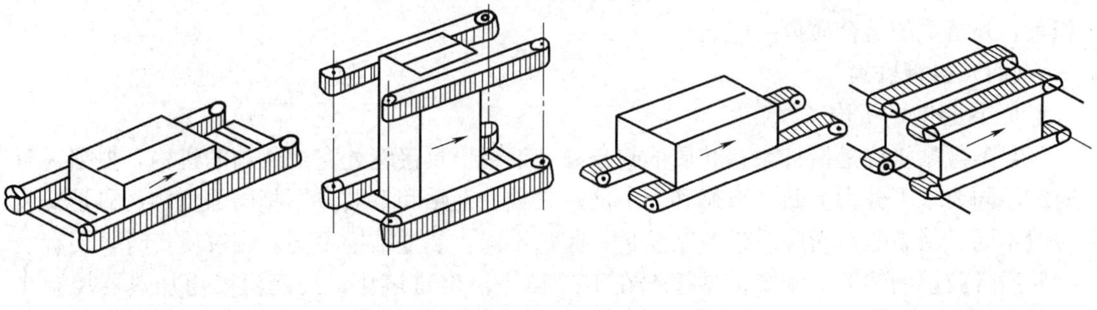

(a) 侧面夹持式　　(b) 上下侧面夹持式　　(c) 下部传递式　　(d) 上、下皮带夹持式

图 8-26　皮带传送形式

滚道运送装置，在卡钉封箱机上也有单独使用。

（二）定时传送装置

纸箱在通过封箱部位时，要保持均速和箱与箱之间的定间隔，这可用定时装置来保证，常采用挡板控制纸箱定时送入的机械式定时传送装置。

（三）折页折合机构

图 8-27 所示为气动式内折页折合机构。图中导向板 4 用于折合前内折页，它的前部向上倾斜，当纸箱在其下方经过时，纸箱的前内折页可自动地被压下折合。后内折页的折合是由气缸 3 拉动摆动折页板 2 向下摆动将内折页压下。

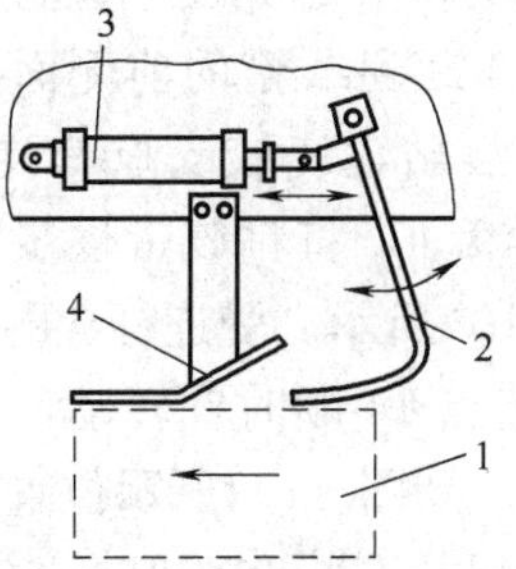

图 8-27　气动式内折页折合机构
1—纸箱　2—摆动折页板　3—气缸　4—导向板

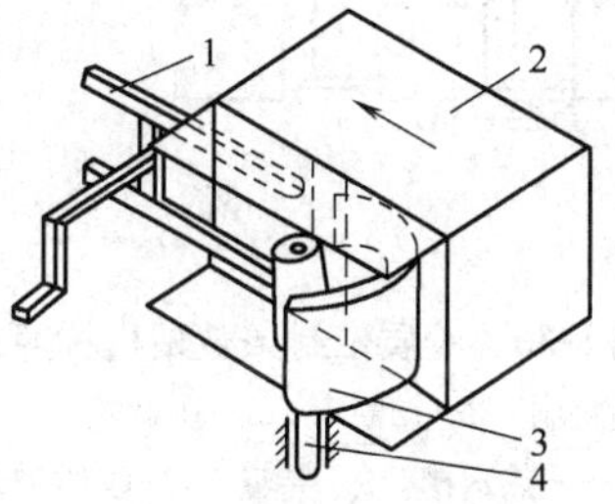

图 8-28　机械式内折页折合机构
1—折页板　2—纸箱　3—旋转折页板　4—轴

图 8-28 所示为机械式内折页折合机构。在纸箱的输送过程中，由折页板 1 进行前内折页的折合。旋转折页器 3 绕轴 4 旋转，对后内折页进行折合。折页板 1 的长度较长，它能压住两内折页，以防止在外折页折下之前内折页的张开。

图 8-29 所示为前、后内折页同时折合机构。气缸 1 通过活塞杆头部的铰链 2，向上拉动摆杆 3，滑销 4 在滑槽中向内侧滑动，并使摆杆 3 绕滑销 4 转动，由折页器 5 完成前、后内折页的同时折合动作。

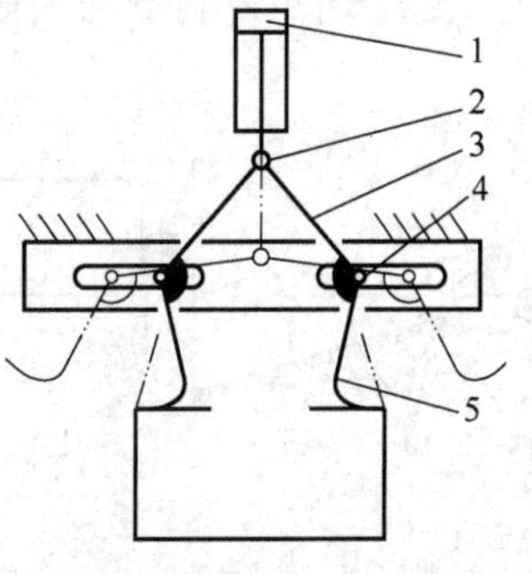

图 8-29　前、后内折页同时折合机构
1—气缸　2—铰链　3—摆杆
4—滑销　5—折页器

外折页的折合可采用曲面折页板。由长条金属

薄板弯曲形成的曲面折页板可使外折页逐渐折倒。这种装置简单可靠，造价低。但占地面积大，外折页的折合质量一般。

（四）封箱机构

1. 封条敷贴机构

封条敷贴机构是指将涂有胶质的封条贴到纸箱折页接缝处完成封箱的机构。根据封箱时的不同要求可分为上贴、下贴和上下同贴三种。上贴和下贴应用相同的机构，只是安装位置不同。封条是单面胶质带或粘胶带，胶带不同，装置结构不同。用胶质带时，要有浸润胶质带胶层的装置。胶质带粘接剂在10℃以下温度难溶化，浸润温度由加热器控制在40℃左右。用粘胶带时则无须浸润和加热装置。

图8-30所示为胶质带封条敷贴机构的原理图，纸箱按图示箭头方向以等间距作间歇性输送，胶质带卷7挂在上、下卷架上。利用纸箱向前输送的牵引作用，牵拉胶质带卷盘松卷。胶质带4经导辊6到达热水槽5，受温水作用胶层溶化恢复黏性，由压贴轮3粘贴在外折页接缝处。前、后两纸箱之间保持着定距离，当到达胶质带裁切工位时，装有侧封刷1的切断刀2，将胶质带居中切断。同时两个侧封刷将胶质带头刷贴在前、后纸箱端面，使之贴牢。

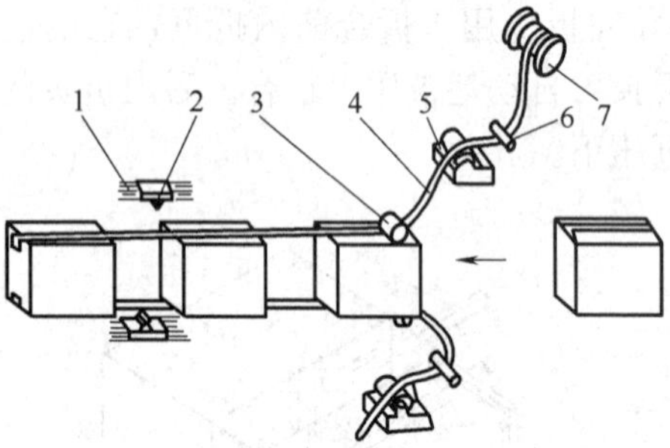

图8-30　胶质带封条敷贴机构原理图

1—侧封刷　2—切断刀　3—压贴轮　4—胶质带　5—热水槽　6—导辊　7—胶质带卷

图8-31所示为粘胶带封条敷贴机构原理图。图（a）所示为机构的工作开始状态。粘胶带12先被松展，经导向辊11到达敷贴工位。当纸箱8由输送带4送到图示位置时，敷贴辊7将粘胶带端部贴到纸箱的前侧面。纸箱继续向前输送，使敷贴辊绕铰支点9逆时针旋转，并始终沿箱壁滚动，将粘胶带逐步贴到箱子的下部，如图（b）所示。受连杆3的作用，复压辊1、2绕铰支点14顺时针转动，分别与箱前壁和箱底接触。到图（c）所示位置，纸箱已完全脱离了敷贴辊，安装在切刀杆6上的齿形切刀5在拉簧10作用下复位，将粘胶带切断。复压辊1、2继续沿箱底滚动，直至将箱底完全封好。当纸箱越过复压辊2时，在扭簧15的作用下，复压辊2将剩下的一段粘胶带贴到箱子的后侧面，从而完成贴条的全过程。

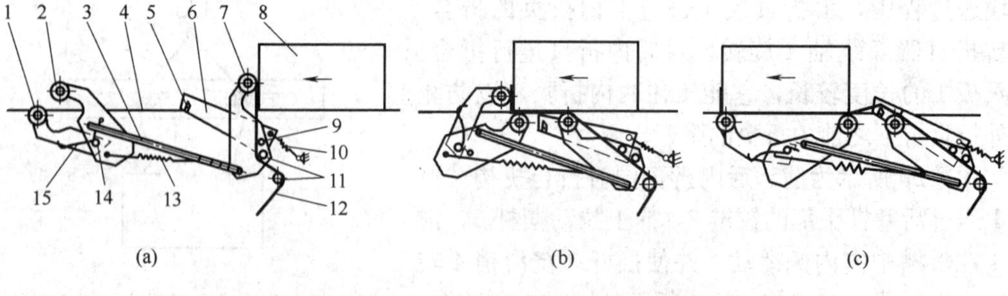

图8-31　粘胶带封条敷贴机构原理图

1、2—复压辊　3—连杆　4—输送带　5—切刀　6—切刀杆　7—敷贴辊　8—纸箱　9—铰支点　10、13—拉簧　11—导向辊　12—粘胶带　14—铰支点　15—扭簧为保证自动贴条机的正常运行，常辅有自动拉带、自动报警、自动停车等装置。

2. 涂胶机构

指在纸箱的折页上涂胶的专用机构，根据所用胶的种类不同以及涂胶的方式不同，有多种形式。

（1）按所用胶的种类分类

① 水溶胶涂胶机构。水溶胶包括低温浆糊、醋酸乙烯乳胶等。涂胶方法有辊式、喷雾、挤压等。由于环境温度不同，水溶胶的固化时间变化幅度较大，一般粘封后施压1min以上可基本保证不会崩开。

② 热熔胶涂胶机构。热熔胶本身的特点决定了其涂胶机构要简单一些，涂胶方法主要有喷雾和辊筒式。瓦楞纸箱的封箱几乎都用喷雾式。喷雾涂胶机构上设有定时器，控制粘接剂熔解时间。粘接剂熔解达到使用状态需20～30min。所用胶多为10～20mm的颗粒，或直径为5mm左右的圆棒，为了使喷雾器不堵塞，必须使胶在加热熔化后不碳化。

（2）按涂胶的方式分类

① 接触式涂胶机构。接触式涂胶机构的原理如图8-32所示。图（a）所示为辊筒式，纸箱折页2从胶辊3上通过时即涂上胶水。图（b）所示为滚珠式，涂胶头压向箱板时，滚珠7回缩，胶水从滚珠与挡口间的缝隙中流出。图（c）所示为海绵式，胶水通过海绵8的细孔涂到纸箱折页上。

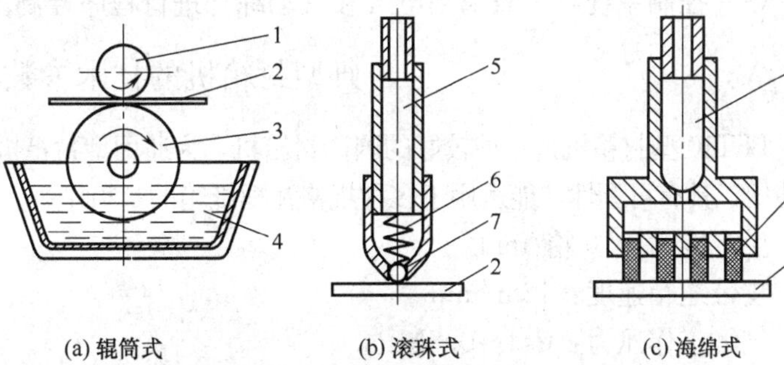

图8-32 接触式涂胶机构原理图

1—压辊 2—纸箱折页 3—胶辊 4—胶水池 5—胶水筒 6—弹簧 7—滚珠 8—海绵

图8-33所示为接触式涂胶机构的实例。它不仅能用于热熔胶，也适用于水溶胶。图中贮胶箱7经导管3与装在涂胶工位的涂胶槽2相通。导管中装有阀6和加热器4，其温度由温度调节器5控制。操作时将热熔胶装在贮胶箱内，经加热熔融后流入涂胶槽，槽内有4片涂胶轮1，在链条带动下转动，将胶水涂到纸箱内折页上。若需间隔的涂胶，只要改用齿形涂胶轮即可。

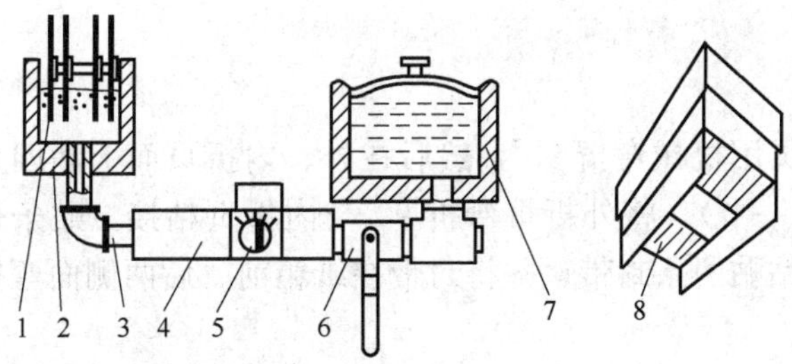

图8-33 接触式涂胶机构实例

1—涂胶轮 2—涂胶槽 3—导管 4—加热器 5—温度调节器 6—阀 7—贮胶箱 8—纸箱涂胶面

② 非接触式涂胶机构。非接触式涂胶常采用喷雾涂胶法。图8-34所示为喷雾法的原理示意图。将胶水放入胶液池1中，经加压泵2加压后，使胶水由喷嘴3化成雾滴状喷射到折页面上。喷出的雾滴落在折页表面上可呈点状、条状或面状，可根据需要而定。

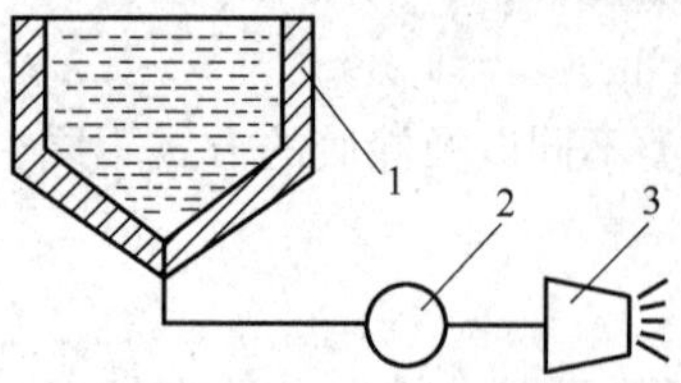

图 8-34　喷雾法涂胶原理图
1—胶液池　2—加压泵　3—喷嘴

用喷雾法涂热熔性树脂粘接剂时，要在料斗中先加热熔化，一般用电加热到 180～200℃，再用导送管经泵加压后喷射出去。为使树脂能在最佳温度（约 180℃）下喷射，导送管应进行保温加热。

3. 其他装置、机构

（1）卡钉封箱机构　结构原理如同大订书机，工作时一边切断卷在钢丝盘上的钢丝，一边钉入卡钉。卡钉机头有几种，有一次钉入一根钉的，有一次钉入两根钉或四根钉的。

（2）箱子对中装置　为使贴条或卡钉准确地封在外折页接缝处，需要将箱子对中。简单的方法是在箱子左右两侧安装导轨。

（3）自动测箱装置　兼用型和随机型封箱机需对多种规格的纸箱进行封箱，因此，需要有自动测量箱子长、宽、高的装置，以使机器能自动调整。

（4）控制系统　一般采用电气和气动综合进行程序控制。

三、典型封箱机的技术参数

BFT10 型封箱机是一种较好的国产封箱机，为通用型封箱机，适用于流水线作业，也可单机使用，具有可调性，能适用于多种规格瓦楞纸箱的封箱作业。其主要技术参数为：

生产能力：10 箱/min

皮带送箱速度：12m/min

气缸工作压力：0.4～0.5MPa

空压机容量：0.6m^3/min

机器工作台高度：560～700mm（可调）

电机型号：JO3-21-4，1.1kW，1 台，1410r/min

电加热功率：300W 两只

机器外形尺寸：2900mm×850mm×1550 mm

适用范围：单、双面瓦楞纸箱（400～500)mm×（300～450)mm×（220～400)mm

使用封带：胶质带或胶粘带

粘接剂：泡花碱、聚乙烯醇

封箱贴条形式：封箱时先将上内折页用机械弯折 90°，然后在外、内折页面上滴四点粘接剂（大小为两片内折页面积之和的一半），将外折页弯折 90°与内折页粘接。贴条是在已封合好的纸箱上下两面纵向中缝处粘贴两条封带，并将封带在纸箱前、后两侧面弯折粘贴。侧面封带长为 75mm。

第四节　堆　码　机

将预定数量的包装件或产品，按一定规则进行堆积的机器称为堆码机。按堆码的目的不同，堆码机可分为集装用堆码机和仓库用堆码机。本节主要介绍集装用堆码机。常用的集装用堆码机包括码箱垛机械和托盘堆码机械。

一、码箱垛机械

（一）码箱垛机

1. 分类

按码箱垛机的结构形式不同，码箱垛机可分为箱式、悬臂式、龙门式及工业机器人。其中箱式和悬臂式已较少采用，因此，以下主要介绍龙门式码箱垛机。

2. 龙门式码箱垛机

该机型的机架升降平稳，性能稳定，但外形尺寸相对较大，如图 8-35 所示。

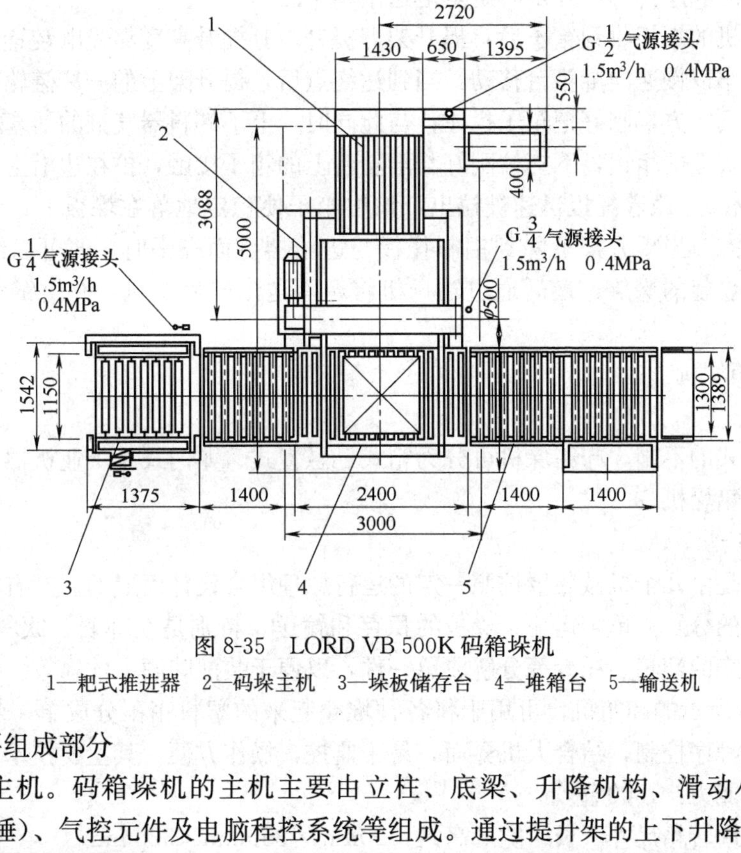

图 8-35 LORD VB 500K 码箱垛机

1—耙式推进器 2—码垛主机 3—垛板储存台 4—堆箱台 5—输送机

（1）主要组成部分

① 码垛主机。码箱垛机的主机主要由立柱、底梁、升降机构、滑动小车、提升架（配有平衡重锤）、气控元件及电脑程控系统等组成。通过提升架的上下升降和小车的前后移动把箱子从铝制托板向堆箱台上叠堆，并能定时、定量地按一定规律完成任务。

② 耙式推进器。主要由框式输送台、过渡输送段、倾斜进箱段、耙式推进装置及气控元件、光电装置组成，实现把箱子从倾斜输送段按次序排列送到主机的铝制托板上。

③ 堆箱台。主要由多条带链轮滚筒组装而成，是支撑垛板、堆叠箱子的地方。当满垛时，通过程序控制将箱垛送出。

④ 垛板储存台。主要由堆板机架、传动构件、垛板抓杆组件、提升滚轴构件和气动控制、光电控制装置组成。完成将卸箱垛机卸下的垛板积累起来，并可自动将垛板送到码箱垛机的堆箱台上。

⑤ 输送机。主要由多支带链轮滚筒组成，并带有压轮式开关装置，使每节输送机能

连续启动，达到输送箱垛的目的。

⑥ 电气装置。该设备为全自动化控制，所有电器元件装在防尘、防水的电控柜内。操作箱是密封良好的接触器系统，可选择自动或手动。机器的周围有安全监控装置，出现故障可自动停机。

（2）工作原理　码箱垛机是通过各机组的联动程序来完成工作的，其工作过程为：当铲车把一叠垛板放在输送机上时，如果堆箱台空着，约10s后，输送机启动把垛板送入垛板储存台储存起来，并送出一块垛板到堆箱台中央等待堆箱。同时，耙式进给器上不断有箱子送入。当码垛主机上的提升架内的小车拖板与进给器的台面齐平时，其电机启动，带动耙齿移动将箱子前推，如此往复三次，第三次直接把箱子推入铝制托板上，如此反复使箱子能按规定的顺序排列，并定时定量地送出箱子。

当码垛主机的托板收到箱子后，提升架即提升，其提升高度靠光电装置控制，到预定高度后滑动小车以慢速向堆箱台移动，当到达终点后，提升架上的三星链轮转动，把拦箱构件从上方转到下方，刚好把箱子拦住；与此同时，上下卸料器气缸的活塞杆启动使上挡柱刚好挡住托板上的箱边，下挡柱刚好与堆箱台上的箱子接触，护在边沿上（堆第一层箱时下挡柱不动作），跟着托板迅速被拉出，该层箱子便稳定地落在垛板上：滑动小车快速返回到起始状态，当提升架下降到铝制托板与进给器台面齐平时，便可以继续下一个循环，直至程序设定的垛层，最后通过输送机将箱垛送出码垛主机，并由铲车送入仓库或装车。

（二）卸箱垛机

1. 分类

按结构形式的不同，卸箱垛机可分为箱式、悬臂式、龙门式及工业机器人。以下主要介绍龙门式卸箱垛机。

2. 工作原理

卸箱垛机是由几个机械装置按照一定的运行原理组合设计而成的。具有如下功能：箱垛输送；箱垛的分解；单箱运输；垛板的积存和输送。特别是在啤酒、饮料包装系统中，将各种堆叠起来的塑箱、托板等分解成单一件，以便于装灌啤酒、饮料等。

如图8-36所示的卸箱机，可用于将各种堆叠起来的塑料箱，分成单一箱体。该机采用全自动电脑程序控制，结合人机界面，易于监控，操作方便。其主要技术参数为：

额定生产能力：1800箱/h

适用塑料周转箱尺寸（长×宽×高）：520mm×350mm×320mm

每次垛数、层数、箱数：2（垛）×4～5（层）×6箱＝48～60箱

主传动电机功率：4kW

适用垛板尺寸：1100mm×1100mm×130mm

装机容量：17.5kW

外形尺寸：16275mm×6500mm×3965mm

3. 龙门式卸箱垛机

龙门式卸箱垛机的机架升降平稳，性能稳定，但外形尺寸相对较大，如图8-37所示。

（1）主要组成部分

① 卸垛主机。主要由立柱、底梁、提升架、移动小车台架、提升构件、抓提装置

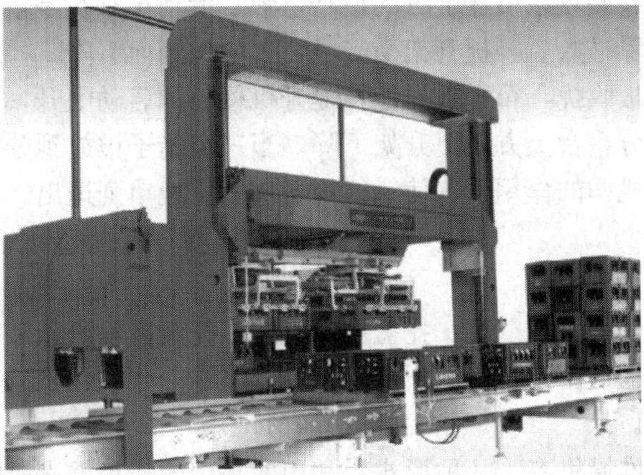

图 8-36 卸箱机

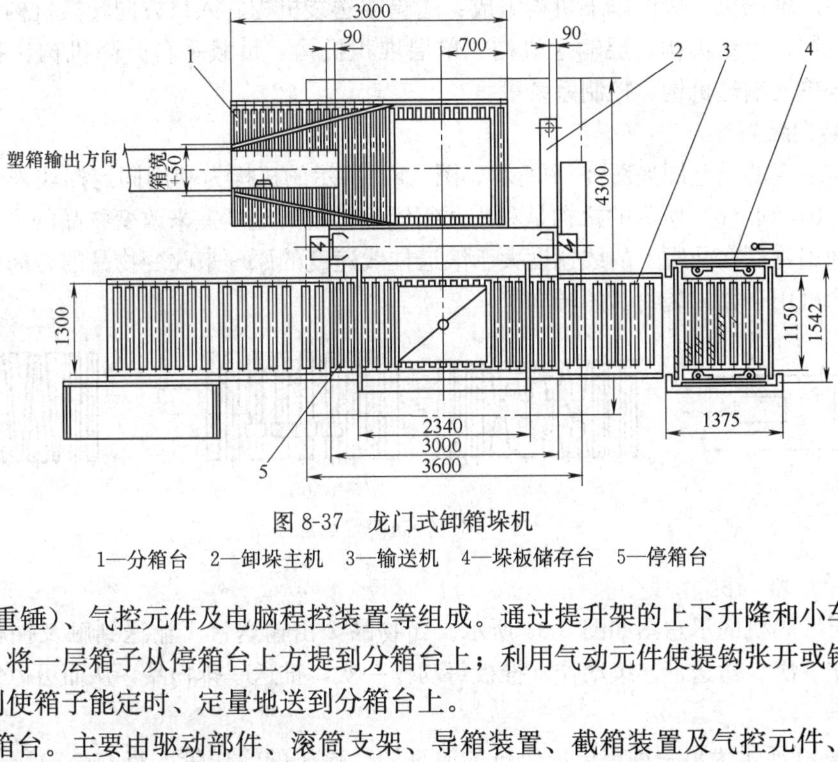

图 8-37 龙门式卸箱垛机

1—分箱台 2—卸垛主机 3—输送机 4—垛板储存台 5—停箱台

(配有平衡重锤)、气控元件及电脑程控装置等组成。通过提升架的上下升降和小车台架的前后移动，将一层箱子从停箱台上方提到分箱台上；利用气动元件使提钩张开或钩箱，通过电脑控制使箱子能定时、定量地送到分箱台上。

② 分箱台。主要由驱动部件、滚筒支架、导箱装置、截箱装置及气控元件、光电装置组成。通过光电装置和截箱装置，将卸垛主机放下来的多行排列的箱子变成单行排列，并送到输箱带上。

③ 停箱台。安装于卸垛主机底梁上的停箱台，主要由多条带链轮滚筒组装而成，是支撑箱垛的地方。箱层卸完后，通过光电装置的控制将垛板自动送出。

④ 垛板储存台、输送机和电器装置。同前述码箱垛机。

(2) 工作原理 卸箱垛机是通过各机组的联动程序来完成工作的，其工作过程为：当铲车把叠有五层的箱垛放在输送机上，约 15s 后，输送机启动将箱垛送入停箱台，准备卸垛。此时，提升架的起始点在机器上方的最高位置，滑动小车在停箱台的上方，抓提构件处于张开位置。当箱垛进入后，提升架受光电装置的控制而下降，并通过提箱装置的气控元件使抓提构件及夹板收拢，箱子被抓住，提升机构随即启动上升，并通过小车台架上的电机驱动小车台架到分箱台上方，提升架下降，当三组箱子被放到分箱台上后，在分箱台上的光电装置和挡箱机构的作用下，使三组箱子按顺序地单列送出。

二、托盘堆码机械

托盘堆码机械可分为以下三类：托盘堆垛机械、托盘拆垛机械和托盘机器人。托盘机器人既可用于堆垛，也可用于拆垛。

（一）托盘堆垛机

目前使用的托盘堆垛机有十几种形式，常用的平台式托盘堆垛机的工作过程如下：瓦楞纸箱由升降机提起，顺序排在平台上。平台可以在机器的直立框架上升降。当排完一排后，用推板推到由输送托盘装置送来的托盘上进行逐层堆积，直到堆积完最后一层。

集装用堆码机一般由以下机构组成：送箱或送袋机构、入口方向转换机构、箱或袋方向转换机构、停止机构、层输送机构、单层堆积机构、负载平台升降机构、托盘输送机构、搬运单元输送机构、控制系统等。

1. 转向装置

转向装置的示意图如图 8-38 所示。图（a）所示的机构为利用固定挡块来改变物品方向。图（b）和（d）所示的机构是利用两组锥滚转动的速度差来改变物品的方向。图（c）所示是利用物品在凸缘上的线速度大于滚道柱线速度的原理来改变物品的方向。这四种转向装置均可用于箱或袋物品的转向。

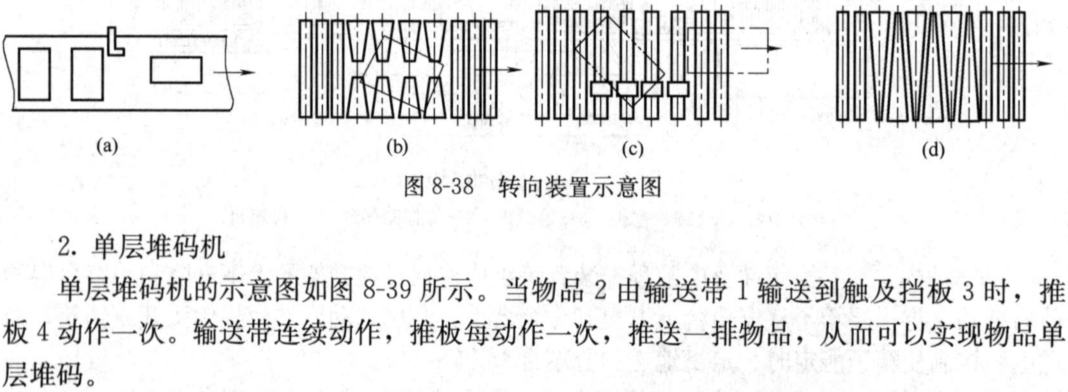

(a)　(b)　(c)　(d)

图 8-38　转向装置示意图

2. 单层堆码机

单层堆码机的示意图如图 8-39 所示。当物品 2 由输送带 1 输送到触及挡板 3 时，推板 4 动作一次。输送带连续动作，推板每动作一次，推送一排物品，从而可以实现物品单层堆码。

图 8-40 所示为另一种单层堆码机的原理图。该机的输送带 5 将物品输送过来，在箱转向机构 3 处按堆码时所需方向调整后进入层输送机构 2 上，在层输送机构上将物品紧密排列，且按照堆码时层排列顺序排列，然后由输送辊 1 送入下一个工位。

3. 多层堆码装置

多层堆码装置的原理如图 8-41 所示。托送板 5 在输送带 4 的下方，并能左右移动。工作时，托送板在向左移动的过程中，接收来自输送带送来的物品 3。直到托送板碰到挡板 1，物品正好排列成一行时，控制系统使挡销 2 动作，阻挡输送带上的物品送进。然后托送板右撤，在托送板上的物品顺次落到升降台 6 上。每增加一层，升降台便下降一物品高度。

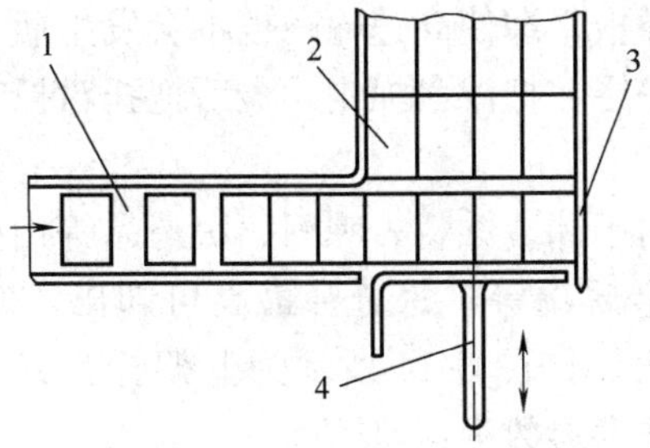

图 8-39 单层堆码机示意图

1—输送带 2—物品 3—挡板 4—推板

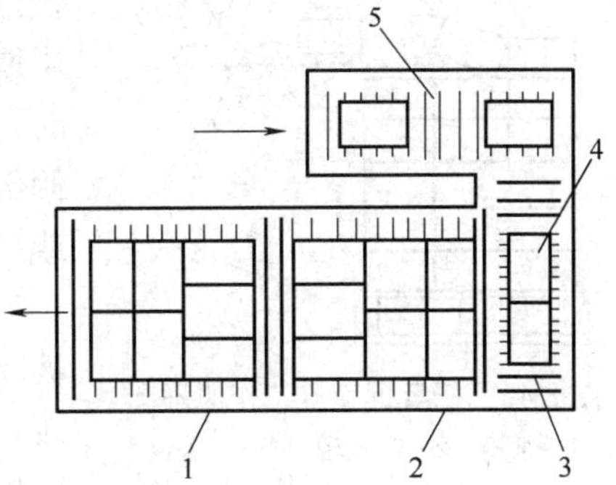

图 8-40 单层堆码机原理图

1—输送辊 2—层输送机构 3—箱转向机构 4—物品 5—输送带

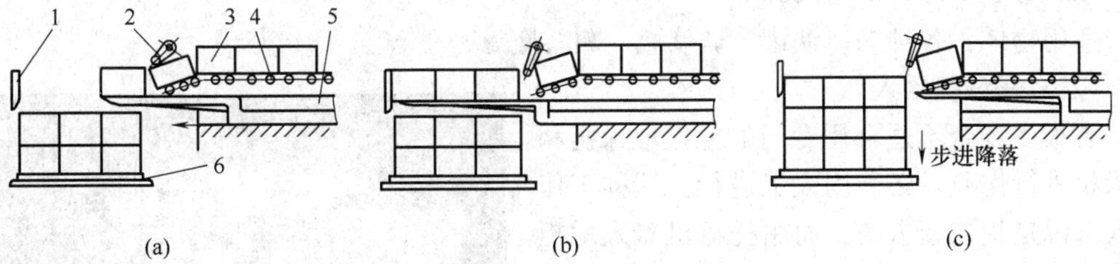

图 8-41 多层堆码机原理图

1—挡板 2—挡销 3—物品 4—输送带 5—托送板 6—升降台

4. 排列堆码机

排列堆码机的结构示意图如图 8-42 所示。成排物品由输送带 7 送来后，推板 8 将物品推送到集料台 5 上。之后，推板 6 向左移动，先推 A 层、B 层，再推 C 层物品，最后将三层物品堆码在挡板 2 上，并由推板 1 推入输送带 4 输送到下一工位。在物品由推板 8 推送到集料台的过程中，应设有斜面装置，保证物品能顺利到达集料台，或集料台本身有升降功能。集料台有三个平面，相邻两平面的高度差要略大于物品的高度，以利于堆码。

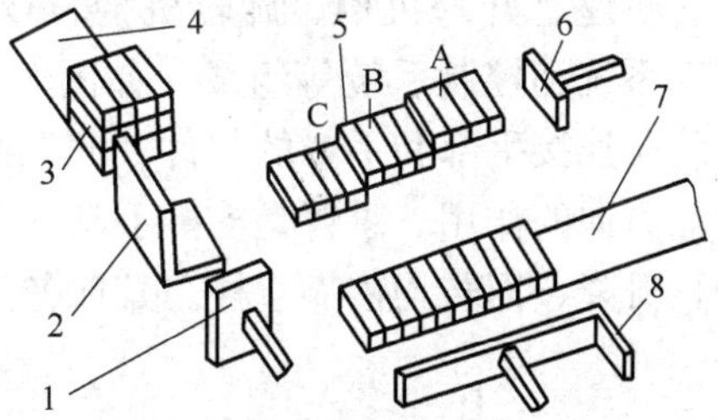

图 8-42 排列堆码机示意图

1、6、8—推板 2—挡板 3—物品 4、7—输送带 5—集料台

（二）托盘拆垛机

托盘拆垛机可将托盘上的货物自动进行拆垛。拆垛机主要由很多装在框架上的辊子组成，其工作原理如图 8-43 所示。辊子框架 4 可以前后上下移动，最前面的辊子叫起箱辊，它最先与纸箱接触，依靠它的转动将纸箱抬起，并随之伸入到抬起的箱底部，将纸箱由输送辊 3 送出。在输送完一层纸箱后，辊子框架 4 回撤，下降一层纸箱高度后开始卸第二层纸箱，直至卸完。

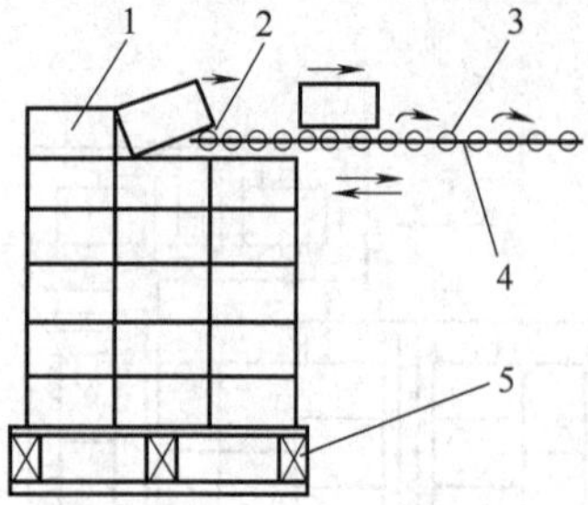

图 8-43　托盘拆垛机工作原理图
1—纸箱　2—起箱辊　3—输送辊
4—框架　5—托盘

这类机器中使用较多的还有托盘卸瓶机。瓶装在浅盘内，浅盘堆积在托盘上。卸瓶机每次可以从托盘最上层取出瓶子，并将其放在排出输送带上。瓶在排出输送时，输送带两侧有导板，即使高速输送也不会发生瓶子倾倒现象。每取出一层，把浅盘抓走，最后把托盘抓走或推送到托盘架上。

这种机器最适用于卸装饮料、啤酒、医药品等用的玻璃瓶、塑料瓶、金属罐等。每分钟最高可卸出 1200 瓶，但占地面积较大。如图 8-44 所示为低架托盘式自动拆垛机，其主要技术参数为：

可卸垛尺寸：最高高度 1500mm

适用托盘：1000mm×1200mm 或 1100mm×1400mm

外形尺寸：9.5m×1.5m×2m

动力参数：3×9kW，380V

适用物体：各种马口铁罐、玻璃瓶、塑料瓶等

（三）托盘机器人

图 8-44　低架托盘式拆垛机

有很多场合不适合用专门的托盘堆垛机和拆垛机进行作业，必须用人工进行。这种工作对人来说是相当繁重的。而用托盘机器人承担往托盘上堆垛和从托盘上卸货是非常适合的，可以有效地代替人的工作。

1. 主要结构

托盘机器人主要由手部、手腕、手臂、立柱、机座、升降机构、旋转机构、行走机构、驱动系统和控制系统等组成，如图 8-45 所示。手腕是连接手部和手臂的部件，起调整和改变物品方向的作用。手臂是支持手部、手腕和物品的部件，可以伸缩。立柱是用于支承手臂的，升降、回转均依靠立柱。其他各部分与一般机器人相同。

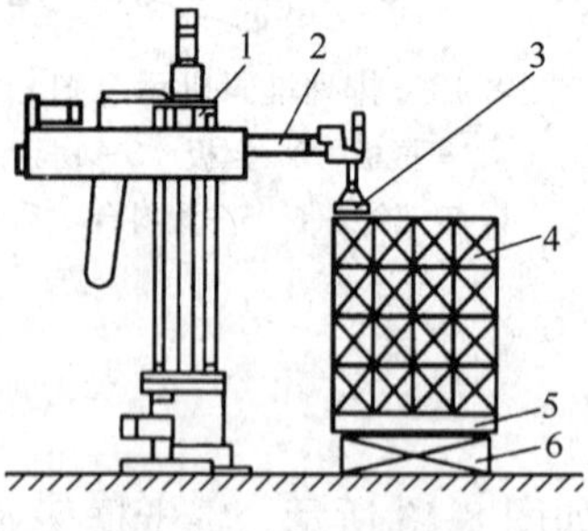

图 8-45　托盘机器人
1—立柱　2—手臂　3—手部　4—货物
5—托盘　6—输送带

2. 工作原理

托盘机器人可以在托盘上堆码，也可以将堆码在托盘上的货物拆卸下来。机器人依靠手部抓取货物，由安装在支柱上部的升降机构提升起来，随后支柱下部的转盘转动，将货物送到指定位置。

3. 手部结构

托盘机器人的手部是直接抓取货物的机构，抓取的对象不同，则方法也不同，手部结构也不同。常见的机器人手部主要有三种型式：

（1）吸盘式　从物品的上部或两侧吸着；

（2）钳爪式　夹持物品的两侧；

（3）钩式 从物品下部钩抓。

第五节 集 装 机

将若干个包装件或产品包装在一起，形成一个合适的搬运单元的机器称为集装机。

按集装方式，集装机可分为托盘集装机和无托盘集装机，也可分为塑膜拉伸集装机、塑膜收缩集装机、集装箱装载机、集装机器人和捆扎机。

（1）托盘集装 托盘集装是在包装货物的下面或上下两面加一块托盘，货物与托盘可固定也可不固定。在贮存、装卸或运输过程中，托盘与货物并不分开。

（2）无托盘集装 无托盘集装是一种不用托盘的集装方法。集装时先将货物排列堆码，然后捆扎或用薄膜包装。

一、托盘塑膜拉伸集装机

塑膜拉伸集装机是把托盘连同其上承载的货物用拉伸薄膜牢固地包卷，形成一种可靠的运输单元的机器。

若用收缩薄膜代替拉伸薄膜包卷，即为托盘收缩包装。托盘收缩包装后，要对已包装好的物品加热。若不加热，薄膜就不会牢固地捆缚在货物上。另外，加热后被包装物如有一部分移动，则其余部分就有散乱的趋势。这是因为加热后的收缩薄膜已发生了永久变形，失去了弹性，仅靠残留的应力起着包紧作用的缘故。托盘拉伸包装正是为了克服这种缺点而产生的，被包装物用单层拉伸薄膜从外面裹起来，拉伸薄膜保持着张紧状态，不需要对它再进行热收缩。

托盘拉伸包装最大优点是工艺简单，节省能源。缺点是包装薄膜的尾边必须要沿包装方向垂直密封，需要复杂的夹紧装置和封口方法，其次是张紧力不够均匀，包装薄膜易被凸起的锐角顶破。

（一）拉伸集装机分类

拉伸集装机不管是否带有托盘，其包装方法是一样的。一般可分为盘旋式和满载式两类。

1. 盘旋式拉伸集装机

盘旋式拉伸包装是采用宽度较小的薄膜，以盘旋的方式绕裹被包装货物。这种方式可使用同一尺寸规格的薄膜，包装不同大小和形状的货物。像以下情况使用该方式非常方便：货物堆积比较高的场合；货物堆积高度不同的场合；货物有凹凸不平的场合；货物较轻的场合。

盘旋式拉伸集装机由旋转盘、压紧机构、支撑机构、塑膜供送机构、切断机构、控制与传动系统等组成。盘旋式拉伸集装机工作原理如图 8-46 所示。在供膜机构的控制下，窄幅的塑膜随着旋转盘的转动而上下移动，盘旋地将货物包裹起来。

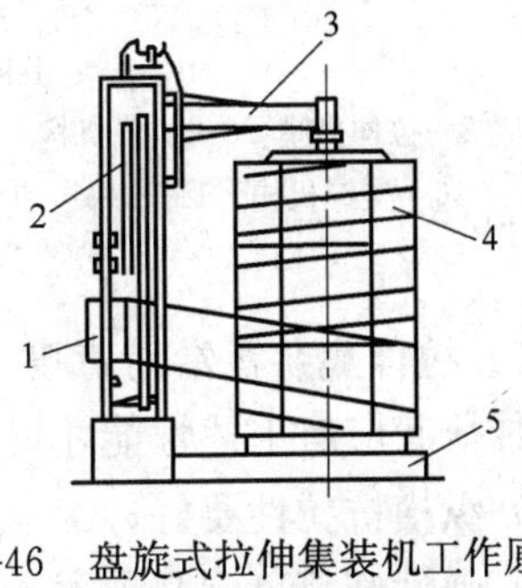

图 8-46 盘旋式拉伸集装机工作原理图
1—供膜机构 2—支撑机构 3—压紧机构
4—货物 5—旋转盘

这种集装机的特点是应用范围广，它可以包装不同高度、不同长度与宽度的货物。

如图 8-47 为托盘盘旋式拉伸集装机的实例。它具有采用 PLC 控制，自动感测货物的输入、输出，转台速度可调等特点。其主要技术参数为：

电源：220V

功率：2.3kW

外形尺寸：3000mm×2000mm×3000mm

工作速度：40～60 托盘/h

图 8-47　托盘盘旋式拉伸集装机

2. 满载式拉伸集装机

满载式拉伸集装机是采用宽度比被包装货物的高度还大的薄膜把货物包卷起来。在包装大批量同一货物时，用这种方法既经济，效果又好。单位时间内要求包装效率高的常采用这种方式。

图 8-48 所示为半自动满载式拉伸集装机。该机主要由支撑机构、供膜机构、制动机构、封合机构、切断机构、驱动机构、底座和支架等组成。这种拉伸包装机虽然自动化程度不高，但包装质量良好，适用于中、小批量货物的包装。

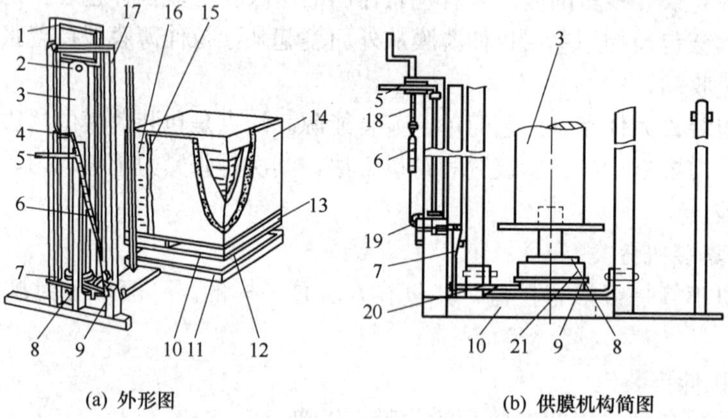

图 8-48　半自动满载式拉伸集装机

1—支架　2—拉伸薄膜　3—供膜机构　4、9、18—螺杆　5—脱开机构　6—拉簧　7、20—操纵臂　8—制动机构　10—支撑机构　11—基础　12—平台　13—托盘　14—货物　15—薄膜封合　16—薄膜尾边　17—滑柱　19—滑轮　21—刹车转鼓

（二）拉伸集装机常用薄膜

拉伸薄膜应有下述性能才可使拉伸集装机有效地捆包住物品：

（1）纵横抗拉性要好；

（2）弹性恢复范围必需大，这样才能保持捆包牢固；

（3）应力缓和要小，这样收缩率随时间变化就小，捆包可靠性好；

（4）抗断强度和拉力强度要大；

（5）本身有粘附性，可以和被装物互相密封为一体，密封性好；

（6）低温时物性不劣化，高温时捆缚力不减；

（7）透明度高。

根据上述要求，拉伸集装机常用的薄膜有醋酸乙烯聚合树脂；聚氯乙烯、偏氯乙烯系树脂；聚乙烯等薄膜。

拉伸薄膜的规格分两类：一类为盘旋式包装用，宽 500mm，厚 25、30、35μm；另一类为满载包装用，宽 1000～2000mm，厚 25、30、35、40、45、50μm。

另外拉伸薄膜按性状分又可分为热封型（满载包装用）、自身粘结型和单面粘接型（盘旋包装用）。

二、托盘薄膜套包集装机

把收缩薄膜套包在承载物品的托盘上有两种方式：

（1）罩套方式　把封口的薄膜由上而下套入或水平套入，前者称为楔形袋纵向套包，后者称为平底袋横向套盘，前者外观良好，后者扎紧度高。

（2）包卷方式　托盘上部不用薄膜封住，只包卷四周。

在套包货物时，罩套的尺寸要比货物周长大 200mm 左右。另外，为了能使薄膜紧紧地包住托盘底部，要超过托盘下端 160～200mm。托盘底部四角必须要裹紧，这是固定货物不可缺少的条件。

薄膜套包一般都使用大型的框架式设备，图 8-49 所示为托盘收缩套包集装机原理图。

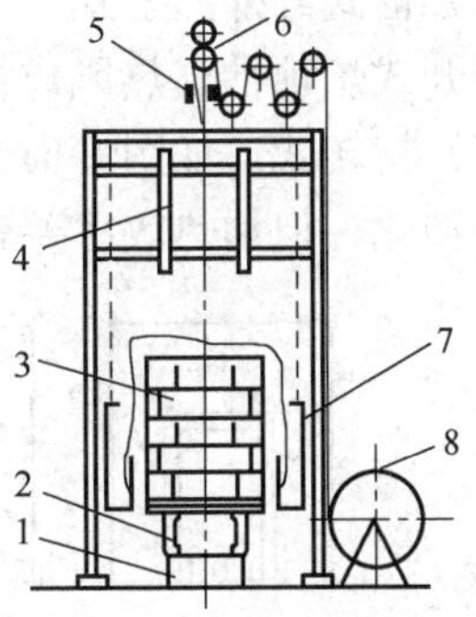

图 8-49　托盘收缩套包集装机原理图

1—输送带　2—托盘　3—物品

4—夹板　5—横封装置　6—送进辊

7—撑角伸缩杆　8—薄膜套卷

收缩薄膜 8 为卷筒形，放置在机器下部，把薄膜上引经过导辊与送进辊 6，再送到夹板 4 处并被一对夹板分开，同时，四根撑角伸缩杆 7 向上移动，向中心偏转，插入被夹板撑开的薄膜卷筒内。然后撑角伸缩杆 7 一边向四角偏转，把薄膜筒坯撑成四方形，一边下降，往从输送带 1 运过来的物品 3 上套。当下降的薄膜达到一定长度时由横封装置 5 封口剪断。后面的塑料筒坯用吸嘴吸开，再进行下一个工作循环。

图 8-50　全自动托盘收缩包装机

图 8-50 所示为全自动托盘收缩包装机。适用于较重物品的包装，如耐火材料的收缩包装。特点是可连接生产线，对大型物品进行热收缩包装。

三、薄膜的加热收缩装置

用于托盘收缩包装的加热装置，主要有热风式和红外照射式两种。

热风式的特点是可适应各种尺寸的货物。货物尺寸的不同，不会影响到薄膜的热收缩，只要调整一下吹热风的时间即可。热风式的缺点是预热时间长，需要 40min 左右，在连续处理的托盘货物较少时是不经济的。

红外照射式则要根据货物尺寸的变化来改变照射距离。红外照射式的照射时间短，即使小批量作业也比较经济。

热收缩薄膜的加热方式可归纳为以下五种：

（1）开式炉底抽气热风式。如图 8-51（a）所示，托盘底部的捆缚性良好，遇有凸出部分时，薄膜容易被刺破。

（2）开式炉顶抽气热风式。如图 8-51（b）所示，遇有凸出部分时薄膜不会被刺破。但若薄膜 MD 方向与货物水平方向不一致时，托盘底部的捆缚性差。

（3）开式两头抽气热风式。如图 8-51（c）所示，托盘底部的捆缚性好，遇有凸出部分也不会被刺破。

（4）框式红外照射式。如图 8-51（d）所示，加热装置结构简单，预热时向短，处理效果与开式炉顶抽气热风式相同，但处理能力小。

（5）旋转式。如图 8-51（e）所示，既可以是红外照射式，也可以是热风式。加热装置可小型化，但加热效率差，薄膜受热不均匀。

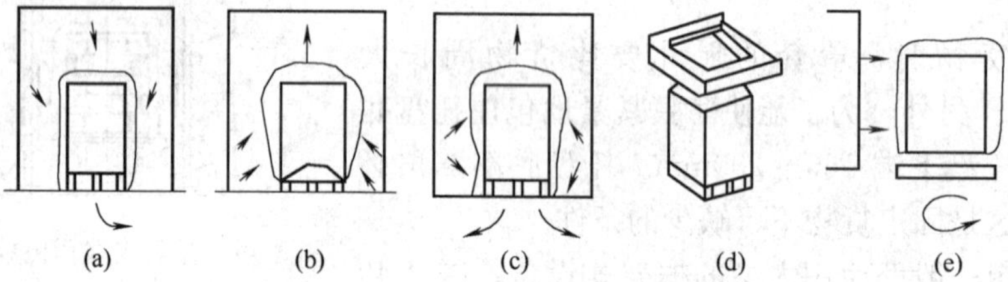

图 8-51　加热方式

热风炉的加热可使用煤油、液化气或电。用煤油和液化气时不宜采取直热方式，而应采取间接加热的方式。因为燃烧时会产生水蒸气，形成水滴附在薄膜的内侧，影响货物的包装质量。

1. 热风喷枪

对于大型托盘收缩包装，当生产率要求不高时可采用热风喷枪进行加热收缩。图 8-52 所示为 SHRINKFAST S998 手提式热风喷枪。其技术参数为：

图 8-52　SHRINKFAST S998 手提式热风喷枪

生热功率：50kW

丙烷消耗量：3.64kg/h

操作压力：0.15MPa

空气消耗量：50.97m^3/h

重量：0.91kg

其工作原理是用单纯气动方法产生一股热风，热风来自两个阶段的喷射夹带：第一阶段是使具有压力和热含量的瓶装丙烷气变成高速、高温燃烧喷射气流；第二个阶段是使燃烧气流夹带数倍于本身容量的周围空气，产生低温喷射气流。

使用热风喷枪时，先将待包装物品套上收缩薄膜袋，然后把喷枪和丙烷气瓶接通，点火加热收缩薄膜。这种喷枪安全可靠，使用简单，重量轻，体积小，效率高，一件托盘货物 1～2min 可以完成。喷枪有自动点火装置。燃烧在喷嘴外进行，喷嘴本身保持恒冷，不会意外伤人。

2. 框式红外收缩包装机

图 8-53 所示为框式红外包装机简图。收缩加热环 2 可以在立柱导轨 1 上移动，当它被红外加热后，只需 3～4min即可达到最高温度。套上收缩薄膜 3 的货物托盘置于收缩加热环下方，收缩加热环沿导轨 1 自上而下移动，当套入货物后薄膜开始收缩，到了最下部，加热环上升，收缩完毕。整个收缩时间只有 1.5～2.5s，即使是怕热商品也不会受损失。

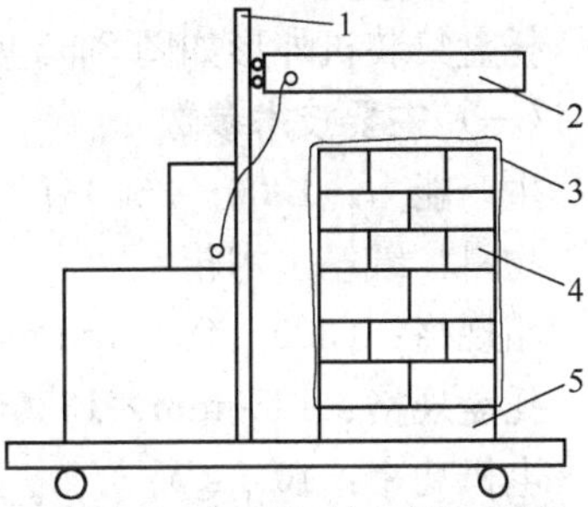

图 8-53　框式红外包装机简图
1—导轨　2—加热环　3—收缩薄膜
4—物品　5—托盘

3. IR 快速收缩包装装置

为了提高加热收缩时的热效率，节约能源，降低成本，不少国家都在研究最佳的加热收缩装置。IR 快速加热收缩装置是日本研究出的一种高效收缩装置。

该系统以波长 1μm 的近红外灯为热源。近红外灯与常用的红外灯（波长 3 ～4μm）相比，热效率极高，并且在点灯后 1s 就可达到输出顶峰。但它被 LDPE 吸收的吸收率远比红外线低。故需在收缩薄膜里混入极少量铝粉末，以克服这一问题。

这个装置对薄膜的加热既不需要预热，照射时间又极短，对小批量的处理也很经济。另外近红外线几乎不被空气所吸收，因而不会提高室内温度。与液化气为热源的热风炉相比成本降低$\frac{1}{3}$～$\frac{1}{2}$。所加入的铝粉末，重量只占薄膜的 0.12%～0.26 %，足以维持所需透明度且对成本影响不大。

IR 快速收缩包装的原理如图 8-54 所示，系统有一块上照射板（图中未画）和两块下照射板 3。输送带 2 运载货物 1 通过照射板，照射板会随货物移动而改变方向，以照到货物各个面。设备也很简单，设备费为传统风炉的$\frac{1}{2}$。

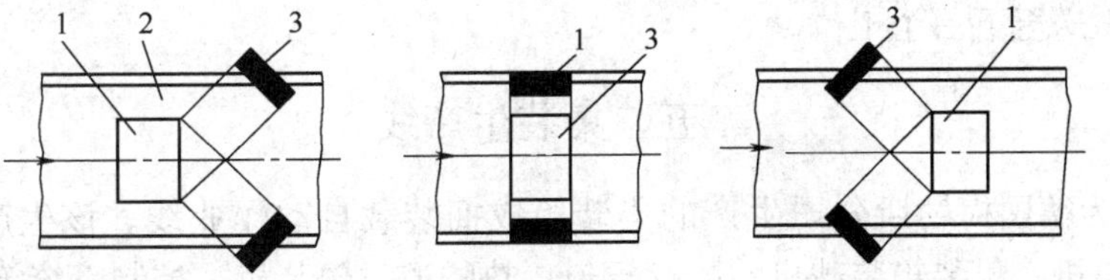

图 8-54　IR 快速收缩包装装置工作原理示意图
1—物品　2—输送带　3—照射板

4. 热风式托盘收缩系统

这种系统较简单，如图 8-51（a）、（b）、（c）所示，输送带运送托盘货物通过隧道式收缩炉，收缩薄膜被隧道内热风所加热，紧包于托盘货物之上完成捆缚固定。

收缩炉尺寸大小不一，长度有3～6m，宽有2～3m，高有2m。一般每1h可完成60个以上，收缩炉门是自动开闭的，由电气控制，包装物在炉内停留时间可控制。一般15s即可，温度为160℃左右。这样，即使是冷冻食品也不会融化。

四、托盘集装机

托盘集装机外形如图8-55所示。

（一）主要技术参数

生产能力：1800～3600箱/h

物料：纸箱、木箱

箱规格：(300～480)mm×（230～285)mm×（200～435)mm

托盘规格：1350mm×1350mm×140mm

电机功率：10.5kW

外形尺寸：4275mm×3300mm×2800mm

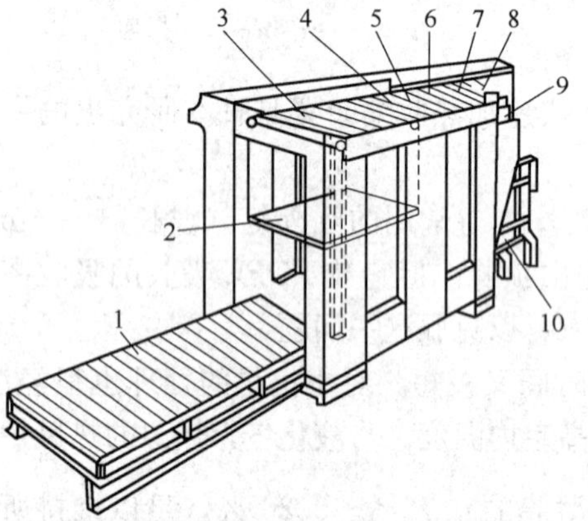

图8-55　托盘集装机简图

1—箱输送带　2—升降机构　3—输送辊　4—分层输送机　5—入口转换机构　6—箱转向机构　7—货物供送机构　8—限位机构　9—向上转换机构　10—托盘供送机构

（二）主要机构及组成

该机主要由货物箱供送机构、入口转换机构、箱转向机构、分层输送机构、升降机构、托盘供送机构、输送装置、传动系统以及控制系统等组成。

（三）工作原理

由皮带输送机组成的供送机构7，将连续送来的货物箱子按要求间隔地送出。货物箱经过由数条V形皮带和与其垂直的辊输送装置构成的入口转换机构5，在箱转向机构6处转向，在向上转换机构9处再一次转向。在限位机构8处箱子停止输送。当箱子排列成一层后，由分层输送机4送入输送辊3上。输送辊3由链条连接，在其中一部分链上安装辊轴，并可前进或后退，从而把一层箱子装在已有托盘的升降机构2的平台上。每装好一层，平台下降一相应高度，直至装好最后一层。最后载货托盘由输送带1送至下一个工位。

五、集装生产线

图8-56为德国梅勒斯公司生产的集装箱成捆装载自动作业线。该生产线由输送带、捆扎机、堆码机、集装箱装载机、贮存辊道、热隧道、包装机、控制系统等组成。

打成捆的物料（箱、袋均可）在辊道上被送到包装机3中，用收缩薄膜包裹起来，包裹成捆物品经过热收缩隧道4收缩包装后被送往装载-贮存输送辊道7上，在辊道7前面设有堆码机5，堆码机把成捆物品码成两层（或多层），使其成为运输所需的装箱货码。当辊道和集装箱呈倾斜状态后，已码好的货物滑入集装箱中。

图8-57为典型的纸箱-托盘集装自动作业线。该生产线由辊道输送带、纸箱成型机、

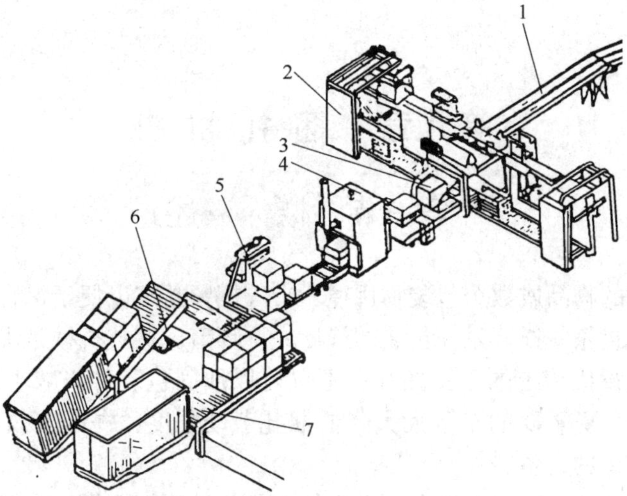

图 8-56 集装箱成捆装载自动作业线

1—输送带 2—捆扎机 3—包装机 4—热收缩隧道 5—堆码机 6—集装箱装载机 7—贮存辊道

贴标机、装箱机、封箱机（纸箱捆扎机）、托盘堆码机、穿制式捆扎机、水平式捆扎机、薄膜拉伸集装机、控制系统等组成。可根据包装需要，对纸箱实施密封封箱或捆扎，对托盘集装件实施捆扎包装或薄膜缠绕拉伸包装。

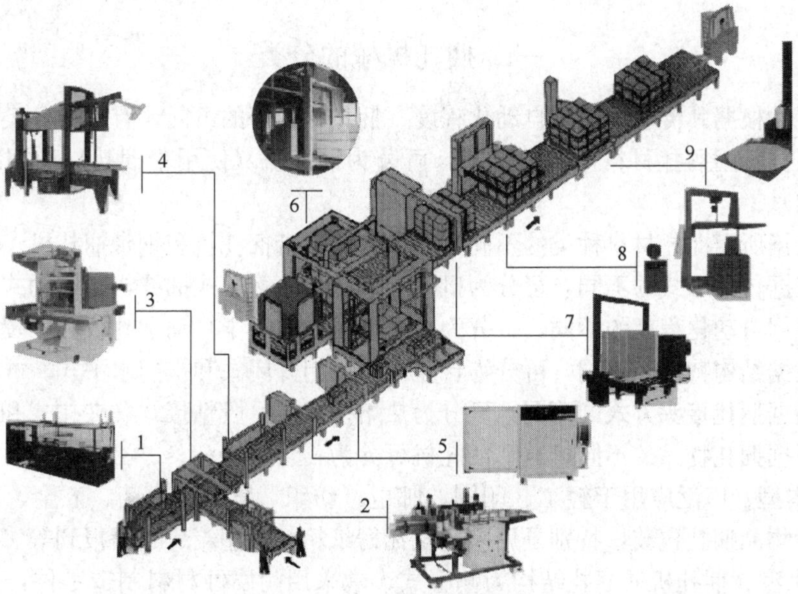

图 8-57 纸箱-托盘集装自动作业线

1—纸箱成型机 2—贴标机 3—装箱机 4—封箱机 5—纸箱捆扎机
6—托盘堆码机 7—穿制式捆扎机 8—水平式捆扎机 9—薄膜拉伸集装机

第九章　捆扎机械

第一节　概　　述

捆扎是把松散的物品或数个包装物用绳、带等捆紧扎牢以便于保管、运输和装卸的一种包装作业。它和封箱一样，是外包装的最后一个环节。捆扎机械是用来完成捆扎作业的机器。利用捆扎机替代传统的手工捆扎，不仅可以加固包装件，减小体积，便于装卸保管，确保运输安全，更重要的是可大大降低捆扎劳动强度，提高工效，是实现包装机械化、自动化必不可少的设备。

捆扎机械的发展，在一定程度上借助于捆扎材料的开发应用。在捆扎材料中，先后出现的有草绳、棉麻绳、纸绳、金属丝、塑料绳、塑料带、钢带、聚氨酯带等，但由于各种材料的强度和延伸率的不同，以及对机械捆扎适应程度的差异，目前以塑料带和钢带的应用最为广泛。特别是随着石油化工的崛起，开始用塑料作为捆扎材料，为塑料带（绳）捆扎机械的开发成功奠定了基础，由于塑料带比钢带、纸带具有较低的使用成本和不锈蚀、不污染、强度适中、手感柔软、制造方便、外观美观等优点，使之在许多领域中应用得到推广。

一、捆扎机械的分类

捆扎机械根据其传动形式、自动化程度、捆扎材料等的不同，有多种分类方法。

(1) 根据所用捆扎材料形态的不同，可分为捆扎机（使用带捆扎）和捆结机（使用线、绳捆结）。

(2) 根据所用捆扎材料种类的不同，可分为塑料带捆扎机和钢带捆扎机。

(3) 根据传动形式的不同，可分为机械式捆扎机、液压式捆扎机和气动式捆扎机。

(4) 根据自动化程度的不同，可分为全自动捆扎机、半自动捆扎机和手提式捆扎机。

(5) 根据结构特征的不同，可分为台座式、拱门开闭式和拱门水平式。

(6) 根据捆扎接头方式的不同，可分为热熔搭接式、胶粘接式、夹扣式和结扣式。

(7) 根据捆扎物品的不同，自动捆扎机可分为：

① 基本型：广泛应用于轻工、印刷、邮电、纺织、食品、医药、五金、电器工业等行业的一般物品捆扎包装，特别是用来捆扎瓦楞纸箱、钙塑箱、书籍报刊等。

② 防水型：捆扎机的捆扎结构为侧置式，常采用耐腐蚀材料制造零件，并经防锈处理，适用于捆扎冷冻食品、水产品、腌制食品等。

③ 防尘型：适用于捆扎木材、砖、瓦、废纸等物品，捆扎机的捆扎结构也为侧置式。

④ 加压型：和基本型相比多了压力装置，可用气压式和液压式两种，作用是先对物品进行压缩后再进行捆扎。适用于纺织品、针织品、纸质品、皮革等软性或弹性物品。

⑤ 开合型：轨道架可在水平或垂直方向上开合，可以捆扎各种圆筒状或环状物品。

二、捆扎机械特点及应用范围

捆扎机械具有以下一系列特点：

（1）捆扎机械可以大大减轻工人劳动强度，改善劳动条件。人工捆扎是高强度工作，工人易患手掌开裂、腱鞘炎、腰肌劳损等职业病。

（2）捆扎机械可以提高捆扎效率，一个工人八小时平均可捆 1000 包发行的书，而一台半自动捆扎机可捆 3000 包左右。

（3）捆扎机既可单独使用又可联机使用。

（4）包装规格一致，适于堆放，便于仓库管理。

（5）捆扎机械已初步系列化，根据物品特点，可较容易地选择到相应的机种。

（6）价格便宜，操作方便，维修容易。

由于捆扎机械具有以上的优点，其应用范围极广，几乎可以应用在所有工业和行业中，如工厂、仓库、码头、邮局、银行、书店等。

第二节　捆　扎　机

捆扎机是用塑料带或钢带捆扎包装件，完成捆扎作业的机器。自动捆扎机通过电气系统的控制，可无须手工穿带，就能连续或单次自动完成捆扎操作。适用于纸箱、木箱、塑料箱、铁箱及包裹、书刊等多种包装件的捆扎。本节以常用的塑料带自动捆扎机为例说明自动捆扎机的工作原理及特点。

一、自动捆扎机的工作原理

自动捆扎机的工作过程主要由抽带、张紧、切烫、送带等环节组成，自动捆扎的工作原理如图 9-1 所示。

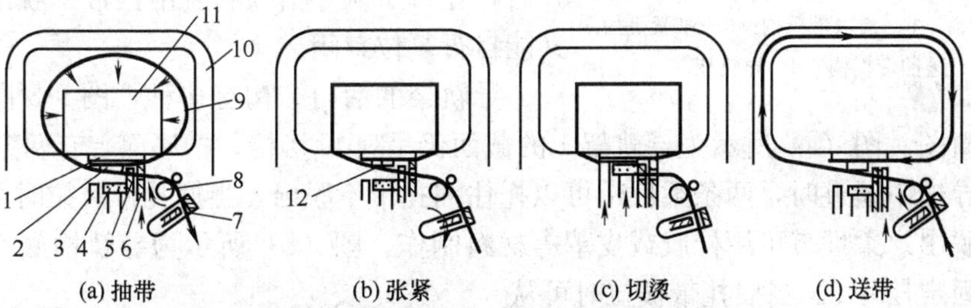

图 9-1　自动捆扎机工作原理图

1—上衬板　2—导向板　3—后端压头　4—切断压头　5—固定刀板　6—前端压头
7—张紧臂　8—滚轮　9—捆扎带　10—导轨架　11—物品　12—烫头

（1）抽带　在按下捆扎开关按钮后，滚轮 8 顺时针方向转动，利用摩擦力将捆扎带从导轨架中拉出，并缠在物品 11 的表面，如图 9-1（a）所示。

（2）张紧　捆扎带缠在物品表面后，张紧臂 7 顺时针向下摆动，将带子拉紧捆扎物品。如图 9-1（b）所示。

（3）切烫　后端压头3上升压紧捆扎带的末端，位于上下两层捆扎带之间的导向板2后退，电热烫头12跟随进入两层捆扎带之间。切断压头4上升，先与固定刀板配合切断捆扎带，再将两层捆扎带的内表面压紧贴靠电热烫头12，使捆扎带的内表面受热熔融。随后烫头退出，切断压头4继续上升，将二层捆扎带紧压在上衬板1下，使捆扎带两端压粘在一起，完成切带、烫带和粘接操作。如图9-1（c）所示。

（4）复位　切断压头4、前端压头6和后端压头3下撤，上衬板1从捆扎带与物品之间抽出，完成捆扎物品的动作。导向板2和张紧臂7也同时复位。

（5）送带　滚轮8逆时针旋转，使捆扎带9沿导轨架10运动，直至捆扎带的前端碰触到止动器的微动开关时停止。随后前端压头6上升，压住捆扎带的前端，为下一次的捆扎作业做好准备，并使机器处于待捆状态。

二、自动捆扎机的主要机构

自动捆扎机主要由导轨架、送抽带机构、张紧机构、接头熔接切断装置、传动系统及控制装置等组成。图9-2所示为塑料带自动捆扎机的结构示意图。

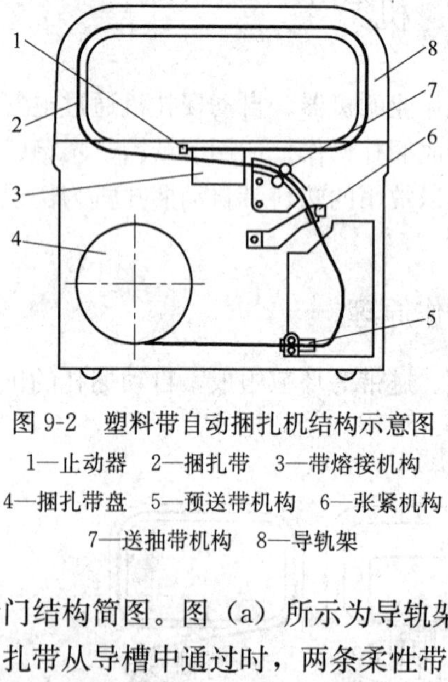

图9-2　塑料带自动捆扎机结构示意图
1—止动器　2—捆扎带　3—带熔接机构
4—捆扎带盘　5—预送带机构　6—张紧机构
7—送抽带机构　8—导轨架

1. 导轨架

自动捆扎机的导轨架是引导捆扎带做送进运动的。导轨架内的长腔是导槽，捆扎带的前端沿导槽滑动送进。为此，导槽的形状应有利于带子滑动顺畅，导槽内面要光洁圆滑，过渡圆弧半径应尽量大些，使带子不被阻滞。

捆扎带绕导轨架一周后，带的前端头碰撞止动器，触动微动开关发出信号，停止送带。为了使捆扎带捆绕在物品上，导槽为活动式封闭结构，有让带子脱出的活门。当带子受到牵引力时能迫使活门开启，让带子从导槽顺利脱出。带子脱出后，活门又能自行复位封闭。

导轨架的活门结构有多种，图9-3所示为两种活门结构简图。图（a）所示为导轨架1的截面仍呈扁U形槽，槽底面装有两条柔性带3。捆扎带从导槽中通过时，两条柔性带可以托住捆扎带不脱出。当捆扎带被拉时可从两条柔性带之间脱出。柔性带可用橡胶或皮革等材料制作。图（b）所示为导轨槽底面装有活动门片6和固定挡片7。当捆扎带被拉时可从活动门片脱出，然后活动门片受扭簧的作用自动复位。

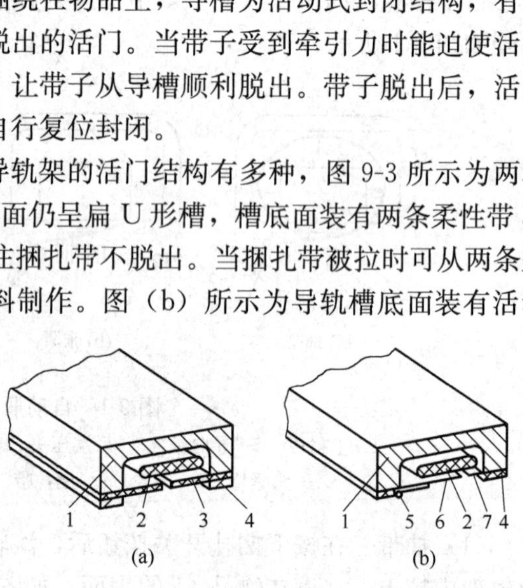

图9-3　导轨架活门结构简图
1—导轨架　2—捆扎带　3—柔性带　4—压条
5—扭簧　6—活动门片　7—固定挡片

2. 送、抽带与张紧机构

送带是指把捆扎带自卷盘中引出送到导轨架滑槽内，抽带是指把捆扎带自导轨架滑槽中抽出来捆在待捆扎物品上。送带与抽带只是捆扎带运动方向的不同，故可共用一对摩擦滚轮，通过滚轮的正、反转来实现。

图 9-4 所示为送、抽带与张紧机构的工作原理图。捆扎带由预送带机构 9 从带盘中抽出，送入储带箱 8 的下腔中，储带箱的上腔是为抽带所预留的存放空间。

捆扎带由压轮 3 通过弹簧的作用被压在滚轮 2 上。当闭合送带离合器时，通过齿轮驱动滚轮 2 作逆时针转动，依靠摩擦力使捆扎带从储带箱 8 中拉出送入导轨架的滑槽中。

当闭合抽带离合器时，驱动滚轮 2 作顺时针方向转动，又可将捆扎带从导轨架的滑槽中抽回到储带箱 8 的上腔中。抽带过程直到捆扎带脱出导轨架，捆扎到物品上并产生一定的收紧力为止。

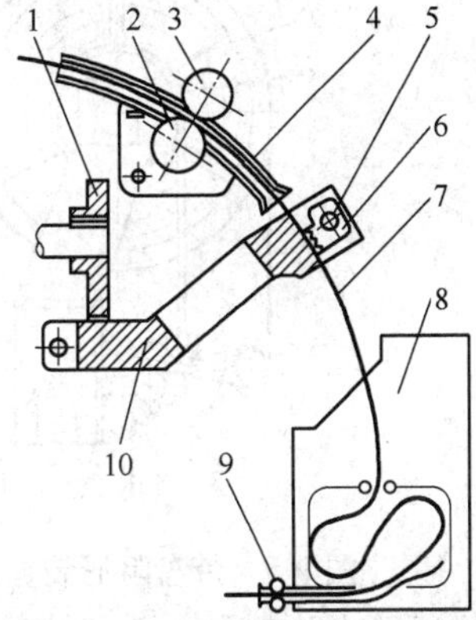

图 9-4　送、抽带与张紧机构原理图
1—张紧凸轮　2—滚轮　3—压轮
4—导槽　5—棘爪轴　6—棘爪
7—捆扎带　8—储带箱
9—预送带机构　10—张紧臂

张紧机构的主要作用是把抽带后紧贴物品的捆扎带进一步拉紧，以达到捆扎所需要的紧束度。当抽带动作完成后，压轮 3 与滚轮 2 脱离，张紧凸轮 1 开始转动，使张紧臂 10 向下摆动。在向下摆动的过程中，装在棘爪轴 5 后端的拨块与咬带挡块相碰撞后，产生顺时针偏转，并带动棘爪轴 5 和棘爪 6 也顺时针偏转，正好让棘爪的齿面和张紧臂把捆扎带咬紧，使捆扎带随着张紧臂一起向下摆动，将捆扎带抽紧。当捆扎带被张紧到最大程度（即张紧凸轮工作行程终点）前，后端压头上升压住带尾，环绕物品的捆扎带就不会再松开。同时，装在棘爪轴后端的拨块又被放带挡块反向碰撞，使棘爪逆时针偏转，松开捆扎带。之后，张紧臂受弹簧的作用逐渐返回原位。

捆扎带的捆紧程度是由张紧臂回抽捆扎带的长度所决定的。对于捆扎同一尺寸的物品，回抽的捆扎带越长，物品就捆得越紧。通过改变咬带挡块的位置，就可调节张紧臂在下摆过程中拨块与咬带挡块碰撞时间的早晚，改变捆扎带的回抽长度，从而调整捆扎的捆紧程度。这种调整通常是凭操作者的经验，经试捆后才能调定的。

3. 带盘阻尼装置

送带时带盘会随之转动。当送带停止时，因带盘质量较大，带盘在惯性作用下不能随之停转，会使带卷散乱。设置阻尼装置就可防止带卷松散。

图 9-5 所示为带盘阻尼装置简图。捆扎带从带盘 1 上通过滚轮 5 和导轮 7，向下进入储带箱。送带时，捆扎带被拉紧，迫使摆杆 6 绕摆杆轴 9 向上摆动抬起，放松制动带 2，带盘可自由转动。停止送带时，带盘因惯性而继续放出带子，因摆杆 6 头部的自重及弹簧 8 的拉力，使摆杆绕摆杆轴向下摆动，拉紧制动带，利用与制动轮之间的摩擦阻力使带盘停止转动。

4. 压带凸轮机构

图 9-6 所示为压带凸轮机构的原理图。在进行捆扎作业时，当捆扎带送达要求位置后，需用前端压头 8 压住捆扎带的前端，以便进行抽带收紧。为了保持捆扎的张紧状态，在捆扎带张紧后需用后端压头 4 压住捆扎带的后端，以便进行捆扎带圈两端头的熔接。在热熔接作业时也需用切断压头 5 对捆扎带进行加压。各压头受凸轮轴 7 上相应的凸轮 6 控

制，根据捆扎工作程序的要求，完成其特定的作业。压带机构也可采用液压或气动结构形式来实现。

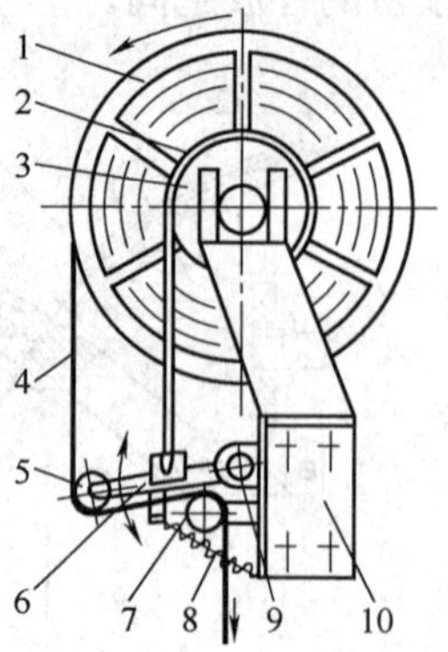

图 9-5　带盘阻尼装置简图

1—带盘　2—制动带　3—制动轮　4—捆扎带　5—滚轮　6—摆杆　7—导轮　8—弹簧　9—摆杆轴　10—支架

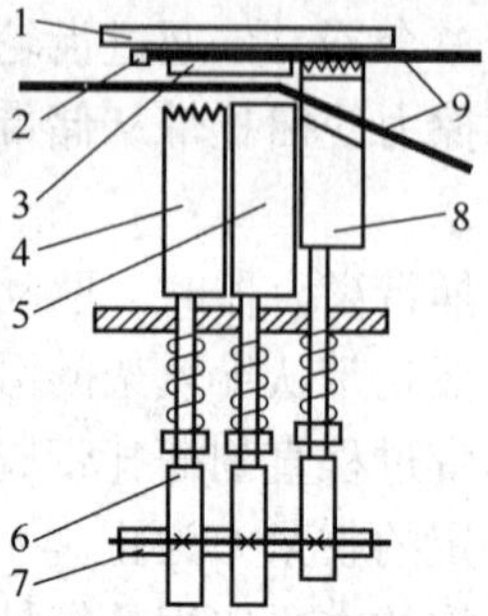

图 9-6　压带凸轮机构原理图

1—上衬板　2—止动器　3—导向板　4—后端压头　5—切断压头　6—凸轮　7—凸轮轴　8—前端压头　9—捆扎带

5. 捆扎带接头连接装置

捆扎带接头的连接方式，虽然有热熔搭接、胶粘搭接、铁扣式等多种。但在自动捆扎机中主要应用的是热熔搭接。这是由于热熔搭接具有连接强度高、装置结构简单、操作简便等优点所决定的。

热熔搭接是对捆扎带圈两端头的重合接触部分进行表面快速加热，使其成为熔融状态，随后对其进行加压，使重合搭接两部分的表面熔合在一起，经冷却后得到牢固的接头。此连接方式适用于塑料捆扎带和金属捆扎带。

(1) 塑料捆扎带的热熔搭接　目前，塑料带自动捆扎机中主要应用的是板式热熔搭接。加热板常用电加热板，多取脉冲电加热或高频电加热。加热时间和温度与捆扎带的材料有关，通常多取高温、短时加热方式，加热时间为 0.2～0.3s。熔接压头所加压力在加热阶段要低些，电热板撤出后的压力要大些，加压时间宜长些，一般从加热到压接结束需 0.7～1s。

捆扎带搭接处的熔合形式，除了上述的平面熔合形式外，也可采用平行沟槽熔合形式，如图 9-7 所示。其加热板的样式如图 9-8 所示。

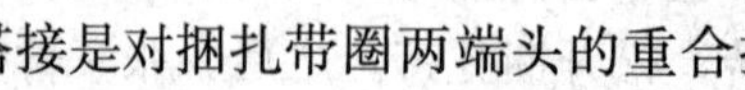

图 9-7　捆扎带平行沟槽熔合形式

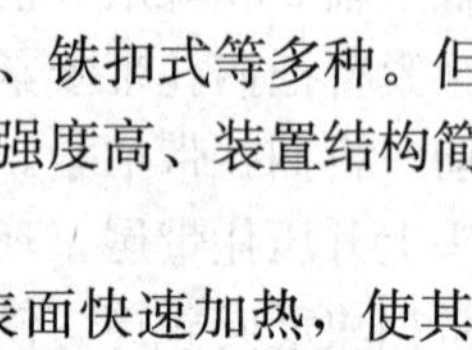

图 9-8　平行沟槽熔合加热板

(2) 金属捆扎带的热熔搭接　铁带、钢带的搭接方式有冲模式和焊接式，图 9-9 所示为电阻焊搭接示意图。焊接过程共分两次进行，这样可以保证焊接的可靠性。图示各机构的动作是由凸轮轴顺序控制的，凸轮轴每转一圈，焊接机构工作一次。焊接过程如下：上隔离板 3 和下隔离板 9 后撤，上下两层钢带搭合，压紧头 5 上升，将上层钢带紧紧压在上衬板 2 之下。随后进行钢带张紧，第一点焊头 8 上升，将上下两层钢带点焊牢固。第一点焊头下降，切刀 6 上升，切断钢带。第二点焊头 7 上升，对上下两层钢带进行第二次点焊。第二点焊头下降，上衬板后退，捆扎完毕。

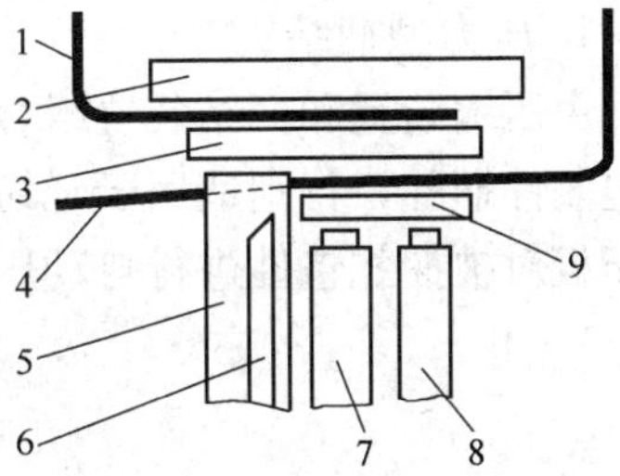

图 9-9　金属带电阻焊搭接原理图
1—钢带前端　2—上衬板　3—上隔离板
4—钢带末端　5—压紧头　6—切刀
7—第二点焊头　8—第一点焊头
9—下隔离板

图 9-10 所示为 SD-101 型自动捆扎机。该机属于基本型的塑料带自动捆扎机，适用于纸箱、包裹信函、药箱、五金工具、陶瓷制品、汽车配件、纸张、日化用品、文体用品、器材等货物的自动打包捆扎。其主要技术参数为：

图 9-10　SD-101 型自动捆扎机

机器尺寸：1412mm×600mm×1540mm，机台高 820mm

弓架尺寸：850mm×600mm

重量：215kg

PP 带：宽度 9、10、12、15、18mm；厚度 0.5～1.0mm

功率：0.85kW

捆包速度：2.3s/次

打包尺寸：最小 100mm×30mm；最大 850mm×600mm

打包力度：最大 80kg

第三节　捆　结　机

用绳来捆绑物品，并将绳端打结封固的机器称为捆结机，它是捆扎机械中一种重要类型，一般用于捆绑轻型的物品。绳的常用材料有聚乙烯、聚丙烯、棉、麻四种。由于聚乙烯塑料薄膜绳有显著优点，故现在已完全取代了麻绳、棉绳等其他材料。捆结机的结扣的方法不同于前述的塑料带热熔搭接方法，当需要拆包时只要拉动扣结的活动端，就能自行松开物品，使用十分方便。但出于包装安全的考虑，捆结机一般作为内包装捆扎用，或者作为商业零售货物的捆扎用。

一、捆结机的分类

捆结机在刚出现时，仅仅是把物品用绳子绕到一起，没有特定的捆绑对象，属于通用性机器。后来机器的性能和结构等方面都得到了改善，但通用性未改，这类捆结机被称为基本型或标准型捆结机，适合于各行业普通包装件的捆扎，如图 9-11 所示。后随着捆结机的发展，出现了许多适用于某一类产品，并具有某些特殊功能的机种，结构形状也发生了较大的变化，成为特殊型捆结机。主要有以下几种。

1. 压力型捆结机

由压缩装置和捆结装置组合而成的捆结机，适合于松软包装件或需预压紧后进行捆扎的包装件捆扎，特别适用于轻纺、出版发行、纸制品等行业，一般采用顶部气压或液压，使压板对被捆扎包件进行自动压缩，然后再进行捆包。如图 9-12 所示。

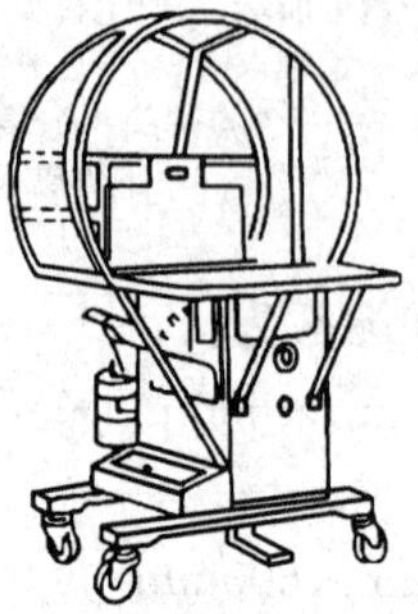

图 9-11　基本型捆结机

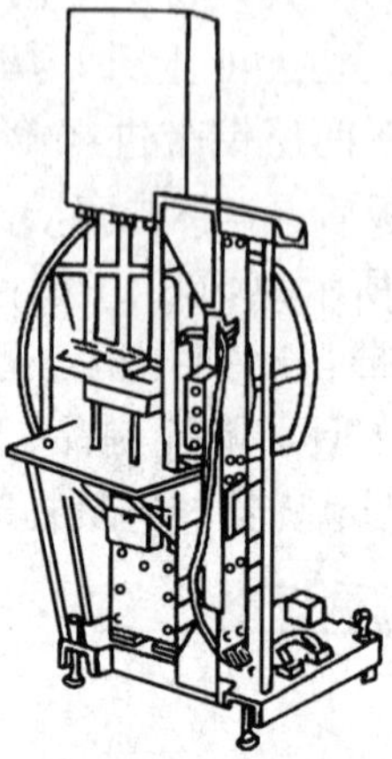

图 9-12　压力型捆结机

2. 轻便托盘用捆结机

主要用于堆积在轻便托盘上物品的捆结，可以防止物品倒塌。属于自动式捆结机，对物品的捆绑依靠摆臂完成，摆臂长 800～1320mm，最大回转直径 1600～2600mm。

3. 贯通式自动捆结机

主要用于捆绑铁管、塑料管、木材等，如图 9-13 所示。捆卷的截面尺寸最大为 300mm×300mm，最小为 100mm×100mm。

4. 纸箱捆结机

主要用于捆绑各种已封箱完毕的纸盒、纸箱，如图 9-14 所示。每分钟可捆 24 箱。

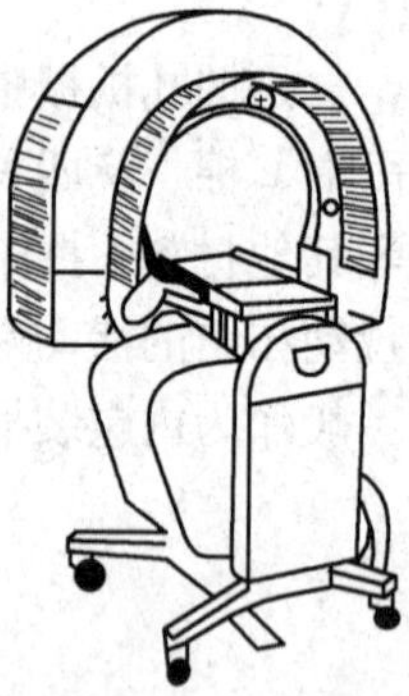

图 9-13　贯通式自动捆结机

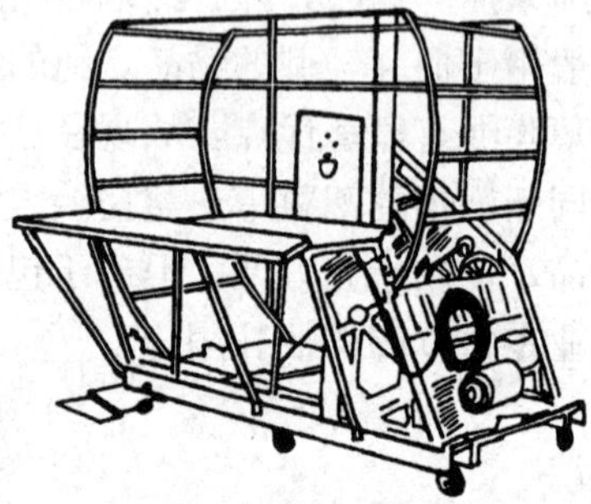

图 9-14　纸箱捆结机

5. 瓦楞纸箱坯捆结机

专门与瓦楞纸箱坯制造机连在一起使用的捆结机，用于对瓦楞纸箱坯进行捆结。并附有传送带和压缩机。

二、捆结机的工作原理

捆结机能自动完成绕绳、捆紧、打结、断绳等一系列动作，以达到捆结的目的。

1. 绕绳

绕绳动作可由牵引式送绳臂机构执行，图9-15为送绳臂机构示意图。将绳头用压绳器 7 压牢，需捆结的物品放在工作台上，踏下启动板启动机器，送绳臂 1 开始转动，将塑料绳缠绕在物品的表面。根据捆包需要，可绕包件 1～3 圈，如图 9-16（a）所示。

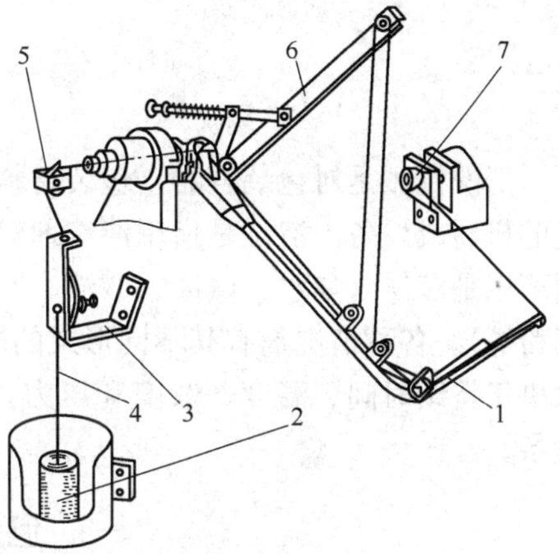

图 9-15　牵引式送绳臂机构示意图

1—送绳臂　2—绳卷　3—绳　4—张紧架　5—导绳滚轮　6—拉杆　7—压绳器

2. 捆紧

如图 9-16（b）所示，插入器 1 将塑料绳 7 的尾端向右推移，使缠绕在物品上塑料绳收紧。结绳嘴 3 的上、下喙向前伸入插入器的槽中。当插入器开始左移时，结绳嘴就可钩住塑料绳。随后，如图 9-16（c）所示，抬绳器 6 将绳的始端上提，直至与塑料绳的尾端靠近，进一步收紧塑料绳，使物品逐渐捆紧。

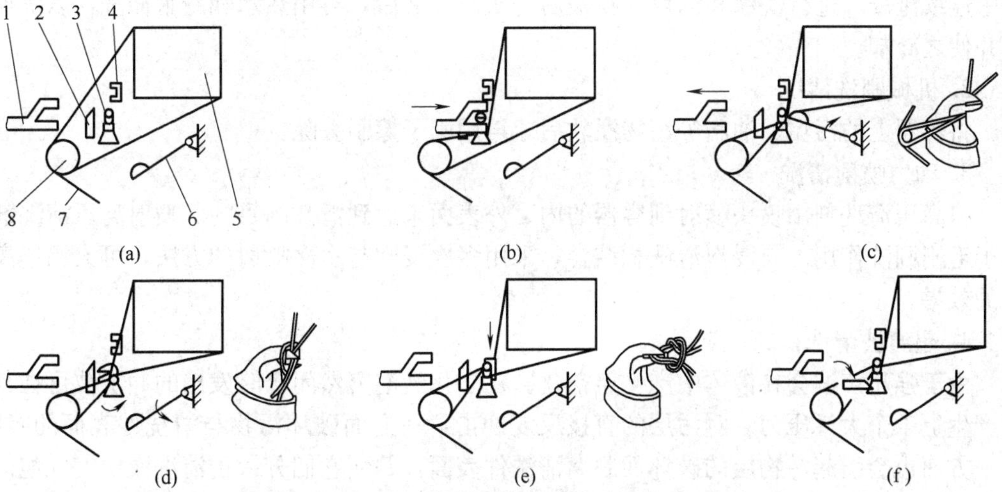

图 9-16　捆结工作原理示意图

1—插入器　2—割刀　3—结绳嘴　4—脱圈器　5—物品　6—抬绳器　7—塑料绳　8—压绳器

3. 结扣

如图 9-16（d）所示，结绳嘴绕其垂直轴线旋转 180°，使塑料绳绕在结绳嘴上。在开嘴凸轮的作用下，结绳嘴的下喙逐渐张开。当结绳嘴回转至 360°时，结绳嘴的上下喙正好咬住塑料绳的端部。随后，如图 9-16（e）所示，脱圈器 4 下降至结绳嘴上下喙的左右两侧挡住绳圈，结绳嘴的上下喙衔着绳头后撤，使绳圈从结绳嘴喙上脱出，并收紧绳头。

4. 割绳

如图 9-16（f）所示，割刀 2 向下摆动，将塑料绳割断后复位，完成捆扎打结全过程。

第十章　清洗机械

第一节　概　　述

清洗机械是对包装容器、包装材料、包装辅助物及包装件进行清洗，以达到预期清洁度的机器或设备。清洗是指用清洗剂对清洗对象所附着的污垢进行清除的操作过程。清洗剂可以是液体（如水、碱液、酸液、有机溶液等）、气体或固体（如石英砂、铁砂、碳酸钙粉等）。各种清洗剂有其不同形式的能量，如机械能、化学能或电能，其清洗效率主要取决于持续时间、温度、浓度和压力。本章将着重讨论对包装容器进行清洗的有关机械设备。

一、包装容器的清洗方法

清洗包装容器的方法主要有以下几种。

1. 静态浸泡清洗

将包装容器先进行一次或数次热水喷射冲洗，去除灰尘，然后放入不同温度的清洗剂槽中连续淹浸，进行洗涤和消毒，在最后一次淹浸之后，再用热水和冷水冲洗，以洗掉碱性并使之冷却。

2. 机械刷洗清洗

将容器上的污垢、油脂等污物浸软后，再用刷子擦刷去除。

3. 动力喷射清洗

将高压清洗剂用喷头喷射到容器的内、外表面来达到清洗的目的。喷射高压清洗剂相当于毛刷刷洗作用。与浸泡清洗相结合，采用多次浸泡与多次喷射的方法，可大幅提高清洗的效果。

4. 超声波清洗

由于强超声波会在液体中产生声空化。在空化气泡突然闭合时发出的冲击波可在其周围产生上千个大气压力。对污层的直接反复冲击，一方面破坏污物与清洗件表面的吸附，另一方面也会引起污物层的破坏而脱离清洗件表面，并使它们分散于清洗液中。气泡的振动也能对固体表面进行擦洗，气泡还能钻入裂缝中作振动，使污层脱落。对于油脂性污物，由于超声空化作用，两种液体在界面迅速分散而乳化。当固体粒子被油污裹着而粘附在清洗件表面时，油被乳化后固体粒子即脱离。凡是液体浸到、有空化产生的地方都有清洗作用，不受清洗件表面复杂形状的限制，如表面的凹槽、狭缝、深孔、微孔都能得到清洗。而这些部位用一般的清洗方法是不易清洗干净的。

二、清洗机械的分类

根据所用清洗剂种类的不同和清洗方法的不同，清洗机械可以分为以下几种类型。

（1）干式清洗机　使用气体清洗剂，以压力或抽吸方法清除不良物质的机器。

（2）湿式清洗机　使用液体或蒸汽清洗剂，消除不良物质的机器。

（3）机械式清洗机　借助工具擦刷，以清除不良物质的机器。

（4）电离清洗机　通过电离清除不良物质的机器。

（5）电解清洗机　通过电解分离，清除不良物质的机器。

第二节　洗　瓶　机

用于灌装生产线的清洗机械称为洗瓶机，是灌装生产线的主要设备之一。

一、洗瓶机的分类

1. 根据输送形式分

（1）扭道式洗瓶机　通过拨轮将瓶子输送入麻花形的扭道轨中，分别完成气水交替喷射清洗。其特点是结构简单，使用简便，占地面积小，可采用多道轨解决一机高产问题。但速度较慢，产量低，只适用单一规格瓶子的清洗。

（2）链式洗瓶机　将瓶子倒置放入输送链上的瓶座内，再由输送链的间歇运动送至各清洗工位，采用气水交替喷射清洗。其特点是传动与清洗系统严格分离，结构简单，使用简便。但瓶口与瓶座接触处无法有效清洗，整体清洗质量稍差。

（3）滚筒式洗瓶机　将瓶子送入滚筒上的瓶座内，并随滚筒间歇转动送至各清洗工位，采用气水交替喷射清洗。

（4）立式洗瓶机　利用立式转鼓上的机械手夹持瓶子送至各清洗工位进行往复间歇跟踪清洗，采用气水交替喷射清洗方法。

2. 根据进、出瓶的位置分

（1）单端式　进瓶系统和出瓶系统分别布置在洗瓶机的同一侧，又称来回式洗瓶机。在洗瓶过程中，由于净瓶与脏瓶都在洗瓶机的同一端出入，容易因脏瓶污染净瓶，而影响洗瓶质量。

（2）双端式　进瓶系统和出瓶系统分别布置在洗瓶机的前后两端，瓶子由洗瓶机的一端进入从另一端出来，故亦称为直通式洗瓶机。因输送机构从出瓶端回到进瓶端为空载，双端式洗瓶机的空间利用不及单端式的充分。

3. 根据运动方式分

（1）间歇式洗瓶机　瓶子在机内的输送是间歇进行的。

（2）连续式洗瓶机　瓶子在机内的输送是连续进行的。

二、洗瓶的工艺过程

灌装所用的瓶子有两类，一类是一次性使用的非回收聚酯瓶，如饮料、矿泉水等所用的瓶子。另一类是可重复使用的回收玻璃瓶，如酒类、酱油、果酱等所用的瓶子。对于回收用瓶，除了要去除瓶外的商标纸外，还须洗去瓶内日久变干的污垢，常用的洗瓶工艺如下：

（1）预洗　用废水喷淋或浸泡瓶子，将易冲洗掉的污物从瓶子内外表面去除。

（2）浸泡　在热水或碱液中将瓶子内外表面上污垢和瓶标泡软。

(3) 喷冲　用热水或碱液喷冲瓶子的内外表面，洗去瓶标及一部分污垢。

(4) 再次浸泡　在热碱液中将残留在瓶内外表面上的污垢泡软。

(5) 喷冲　依次用碱液、热水、温水及冷水喷冲瓶子的内外表面，将瓶洗净。

(6) 沥干　将洗净的瓶子倒置 0.5～1min，使瓶内残留水分控制在一定范围内。

瓶子在机器中清洗的时间为 6～22min。用碱液处理时间占总时间的 52%～65%，其中浸泡时间为 49%～63%，喷冲时间为 2.8%～15%。洗瓶过程的强度取决于污垢的性质、洗涤液在相界面上的流动特征、洗涤液的温度、表面活性、乳化本领及扩散本领等。常用的洗涤液为 NaOH 溶液，有时需添加表面活性剂。适当提高洗涤液温度有利于除垢，但应严格控制洗涤过程中的温度差，使之不超过 30℃，以免增大瓶子的破损率，最合适的洗瓶温度在 60～85℃范围之内。碱的浓度为 1.0%～2.5%。

洗瓶的质量在一定程度上取决于清洗液流对污染表面的有效作用，因此采用喷冲式清洗效果较好。为提高喷冲效果，可采用将压缩空气与洗液一同送入瓶内，由压缩空气将瓶内洗液压出。洗瓶用水的硬度如果较高须进行软化处理，常用的处理方法为磁化软化。

三、典型洗瓶机的工作原理

（一）滚筒式洗瓶机

对于新瓶，在灌装前要清洗瓶内外粘附的尘埃，可采用喷冲式洗瓶机。图 10-1 所示为滚筒式喷冲洗瓶机工作原理示意图。洗瓶机由带有针盘的转鼓、装料斗、推瓶器、出瓶器、水箱等构件组成。一个水平装的轴，拖动带有 18 排针管的转鼓盘作间歇转动，每排针管上有 18 个针头。与转盘相对应的固定盘上，在不同的工位配有不同的水、气管路接口，在转盘间歇转动时，各排针头依次与循环水、压缩空气、新鲜蒸馏水等接口相通。

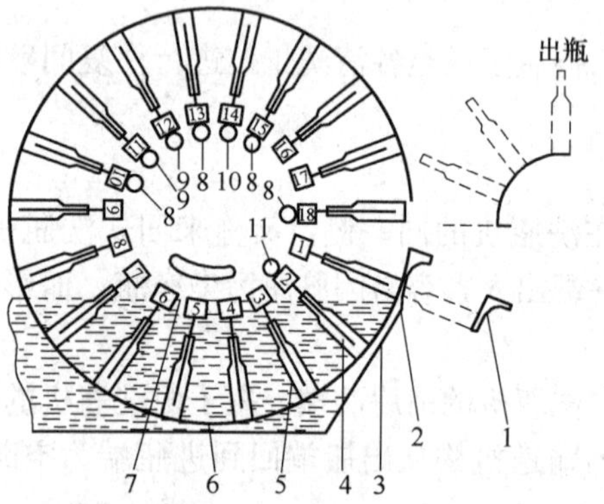

图 10-1　滚筒式喷冲洗瓶机工作原理示意图

1—推瓶器　2—引导器　3—水箱　4—针管　5—超声波　6—瓶底座　7—液位　8—吹气　9—冲循环水　10—冲新鲜水　11—注水

洗瓶时，将瓶送入装瓶斗，由输送带送进一排瓶子，经推瓶器依次推入针盘的第 1 个工位。当针盘被针管带动转至第 2 个工位时，瓶底紧靠圆盘底座，同时由针管注水。从第 2 个工位至第 7 个工位，瓶在水箱内用纯化水进行超声波洗涤，水温控制在 60～65℃，使玻璃瓶表面上的污垢溶解，这一阶段称为粗洗。当瓶转到第 10 工位，针管喷出净化压缩空气将瓶内污水吹净。在第 11、第 12 工位，针管对瓶冲注循环水（经过过滤的纯化水），对瓶再次进行冲洗。13 工位重复 10 工位送气。14 工位针管用洁净的注射用水再次对瓶内壁进行冲洗，15 工位又是送气。经此一周，瓶已洗涤干净。当瓶转到 18 工位时，针头再次对瓶送气，并利用气压将瓶从针管架上推出来，再由出瓶器送入输送带。

（二）单端全自动链式洗瓶机

图 10-2 所示为单端全自动链式洗瓶机的结构示意图。该机用于清洗回收用瓶，为浸泡喷冲型六槽链式通用洗瓶机，设有进瓶装置、卸瓶装置、传动装置、管路系统、除标装

置、载瓶装置及箱体等部分。在本机后部设有三个加热器，用于加热碱液和水，使各浸泡槽和各组喷管的喷洗液达到所需温度。

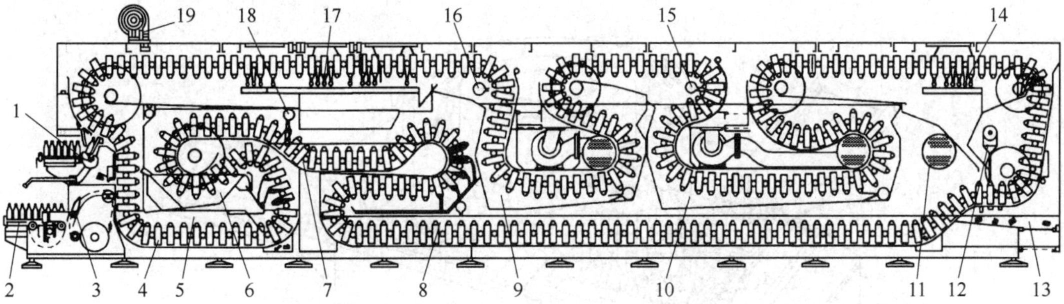

图 10-2 全自动链式洗瓶机结构示意图

1—卸瓶装置 2—进瓶台 3—上瓶装置 4—瓶套 5、6—预浸槽 7—预洗槽 8、9、10—碱液浸槽 11—加热管 12—外表面喷射管 13—除标纸装置 14、17—喷淋管 15、16、18—碱液喷射管 19—风机

洗瓶的工艺流程如下：

（1）上瓶 瓶子由进瓶台 2 送入上瓶装置 3，瓶子在上瓶传送带的瓶托作用下输入瓶套 4，瓶套装在主传动链条上，并跟随主传送链条做周期性间歇运动。

（2）预浸洗 瓶子经过预浸槽 5、6，在 35～45℃的洗涤液中浸泡，把污垢与商标泡软。接着在进入预洗槽 7 时，先由碱液喷射管 18 对瓶子的内外表面进行冲洗，再在 65℃的碱液中浸泡。

（3）初浸洗 瓶子进入碱液浸槽 8，在 80℃的碱液中进行较长时间的浸泡。出槽后，先由外表面喷射管 12 对瓶子的外表面进行冲洗，再由喷淋管 14 对瓶子的内表面进行冲洗。

（4）复浸洗 瓶子分别在碱液浸槽 10、9 中再次进行浸泡，出槽后，分别由碱液喷射管 15、16 对瓶子的内外表面进行冲洗。

（5）漂洗、沥干 由喷淋管 17 的多个喷头从下向上，依次用热水、温水及冷水喷冲瓶子的内外表面，将瓶洗净。由风机 19 将瓶子表面的水分吹干。

（6）出瓶 由卸瓶装置 1 将瓶子卸出。

该机采用间歇式移动方式，使瓶子有充裕的时间利用洗涤液的浸泡和逐级喷冲作用来洗瓶。该机又设有调速装置，能根据瓶子的污染程度调节洗瓶时间。

（三）立式洗瓶机

立式洗瓶机是一种采用超声波清洗、机械手夹瓶翻转、喷管往复跟踪和水气交替压力喷射冲洗相结合方式清洗的机型。

立式（超声波回转气水喷射式）洗瓶机起源于德国 BOSCH 公司，可算当今洗瓶机的主导机型代表，从 2003 年开始流行至今。利用立式转鼓上的机械手夹持瓶子送至各清洗工位进行往复间歇跟踪清洗，采用“一超＋三水三气”气水交替喷射清洗方法。国内根据中国国情和实际应用的需要作了改进。如以平送网带进瓶代替斜斗进瓶，降低了上瓶的操作高度，储瓶量得到了满足；立式转鼓的传动方式改为内齿轮传动，有效地提高了传动精度，尤其是转盘与喷针的跟踪运动精度。具有间歇跟踪插入式清洗，观察方便，自动化程度高，瓶子清洗质量较高等优点。

回转式立式洗瓶机工作原理如图 10-3 所示。

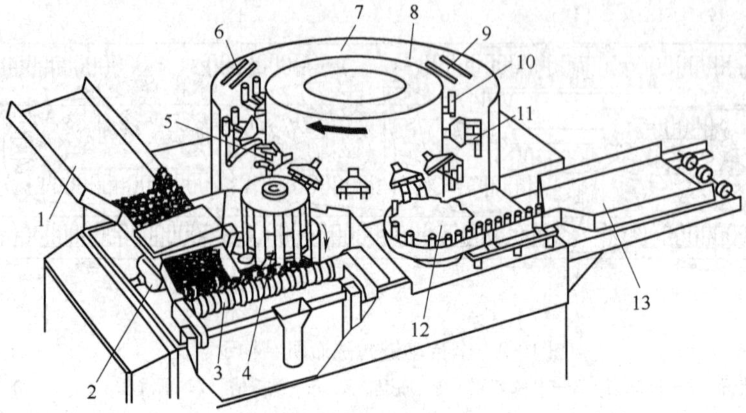

图 10-3　全自动回转式立式洗瓶机工作原理图

1—料槽　2—超声波换能头　3—送瓶螺杆　4—提升轮　5—瓶子翻转工位

6、7、9—喷水工位　8、10、11—喷气工位　12—拨盘　13—滑道

图 10-4 为一种结构新颖的全自动立式对夹式洗瓶机。该机只需转动手轮即可改变瓶子的直径和夹紧力，从而实现对不同瓶径及高度的玻璃瓶、塑料瓶等灌装容器进行内外冲洗，无须更换任何零件。该机主要由进瓶系统 1、外冲洗系统 2、压缩空气喷冲系统 3、清洁水冲洗系统 4、预冲洗系统 5、水循环泵 6、出瓶系统 7、夹瓶系统 8 及电气控制系统 9 等组成。

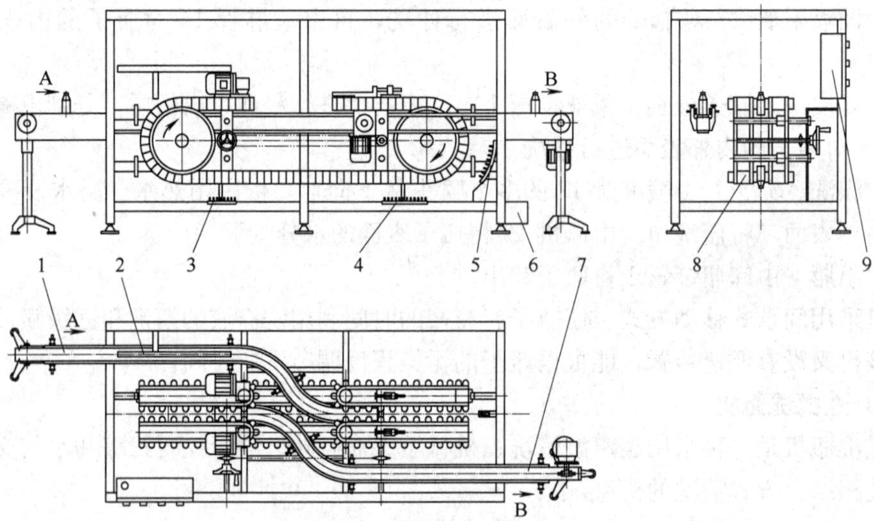

图 10-4　全自动对夹式洗瓶机

1—进瓶系统　2—外冲洗系统　3—气喷冲系统　4—冲洗系统　5—预冲洗系统

6—水循环泵　7—出瓶系统　8—夹瓶系统　9—电气控制系统

A—进瓶　B—出瓶

工作时，瓶子由 A 进入进瓶系统 1，经外冲洗系统 2 喷冲，送到夹瓶系统 8，瓶子经过一对可回转的橡胶夹持块将瓶子夹紧，瓶子随夹瓶链条的运转而回转，边走边翻转

180°，在此期间瓶子先经清水与预冲洗系统 5 喷冲，其目的是先把瓶内脏物冲洗掉，冲洗后，瓶子再经清洁水冲洗系统 4 冲洗，接着控干。最后在压缩空气喷冲系统 3 用洁净压缩空气喷吹瓶子内壁的附着水珠，夹瓶链条将瓶子再翻转 180°正立，由出瓶系统 7 沿 B 向送至生产线下一工序。

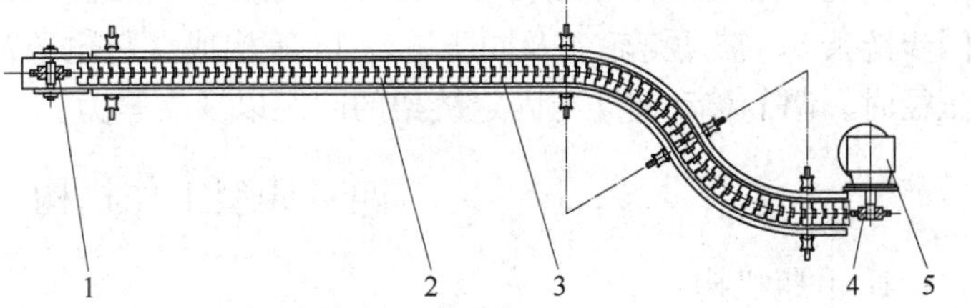

图 10-5 进瓶系统示意图

1—被动轮 2—平顶链 3—链条导轨 4—主动链轮 5—减速器

进瓶系统（见图 10-5）由被动轮 1、平顶链 2、链条导轨 3、主动链轮 4 及减速器 5 组成。减速器电机采用变频调速。进瓶链上平面离地面高度可调，与生产线其他设备保持一致。

出瓶系统（见图 10-6）结构组成与进瓶系统基本相同，差别在于减速器采用机械式无级变速。

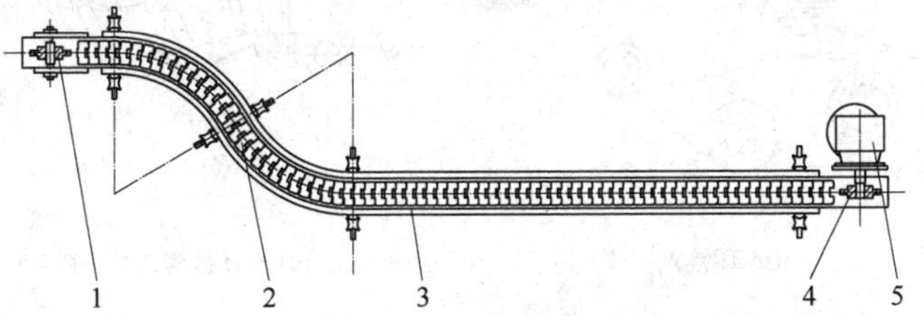

图 10-6 出瓶系统示意图

1—被动轮 2—平顶链 3—链条导轨

4—主动链轮 5—减速器

夹瓶系统（见图 10-7）由回转式固定夹和回转式移动夹组成。固定夹有夹瓶链条导轨 7、固定链架 8 和橡胶夹持块 11（与移动夹相同）；移动夹有移动链架 9、夹瓶链条 10 和夹持块，移动链架可通过四根链架轴 16、手轮 14、两根调节螺杆 12 与固定链架和连接架 6 连接，移动链架通过四只滑动轴承 15 在链架轴上移动，从而使整个夹移动达到夹紧瓶子的目的。

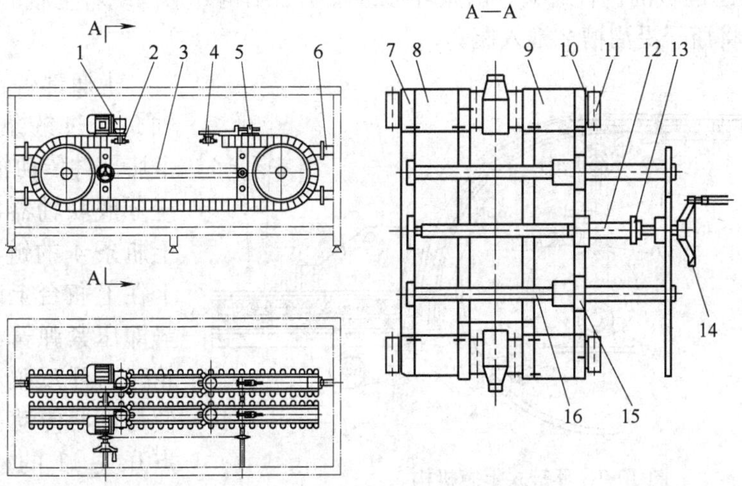

图 10-7 夹瓶系统示意图

1—减速器 2—主动链轮 3—同步链条 4—被动链轮 5—张紧系统 6—连接架 7—夹瓶链条导轨 8—固定链架 9—移动链架 10—夹瓶链条 11—夹持块 12—调节螺杆 13—同步链轮 14—手轮 15—滑动轴承 16—链架轴

固定夹和移动夹分别单独同向运动且线速度相等。减速器 1 的电机采用变频调速，夹瓶链张紧系统 5 采用螺杆螺母装置，工作时可拉伸夹瓶链条处于良好工作状态。主动链轮 2、同步链条 3、被动链轮 4 及同步链轮 13 等构成夹瓶输送及翻转系统，手轮 14 用以在改变瓶径时，调节移动链架与固定链架的间距以及夹紧力。

四、典型工作机构

1. 上瓶机构

上瓶机构的作用是按照瓶套的间距把瓶子排列开，同步进给。上瓶机构需兜住瓶底，将瓶子由直立状态平稳地转成与瓶套位置同样的状态（水平或倾斜），并将瓶子推入瓶套内。为防止卡瓶，或瓶子顶往瓶套端部而造成机件损伤，在该机构上需设置安全装置。常用的几种上瓶机构如图 10-8 所示。

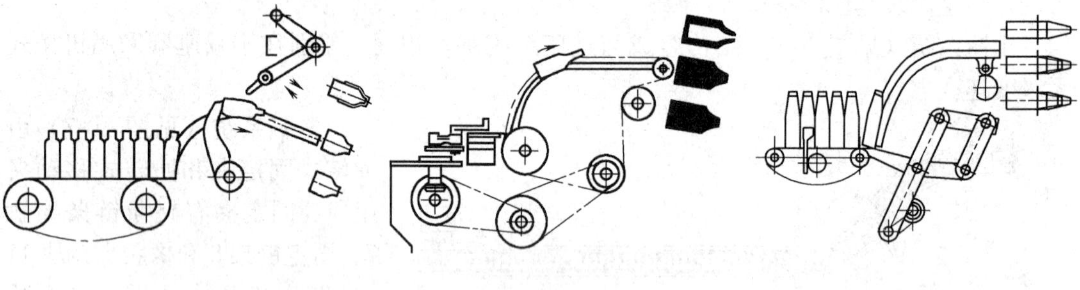

(a) 旋转式　　(b) 环链式　　(c) 连杆机构式

图 10-8　上瓶机构

图 10-9 所示为一种环链式上瓶机构的工作原理。上瓶台是由集瓶滚道（集瓶器）6 及上瓶部件 3 组成。瓶子由输送带送到集瓶滚道上，集瓶滚道上装有隔板 5，将瓶子按照瓶套数分成行。集瓶滚道的滚子将瓶子按行移到上瓶部件，上瓶部件上装有溜槽 2，溜槽位置与集瓶滚道隔板的位置对应。两条环形链条 1 沿结构外形围绕着上瓶部件，在链上装有上瓶条 4，将瓶子沿溜槽 2 推入瓶套。

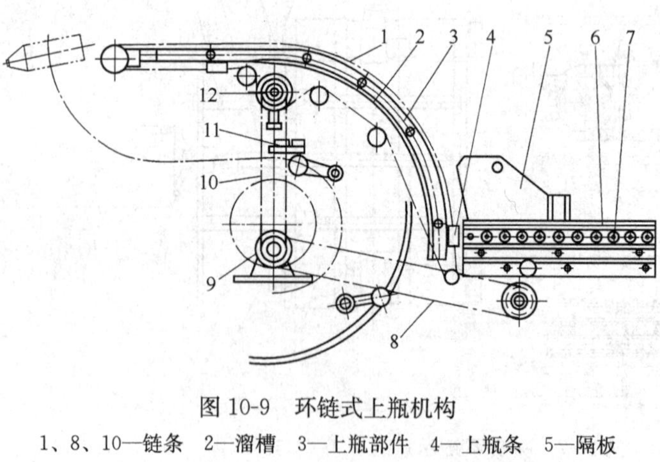

图 10-9　环链式上瓶机构

1、8、10—链条　2—溜槽　3—上瓶部件　4—上瓶条　5—隔板
6—集瓶滚道　7—滚子　9—中间轴
11—终点开关　12—旋转传动轴

上瓶部件与瓶套由中间轴 9 通过链条 8、10 驱动。上瓶部件传动轴 12 上装有安全牙嵌联轴器，以驱动装有上瓶条 4 的链条 1。当瓶子卡在上瓶台上时，联轴器圆盘即压紧弹簧，使传动链轮轮壳与牙爪脱离啮合，同时使与机器传动机构关联的终点开关 11 的杠杆偏转而停车。要再开动机器，须借助手轮手动旋转传动轴 12，直至牙爪重新啮合。同时在弹

簧作用下，终点开关的杠杆又回到原来位置，从而跳开“停止”按钮。

2. 卸瓶机构

卸瓶机构的作用是平稳地接住脱离瓶套而落下的瓶子，将瓶子下降到送出输送器的高度，再将瓶子转成直立状态，并平稳地将瓶子移到送出输送器上。常用的几种卸瓶机构如图 10-10 所示。

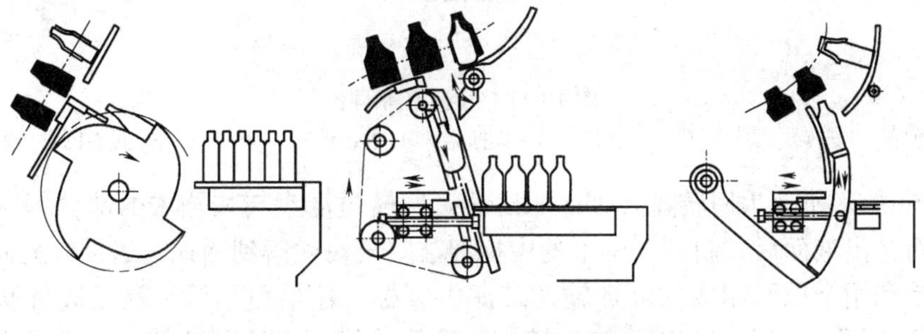

(a) 回转凸轮式　(b) 环链板式　(c) 摆杆式

图 10-10　卸瓶机构

图 10-11 所示为回转凸轮式卸瓶机构。该机构能使瓶子平稳、无撞击也无噪声地送到卸瓶台上，而且同样平稳地推到卸瓶输送带上。该机构为连续式运转，其工作按以下方式进行：位于瓶套中的瓶子沿倾斜导轨滑动后达到导轨边缘时，在此处瓶子由凸轮顶住而不能下落，如图（a）所示。凸轮轮廓是这样设计的：当凸轮回转时，瓶子下降并沿其侧面下滑，如图（b）所示。下降时瓶子保持直立。落到卸瓶台上的瓶子［如图（c）所示］，将前一次卸下的瓶子推到输送带上，如图（d）所示。

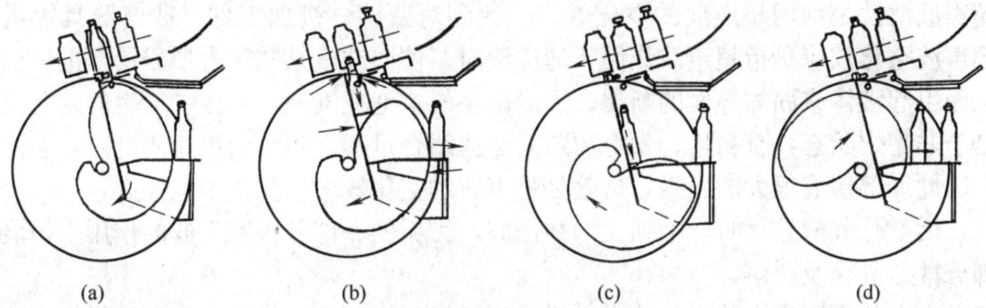

(a)　(b)　(c)　(d)

图 10-11　回转凸轮式卸瓶机构

3. 除标机构

洗涤回收瓶时，因高温碱液的作用以及载瓶装置的搅动，使废标碎成小片与纤维。如不及时将浸泡槽中的废标清除，将会造成喷头堵塞，或被冲入瓶内，影响清洗质量。

通常，在浸泡区的末端应装有除标装置。根据工作原理的不同，可分为间歇式和连续式。各种不同的滤网或圆筒过滤器属于间歇式，而转鼓式或带式为连续式。清除废标可使用气动机构或机械机构。图 10-12 所示为几种常用的除标器原理图。

图（a）所示为用网鼓内表面滤出废标，由空气喷管 3 把阻留在网鼓上的废标吹到溜槽 4，由集标器 5 排出。图（b）所示也为网鼓清除废标装置，不同的是由网鼓的外表面滤出废标，并由喷嘴 3 把阻留在网鼓外表面的废标吹到网式输送带 6 上，然后输送到集标

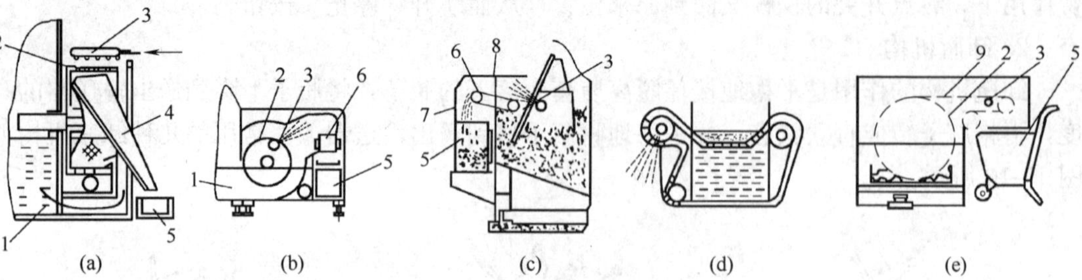

图 10-12　除标器原理图

1—浸泡槽　2—转鼓　3—喷管　4—溜槽　5—集标器　6—输送带　7—刷子辊　8—过滤圆盘　9—滤网

器排走。图（c）所示为回转盘式废标滤出器，回转过滤盘转入槽中的部分即从液流中滤出废标，而转出液面后，阻留于网上的废标即被空气流吹落到网式输送带 6 上而运出。图（d）所示是利用金属网制成的环形输送带滤出废标，然后由喷管气流把废标吹落下并排出。图（e）所示是把金属滤网 9 绕过转鼓，作为除标器。滤网转鼓 2 转入浸泡槽中，由滤网 9 滤出废标，并运至喷管 3 处，由气流把废标吹落到集标器 5 中排出。

第三节　超声波清洗机

目前，超声波清洗机在清洗行业已得到广泛应用，它具有清洗效果好、效率高、占地面积小、能耗低等特点。

一、超声波清洗原理

超声波清洗是利用超声波的空化效应，达到对蔬菜、机加工件、玻璃器具等进行清洗。超声波空化效应是指超声波作用于清洗液时，使清洗液某些地方形成局部的暂时负压区，从而引起液体或固体界面的断裂，形成微小的空泡或气泡。液体中产生的这些空泡或气泡处于非稳定状态，有初生、发育和随后迅速闭合过程。当它们迅速闭合时，会产生微激波，因此局部形成很大的压强，这就是超声波的空化效应。其作用主要有：

（1）因空化气泡破灭时产生强大的冲击波，污垢的一部分在冲击波的作用下被剥离下来，即分散、乳化及脱落。

（2）由空化作用产生的气泡冲击，形成污垢层与表面之间的间隙和空隙渗透，由于这种小气泡与声压同步膨胀、收缩，像剥皮那样的物理力重复作用于污垢层，污垢一层层被剥开，小气泡再继续向前进，直到污垢层被脱下为止。

（3）清洗剂也溶解了污垢，产生乳化分散的化学力，清洗液在超声波作用下本身具有清洗的作用。

二、隧道式超声波洗瓶机

图 10-13 所示为隧道式超声波洗瓶机结构简图，该机主要用于医用注射药剂包装用瓶的清洗。

（一）结构

隧道式超声波洗瓶机由机架、进出瓶装置、瓶子间歇输送系统、预洗系统、清洗系

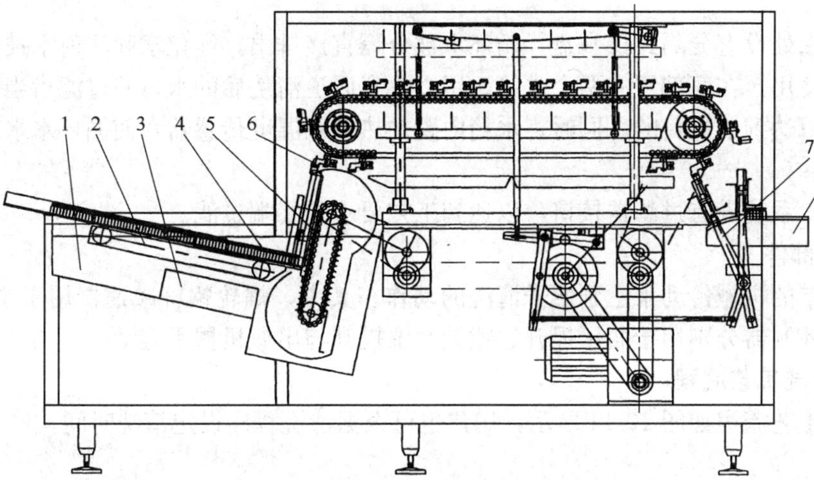

图 10-13 隧道式超声波洗瓶机结构简图

1—超声波水槽 2—进瓶网带 3—超声波换能器 4—理瓶机构
5—提升机构 6—夹爪 7—出瓶机构 8—出瓶台

统、传动部件以及电气控制系统所组成。

1. 机架

(1) 采用紧凑型设计，整机呈长方形，主体部分垂直向上延伸，纵向占地面积小。

(2) 主体被有效隔离为清洗工作、机械传动与公用工程管路 3 大区域，且清洗工作区域与机械传动区域被有效隔离。

(3) 进、出瓶装置分置机器前、后端，可有效地进行跨洁净区域的隔离，以防止交叉污染，从而达到工艺要求的受控区域进瓶与洁净区域出瓶。

2. 进出瓶装置

(1) 进瓶采用新型的网带进瓶方式，并在人体生理舒适位进瓶，非常适宜当今药材包装型式（整包瓶子）的放置，可减少上瓶的频率，减轻劳动强度，有利于进瓶的稳定。

(2) 出瓶采用简单机械手机构自动出瓶，能方便地与后续隧道式灭菌烘箱自动对接。

3. 瓶子间歇输送系统

瓶子采用直线式间歇输送方式，在直线间歇运动的不锈钢输送链带动下，输送链上带有独特的菱形夹子稳定夹持瓶子颈部进入各清洗工位。

4. 预洗系统

当进瓶网带把瓶子输入超声波水槽内，进行预注水处理与泡浸，同时在超声波空化作用下进行预洗。此后，瓶子进入提升轨道，提升至瓶夹后进入清洗工位。

5. 清洗系统

(1) 提升后的瓶子以倒置形式进入清洗系统。间歇输送使瓶子有相对静止期，静止期内喷针插入瓶内，根据清洗程序，用循环水、纯化水、注射用水及洁净压缩空气对倒置的瓶子进行喷洗，喷针移出。静止期后瓶子再次间歇移动，反复多次的水汽程序使瓶子达到洁净的要求。

(2) 喷针间歇进出瓶内将依托专门设计的特殊引导插针装置，可有效防止“歪针”和

“撞针”。

（3）出水处设有分隔式接水盘，循环水被分隔直接排出，纯化水和注射水被回收用作循环水再次使用。在底部置有两个水箱，用以收集后道清洗后的水，并过滤后当作循环水再次使用，以达到节能目的。同时，水箱内置加热管和温度传感器，使循环水水温控制在50～60℃。

（4）水汽系统设有过滤器接口，以达到工艺要求的终端过滤。

6. 传动部件

利用简单的机械传动来达到瓶子清洗的动作。其中，蜗轮蜗杆减速器用于主传动，2台间歇运动控制器分别用于瓶子提升、喷针间歇提升与出瓶机械手运动。

（二）清洗工艺流程

洗瓶的工艺流程如图10-14所示，用户也可根据清洗程序设定清洗时间。

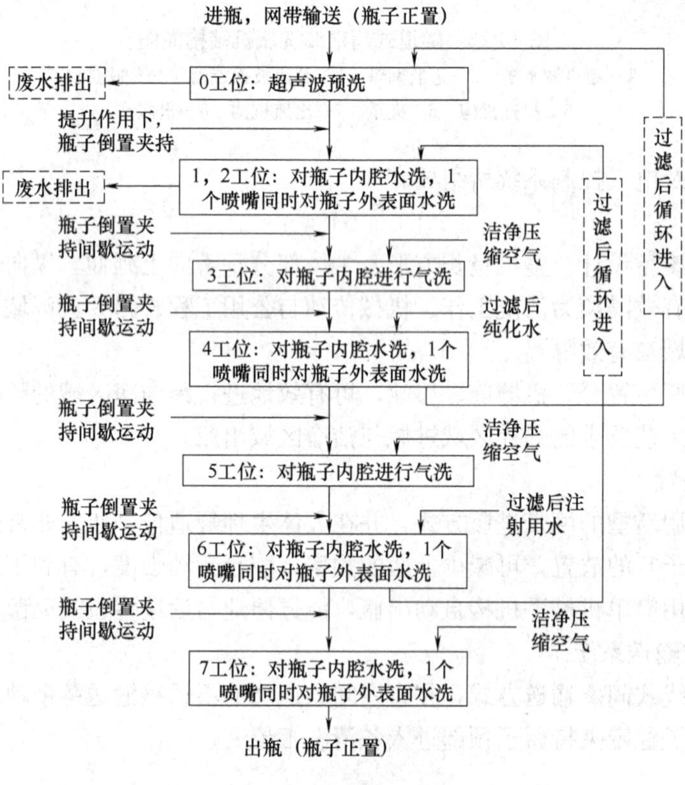

图10-14　洗瓶工艺流程图

1. 预洗

采用超声波浸泡清洗原理，利用超声波的空化作用产生具有一定能量的微激波而形成微冲流的冲击振动，使瓶壁的附着物脱落而达到去污的目的。

2. 清洗

采用多道水、气交替冲洗原理，高压的水、气冲击力使瓶壁的附着物脱落而达到去污的目的。高压水汽冲击则采用过滤循环水、纯化水、注射用水和洁净压缩空气作为清洗介质，并实施“内腔的四水三气＋外腔的三水一气”的清洗方案来达到瓶子的清洗要求。

三、超声波安瓿洗瓶机

超声波安瓿洗瓶机是目前制药工业界较为先进且能实现连续生产的安瓿洗瓶设备，外形图见图 10-15，该机型耗清洗水量少，一般生产能力可达 10000 瓶/h（1～2mL 安瓿），6000 瓶/h（5～10mL 安瓿），3500 瓶/h（20mL 安瓿）。

图 10-15　安瓿超声波清洗机外形图

超声波的洗涤效果是其他清洗方法不能比拟的，当将安瓿浸没在超声波清洗槽中时，它不仅保证外壁洁净，也可保证安瓿内部无尘、无菌，而达到洁净指标。

工业上常用连续操作的机器来实现大规模处理安瓿的要求。运用针头单支清洗技术与超声技术相结合的原理就构成了连续回转超声洗瓶机。典型的 18 工位连续回转超声波洗瓶原理如图 10-16 所示。

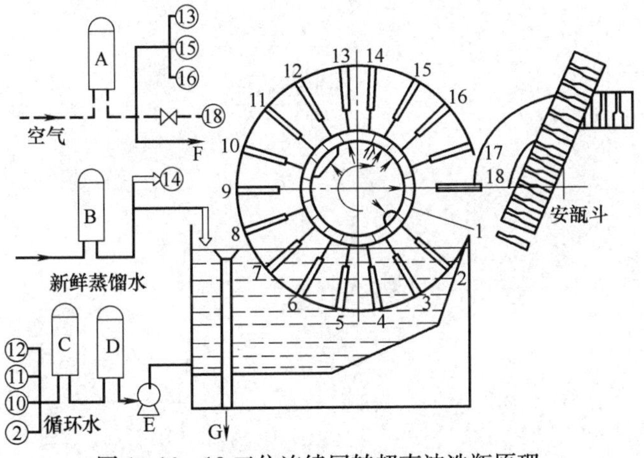

图 10-16　18 工位连续回转超声波洗瓶原理

1—引瓶　2—注循环水　3～7—超声波空化清洗　8、9—空工位　10～12—循环水冲洗　13—吹气排水　14—注新蒸馏水　15、16—吹净化气　17—空工位　18—吹气送瓶　A、B、C、D—过滤器　E—循环泵　F—吹除玻璃屑　G—溢流回收

清洗流程主要为：利用一个水平卧装的轴，带动有 18 排针管的针鼓转盘间歇旋转，每排针管有 18 支针头，构成共有 324 个针头的针鼓。与转盘相对的固定盘上，在不同工位上配置有不同的水、气管路接口，在转盘间歇转动时，各排针头座依次与循环水、压缩空气、新鲜蒸馏水等接口相通。

如图 10-16，安瓿被引进针管后先灌满循环水，而后于 60℃的超声水槽中经过五个工位，共停留 25s 左右接受超声波空化清洗，使污物振散、脱落或溶解。针鼓旋转带出水面后的安瓿经过两个空工位后再经三个工位的循环水倒置冲洗，进行一次空气吹除，于第 14 工位接受新鲜蒸馏水的最后倒置冲洗，而后再经两个工位的空气吹净，即可确保安瓿的洁净质量。最后处于水平位置的安瓿由洁净的压缩空气推出清洗机。

一般安瓿清洗时以蒸馏水作为清洗液。清洗液温度越高，越可加速污物溶解。同时，温度越高，清洗液的黏度越小，振荡空化效果越好。但温度过高会影响压电陶瓷及振子的正常工作，易将超声能转化成热能，做无用功，所以通常将温度控制在 60～

70℃为宜。

连续回转超声波安瓿洗瓶机采用了多功能的自控装置，以针鼓上回转的铁片控制继电器触点来带动水、气路的电磁阀启闭；利用水槽液位带动限位棒使晶体管继电器启闭，从而得以控制循环水泵；预先调节电接点压力式温度计的上、下限，控制接触器的常开触点，使得电热管工作，保持水温。

第十一章　辅助包装机械

第一节　概　　述

辅助包装机械是指对包装材料、包装容器、包装辅助物或包装件执行非主要包装工序的有关功能的机器。其可以是独立的机器，也可作为某些自动包装机或自动包装生产线的一个组成部分。辅助包装机械主要包括以下几类机械。

（1）选别机　检查正在包装或已经包装好的产品的重量，将超出重量允许误差的产品剔除的机器。

（2）检验机　用于检验产品的包装质量，并剔除有缺陷的包装产品的机器。

（3）整理机　整理和排列被包装产品、包装容器、包装件和包装辅助材料等的机器。

（4）打码机　在包装件、包装容器、标签等上打印、滚印字码或标记的机器。

（5）输送机　将被包装产品、包装容器或包装件自动地从一道包装工序送到另一道工序所用的机器。输送机一般分为立式和卧式两种。

第二节　选　别　机

选别机是一种对定量包装超差产品进行自动分捡的设备，能够按照预先设定的区限值对定量包装产品的重量进行检验。当产品的重量超过允许的上限值或下限值时，可检测出超差的产品，并能自动将其从生产流程中剔除或发出声光报警信号。

在产品包装中，计重包装占有很大的比重。由于种种因素的影响，经计重包装出来的产品，在重量上往往不可能完全准确。为了保证包装产品的标称重量与实际重量相符，在计重包装的自动生产线末端大多设有重量选别机，对批量生产的包装产品进行全部检验，使不合格的产品不能进入流通领域，有效地维护了消费者的利益。同时，选别机也为生产者提供了一种保证产品质量的手段，可对生产线上的上位机（即充填机或定量包装机）的异常状态进行监测，实现反馈控制。不但可以及时控制产品的欠重，而且也可将产品的超装量减到最小。

由于在许多领域中，重量的控制在产品质量控制方面具有其普遍性及适用性，因此选别机的应用范围日益扩大，目前已广泛应用于食品、药品、化工、机械工业以及农副产品等领域。

一、工作原理

选别机通常由检重装置与分选装置两部分组成，如图 11-1 所示。检重装置包括供送装置、称重输送带、秤体、传感器、阻尼器、限位器和光电检测器等。分选装置包括导向板、摆动气缸和分流输送带等。选别机的工作过程如下：

（1）被测产品在进入秤体检重之前，先由供送装置 1 将其按适当的间隔分开，使之以一定速度进入检重输送带2。

(2) 被测产品进入检重输送带以后，即以0.65～1.2m/s的速度运送至秤体的秤盘上方。秤盘因感受到被测产品的重量而下降，但由于平衡弹簧和阻尼器9的反作用而迅速回复到平衡状态，将秤盘下降后的平衡点与基准重量平衡点之间的位移差，由差动变压器8检测出来，并变换成电信号，然后将此电信号进行放大和同步检波，从而输出与秤盘垂直位移成比例的直流电压。

(3) 被测产品一旦遮住光电检测器4，信号即传至A-D变换器变成电讯号，并在偏差指示器上显示；同时，被测产品重量的检测电压值与预先设定的上、下限值输入比较电路进行比较，根据其判断结果，由三种不同颜色的信号灯分别指示“合格”或“欠重”或“超重”。

(4) 当被测产品到达分选装置时，上述的判别信号也送入有关执行机构，如果被测产品被判定为“欠重”或“超重”，则立即给予剔除，而只让合格产品送往下一道工序。

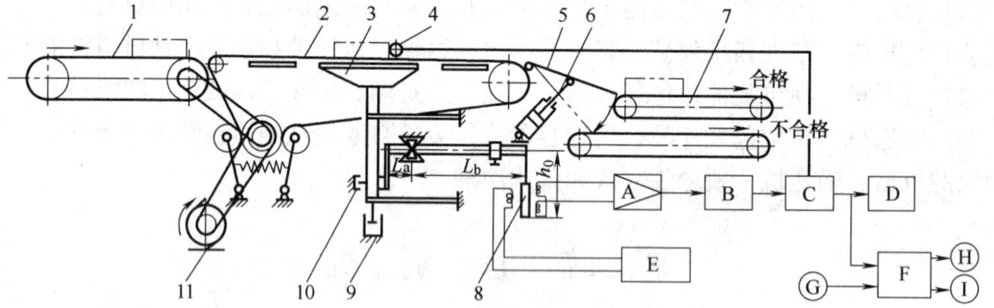

图11-1 选别机工作原理示意图

1—供送装置 2—检重输送带 3—秤盘 4—光电检测器 5—导向板 6—摆动气缸 7—分流输送带 8—差动变压器 9—阻尼器 10—限位器 11—驱动电机 A—放大器 B—同步检波电路 C— A-D变换器 D—偏差指示器 E—振荡器 F—比较电路 G—欠超量界限值 H—欠量输出 I—超量输出

二、检重装置

因被检产品的特性、分选精度和生产率等因素的不同，选别机可选择不同类型的检重装置与分选装置。根据检重时产品的运动情况不同，检重装置可分为连续式和间歇式两类。

（一）连续式检重装置

连续检重时产品在秤盘上无停留时间，检重速度较快，一般可达150～300件/min。由于是动态检重，产品在运动过程中难免不产生冲击、振动等现象，以致影响检重精度。

常用的连续式检重装置有以下几种形式。

1. 托盘式

这种形式的检重装置如图11-1所示。检重输送带可以是一条宽带，也可由若干窄带组成。常使用柔韧的材料制成薄带，以降低在检重过程中输送带张力对检重值的影响。托盘式检重装置适合于小件的袋装、盒装及盘装类产品的重量检测。

在灌装等生产线中的产品检重时，因工作环境较恶劣，检重输送带也可由两条链带组成，但要求链带的重量轻、链节活络。其检重精度不如使用薄带时高。

2. 带盘式

如图 11-2 所示，带盘式检重台本身就配有动力装置以驱动输送带，从而避免了输送带张力对检重精度的影响。但由于电机 4 和传动系统均安置在秤盘内部，使秤盘系统 3 的质量增大，从而会影响检重的反应速度，检重速度通常为 80 件/min 左右。因此，带盘式检重装置只适用于大、中型产品的重量检测。

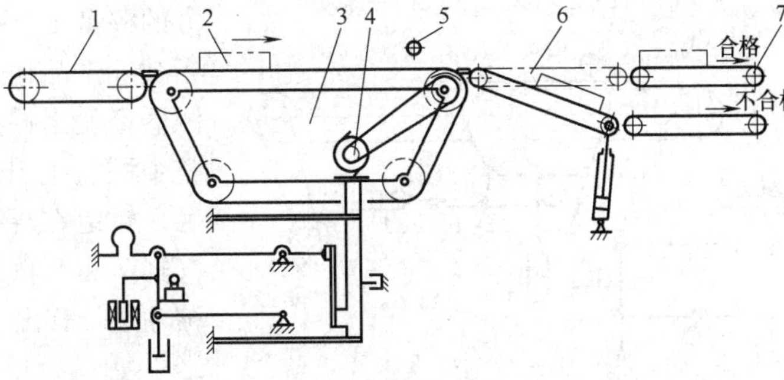

图 11-2　带盘式检重装置

1—供送装置　2—产品　3—秤盘系统　4—电机
5—光电检测器　6—分选装置　7—分流装置

（二）间歇式检重装置

间歇式检重装置在检重的过程中，产品有短暂的停顿静止阶段，待检重完成后再送出秤盘。由于是静态检重，避免了冲击、振动等不利因素的影响，使检重精度可达 0.5g。但其检重的效率较低，一般不超过 60 件/min。常用的间歇式检重装置有以下几种形式。

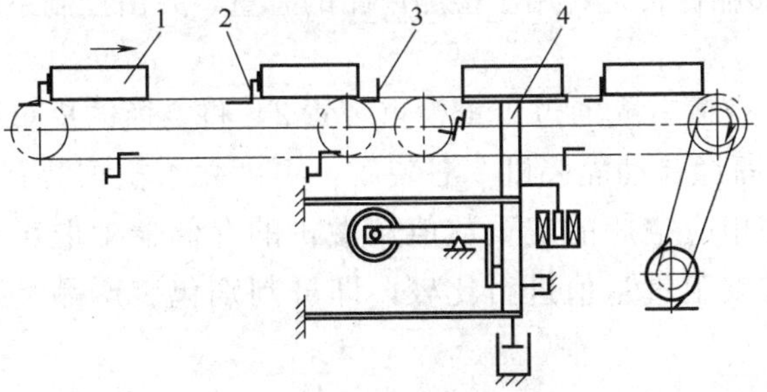

图 11-3　链带输送式检重装置

1—产品　2—推入链带推头　3—推出链带推头　4—秤盘

1. 链带输送式

由推入和推出两套链带构成，如图 11-3 所示。在两套链带上均布着推头 2 和 3，先由推入链带推头 2 将产品推送至秤盘 4 上，当其脱离产品时，推出链带推头 3 还未接触到产品，从而可使产品在秤盘 4 停留并进行检重。随后，由推出链带推头 3 将产品推离秤盘。此种形式适用于盒装、罐装、盘装类产品的重量检测。

2. 螺旋杆供送式

螺旋杆供送式检重装置适用于瓶、罐类产品的重量检测。如图 11-4 所示，供送螺旋杆 1 以 A 为界，由左、右两段圆弧螺旋构成，左段圆弧螺旋起分件供送作用，将产品分送至秤盘 3 上。在 A 处的螺旋段有半圈的螺旋角为 0°，使产品可暂时停留在秤盘 3 上，以便进行检重。之后，再由右段螺旋将产品送出。

3. 皮带输送式

此形式适用于袋装、盒装类产品的重量检测。如图 11-5 所示，输送带 5 由数条并列且相隔一定距离的窄皮带组成，而处于其下

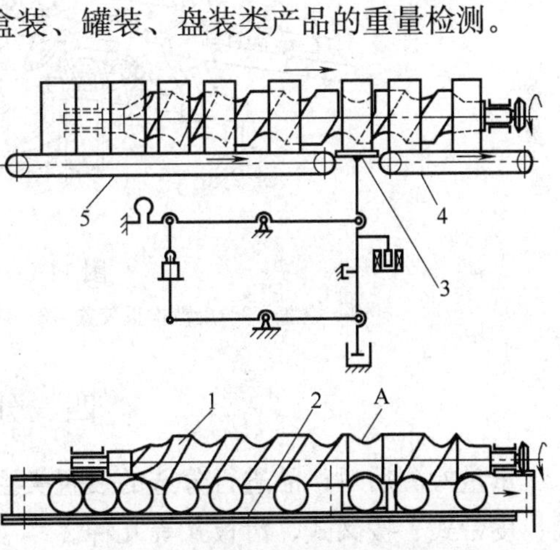

图 11-4　螺旋杆输送式检重装置

1—分件供送螺旋杆　2—导板
3—秤盘　4、5—输送带

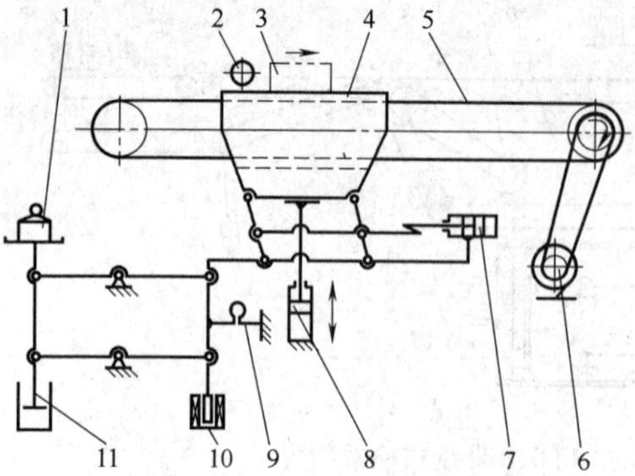

图 11-5 皮带输送检重装置
1—砝码 2—光电检测器 3—产品 4—称盘
5—输送带 6—驱动电机 7、8—气缸
9—Ω形弹簧 10—传感器 11—阻尼器

方的秤盘 4 上端面开有数条与之对应的凹槽。当被检产品输送到秤盘 4 上方时，由光电检测器 2 发出控制信号，气缸 7 和 8 动作，使整个秤盘上升，将产品托起不与输送带接触，暂留在秤盘上进行检重。检重结束后，气缸 7 和 8 再次动作，使秤盘下降，产品则被输送带移出。

三、净 重 检 测

上述介绍的重量检测装置均是对包装产品的毛重进行检测。当包装材料皮重有较大变化时，就会影响产品的净重。如需精确控制产品的净重，可采用两台检重装置串联使用来实现。一台检重装置设置在输入容器的输送带上，用于检测容器的皮重，另一台检重装置设置在充填（或灌装）物料后的产品输送带上，用于检测产品的总重，并由控制系统将两台检重装置联系起来。

如图 11-6 所示，在灌装自动线上，空瓶首先通过皮重检重装置 2，将空瓶的皮重数值送入微机的存储器中储存起来，待空瓶经自动灌装机 3 灌装后，再由总重检重装置 4 检测出总重数值，并输入微机。同时将相应空瓶的皮重数值从微机的存储器中取出并进行计算得出净重。然后，将净重值与设定重量值进行比较，即可判别包装产品是否合格。

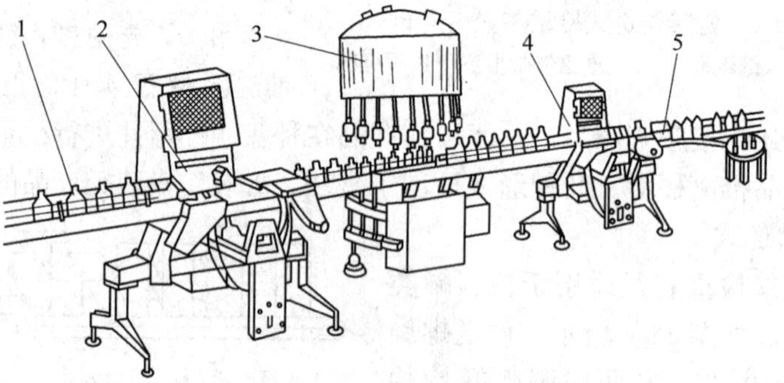

图 11-6 净重检测装置
1—空瓶 2—皮重检重装置 3—灌装机 4—总重检重装置 5—分选装置

四、分 选 装 置

重量检测后对产品进行分选的装置类型较多，各有适用范围。常用的有推板式、活门式、皮带式、拨叉式、滑板式等几种。

1. 推板式

如图 11-7 所示，在输送带 3 的一侧装有推板 4。当不合格产品经过检重装置时将发出超差信号，待不合格产品由输送带送至分选输送带 3 时，控制系统操纵推板 4 将其推出输送带。

推板式分选装置适用于尺寸规格较大的箱类产品的分选。用于分选小产品时，也可用压缩空气喷嘴代替推板。

2. 活门式

活门式分选装置适用于形状不规则的产品分选。如图 11-8 所示。该装置是靠活门 3 的动作进行分选的。当不合格产品经过检重装置时将发出超差信号，操纵分选机构将活门 3 下摆至图中虚线位置，将不合格产品剔除。

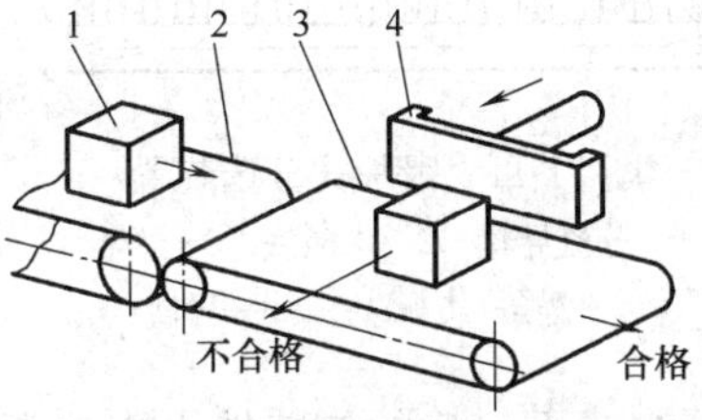

图 11-7 推板式分选装置

1—包装产品 2、3—输送带 4—推板

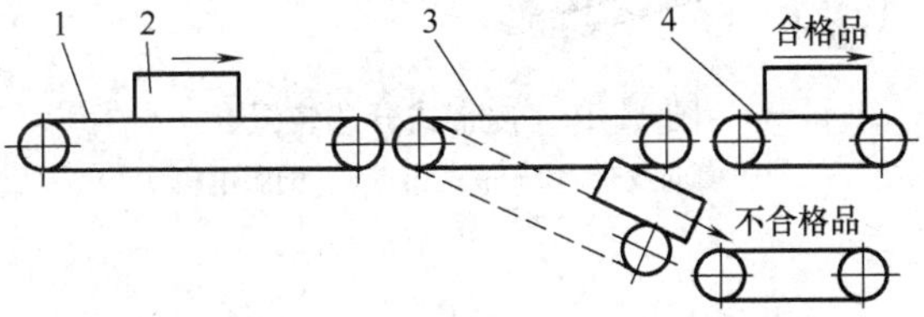

图 11-8 活门式分选装置

1—输送带 2—包装产品 3—活门 4—输送带

3. 拨叉式

此种分选装置的结构较简单，适用于对形状规则的产品分选，但分选速度不高。如图 11-9 所示，在输送带 4 上方的两侧设有一对拨叉 3，根据检重装置提供的控制信号，相应的拨叉将摆向Ⅰ或Ⅱ的位置。当合格品送来时，拨叉停在原位而使产品从输送带上通过，当欠重或超重的不合格产品来到时，拨叉摆动阻止其通过，并将此不合格产品从输送带的两侧剔除。

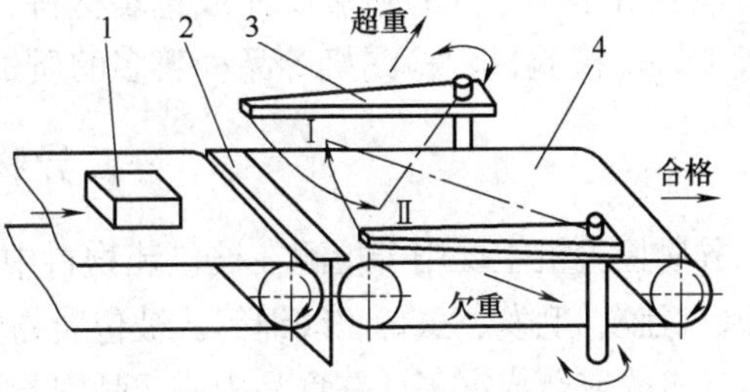

图 11-9 拨叉式分选装置

1—包装产品 2—过渡板 3—拨叉 4—输送带

4. 皮带式

皮带式分选装置适用于袋装、盒装类产品的分选。如图 11-10 所示，在两段输送带 2 之间，安置了一组由伺服电机 3 驱动的横向皮带 1，该组皮带可作正反向旋转。当合格产品送来时，伺服电机 3 不转，产品将沿原方向顺利通过；当不合格产品到来时，伺服电机将正转或反转，将不合格产品向两侧送出。

5. 滑板式

如图 11-11 所示，在一对链条 4 之间安装有许多根导杆 5，并随链条一起运动。导杆上配有能作横向往复移动的滑板 3。滑板下方开有与导轨 6 相配合的滑槽。当合格产品通过时，分流导轨 1 指向中间，引导滑板进入中间的导轨，从而将产品直线输送。当欠重的不合格产品经过时，由检重装置发出控制信号，使电磁铁 2 吸合，将分流导轨 1 拉向一侧。滑板在分流导轨的引导下进入一侧的导轨，将不合格产品从侧边输出。

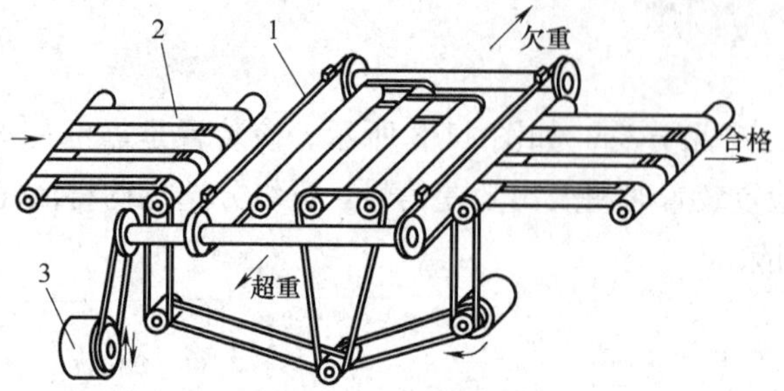

图 11-10 皮带式分选装置
1—横向皮带 2—输送带 3—伺服电机

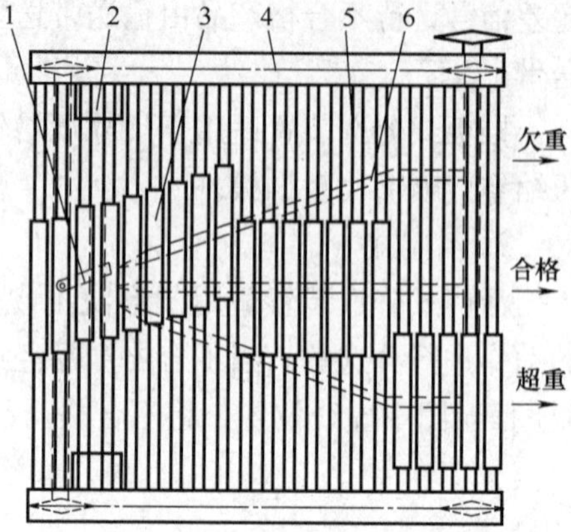

图 11-11 滑板式分选装置
1—分流导轨 2—电磁铁 3—滑板
4—链条 5—导杆 6—导轨

这种分选装置动作幅度小，运行平稳，即使形状不规则或不封口的包装件也能被高速分选。但分选装置的结构较复杂，制造成本高。

第三节 检 验 机

检验机是用于检验包装产品或包装材料、容器质量的设备，包括异物检验机、数量检验机、缺位检验机、检漏机等品种繁多的质量检验设备。

一、异物检验机

异物检验机主要用于检测在被包装物料中是否混有夹杂异物，如金属屑、塑料、玻璃、纸张、橡胶、毛发、虫蛹、线绳等。被包装物料中若混有异物，在包装操作或产品使用中将会引起事故或造成灾害，在食品中或药品中若混有异物，就会给人身安全带来严重危害。

（一）异物检测的原理和方法

根据异物的种类和特性不同，可用相应的检测方法对物料进行检验。常用的检测方法有以下几种。

1. 磁场金属检测

根据金属在磁场中的电磁感应而引起磁场变化的原理来进行金属异物检测的。磁场金属检测方法在对金属异物检测方面有独特优势，并且检验机价格便宜，易于操作，不需要特别防护。但此方法只适用于金属类异物的检测，可检测出 0.8～1.0mm 的金属异物，检测速度可达 40～60m/min。

2. 可见光异物检测

根据异物与物料的颜色差别，或透光性的差别，或反光性的差别，利用计算机视觉检测系统来检测异物。

3. 近红外光异物检测

近红外光检测是目前较新的检测方法。物料内有机官能团的自身振动，吸收近红外光中相应波长的能量，从而产生能量的变化，并在近红外光谱中表现出来，利用这种变化可以检测物料中成分的变化。

4. X射线异物检测

利用不同物质具有对X射线不同吸收能力的原理来检测异物。当X射线照射到某种物质时，该物质对X射线的吸收量与物质的密度成正比，通过图像处理或波形方法就可检测出物料中是否混有异物。

与磁场金属检测方法相比较，X射线异物检测具有更好的金属检测能力，并能检测出物料中的玻璃、塑料、毛发、线头、骨头等非金属异物。对使用铝箔、镀铝膜包装产品中的金属异物，也具有良好的检测能力。

（二）金属检验机

金属异物检验机的探测头结构如图11-12所示，在探测头中装有一条中央发射线圈和两个对等的接收线圈。高频振荡器产生的高频电流通过中间的发射线圈，在其周围形成一个高频磁场。两个接收线圈相串连，但极性相反。在磁场不受外界干扰的情况下，它们产生的感应电势大小相同且相互抵消，不会产生输出信号。当物料中含有钢、铁等磁性物质以及铝、铜、不锈钢等金属碎屑通过时，高频磁场就会受到干扰，两个接收线圈所产生的感应电势大小不同，无法相互抵消，将产生输出信号，此微弱信号经检波放大后就能驱动警报器报警，并控制剔除装置动作。

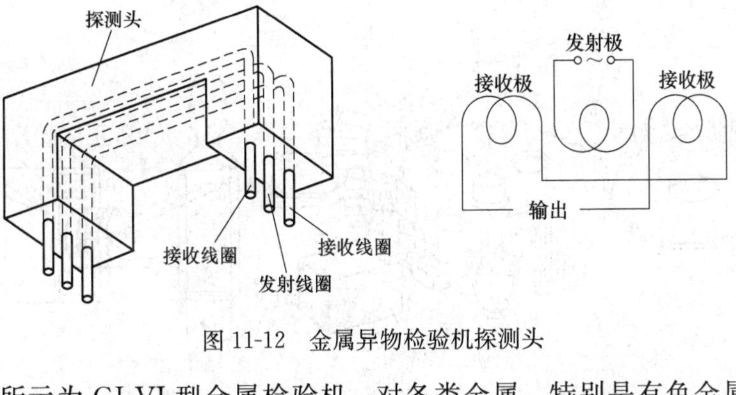

图11-12　金属异物检验机探测头

图11-13所示为GJ-VI型金属检验机，对各类金属，特别是有色金属（如铜、铝、铅、保险丝等）灵敏度较高。适用于小包装食品、药品、食品添加剂、调味品、保健品等行业的金属检测。其主要技术参数为：

探头口径：400mm×250mm

检测尺寸：350mm×230mm

检测精度：Fe：$\phi1.0$；0Cr18Ni9：$\phi2.0$

检测重量：最大10kg

传送速度：20m/min

报警方式：报警停机/排斥

电源：220V，50Hz

重量：180kg

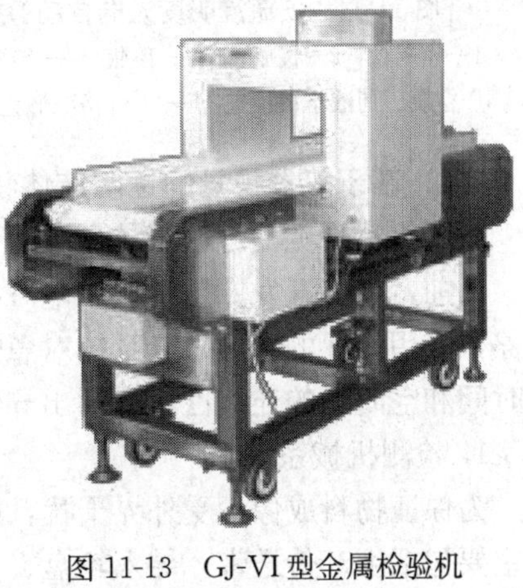

图11-13　GJ-VI型金属检验机

外形尺寸：1560mm×640mm×1170mm

（三）安瓿异物光电自动检查仪

安瓿是药品包装中特有的一种包装形式，主要用于液体针剂的包装。安瓿异物光电自动检查仪的原理是利用旋转的安瓿带动药液一起旋转，当安瓿突然停止转动时，药液由于惯性会继续旋转一段时间。在安瓿停转的瞬间，以光束照射安瓿，在光束照射下产生变动的散射光或投影，背后的荧光屏上即同时出现安瓿及药液的图像。利用光电系统采集运动图像中（此时只有药液是运动的）微粒的大小和数量的信号，并排除静止的干扰物，再经电路处理可直接得到不溶物的大小及多少的显示结果，最后通过机械动作及时准确地将不合格安瓿剔除。

图 11-14 为安瓿澄明度光电自动检查主要工艺。待检安瓿放入不锈钢履带上输送进拨瓶盘，拨瓶盘和回转工作台同步做间歇运动，安瓿若干支一组间歇地进入回转工作转盘，各工位同步进行检测。第一工位是顶瓶夹紧，第二工位高速旋转安瓿带动瓶内药液高速旋转，第三工位异物检查，安瓿停止转动，瓶内药液仍高速运动，光源从瓶底部透射药液，检测头接收其中异物产生的散射光或投影，然后向微机输出检测信号，其异物检查原理如图 11-15 所示。第四工位是空瓶、药液过少检查，光源从瓶侧面入射，检测头接收信号整理后输入微机程序处理。第五工位是对合格品和不合格品检测，由电磁阀动作，不合格品从废品出料口予以剔除，合格品则由正品轨道输出。

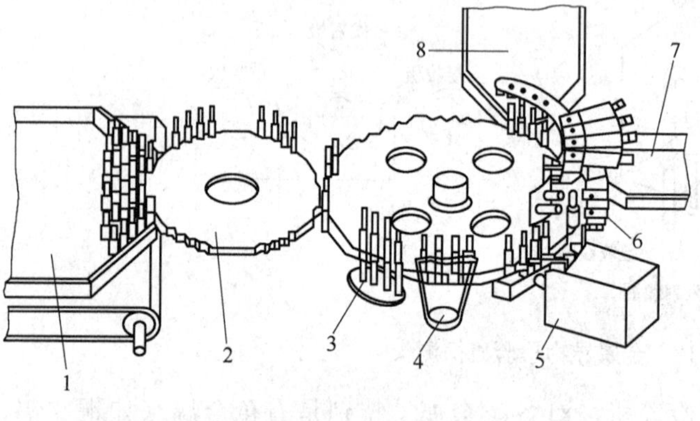

图 11-14　安瓿澄明度光电自动检查工艺过程

1—输瓶盘　2—拨瓶盘　3—顶瓶　4—转瓶　5—异物检查

6—空瓶、药液不足检查　7—不合格贮瓶盘　8—合格贮瓶盘

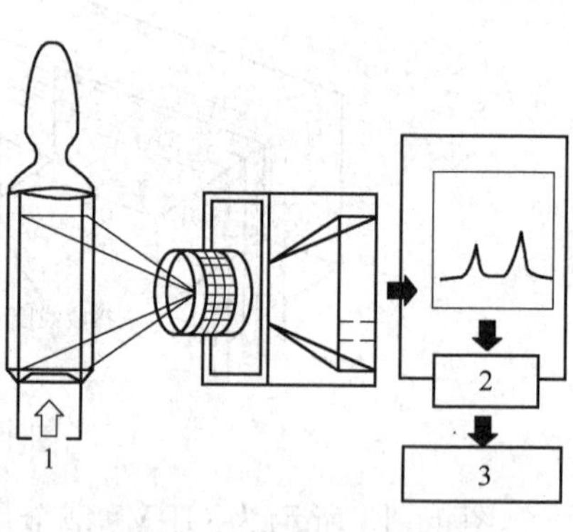

图 11-15　异物检查原理

1—光　2—处理

3—合格品与不合格品的分选

（四）基于机器视觉的透明液体物料中异物的检测系统

基于机器视觉的透明液体物料特别是针对液体药品中异物检测，具有重要的工程价值。目前，主要开发专用机械、电气控制和成像系统，通过控制生产线上物料高速旋转后急停，采用专业的图像采集系统对急停后自由旋转物料拍摄连续多帧图像，利用序列图像在时间和空间上的连续性，检测出异物目标即识别溶液杂质。

1. 检测机械系统

为保证物料成像不受外界干扰，检测系统位于一个封闭的隔光机身内，其机械传动部分主要包括生产传送带、导入轮盘、主轮盘和 2 个导出轮盘等四大部分（图 11-16）。其各部分作用与功能为：

（1）导入轮盘　负责调整待检产品的间距以及传送方向。导入轮盘与主轮盘之间采用切线式衔接，使得产品可以顺畅地进入主轮盘上的旋转槽。

（2）主轮盘　由多个抓取器构成，这些抓取装置能够牢固地抓紧容器瓶颈并平稳的旋转，每个抓取器的底部都安装有伺服电机，可以独立地完成旋转—急停动作，系统划定出旋转区域与急停区域，进入旋转区后抓取装置将迅速旋转（自转），离开旋转区后抓取装置进入急停区后将迅速制动。单个抓取器的底座处设有磁性传感器，磁性传感器发出的信号控制摄像机拍摄产品图像。

（3）导出轮盘　导出轮盘1负责导出检测后的产品，若产品参数满足要求，则从合格品输出口输出。如产品存在缺陷，则进入导出轮盘2，经次品输出口剔除。此2处输出口大小应与进瓶口对应。在设计制造机械设备时必须对各部分传动装置、部件进行优化，尽量减小机器运行所带来的振动，保证衔接部件的平滑度和机身的稳定度。过大的振动将会导致液面的抖动、气泡的增多、获取图像的模糊等不期望的情况。

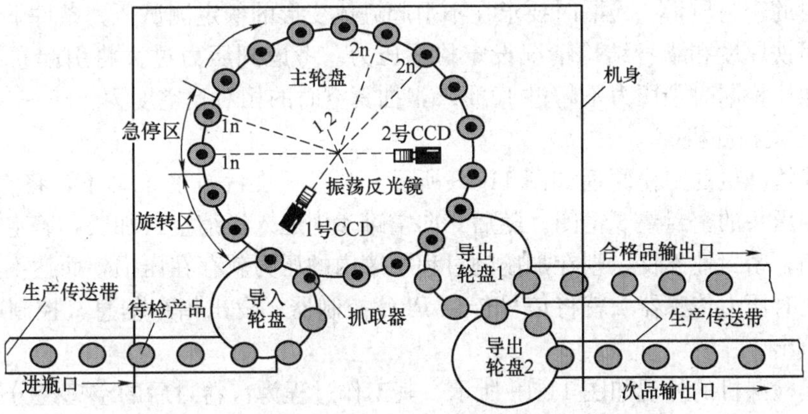

图 11-16　药品异物检测机械系统结构示意图

2. 运动物液成像系统

由于物液异物的多样性，通常需设计专用的成像系统。为保证图像包含物液中所有的异物信息，首先设计一高速旋转系统，将物液内的微小颗粒旋转起来；其次光源对物液图像质量的影响，考虑到待检测物料的特点，设计两种照明方式，一种是针对白色异物的LED底部红光照明＋黑色背景方式，此种照明方法能极大的增加溶液内异物与背景的对比度，削弱瓶壁上浮雕或不洁净对图像带来的影响；另一种是针对黑色异物的LED背部白光照明方式；然后当药液在主轮盘上运动时，待检物品被机械装置加速旋转、制动，随后进入摄像机视野，图像采集系统被触发抓拍多幅图像，最后通过异物检测算法进行分析，识别出药液异物。运动物液成像系统原理如图11-17所示。

二、检　漏　机

检漏机是用于检验包装容器密封性质量的机器。根据对检漏的精度要求不同，以及被检对象的不同，常有的检漏方法主要有浸水检漏、卤素检漏、氦质谱检漏、高频高压电火花放电检漏、真空检漏等多种。对于塑料瓶等软包装容器，还可利用塑料瓶瓶体柔软易变

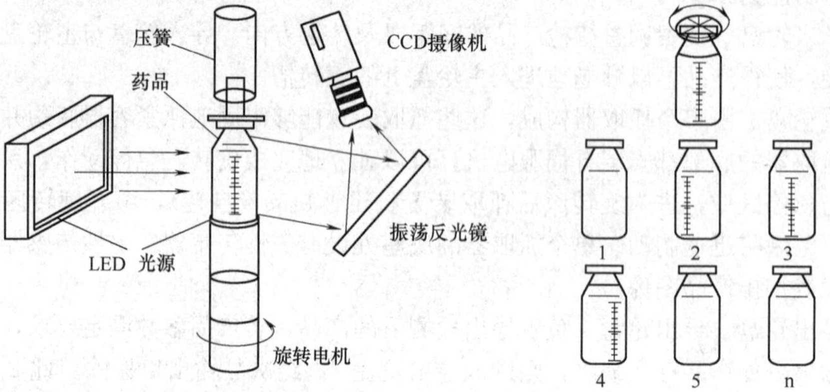

图 11-17　运动物液成像系统原理图

形的特性，使用挤压式的检漏方法。

对于已完成封口成型的三片罐的检漏，可对空罐通过加压或抽真空的方式，检测罐体焊接和卷封的密封质量。检漏时要求在不引起罐体变形的额定测试压力条件下进行，可根据实际的用铁厚度和罐身结构情况设定检漏压力。考虑到压力过大将引起卷封结构的变化，通常加压检漏时预压力不超过 152kPa，抽真空时的相对真空度为－35～－25kPa。

1. 加压式检漏机

加压式检漏机的工作原理如图 11-18 所示。托盘 5 在气缸的推动下，将空罐 4 上顶，使罐口与加压头的密封垫 3 密闭。随后，向空罐 4 内通入压缩空气加压，若空罐焊接或卷封存在缺陷，密封性不良，则在加压的过程中罐内的压力就存在压损，而达不到预定的压力要求，此时压力传感器 1 就将信号传到 PLC 控制器，发出指令信息，控制电磁气阀将此泄漏罐捡出。

加压式检漏机的外观如图 11-19 所示。其工作过程为：卷封后的空罐经分罐螺杆，由进罐无磁星轮将其送至设有同线速度的底托罐盘上，托盘绕转过程中由底部导轨控制其上下的气缸行程，并使罐口与加压头对接密封；对于不同高度空罐的生产切换，可通过调节检漏机顶座的升降来解决。

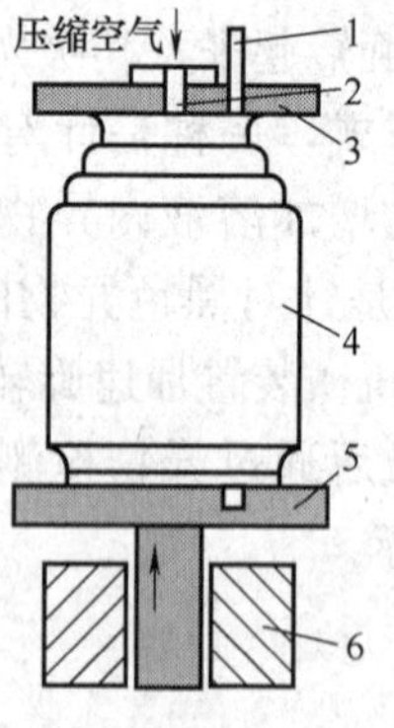

图 11-18　加压式检漏机工作原理示意图

1—压力传感器　2—充气孔　3—密封垫

4—空罐　5—托盘　6—气缸体

图 11-19　加压式检漏机

2. 真空式检漏机

真空式检漏机的工作原理如图 11-20 所示。对空罐进行抽真空，若空罐焊接或卷封存在缺陷，密封性不良，则在抽真空的过程中罐内的真空度将低于预定值，这时压力传感器 1 就将信号传到 PLC 控制器，发出指令信息，控制电磁气阀将此泄漏罐捡出。

真空式检漏机的外形如图 11-21 所示。真空式检漏机的工作过程为：卷封后的空罐经分罐螺杆，由进罐无磁星轮将其送至设有同线速度的机身无磁星轮的凹槽位，并由底导板把空罐托至检漏工位带密封垫圈的抽真空头上，空罐在真空作用下被吸住凌空绕转，其绕转轨迹下方设有一圈护栏，即便密封不严的空罐，也不会到处乱跑，而是在护栏内被星轮输出后剔除。对于不同高度空罐的生产切换，可通过调节检漏机顶座的升降来解决。

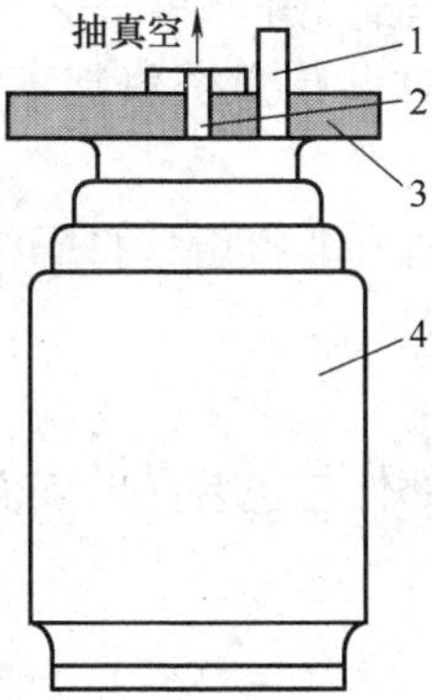

图 11-20 真空式检漏机工作原理示意图
1—压力传感器 2—抽气孔 3—密封垫 4—空罐

图 11-21 真空式检漏机外形图

三、瓶口检验机

对回收使用的玻璃瓶的瓶口质量，可利用激光来进行检测。如图 11-22 所示的激光瓶口检验机，可对那些瓶口开裂破损的瓶给予剔除，以免经灌装压盖后产生漏气漏液。

这一检验装置可设置在洗瓶机到灌装机之间的输送带上方。瓶口检验机的顶部装有激光器 2，激光束可通过连续回转的转子 7 的通道到达转子喇叭口内。转子的连续快速回转是由电机 1 通过皮带驱动的。激光束向下投射到固定在转子喇叭口的凸透镜 6 上，凸透镜将激光束沿径向反射出去，照射在瞬时连续通过其下方的瓶口上。由于转子转得很快，激光束形成的一条光带足以对每一个瞬时通过转子中心的瓶口作一整周的扫瞄，而转子喇叭口内又固定着一个光电元件 8，它能接收从未损坏的瓶口反射的激光束。光电元件还与安装在转子外圆上同心环形槽内的初级线圈 3 相连，初级线圈 3 与次级线圈 4 有一定间隙，次级线圈安装在固定箱体内，与放大器相连接。

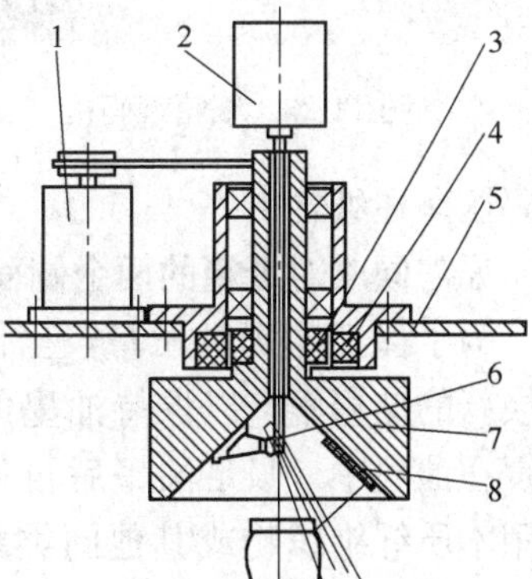

图 11-22 激光瓶口检验机
1—电机 2—激光器 3—初级线圈 4—次级线圈 5—固定支架 6—凸透镜 7—转子 8—光电元件

当瓶口未破损时，由瓶口反射到光电元件上的激光束，能使光电元件产生一强度不变的光电流。如果被扫瞄的瓶口有破损，破损部位会使反射的激光束发生偏转，降低了激光束对光电元件的照射强度，光电元件所产生光电流也随之降低。流经初级线圈的光电流降低后，使电场强度发生变化，引起次级线圈产生一感应电动势，经功率放大后启动分离剔除装置，就能将破损的瓶子剔除。

第四节　打　码　机

打码机是在包装件、包装容器或标签上打印字码或标记的辅助包装机械。在包装件上有一些信息资料是需要经常变动的，如产品的出厂日期、批号、代码、标志、保鲜期、有效期、价格、颜色、尺寸等，这些内容对于产品仓储、运输、销售和消费者购买都很重要。由于要经常变动，在印刷包装袋、包装箱和标签时，这些信息资料都不能进行印刷，需在包装后再进行打码。

常用的打码机按工作方式的不同，可分为接触式打码机和非接触式打码机两大类。

一、接触式打码机

接触式打码机是指在印码时，使用涂布有油墨的印码部件与包装品的表面直接相接触的一类打码机。

图 11-23　纸箱滚码机

（一）滚码机

图 11-23 所示为纸箱滚码机，通过字码凸起的印版进行印码，印版一般是用橡胶或感光树脂等柔性材料制作的。通常滚码机都比较小，可以很方便地安置在包装生产线的输送机上。也可将其做成手持式，采用人工打码。

工作时，印码辊与储墨辊接触，凸起的字码部分着上油墨。当纸箱在输送过程中经过滚码机时，纸箱表面与印码辊相接触，并带动印码辊转动，将字码压印在纸箱上。

如需同时对纸箱的两个侧面进行印码，可在输送机的两侧安置滚码机，如图 11-24 所示。为了保证印码的质量，当储墨辊油墨用尽时，应及时更换新的储墨辊，以保持油墨的充足供给。或将旧的储墨辊浸在油墨中，吸足油墨后再使用。储墨辊的外表面一般是用木质纤维织物或其他同类材质做成的。它的使用寿命取决于机器的工作速度、印刷面积的大小及所用的油墨。

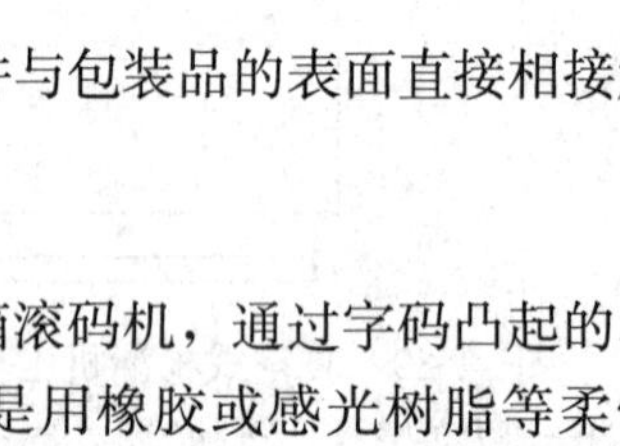

图 11-24　纸箱两侧面印码
1—纸箱　2—滚码机
3—输送带

（二）移印机

移印是一种间接的凹版胶头印刷技术，首先根据文字图案制成凹版，凹版上油墨后，由硅胶移印头将油墨从凹版提起，再转印在被印物上。移印工艺由于操作简便、运行可靠，可在塑料、金属、玻璃、陶瓷、皮革、胶木等各种材料制品上的任意凹凸表面精确地进行单色、双色和彩色图文印刷，其应用领域非常广泛。

1. 移印机的工作原理

移印机的基本构成原理及工作过程，如图 11-25 所示。

(1) 刮墨　机头 4 向右运动，带动刮墨刀 2 将凹印版 7 上空白部分的油墨刮回墨槽 6 中，如图 11-25 (a) 所示。

(2) 起墨　移印头 3 向下运动，对凹印版施以一定压力，使凹印版图文部分凹槽中的油墨吸附到移印头上，如图 11-25 (b) 所示。随后，移印头上升，将凹槽中的油墨提起。

(3) 上墨　机头向左运动，由上墨刷 5 对凹印版的版面上墨，如图 11-25 (c) 所示。

(4) 压印　已上墨的移印头向下运动，并对承印物 1 表面施以一定印刷压力，完成油墨转移的印刷过程，如图 11-25 (d) 所示。

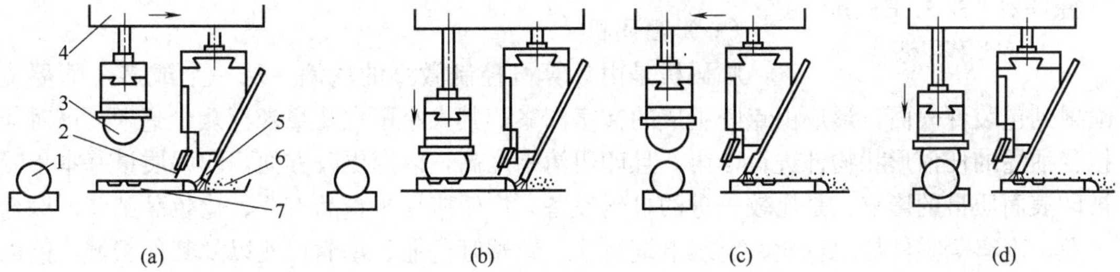

图 11-25　移印机基本构成原理及工作过程

1—承印物　2—刮墨刀　3—移印头　4—机头　5—上墨刷　6—墨槽　7—凹印版

2. 移印头

移印机上最重要的部分是移印头，移印头的功能不仅是上墨图文的载体，而且也是与承印物表面进行接触印刷的转印体，它的质量好坏直接影响到移印的质量。

用于制造移印头的材料，应具有良好的弹性和一定的柔软性，对油墨有较强的吸附性能。通常使用硅橡胶。

移印头的形状，常用的有标准形、楔形、环形和带形，如图 11-26 所示。移印头表面形状一般都设计成弧形，这主要是由于移印时移印头与凹印版和承印物为面接触，弧形表面可使移印头上墨后能迅速脱离凹印版，不夹带、吸附空气，同时弧形表面有利于排挤出图文部分油墨中的气体，以获取完整饱满的印刷图文。

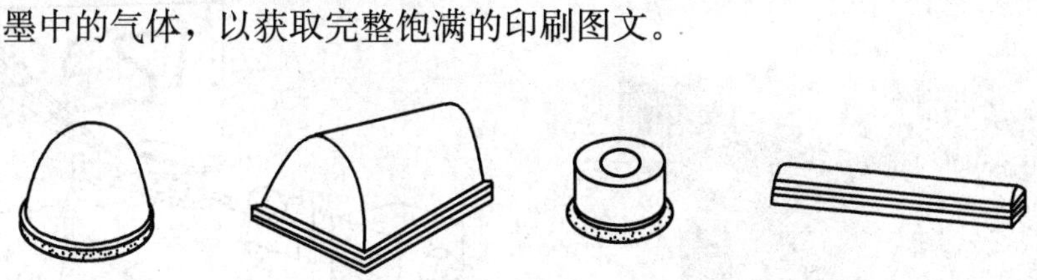

图 11-26　移印头的基本形状

3. 气动单色移印机

图 11-27 所示为 SP-814E 气动单色移印机，其主要技术参数为：

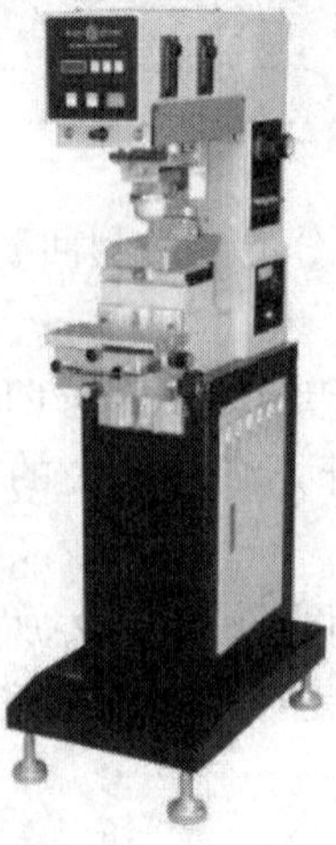

图 11-27 SP-814E 气动单色移印机

凹印版尺寸：最大 100mm×(75、100、150、200)mm

外形尺寸：580mm×360mm×1264mm

最大移印速度：1300 件/h

用气压力：600kPa

功率：50W (110/220V，60/50Hz)

二、非接触式打码机

非接触式打码机，是指在打码的过程中打码装置不与包装件相接触的一类打码机。常用的非接触式打码机主要有喷墨打码机（简称喷码机）和激光打码机两种，可以在不同的操作条件下应用，而且在各种不同的包装品上，都能可靠地打印出清晰的字迹和图案。

（一）喷码机

喷码机是由计算机控制微小的墨滴，从一个或多个喷墨嘴喷射到包装件表面，形成由点阵组成的文字图案，其大小可在几毫米至几十毫米。可对能接受油墨的任何形状物件进行印码，且印码清晰度高，内容更改方便，印码质量基本不受被印表面质量的影响，是比较先进的打码设备，广泛应用于食品工业、化妆品工业、医药工业、汽车等零件加工行业、电线电缆行业、铝塑管行业、烟酒行业以及其他领域，能以很高的速度在产品上打印编码、标记和日期等信息。

由于喷码机的喷码速度可调，便于配合包装生产线上产品的移动速度，且设备较小，可方便地配置在包装生产线上，如图 11-28 所示。

1. 连续喷墨式喷码机

连续喷墨式喷码机大都使用在成像要求低、需要高速度的包装生产线，喷码速度可达到5m/s,可用于喷印生产日期、批号以及商标图案和中文字样。

连续喷墨式喷码机的喷墨头为单喷嘴式，其工作原理如图 11-29 所示。油墨经加压后被送至喷墨装置 1，由单个几十微米孔径的喷嘴不断喷射出，形成了一个约 20m/s 的墨流，并由加在喷嘴上方的晶体振荡器将连续墨流分裂成频率相同、大小相等、间距一定的墨滴串。墨滴串在经过充电通道 3 时被分别充电，使每一个墨滴带有相应的电荷量，其大

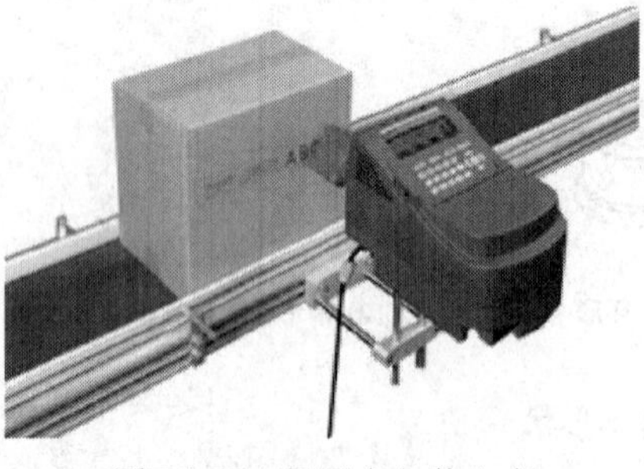

图 11-28 配置在包装生产线上的喷码机

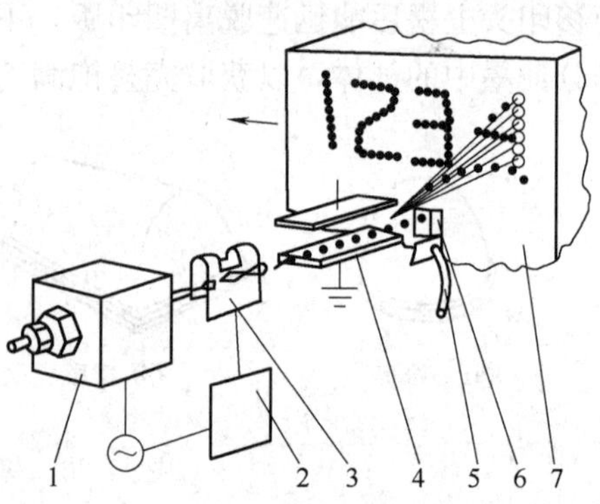

图 11-29 连续喷墨式喷码机工作原理简图

1—喷墨装置 2—充电控制器 3—充电通道 4—静电偏转板 5—吸墨管 6—油墨回收槽 7—包装件

小受充电控制器 2 的控制。墨滴继续向前经过一对静电偏转板 4，偏转板上接有 5kV 的电压，形成一个静电场。在该静电场作用下，带电墨滴根据自身所带电量的不同，产生相应量的向上偏移，分别打在包装件 7 表面的不同位置，形成所需的各种文字、图案等标识。而未被充电的墨滴则进入回收槽 6，最后经油墨贮液器再循环至喷嘴。

喷墨系统中所用的油墨必须均匀流畅，不堵塞喷墨头，并能迅速干燥，在包装件表面形成清晰的字迹。为了适应不同包装材料的要求，要选择不同的油墨，例如玻璃和塑料，它们对油墨有各自不同的要求。

2. 脉冲喷墨式喷码机

与连续喷墨式喷码机不同，脉冲喷墨式喷码机无墨滴偏移装置，在喷墨头上排列着多个喷嘴，受到成像计算机数字信号的控制，墨滴只在需要的时候才从相应的喷嘴中喷到产品的表面上。墨滴产生的方式，主要有压电式和热泡式两类。

(1) 压电式喷墨原理　压电式喷墨是利用特殊晶体材料在高速电脉冲状态下产生膨胀变形，从而使墨滴喷出，实现按需喷印的一种方式。常用的晶体是压电陶瓷，这种材料在电场作用下会改变形状或体积，有弯曲模式、切变模式等。在切变模式工作中，材料的体积保持不变，但几何形状变化。

喷墨的过程分为三步，如图 11-30 所示。首先压电元件在信号的控制下收缩，然后压电元件开始向外延伸，将墨滴推出喷嘴，最后在墨滴即将飞离喷嘴的瞬间，元件再次进行收缩，把墨水液面从喷嘴收缩。这个过程可以将墨滴的液面得到精确的控制，每次喷出的墨滴都会保持完美的形状和正确的飞行方向。通过并排排列大量喷嘴，就可以获得理想的喷印宽度和分辨力（一般为 6～8 点/mm）。

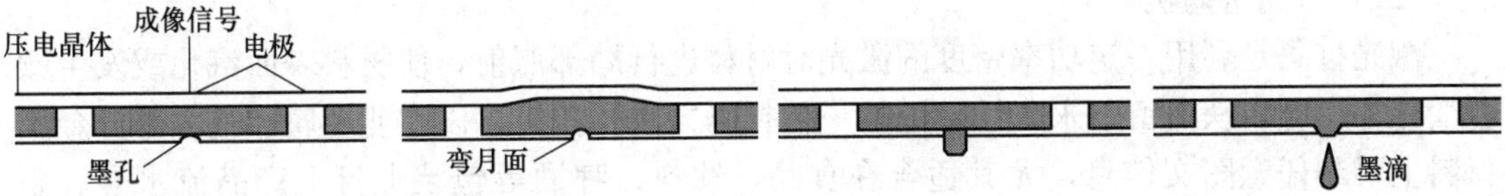

图 11-30　压电式喷墨原理

图 11-31 所示为捷特诺 C980 型全自动喷码机，采用压电陶瓷技术。喷头上有 128 个喷嘴，每个喷嘴都可单独控制，因而具有很高的灵活性，可在金属、纸质、PVC、PE、橡胶、塑料、木材、陶瓷等材质表面喷印生产日期、保质期、批号、中英文字符、条形码、电子监管码、商标图案等。其主要技术参数为：

操作菜单：中文菜单

喷印字体：中英文高解像字体（200～400DPI）或点阵字体

喷印字高：1～18mm

喷印内容：自动喷印日期、时间、批号、流水号

喷印行数：1～10 行中英文

喷印速度：最高 40m/min

特殊图文：图形、商标、条码及 Windows 任意字体

使用墨水：油性或快干环保墨水

电源：110/220V，50/60Hz

（2）热泡式喷墨原理　热泡式喷墨是利用微型电阻器急速的把一层微薄的墨水加热，使小部分的墨水蒸发形成气泡，由于气泡的膨胀，一滴油墨喷出喷嘴。去掉端子间的电压时，气泡消失，由于表面张力作用，新的油墨充填到喷嘴中。像压电式喷印技术一样，将一系列喷嘴排列在一起，就会得到更大的喷印范围。分辨力主要取决于墨嘴排列的密集程度，墨滴的量是通过加热元件的温度控制的。图 11-32（a）所示为加热开始，墨水产生气泡；图（b）所示为气泡迅速膨胀，挤压墨滴；图（c）所示为温度下降，气泡收缩，使喷嘴前端墨滴与喷嘴内的油墨完成分离。

图 11-31　C980 型全自动喷码机

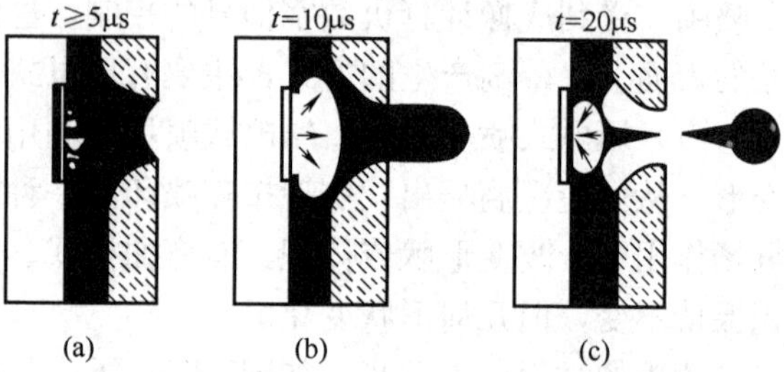

图 11-32　热泡式喷墨原理

油墨特性对于气泡式喷印系统的正常工作特别重要。在办公室里，可以控制打印物表面，使之与油墨相配，但在生产环境下完全是另一码事。由于这个原因，气泡式喷墨技术在喷码领域的应用受到了一定限制。

（二）激光打码机

激光打码是利用一定功率密度的激光对材料进行局部照射，使材料表面汽化或发生颜色变化等反应，从而留下永久性标记的一种打码方法。激光可以在非金属和绝大部分金属材料上雕刻任意图文信息，尤其适合在食品、饮料、啤酒等包装上打上产品流水号、条码、生产日期等标记信息。

激光打码系统采用电脑软件控制，具有快速灵活、环保无耗材、标记清晰永久、不可擦涂和更改的显著特点，可帮助生产企业实现防伪、防窜货的目的。激光设备可以在高温、高湿、高粉尘的恶劣环境中长期稳定地运行，所以其使用的稳定性和日常维护也具有较强的优势。但由于激光打码机的价格昂贵，使其应用受到限制。一般只用于大批量生产以及其他打印方法无法打印的场合。

1. 激光器

目前，激光打码机的激光器有两类。一类是 CO_2 气体激光器，主要用于非金属材料的打码，如塑料、木材、有机玻璃、橡胶、皮革、纸制品、电子元器件等。另一类是 YAG 激光器，主要用于金属材料的打码，如不锈钢、铝合金、铸铁、铜合金、钛合金等。

（1）CO_2 激光器　金属封离式风冷 CO_2 射频激光器是目前工业用小功率激光器的主流产品。发射 10.6μm 波长的不可见激光，是一种比较理想的激光器。其特点是工作寿命长，效率高，不造成工作介质损害。激光腔体内部放电的方式不会污染激光腔体里的光学元件，金属腔体和内部电子元器件可超长时间使用。当金属腔内激发激光的 CO_2 气体钝化后，只需重新充气即可，而不需更换激光器内部的任何零部件，降低了设备的使用成本。

(2) YAG 激光器　YAG 激光器是一种固体激光器，所产生激光的波长为 1064nm，属于红外光频段，其特点是振荡效率高、输出功率大且稳定，是目前技术最为成熟、应用范围最为广泛的一种固体激光器。

随着半导体二极管泵浦 YAG 激光器的出现，使激光打码机的体积缩小，质量提高，可成为便携式的小型打码机。

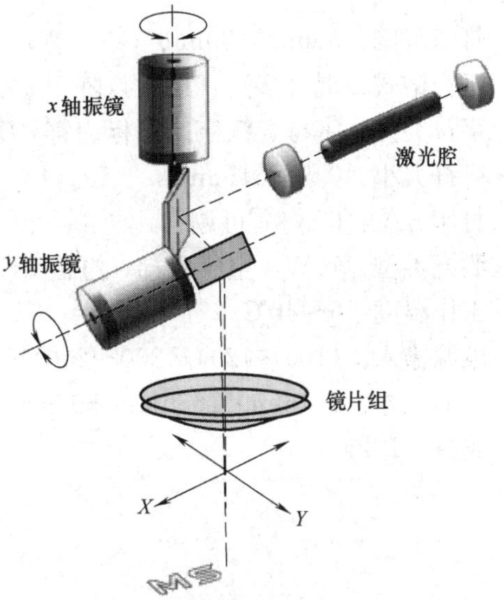

图 11-33　划线式激光打码机工作原理

2. 划线式激光打码机工作原理

划线式激光打码机运用镜片偏转连续激光束的原理，将要标识的字符的轨迹完全刻划出来。如图 11-33 所示，X 轴振镜和 Y 轴振镜片由高速微电机控制，通过改变 X 轴振镜和 Y 轴振镜的偏转角，就能改变激光束的光路，使激光束聚焦在不同的位置上。高速电机技术使得在移动或者静止的产品表面进行高速标刻成为可能。

3. 点阵式激光喷码机工作原理

与划线式激光打码机不同，点阵式激光打码机是将要标识的字符的一些重要轨迹点刻划出来。因此，在同样能量的情况下，点阵式激光打码机的打码速度更快。点阵式激光打码机没有振镜偏转装置，而是使用 7 根激光管在垂直方向产生 7 个独立的激光束聚集点，依次在产品表面汇聚烧灼。如图 11-34 所示。该系统依赖于产品的移动来达成点阵式字符的标刻。

4. MARKEM SmartLase 110i 激光打码机

图 11-35 所示为 MARKEM SmartLase 110i 激光打码机，可在多种材质上打印永久、清晰的信息等，无须任何耗材，具有低成本、结构紧凑、体积小巧、容易整合的特点。其

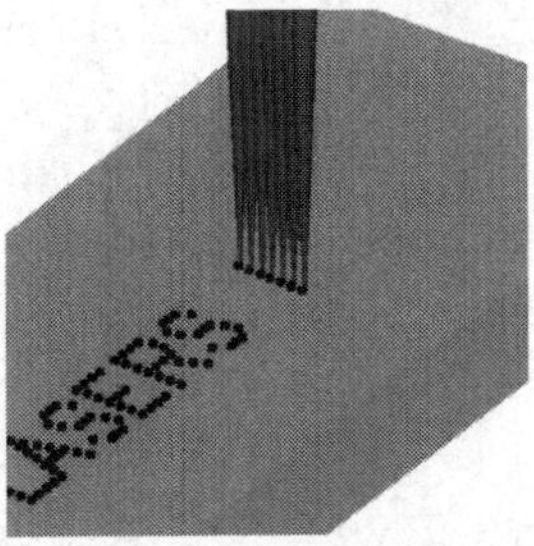

图 11-34　点阵式激光喷码机

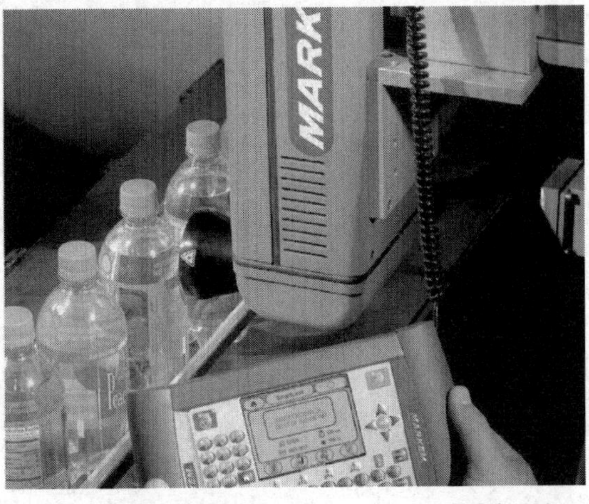

图 11-35　MARKEM SmartLase 110i 激光打码机

主要技术参数为：

打印范围：50mm×80mm（高×宽）

字符格式：混合多选，最大点阵 255×255 点

字符类型：字母、汉字、图标、符号等

字符大小：0.5～51mm

打印方位：0°～90°可调

激光类型：10W，空气冷却，电极 CO_2 激光器

工作温度：5～40℃

电源输入：(100～120)/(200～240)V，50/60Hz，225W

外形尺寸：114mm×165mm×597mm（高×宽×长）

重量：10kg

第十二章　无菌包装系统

第一节　概　　述

无菌包装技术主要应用于食品、药品等产品的生产制造过程。在食品生产加工领域，所谓无菌包装是指对于流体或半流体食品进行高温短时杀菌或超高温瞬时杀菌操作后，迅速冷却，再在无菌环境中充填入无菌的包装容器内并进行封合的作业过程。

在无菌包装生产过程中，物料的加工处理和包装过程是相对独立的，其加工、充填、封合的各个环节必须保证在无菌状态下进行，也就是需要确保产品、包装材料、包装环境三环节处于无菌状态。其中任何一个环节未能彻底杀菌都将影响无菌包装的整体效果。

无菌包装系统如图 12-1 所示，其应具备以下三个条件：

(1) 物料灭菌；

(2) 包装材料或包装容器的灭菌；

(3) 在无菌环境下将灭菌的物料灌装入灭菌后的容器中，在没有二次污染的条件下进行充填与封合。

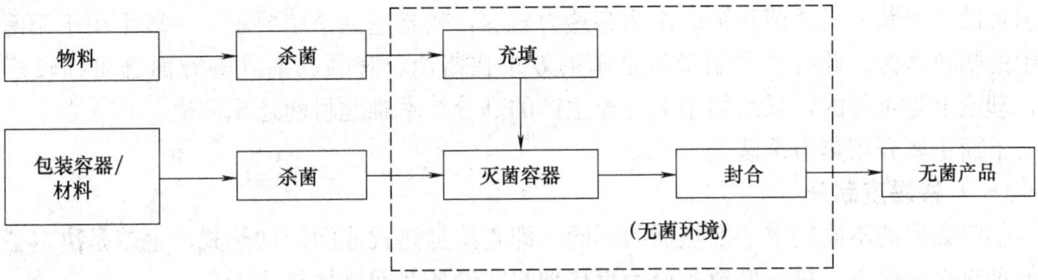

图 12-1　无菌包装系统简图

无菌包装的概念表明了只有经过适当的机械、物理、化学等科学技术才能将产品封合在一定的包装容器内，以防止微生物进入包装容器内，破坏内部的无菌状态。相对于其他包装方法，无菌包装是包装技术发展上的一次巨大的飞跃。对食品无菌包装，其特点主要表现为：

(1) 无须添加任何化学防腐剂、不经冷藏的条件下包装产品可获得较长的货架期；

(2) 在保证无菌的前提下，食品（尤其对热不稳定食品）原有的营养、风味、色泽等品质得到了最大程度地保留；

(3) 无菌包装生产的容器和产品是分别进行灭菌的，包装工艺得以简化，因而自动化程度高，单位成品能耗低，降低了工艺成本；

(4) 食品经超高温瞬时杀菌灭菌后进行冷却，然后进行灌装，因此对包装材料、容器的耐热性要求较低，多种包装材料都可以进行无菌包装。

但无菌包装系统一般都是大型化、专业化的设备装置，加工装置初期投资费用高、系统维护要求高。

无菌包装系统设备与一般包装机械设备的差别是无菌包装系统设有相对独立的包装材料（容器）杀菌系统和无菌环境的充填与封口系统，使得包装产品杀菌和包装材料杀菌相互独立，从而可实现产品的超高温短时杀菌和确保包装产品的质量。无菌包装系统通常由超高温短时杀菌机械、无菌包装机械和 CIP（就地清洗）机械三部分组成，产品在密封的通道内连续加工和包装，整个系统加工和清洗消毒程序以及温度、压力等参数均采用微机控制，是高度自动控制的机电一体化的系统设备。

第二节　超高温瞬时杀菌系统

无菌包装的杀菌按所起的不同作用可分为物料杀菌、生产过程环境杀菌、包装材料杀菌三大部分。这里只介绍物料（食品）的超高温杀菌工艺与机械系统。

一、概　　述

食品物料的杀菌分为热力杀菌和冷杀菌。食品无菌包装的物料杀菌到目前为止主要是热力杀菌。物料目前也只限于流体、半流体（包括含有小颗粒或大颗粒的食品）。由于物料黏度、pH 值、热敏性、易氧化性等特殊性使得杀菌方法和设备都各有差别。

冷杀菌方法是指根据不同场合利用各种杀菌剂和紫外线杀菌、辐射杀菌等以达到不同杀菌目的，但紫外线杀菌和辐射杀菌穿透力较弱，较难达到杀菌要求，一般不用于无菌包装中的物料杀菌。此外，利用微波杀菌的效果在酱油、啤酒、牛乳等方面已得到较好验证，理论上是可行的，只是用于大规模生产的部分技术难题目前还未解决。

下面主要介绍热力杀菌。

（一）按黏度划分

物料黏度的不同决定了换热器的不同，即直接加热式或间接加热式，也就是决定了选用何种热交换设备，热交换设备分为直接加热式设备和间接加热式设备。

直接加热式设备的特征是食品和加热介质直接接触，加热介质为热蒸汽，运用超高温瞬时杀菌原理，它的温度变化之快是其他设备所无法达到的。间接加热式设备的主要特征是在热交换器中间接完成食品与食品或食品与加热介质之间的热传导，它的传热速率比直接加热式设备低得多。

直接加热设备被人们称作第一代物料预杀菌设备，间接加热式设备被称为第二代物料预杀菌设备。1980 年起乳制品制造业开始使用第三代物料预杀菌设备，这类设备工艺上更加合理，能耗大大降低，与第二代物料预杀菌设备相比，它因扩大了液体流通通道使液体的流动速度降低，从而延长了食品的杀菌时间，扩大了热交换面积，提高了设备的热回收率。从第二代设备开始，特别是第三代设备，物料杀菌设备渐渐脱离超高温瞬时杀菌理论，其效果越来越接近现代的超高温短时杀菌理论下的杀菌效果。

1. 低黏度物料的杀菌

低黏度均质物料目前常用的方法是超高温瞬时杀菌，如牛乳的超高温瞬时杀菌指在

136～138℃，保温2～8s之后在很短的时间内冷却至20℃，就是一例典型工艺，欧洲的大部分牛乳杀菌即采用此种方法。此法可能会使产品出现轻微的“蒸煮味”，因此同样具有连续处理能力的高温短时杀菌受到重视。

2. 高黏度物料或含固体颗粒物料的杀菌

高黏度物料或含固体颗粒物料的杀菌过程中，在管内外壁的边界层内，流体的流动速度很低，此层内传热方式为热传导，此层外传热方式为热对流。因此，高黏度物料在加热中因边界层较厚，易导致传热不均，同时对热敏性物料因易产生焦管现象，则需选用带刮板的热交换器，含固体颜料的物料因固相传热速率低，增大流速时又因液相与固相的相对速度增大，产生较大剪切应力，使固体颗粒受到损害，因此无法采用增大流速的方法。一般采用延长热交换时间和冷却时间，颗粒直径越大，相应的处理时间也就越长。

因此在对高黏度或含固体颗粒物料杀菌时，需根据物料有关特性考虑生产率，入口温度、灌注温度等工艺因素，根据实验室和小批量实验参数精确换算到大批量实际生产。选用设备也很重要，一般来说，随着固体颗粒块度的增加或黏度的增加，可依次选择片式热交换器、自由流动式热交换、管式热交换器、心管式热交换器、间歇式热交换器、连续刮板式热交换器直至处理无液相的固体颗粒的流化床。

（二）按pH划分

pH大小决定了物料采用何种杀菌方式，即采用的温度、时间。

1. 低酸性食品

低酸性食品pH大于4.6，可以为致病微生物提供理想的生长条件，且腐败微生物也可良好地生长。一般采用超高温瞬时杀菌，即135～150℃，2～8s，但如此高温下对营养风味有影响，且可能有蒸煮味；而高温短时杀菌指在71.7℃，15～20s处理，此种方法可较好保持产品的营养、风味，其典型应用是对牛乳制品的杀菌以及部分蔬菜制品杀菌。

2. 酸性食品

酸性食品的pH在3.7～4.6，此时致病菌不易生长，但腐败菌可以生长，一般采用超高温瞬时杀菌或高温短时杀菌。对低酸性食品也可通过加酸或发酵的方法使之转化为酸性食品，从而降低杀菌要求，提高货架寿命。

3. 高酸性食品

高酸性食品的pH小于3.7，在此酸度下致病菌无法生长，腐败菌也无法生长，因此杀菌要求可适当降低，而保持品质成为首要目的。一般采用巴氏杀菌就可满足要求，也可用超高温瞬时杀菌或高温短时杀菌。近年来，由于食品安全性问题日益受到关注，目前趋向于应用超高温短时杀菌。

二、超高温杀菌装置与系统

超高温杀菌技术（Ultra High Temperature简称UHT杀菌法）是利用热交换器或直接蒸汽，使食品在130～150℃温度下，保持几秒或几十秒加热杀菌后，迅速冷却的杀菌方法。该方法杀菌效率高，物料产生的物理、化学变化小，因此，对食品的外观、风味、营养素等影响小。

UHT杀菌机械系统的开发是由荷兰的斯托克（Stork）公司在20世纪50年代初率先研制，随后国际上又出现了多种类型的超高温杀菌机械。由于这种装置杀菌效果特别好，几乎可以达到"无菌"的要求，所以被用于牛乳的灭菌处理。20 世纪 60 年代初，金属罐无菌包装技术获得成功，促进了超高温杀菌与无菌包装技术相结合，从而发展了灭菌乳生产工艺。从此超高温灭菌装置获得较广泛的应用。自 20 世纪 80 年代后，UHT 技术得到了更大的发展，其应用范围不仅限于液体产品，目前已可应用于固液混合产品和固体粉状产品等。杀菌装置也有很大的发展，如欧姆加热装置、气流式杀菌装置等的开发，进一步促进了超高温杀菌技术机械的发展。

（一）现有的 UHT 杀菌方式及其杀菌装置

表 12-1 所示为世界各国目前常用的 UHT 杀菌装置。在直接加热方式中，有将蒸汽直接喷入食品中的蒸汽喷入式和将食品喷入蒸汽中的喷入式两种加热方法。在间接加热方式中，有板式加热和管式加热以及刮板式加热等装置。板式装置是加热介质和物料通过隔板间隙时，相互进行热交换。管式装置是外管中的蒸汽或热水对内盘管中流过的物料进行热交换的加热装置。刮板式 UHT 杀菌装置一般用于高黏性食品和含有固形物的流动食品的加热杀菌。

表 12-1　　国际上常用的 UHT 杀菌装置

加热方式		装置名称	制造商	国　家
直接加热方式	蒸汽喷射式	Uperiser VTIS UHT Aro Bac	APV 公司 Alfa Laval 公司 岩井机械 Cherry Burrel 公司	英国 瑞典 日本 美国
	食品喷射式（浸渍式）	Pararistor Thermo Vac Vac-Heater	Paasch & Silkeborg 公司 Brell & Martel 公司 Cremery Package 公司	丹麦 法国 美国
间接加热方式	板式	Sigma Thermodule Ultramatic Ahlborn Steriglak Crescent UHT	Cherry Burrel 公司 Alfa Laval 公司 APV 公司 Ahlborn 公司 Sordi 公司 Cremery Package 公司 岩井机械	美国 瑞典 英国 德国 意大利 美国 日本
	管式	Sterideal Thermutator Spiratherm CJ-Ste-Vac-Heater CTA	Stork 公司 Cherry Burrel 公司 Cherry Burrel 公司 Chester Jensen 公司 Cremery Package 公司	荷兰 美国 美国 美国 美国
	刮板式	Contherm Thermo Cylinder Thermutator Votator Scraped Surface Heater Rototherm	Alfa Laval 公司 岩井机械 Cherry Burrel 公司 Votator 公司 Fran Rica 公司 Tito-Manzini & Figli 公司	瑞典 日本 美国 美国 美国 意大利

（二）低黏性食品 UHT 杀菌系统

1. 杀菌系统的设备组成

（1）热交换器　低黏性食品使用的 UHT 杀菌热交换器有如下几种：蒸汽直接喷射式、物料喷射式（蒸汽浸渍式）、板式（也称片式热交换器）、管式、表面刮板式等。其中蒸汽直接喷射式、食品喷射式是直接加热方式；板式、管式、表面刮板式是间接加热方式。

目前蒸汽直接喷射式、食品喷射式（蒸汽浸渍式）、板式热交换器是低黏性食品常用的设备，其内部液体流过的流路较窄，故只能用于黏性低的液状食品。管式和表面刮板式热交换器虽然也适用于低黏性食品，但它们相对热效率略差，价格也高，尤其是表面刮板式热交换器价格更高，故一般不采用。此外，上述热交换器的热效率高，可以连续快速加热和冷却，与其他热交换器相比价格便宜，因此在生产中被广泛采用。但蒸汽喷射式和食品喷射式装置一般不单独使用，大多和板式热交换器联合使用。

（2）保温管　这是在热交换器和冷却器之间设置的单层金属管。食品在热交换器中加热升温到所需的温度后，即进入保温管，且在此温度下保持一定时间，以达到杀死微生物，确保食品商业无菌的目的。保温管的粗细和长短由食品的流量、流速、黏性、滞留时间等因素而定。为了防止空气混入其中，保温管从加热器到冷却器需设置成向上有一定的坡度，以防一旦物料中有空气混入，产生温度不均、流量变化而使杀菌不充分的可能性。

（3）输送泵　物料通过热交换以及进行无菌灌装等一系列工序时都必须使用输送泵。低黏性食品一般使用螺杆泵或离心泵。为了保证食品物料在热交换器中有一定的滞留时间，必须使用定量精度较高的输送泵。此外，为了克服热交换器中的压力，抑制食品产生沸腾，输送泵需保证一定的正压，以防止物料对泵内结构的污染。

（4）真空罐　真空罐使用一般有两种情况，一是在加热杀菌前从食品中除去氧气（脱气），另一种是在加热杀菌后进行瞬时闪蒸冷却。

以脱气为目的时，通常用板式热交换器将食品预热后送入真空罐中，除去氧气之后再送入板式热交换器中加热到杀菌目标温度。

以瞬时冷却为目的时，一般在采用蒸汽喷入式热交换器时使用。这样使用的真空罐也称为蒸发冷却罐。液体食品经热交换加热到杀菌目标温度，在保温管中滞留一定时间后喷入真空罐中，闪蒸失热，同时食品瞬间冷却到70～80℃的温度。此外，在蒸汽喷入式热交换器中混入的冷凝水也在此真空罐中蒸发除去，而且还有脱臭的效果。

（5）均质机　均质机是使食品粒子微粒化的均质化加工设备。均质的目的是为了防止液体食品中粒子沉降或上浮而产生分层现象，同时使食品产生纯厚爽口的口感。均质根据不同食品有两种不同的工序，即安排在预加热后、加热杀菌前进行的方式以及安排在加热杀菌及预冷却之后进行的后均质方式。

（6）其他辅助设备　主要包括：

① 背压阀（单向阀）。为了防止加热杀菌时食品产生沸腾，保证冷却器和输送泵内维持正压，不受外部物质的污染，必须在冷却后的输送和灌装前的位置安装背压阀。

② 气动三通调节阀。因某种原因使热交换器的温度和食品的流速发生变化，引起杀菌不足时，为使加工物料不能流向冷却装置或无菌灌装机，必须采用回流装置使物料返回重新杀菌。这种回流装置一般使用与温控装置联动的气动式三通调节阀。

除上述装置外，为了确保食品无菌，必须安装控制、监视及记录温度、压力、流量等重要参数的仪器。对温度、压力、流量等的控制和监视相当复杂，通常采用自动化控制。此外，有时对加热杀菌及冷却后的物料需短暂贮存一段时间，因此，在UHT杀菌装置后一般设有无菌的缓冲罐。

2. 杀菌系统流程

（1）蒸汽喷入式热交换器的 UHT 杀菌系统　图 12-2 所示为使用蒸汽喷入式热交换器的 UHT 杀菌流程图。在加工过程中，原料罐中的液体物料首先进入第一段板式加热器（H_1）中，被预热到 75～80℃，随后在蒸汽喷射口处（SN）直接喷入蒸汽，物料瞬间被加热到杀菌温度（140～150℃），然后通过保温管单元（HTU）保温，再进入蒸发冷却罐（T_2）中。蒸发冷却罐的真空度约 53kPa，物料在此蒸发除去大致相当于蒸汽喷入时混入的水分。随着蒸发水分也带走了蒸发潜热，使物料冷却到 75～80℃。此后，由离心泵将食品送往均质机（HG），在 15～25MPa 的压力下均质。均质后经板式换热器第 1 和第 2 冷却段（C_1、C_2）冷却，最后送入已冷却至 10～20℃的无菌缓冲罐中。若使用第 2 冷却段中的制冷低温冷却水，物料温度可冷却到 5℃。

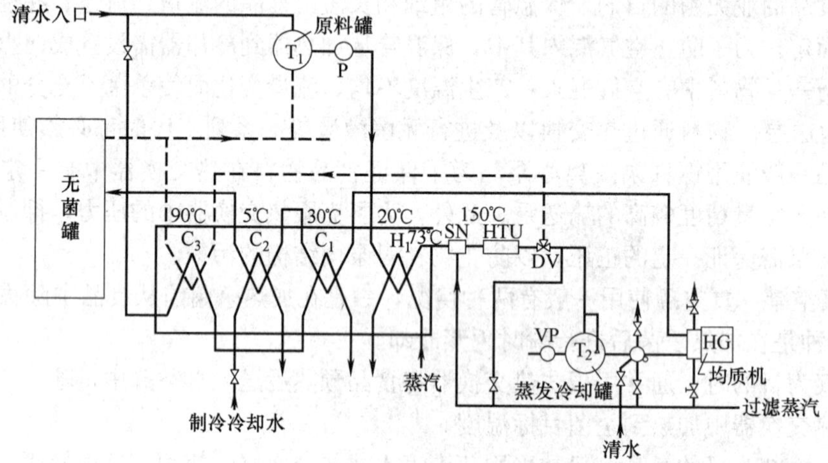

图 12-2　蒸汽喷入式热交换器 UHT 杀菌流程图

图 12-3 为英国 APV 公司的蒸汽喷入式 UHT 杀菌系统工作流程，其工艺流程与图 12-2 所示基本相同。液体物料首先由泵 1 抽出，进入第一预热器 2、第二预热器 3 被预热到 75～80℃；随后由泵 4 抽出，经气动流量阀 5 进入蒸汽喷射装置 6，该口处直接喷入蒸汽，物料瞬间被加热到杀菌温度（140～150℃），然后通过保温管单元保温 2～5s，再进入真空罐 9 中，低压下物料在此蒸发除去大致相当于蒸汽喷入时混入的水分，同时使物料冷却到约 77℃。水冷凝器 18 和真空泵 21 将产生的蒸汽冷凝、同时抽出不凝气体，使真空罐保持一定的真空度。经过杀菌的物料送至真空储罐并经无菌泵 11 送至均质机 12，进行压力均质，后再经过灭菌物料冷却器 13 进一步冷却至常温或低温。为保证系统的运行，设置有杀菌温度调节器 8、相对密度调节器 16 等多种调节控制装置。

图 12-4 为 Alfa Laval 公司的 VTIS · UHT 杀菌系统工作流程。经过滤的蒸汽直接喷入原料（如牛乳）中，在真空罐中除去多余的水分，以无菌冷却器进行冷却，然后将无菌物料送往无菌灌装系统。

需要说明的是，蒸汽喷入式热交换器的 UHT 杀菌方法在蒸汽冷凝时产生的冷凝水会稀释产品，因此，必须除去与冷凝水等量的水分，可在真空罐中闪蒸除去多余的水分。此法大多用于乳品的加工。

（2）板式蒸汽间接加热 UHT 杀菌系统　板式蒸汽间接加热 UHT 杀菌系统主体上由

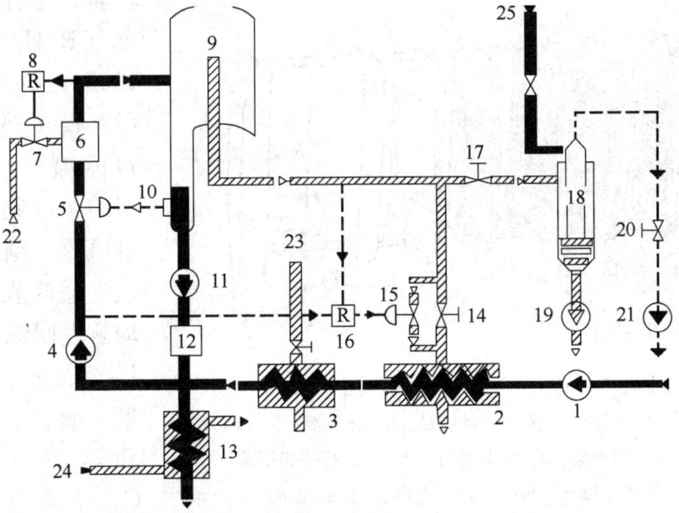

图 12-3　APV 公司的蒸汽喷入式 UHT 杀菌系统工作流程

1、4—输送泵　2—第一预热器　3—第二预热器　5—气动流量阀　6— 蒸汽喷射杀菌装置　7—气动蒸汽阀　8—杀菌温度调节器　9—真空罐　10—装有液面传感器的缓冲器　11—无菌泵　12—均质机　13—冷却器　14、17—蒸汽阀　15—气动蒸汽阀　16—相对密度调节器　18—喷射冷凝器　19—冷凝水泵　20—真空调节阀　21—真空泵　22—高压蒸汽　23—低压蒸汽　24、25—冷却水

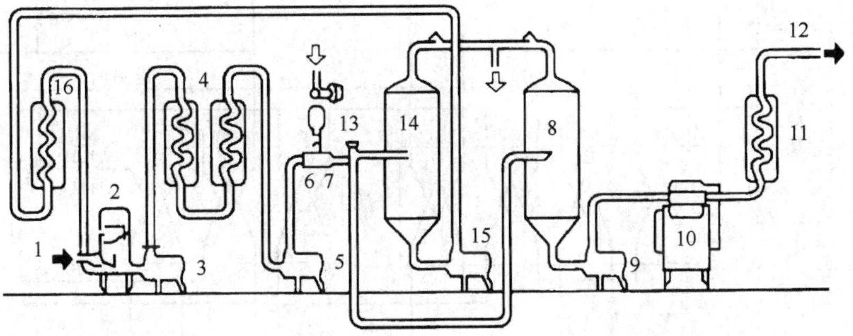

图 12-4　Alfa Laval 公司的 VTIS 杀菌系统工作流程

1—物料　2—浮球罐　3,5,9,15—泵　4—预热器　6—蒸汽喷射头　7—保温段　8—真空罐　10—均质机　11—无菌冷却器　12—灭菌物料出口　13—转向阀　14—流向转换真空罐　16—冷却器

数组板式热交换器 UHT 杀菌装置组成。图 12-5 为板式热交换器结构简图。它由一组 0.5～0.8mm 厚金属薄板构成，相邻薄板间衬密封圈 11，并用框架组装而成。一组换热板 13 固定在导杆 5 上，前端为前支架 1，由压紧螺杆 8 实施压紧板与换热板的叠合，板间的密封圈使两块板之间构成 3～6mm 的间距并防止物料泄漏。各块板上通过上下角孔 2、12 叠合构成流通通道，物料和蒸汽分别在板的两侧流动并进行热交换。板表面冲压成各种形状的波纹结构，可强迫使流体流动中达到湍流状态，有效提高热交换效率。

图 12-6 为板式热交换器 UHT 杀菌的系统流程图。工作过程为：物料先进入板式加热器第 1 加热段（H_1）中，被预热到 75～85℃后，立即进入已调至 40kPa 真空度的真空罐（T_2）中，除去溶于物料中的氧气；然后用离心泵将物料送入均质机，在一定压力下

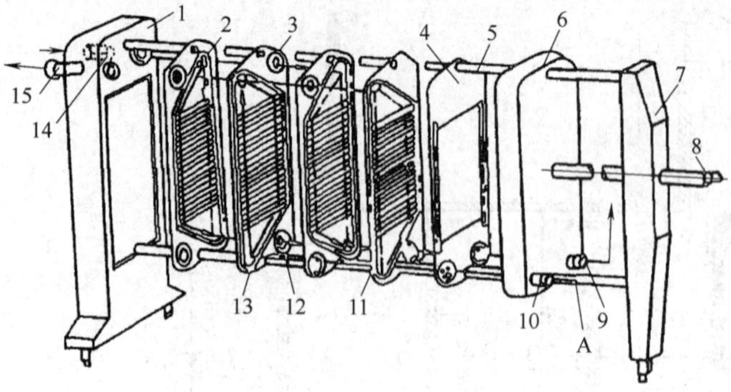

图 12-5 板式热交换器结构简图

1—前支架 2—上角孔 3—圆环密封垫圈 4—分界板 5—导杆 6—压紧板 7—后支架 8—压紧螺杆 9、10、15—连接管 11—密封垫圈 12—下角孔 13—换热板 14—板架

均质，随后经过板式热交换器（R 段），被加热到约 130℃，再通过其第 2 加热段（H_2）进一步加热到杀菌目标温度（通常为 135～140℃），通过保温管单元（HTU）继续保温；然后，由三通调节阀控制沿正向流动侧返回流经 R 段，并与预热产品进行热交换以回收热量。最后经先后第 4、第 1 和第 2 冷却段（C_4、C_1、C_2）冷却至 10～20℃后，送入无菌缓冲罐。此方法与蒸汽喷射式 UHT 杀菌（图 12-2）不同之处是，物料在加热杀菌前进行脱气和均质处理。

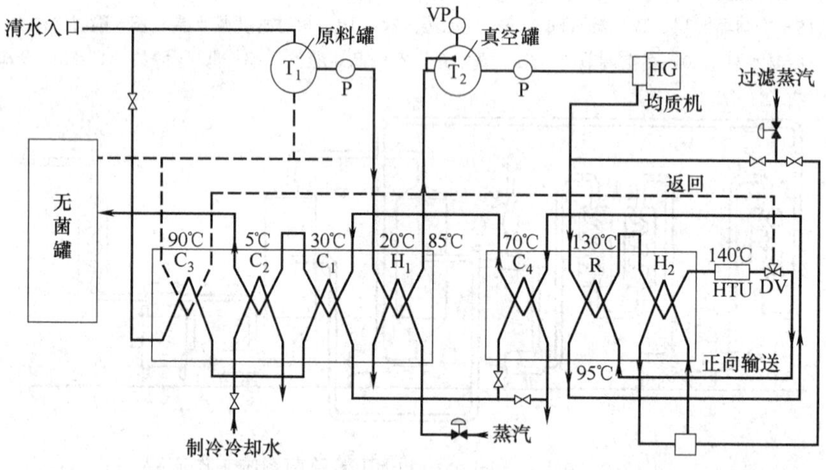

图 12-6 板式热交换器 UHT 杀菌流程图

图 12-7 为 APV 板式蒸汽间接加热 UHT 杀菌系统的工作流程。其工作流程与图 12-6 大致相同，只是针对不同杀菌物料，其相应的工艺参数设置有所不同。

（三）高黏性物料的 UHT 杀菌系统

高黏性食品的 UHT 杀菌一般采用间接加热的表面刮板式、套管式间接加热以及蒸汽直接喷射式杀菌等。对于像番茄酱这类的产品，为了防止加热引起的焦煳问题，通常采用刮板式 UHT 杀菌装置。

图 12-8 所示为刮板式装置结构简图，装置由套筒及旋转刮刀等组成，蒸汽或冷水通过内筒的外侧夹层，物料在内筒中通过，内筒中装有旋转的刮刀，刮刀由不锈钢或聚四氟乙烯材料制成，可以刮去内筒内表面黏附的物料，防止焦煳。该装置不仅可以用于高黏性物料，还可用于含固形物的流体物料。

但是，采用一般的刮板式热交换器进行灭菌处理时，因传热面积有限，为了提高热交

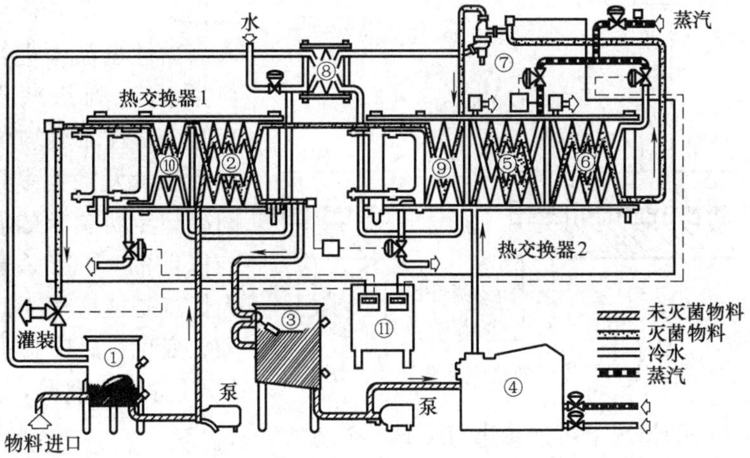

图 12-7　APV 板式蒸汽间接加热 UHT 杀菌系统的工作流程

1—平衡槽　2—预热交换器　3—贮槽　4—高压均质机　5、6—超高温板式热交换器　7—转向阀　8、9、10—板式热交换器（冷却）　11—控制箱

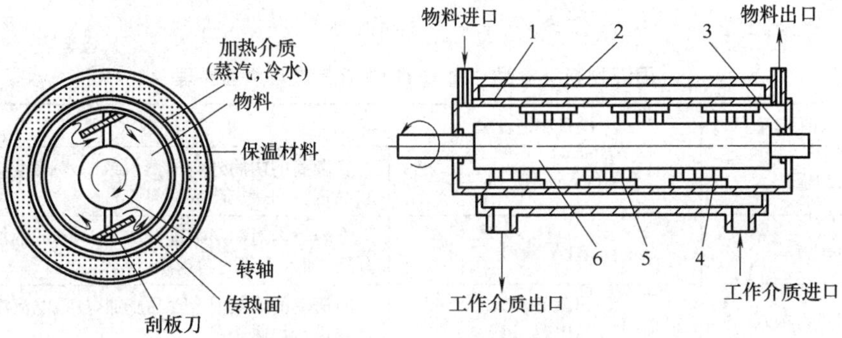

图 12-8　刮板式热交换器结构简图

1—物料筒　2—夹套（保温材料）　3—轴封　4—刮板刀　5—销栓　6—转轴

换速率必须使用高温的热介质，因此一些热敏性食品易产生焦煳现象，加热时的搅拌剪切力也易使产品品质降低。近年来，为了克服刮板式的缺陷，防止蛋白质等成分的热变性及质构变化，相继出现了间接加热法的套管式热交换器以及新型直接加热方式的吴羽式杀菌装置。

套管式热交换器基本结构如图 12-9 所示。物料的杀菌、保温、冷却都采用该形式的热交换器，其中物料在内层管内流动，而工作介质在内外层的夹层中流动，进行热交换。实际中都采用环形套管式热交换器，没有密封圈与流动“死角”，因而可承受很大的压力。其典型系统为 Stock 公司研制的环形套管式热交换器。

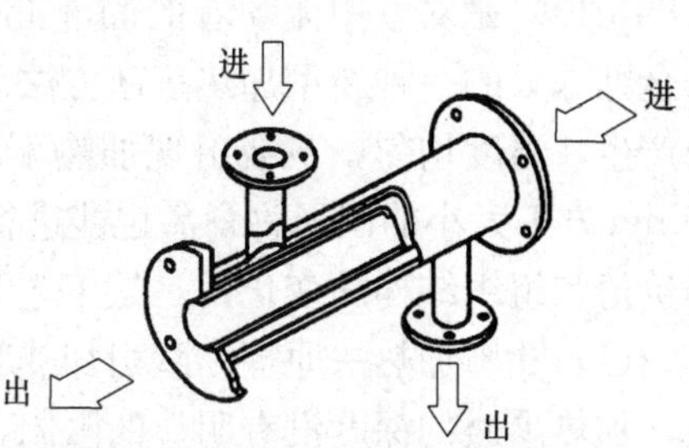

图 12-9　双层套管式热交换器基本结构

日本开发的吴羽式 UHT 装置，其蒸汽混合基本结构如图 12-10 所示。高黏性物料经过流体通过部位时，高温高压的蒸汽从夹套部位经多孔板喷射将微生物杀死。其整个工艺

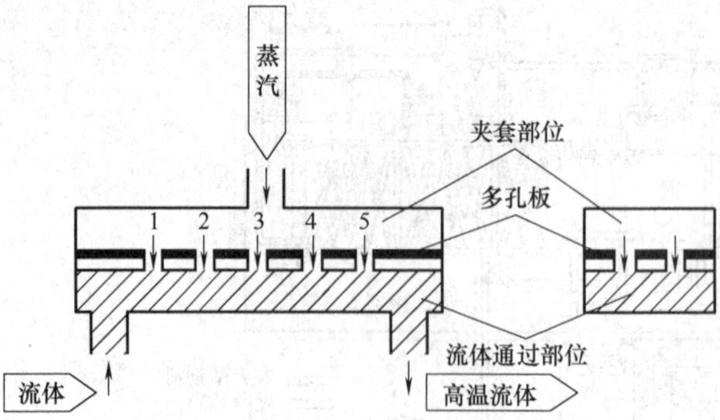

图 12-10　吴羽式 UHT 装置中蒸汽混合结构简图

过程是，在设备杀菌区将蒸汽喷入高黏性食品中进行混合，使物料瞬间升到杀菌温度（100～150℃），且加热均匀，然后在真空系统蒸发除去多余水分，再瞬间冷却至所要求的温度。该装置与以前的 UHT 杀菌装置比，最大优点是能应用于此前因加热焦煳、变色、风味损失而无法进行 UHT 杀菌的食品，使这类高黏性食品在不影响品质的情况下可连续进行 UHT 杀菌。

（四）固液混合物料的 UHT 杀菌系统

固液混合物料 UHT 杀菌比低黏性食品难度大，固形物的大小、厚薄对加热杀菌有较大影响。表 12-2 为固液混合食品用的 4 类 UHT 杀菌装置。这 4 类装置分别是表面刮板式、欧姆加热式、微波加热式和 Jupiter 方式。下面主要介绍欧姆加热式、微波加热式杀菌系统。

表 12-2　　固液物料（食品）用 UHT 杀菌装置与杀菌原理

UHT 杀菌装置	设备制造商	杀菌原理
表面刮板式	Alfa Laval 公司等	在套筒的内筒外侧通蒸汽或冷水，使其对内筒中的食品进行间接加热或冷却
Jupiter 方式	APV 公司	在容器内对固形物进行 132℃，5min 的加热杀菌，冷却后，加入无菌的调味汁
欧姆加热灭菌式	CMB 和 APV 公司	对流动的固液混合食品施加电压，电流流动时，瞬时产热进行加热杀菌
微波加热式	凸版印刷公司	将固液混合食品装入包装容器中，密封后用微波进行高温短时杀菌

1. 欧姆加热法 UHT 杀菌装置

欧姆加热杀菌法是近年来发展起来的新型加热杀菌方法之一。欧姆加热法（OHMIC）是对管中流动着的固液混合食品施加电压，在电流通过的瞬间产热，将微生物全部杀灭的一种新型加热杀菌方法。该杀菌技术具有显著的优点，一是加热在电场内瞬间产生，温度均匀，不会出现加热不均匀区域，不仅液体部分得到充分杀菌，甚至对含 25mm 方丁大小的固形物食品也能进行灭菌；二是能保持物料的新鲜口味，不发生食品营养价值和组织结构的变化；三是工艺简单、包装成本较低。

（1）欧姆加热法原理　欧姆加热利用电能转变成热，能对整个被加热物体进行均匀加热，加热渗透的深度没有明显的限制，加热范围由被加热物质的导电性和在加热器中停留时间而定。欧姆加热原理如图 12-11 所示，当电流流过导电物质时产生热效应。物料能否适用欧姆加热，主要决定于该食品的导电性。能用泵输送的食品其水分含量都在 30%以上，具有导电性，所以，可有效地使用欧姆加热法进行杀菌。在欧姆加热法生产中，为了增加导电性，一般需要使用加盐的自来水。

（2）连续作业的欧姆加热装置结构　图 12-12 所示为一条标准的欧姆加热生产线与电源的配置。它由三个基本组件构成，即加热器、电源装置和控制装置。加热器最基本的结构有 3 个电极罩和两根串联连接的单柱加热管（图 12-13）。在加热条件范围更广时，需要更大的电源装置，因此有必要增加更多的加热区段，如图 12-14 所示为三段、六段加热的组合装置。

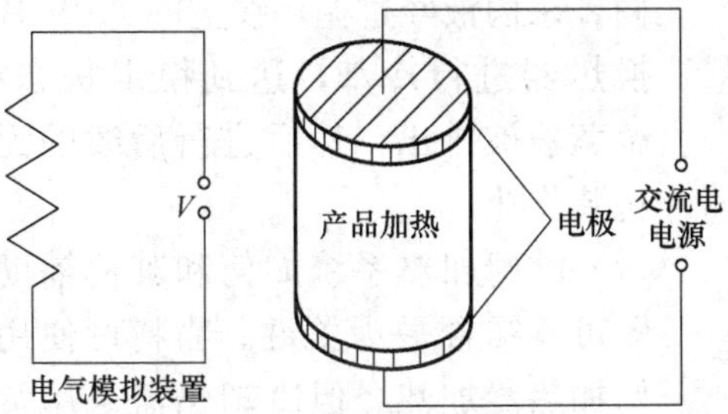

图 12-11　欧姆加热处理器（静态结构）原理图

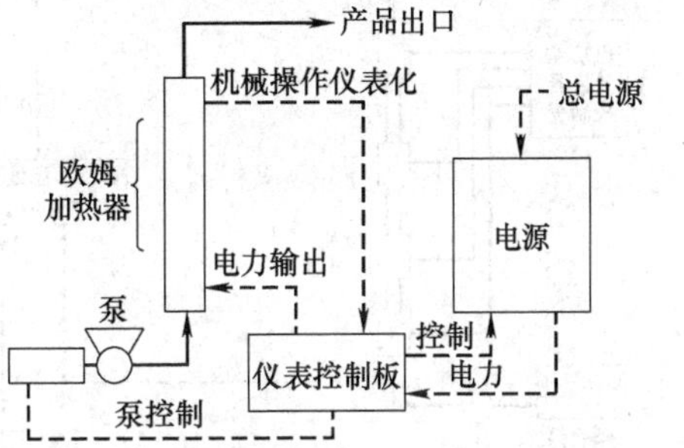

图 12-12　生产线用欧姆加热器及电源配置

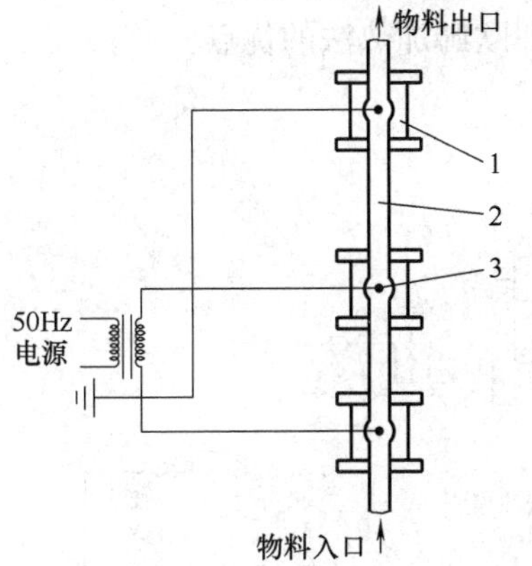

图 12-13　两组加热段串联的欧姆加热器结构简图

1—塑料电极罩　2—连接管　3—电极

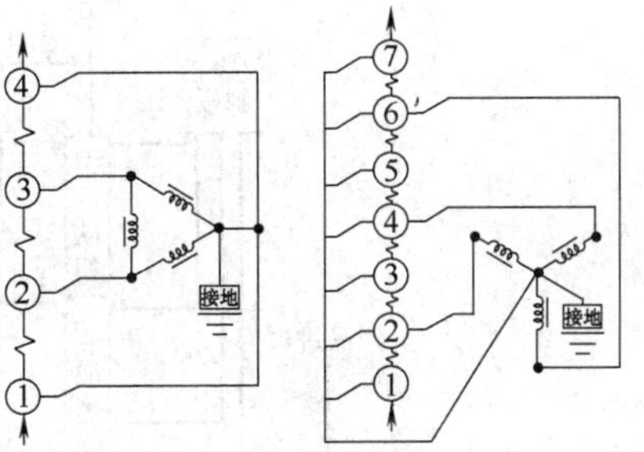

图 12-14　三段、六段串联的欧姆加热电路结构图

其中，电极套是用聚四氟乙烯（PTFE）材料加工镶嵌在不锈钢的外罩中，每根电极线和单相电源连接。中间连接管是衬有绝缘体塑料的不锈钢管，作为塑料内衬材料一般使用能耐 140℃以上高温的聚偏二氟乙烯和聚醚酮醚。加热管和电极罩之间采用凸缘接头方式连接，连接处内加密封圈。各段加热部分的电阻抗是相同的，因此各短连接管一般是越接近出口处越长。这是因为通常食品物料的导电性随着温度的增加而增加。在加工热敏性的食品时，连接在中间的加热管往往做成夹套式，可以适当冷却，消除食品在管内表面处的滞留时间之差。

加热管柱采用垂直式安装，产品向上流动。加热器顶部装有排气阀，要经常排气以保证物料充满整个加热管。

（3）欧姆加热器的温度控制　在加热器设计时，物料的比热容、电导率、加热管截面积、电极间距等通常是固定的，但物料流量有一定的可变范围，外加电压也能变化。在技术上，所有的变化都能通过传给单位质量单一产品的电量从总体上实现即时控制。

加热器温度由流过加热器的物料通过时间来控制。实际应用时，热控制是通过变压器初级端的一系列可控硅整流器对电极的电压进行控制的（如图 12-15）。

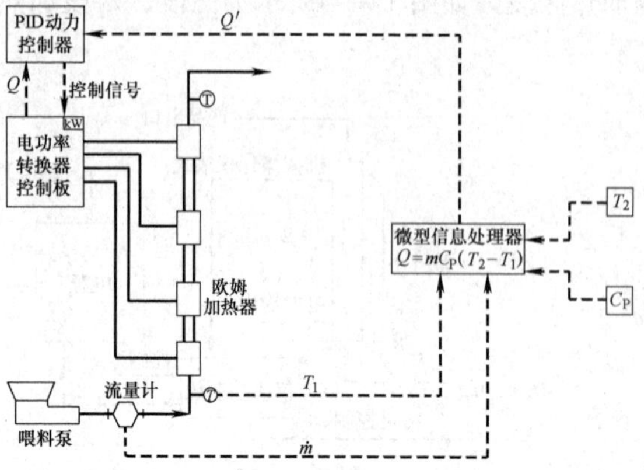

图 12-15　欧姆加热器前馈控制系统

（4）欧姆加热杀菌系统　图 12-16 为一欧姆加热杀菌系统工艺流程。物料经供送泵等送入欧姆加热器加热杀菌，杀菌液经过循环线上的 APV 片式换热器进行冷却，达到稳定状态后，杀菌液被排出，然后进行后续的无菌包装作业。

欧姆加热系统如何和其他辅助装置可靠结合最为关键。物料可使用欧姆加热器加热，但冷却仍需采用常用的刮板式或管式热交换器。其中，管式热交换器对粒状固形物的形状影响很小，故目前多采用与管式冷却器相联合以充分发挥欧姆加热法的优点。

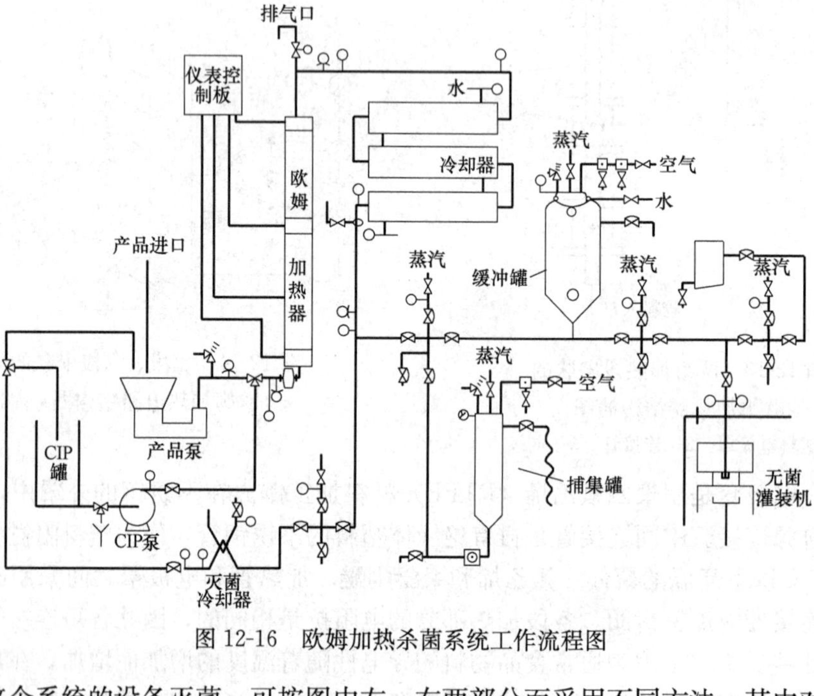

图 12-16　欧姆加热杀菌系统工作流程图

对于整个系统的设备灭菌，可按图中左、右两部分而采用不同方法。其中对欧姆加热装置、冷却装置和连接管道的灭菌，采用亚硫酸钠溶液循环的方法很有效，最好调整其浓度使电导率和即将加工的产品电导率相近。而对无菌缓冲罐、灌装机及连接管道等采用通常的直接通蒸汽灭菌的方式。

2. 微波加热式杀菌系统

目前，微波加热式杀菌主要有管式微波杀菌、加压式微波加热杀菌。其中采用将固液混合食品装入袋状容器中，密封后用微波进行高温短时杀菌应用较多，目前主要有两种形式。

（1）加压式微波加热杀菌装置　对包装食品微波加热，其内部气体等会膨胀，因此常常难以进行充分的加热杀菌。故目前采用加压状态下对包装食品进行微波加热杀菌的方法，其装置工作流程如图 12-17 所示。包装产品经第一微波加热室进行预加热，其后进入加压微波加热室，控制微波输出功率，可使产品杀菌温度保持稳定，并在杀菌必需的温度下保持一定时间，其后进行冷却、干燥，完成整个微波加热杀菌过程。该装置结构较为简单，但存在微波加热不均匀的问题。

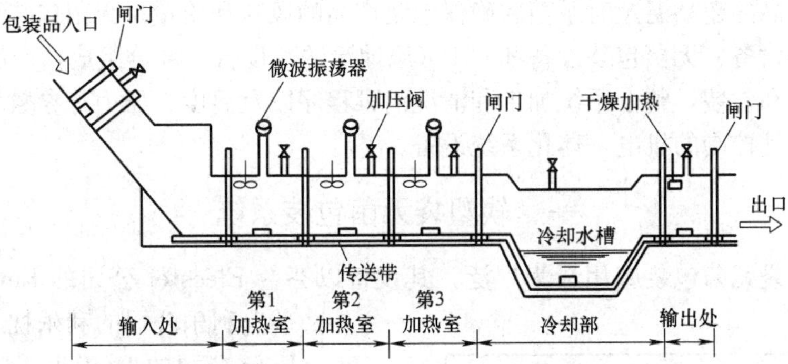

图 12-17　加压式微波加热杀菌装置工作流程

（2）热水—加压输送式微波杀菌装置　为解决微波加热不均匀的问题，将包装食品置于充满热水的加热室中，采用热水和微波并用加热杀菌。杀菌装置见图 12-18。其工作流程为：物料热成型—充填—封口区完成包装容器热成型、灌装以及封口，进入微波加热区，进行高温短时、连续的杀菌处理。该微波加热区杀菌工艺分两段进行，先用微波预加热到 80～100℃，接着进入第二阶段，用微波加热将温度升到约 130℃的高温区，经过保持区段，进入冷却-减压-干燥区水冷，完成杀菌产品的冷却、干燥。该装置和其他 UHT 杀菌装置相比，加热温度均匀，但加热时间较长，同时以热水为介质进行微波加热与直接微波加热法相比，存在热水吸收微波的问题。

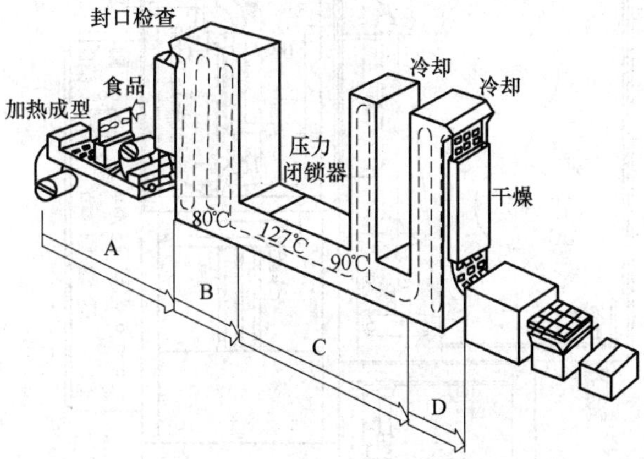

图 12-18　热水—加压输送式微波杀菌装置示意图

A—热成型—充填—封口区　B—预热区

C—微波加热区　D—冷却—减压—干燥区

第三节　典型无菌包装系统

目前，国际上有数十家公司提供各种无菌包装设备。根据包装容器的特征可将无菌包装系统设备分为以下几种类型：

(1) 软塑袋无菌包装系统；

(2) 纸盒无菌包装系统设备；

(3) 瓶（塑料、玻璃）无菌包装系统设备；

(4) 热成型无菌包装系统设备；

(5) 金属罐无菌包装系统设备。

无菌包装系统设备与一般包装机械设备的差别是无菌包装系统设有相对独立的包装材料杀菌系统和无菌环境的充填与封口系统，使得包装产品杀菌和包装材料杀菌相互独立，从而可实现产品的超高温短时杀菌和确保包装产品的风味和质量。无菌包装系统通常由超高温短时杀菌设备、无菌包装设备和 CIP（原地清洗）设备三部分组成，产品在密封的管道内连续加工和包装，整个系统加工和清洗消毒程序以及温度、压力等参数均采用微机控制，是高度自动控制的机电一体化系统设备。

一、软塑袋无菌包装系统

目前塑料袋无菌包装应用最为广泛，其设备以芬兰 Elecster 公司的 FinPak（芬包）、瑞典利乐公司的利乐枕、加拿大 Du-Potn 公司的 PrePak（百利包）等最具代表性，设备都为立式制袋充填包装机。近年来，我国也已开始自制该类包装设备。

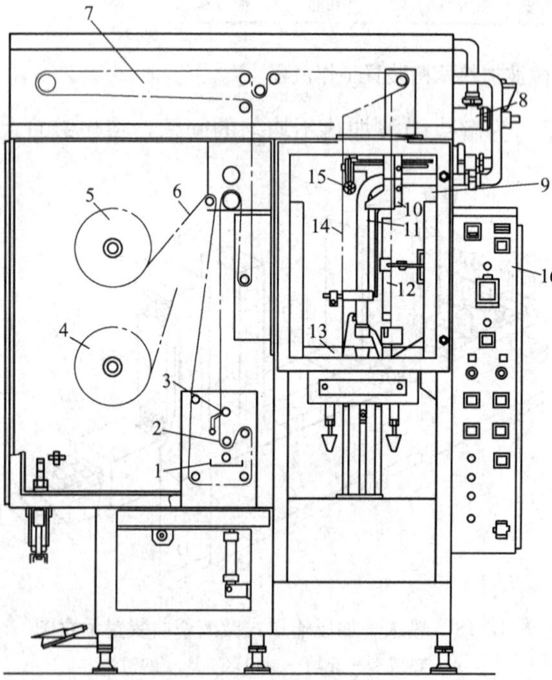

图 12-19　FPS-2000LL 塑料袋无菌包装机结构简图

1—H_2O_2 浴槽　2—导向辊　3—H_2O_2 刮除辊　4—备用薄膜卷　5—薄膜卷　6—包装薄膜　7—紫外灯室　8—定量灌装泵　9—无菌腔　10—三角形薄膜折叠器　11—物料灌装管　12—纵缝热封器　13—横缝热封和切断器　14—薄膜筒　15—无菌空气喷管　16—控制箱

图 12-19 为 Elecster 公司的 FPS-2000LL 塑料袋无菌包装机结构简图。总体上由电阻式 UHT 杀菌设备、FPS-2000LL 无菌包装机、空气过滤杀菌器和 CIP 清洗设备等组成。该包装系统主要用于牛奶、饮料等流体食品的包装。其无菌包装机主要由薄膜牵引与折叠装置、纵向与横向热封装置、袋切断与打印机构、计数器、膜卷终端光电感应器、双氧水和紫外灯灭菌装置、无菌空气喷嘴和定量灌装机构等组成。包装薄膜经 10%双氧水浸渍杀菌并刮除余液，再经紫外灯室（由上部 5 根 40W 和下部 13 根 15W 紫外灯）紫外线的强烈照射杀菌，然后引入成型器折成筒形，进行纵向热封、充填、横封切断并打印而成包装袋成品。无菌空气经高温蒸气杀菌和特殊过滤筒获得，引入无菌包装机后分为两路，一路送入紫外灯灭菌室，

一路送入灌装室上部以 0.15～0.2MPa 压力从喷嘴喷出，保持紫外灯室、薄膜筒口和灌装封口室内无菌空气的过压状加热器快速加热杀菌，并经保持器保温一段时间，接着通过四组刮板式热交换器迅速冷却至室温送至无菌包装机。该包装机的包装容量为 0.2 ～ 0.5L 和 0.6～1L 两种规格，系统的生产能力达 1000L/h。

芬兰 Elecster 公司 EA 系列塑料袋无菌包装机外形图见图 12-20。

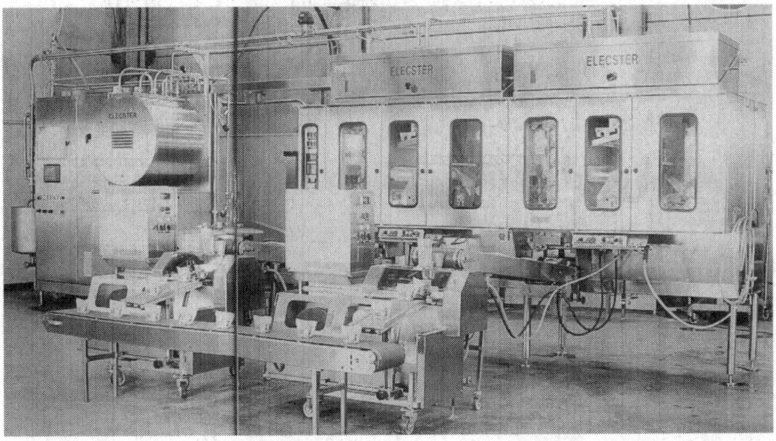

图 12-20　Elecster 公司 EA 系列塑料袋无菌包装系统外形图

近年来，大袋、箱中袋无菌包装开始得到应用。大袋无菌包装机由无菌灌装头、加热系统、抽真空系统、计量系统和计算机控制系统组成，并有两个无菌灌装室，工作时相互交替使用，其工作程序可分为三个过程：

① 设备清洗：它由 CIP 系统提供酸碱液和清洗液进行程序清洗，保证管道不残存物料；

② 设备杀菌：采用蒸汽杀菌，将一定压力的高温蒸汽送入管道和灌装室，保持一定时间达到杀菌要求；

③ 无菌灌装：将无菌大袋的袋口放入无菌灌装室，夹在下面夹爪上，喷入灌装室的氯气包围住袋口，为袋盖灭菌，然后机械手在计算机控制下拔掉袋盖，抽掉袋内空气，灌入杀过菌的物料，灌满后抽去袋内多余气体，并充入氮气和盖好盖子，完成全部灌装过程。

灌装时，为了保证无菌环境，机器各运动部件全部用蒸汽密封。所使用的压缩空气经过过滤除菌，灌装室始终保持正压以免外界带菌空气侵入。

Star Asept 为一种新型的大袋无菌灌装方法。该装置的灌装阀设计有特点，它不需无菌室也能进行无菌灌装和封盖处理。实际加工时，先将已杀菌的带盖内衬袋供给灌装装置，用蒸汽对特殊的灌装口进行杀菌，自动地开盖灌装已进行了 UHT 杀菌的食品，然后封盖。图 12-21 为灌装阀的工作过程。该装置不仅用于液体食品，还能充填包装含固形物的流体食品。

图 12-22 为日本 DN-AB 型无菌灌装机的工艺简图，适用于箱中袋包装系统。该包装产品容量大，包装的食品有浓缩果汁、奶油、汤汁、水果沙司等。

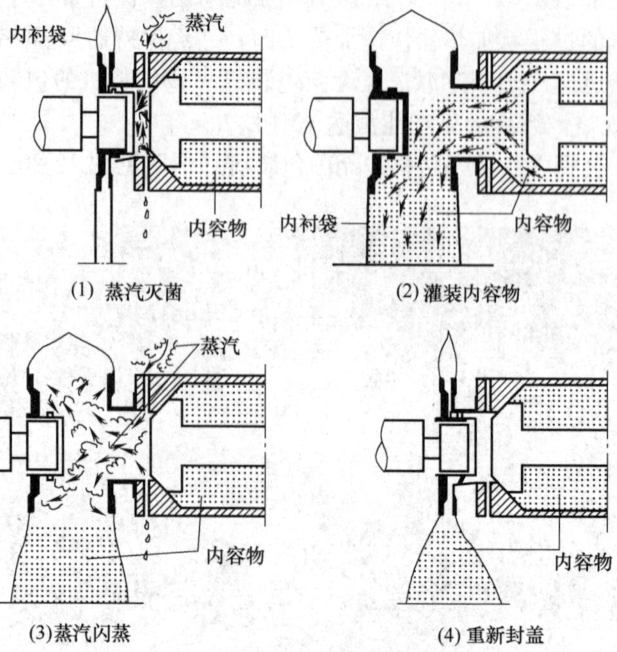

图 12-21　Star Asept 装置无菌灌装过程

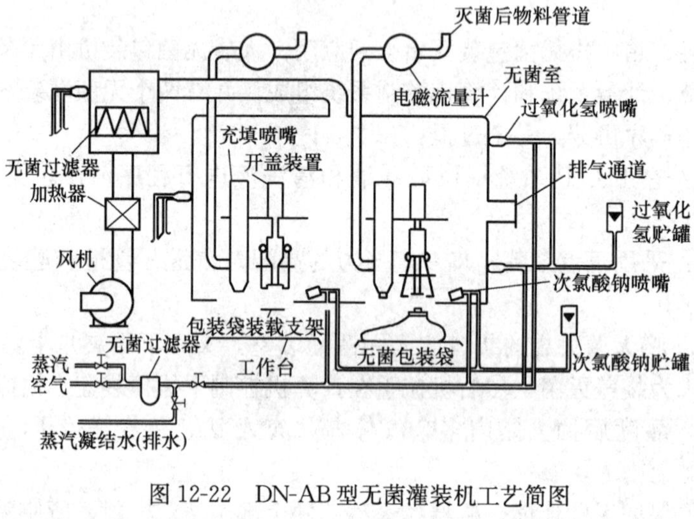

图 12-22　DN-AB 型无菌灌装机工艺简图

二、纸盒无菌包装系统

盒装是将被包装物品按要求装入包装盒中，并实施相应的包装封口作业后得到的产品包装形式。装盒包装工作中涉及待包装物品、包装盒与装盒机三个方面，它们以装盒包装的包装工艺过程相连接。

（一）成型纸盒无菌包装

纸盒有菱形（标准型）、砖形、屋顶形、利乐冠和利乐王等包装形式，容量从 125mL 至 2L 不等。下面着重介绍瑞典利乐公司的利乐成型砖形盒（利乐包）包装。

1. 利乐砖形盒包装材料

利乐包以纸板卷材为原料，在无菌包装机上成型、充填、封口和分割为单盒。采用纸板卷材直接制盒包装具有节省贮存空间，集成型、充填、产品包装于一体可避免污染以保证高度无菌，操作强度低，生产效率高等特点。

利乐包的纸包装材料以纸板为基材与多层塑料和铝箔复合，包括印刷油墨层在内共有7层，各层的功能如下（从外层到内层）：

（1）最外层为PE，用以保护印刷图案的油墨和防潮，并用于纸盒的上、下折叠角与盒体粘合。

（2）第二层是纸板，用以印刷，并赋予包装具有一定的机械强度，便于成型和稳定放置。

（3）第三层是PE黏合剂，用作铝箔与纸板的紧密粘合。

（4）第四层是铝箔，用于气体和光的阻隔，防止氧气和光对产品的影响。

（5）最内两层是PE或其他塑料，防止流质液体食品泄漏。

2. 利乐砖形盒无菌包装机的结构和无菌包装过程

图12-23是TBA/8型砖形盒无菌包装机的外形结构和工作原理，主机主要包括包装材料灭菌、纸板成型封口、充填和分割等机构装置，辅机有无菌空气和双氧水杀菌装置等。包装纸板从纸卷1经过打印日期装置4，引入35%双氧水溶液浴槽8杀菌，再双氧水挤压辊9和空气刮水刀，除去残留的双氧水，进入机器上部的无菌腔并折叠成筒状并由纵缝加热器13、纵封器14封接纵缝；物料从充填管12充入纸筒后，横向封口钳19完成纸筒横封，经横向封口切断为单个盒离开无菌腔；此后由两台折翼机将砖形纸盒的顶部和底部折叠成角并下屈与盒体粘接形成砖形盒，整个包装过程结束。TBA/8砖形盒无菌包装机的包装范围为124～355mL，而TBA/9型砖形盒无菌包装机包装范围为125～284mL，生产能力为6000～7500包/h。

（1）无菌空气装置　无菌包装机操作前的灭菌和物料充填都需要提供无菌空气，图12-24为无菌空气装置的空气循环加热灭菌原理。水环泵1从进水口2供水，在泵运转时构成泵内密封水环并吸收回流空气中残留的双氧水。水环泵压出约0.015MPa压力的空气经过气水分离器3分离水分，而后进入空气加热器5被加热到360℃的工作温度。从加热器出来的无菌热空气一部分由管道送至包装机的纸筒纵封器用作热封；一部分无菌热空气经过冷却器7被冷却至80℃左右，冷却的无菌空气由空气控制阀8、9控制分成两路，当进行小容量包装时空气控制阀8开启，而当大容量包装时空气控制阀9开启、空气控制阀8关闭。无菌空气从纸筒上部供气管11引至密封纸筒液面上的空间。无菌空气在13处折流向上经收集罩17回流到水环泵再循环使用。

（2）机器灭菌　无菌包装开始前，所有与无菌物料直接或间接接触的机器部件都必须进行消毒灭菌。TBA/8型砖形盒无菌包装机的消毒灭菌是先在机器的部件上喷射35%的H_2O_2液，然后用无菌热空气使之干燥的方法。

如图12-25所示，机器灭菌过程为：首先预热无菌空气加热器和纵向粘接带加热器加热，在达到360℃的工作温度后；将35%的H_2O_2溶液喷射分布到包装机的无菌区和机器其他待杀菌部分；H_2O_2液喷雾量和喷雾时间自动控制以确保最佳的杀菌效果；喷雾消毒结束后自动用热空气干燥。机器灭菌的整个过程约45min。

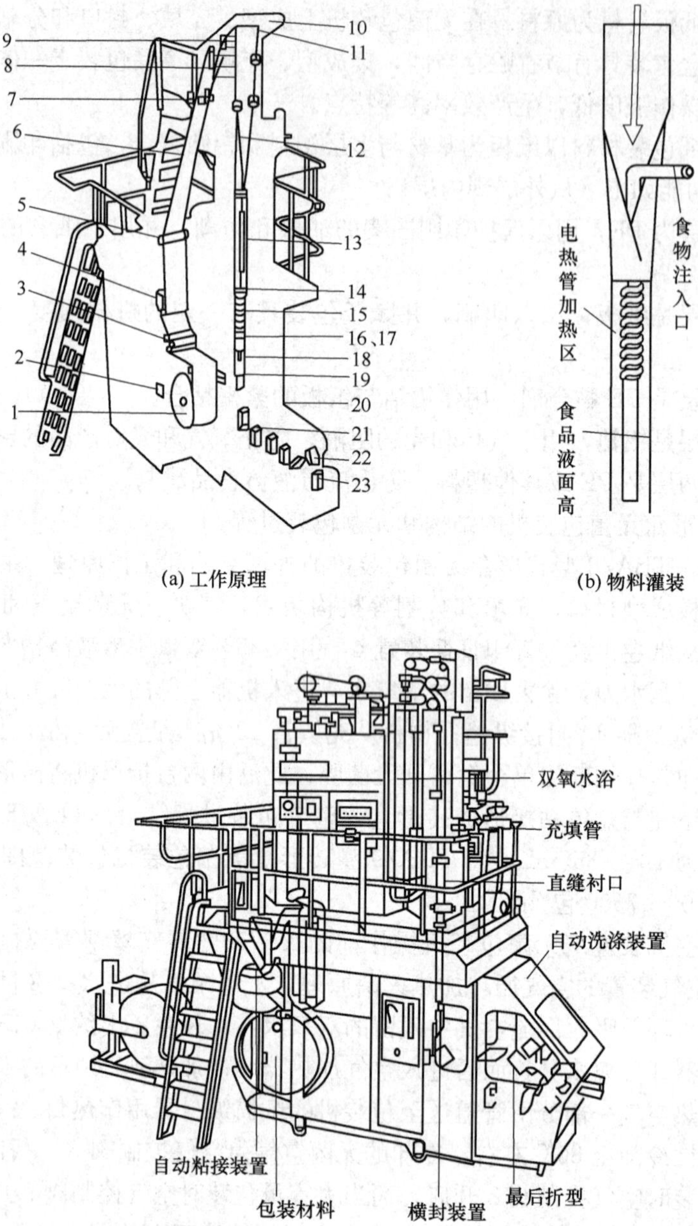

(a) 工作原理　　(b) 物料灌装

(c) 外形结构

图 12-23　TBA/8 砖形盒无菌包装机的外形结构和工作原理

1—纸板卷　2—光敏传感器　3—纸板平服辊　4—打印日期装置　5—纸板张紧辊　6—纸板接头记录器　7—纸盒纵缝粘接带粘接器　8—双氧水浴槽　9—双氧水挤压辊　10—无菌空气收集罩　11—纸板导向辊　12—物料充填管　13—纸筒纵缝加热器　14—纵缝器　15—环形加热管　16—纸筒内液面　17—液面浮标　18—充填管口　19—纸筒横向封口钳　20—机架　21—纸盒折翼成型　22—接头纸盒分捡装置　23—纸盒产品

(3) 包装材料杀菌　包装材料杀菌过程如图 12-26 所示。包装纸带引入 75℃左右的 35% H_2O_2 液浴槽，经过预设时间的浸浴杀菌后，纸带从 H_2O_2 液浴槽带出，而后经双氧水挤压辊和空气刮水刀除去残留 H_2O_2 液，并用空气喷嘴吹干。当纸带成型为纸筒并向下延伸进行纵缝封口时，热无菌空气从纸筒内液面上折回向上流动，以防纸筒再度被细菌污染。在纸筒液面上的无菌空气被管状电加热器加热到高温，利用热辐射和对流加热空气与纸筒内表面，而加热器底端温度仅 110～115℃。此时，纸筒内表面的 H_2O_2 受热分解出新生态氧，可进一步增强 H_2O_2 的杀菌效果并减少纸盒内表面的 H_2O_2 残留量。

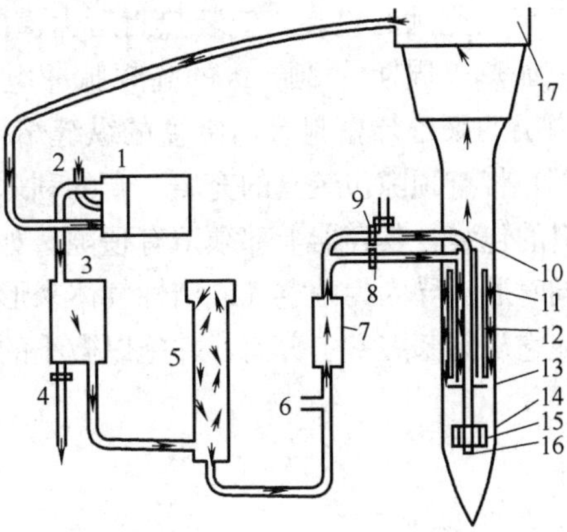

图 12-24　空气循环加热灭菌原理

1—水环泵　2—进水口　3—气水分离器　4—废水排出阀　5—空气加热器　6—热空气分流管　7—空气冷却器　8、9—空气控制阀　10—物料进料管　11—无菌空气供气管　12—环形电加热管　13—无菌空气折流点　14—物料液面　15—液面浮子　16—物料节流阀　17—空气收集罩

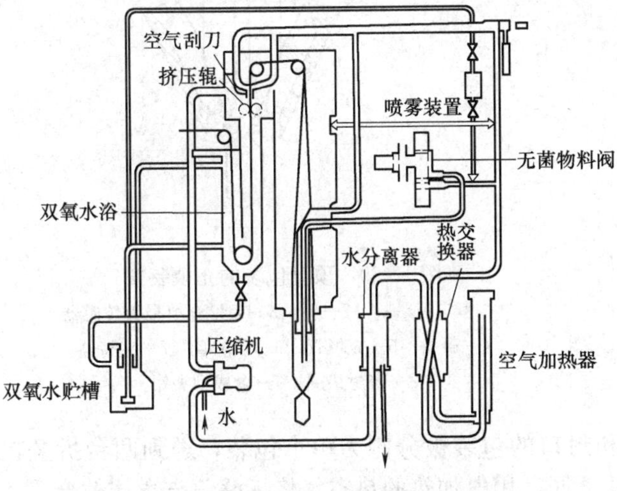

图 12-25　TBA/8 砖形盒无菌包装机灭菌过程

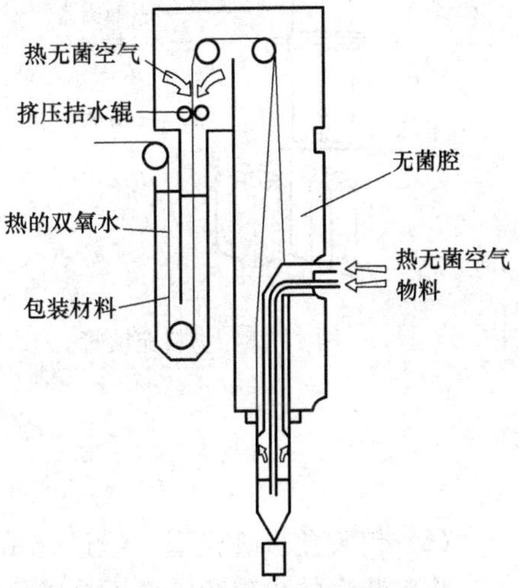

图 12-26　包装材料灭菌过程

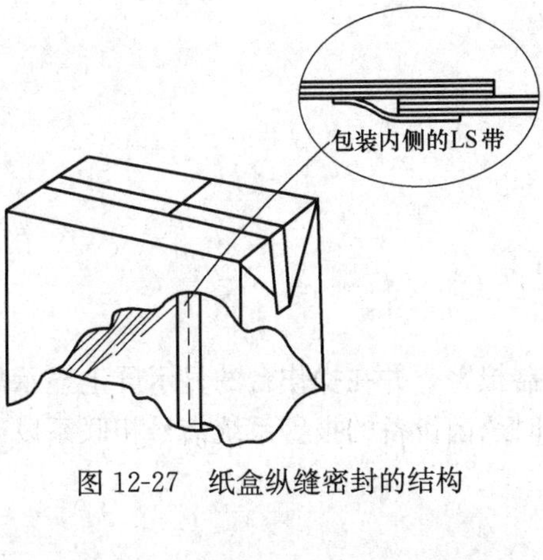

图 12-27　纸盒纵缝密封的结构

(4) 纸盒成型、充填、封口和分割　包装材料纸板带经导向辊进入无菌区，借助三个成型部件折叠成纸筒，并通过纵封器将纸筒的纵缝封合。图 12-27 是纸盒纵缝密封的结构，在纵向热封前，将密封带加入到纸筒内部搭接的纵缝上，纵向热封器将密封带与搭接的纵缝粘接纵封。

物料无菌充填见图 12-28。无菌物料通过进料管进入纸筒内，其液面由浮子与节流阀控制。横向封口均在物料液面下进行，因而可获得完全充满的包装。包装热封后由横向封口钳夹持向下移位。纸筒的横向封口采用高频感应加热，周期约 200ms 的高频脉冲电流通过纸板的铝箔感应加热，在封口钳的压力下使内层的聚乙烯密封带与纸盒的纵缝熔接密封。

（5）带有顶隙包装盒的充填　新的利乐包装机可以充填高黏度或含颗粒的流体食品。这类物料的包装，其容器上部须留有顶隙。如图 12-29，包装中物料按充填前预先设定流量进入，同时通过导入无菌空气或惰性气体来形成包装上部的顶隙。下部的纸筒由一个特殊的密封环使它从无菌腔室中分离，并施以微小的过压使密封的包装最终更好地成型为纸盒。

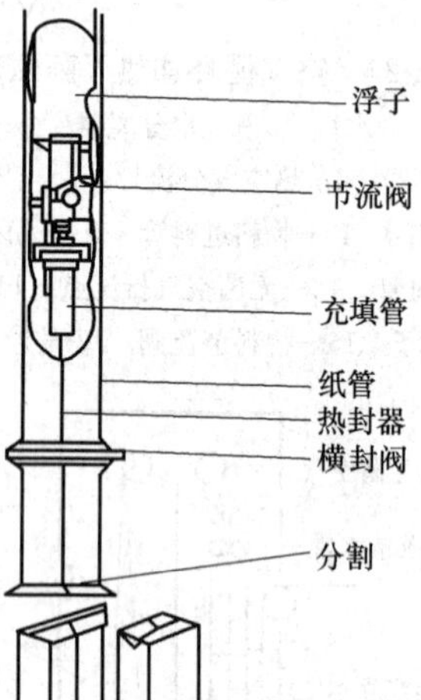

图 12-28　物料充填管

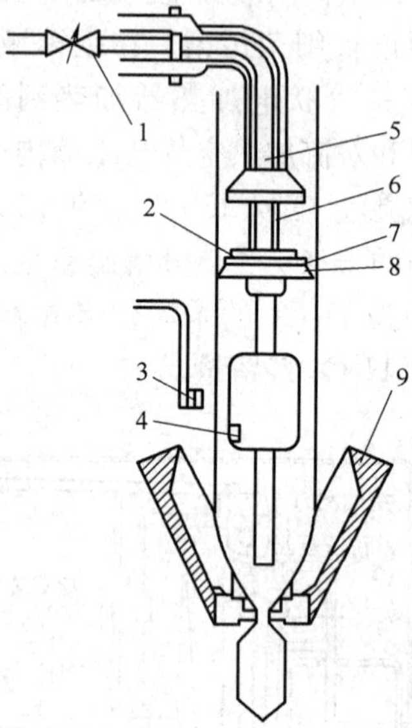

图 12-29　顶隙包装的充填装置

1—恒定流量阀　2—膜　3—超量充填报警传感器　4—磁头　5—充填管　6—顶隙管　7—夹持器　8—密封垫圈　9—盒成型夹钳

（6）包装盒折叠成型　经过充填和封口的包装被分割为单个包装，送到两台折叠机上，将包装盒的顶部和底部折叠成角并下屈，用电加热的热空气将折叠角与盒体粘合。

（7）机器的安全和卫生　该机器可对无菌充填和包装的各项参数进行连续监测，其监测过程和参数包括：

① 无菌空气的压力与温度；

② 双氧水浴槽溶液的温度及喷雾量；

③ 充填液位；

④ 机器无菌腔封闭状态；

⑤ 纸筒纵缝和横缝封口的加热元件操作工况；

⑥ 机器灭菌时，喷雾和杀菌的时间和温度。

如果以上监测数据超过允许范围，触发报警器报警，并在操作台的显示屏上显示故障原因，机器即停止操作。机器与前部的超高温瞬时杀菌设备的报警系统信号相联系以确保安全操作。

停止生产后，机器所有与产品接触的部件通过 CIP 系统自动进行清洗。物料充填和纸盒折叠机由机外的自动清洗系统执行。

（二）预制纸盒—充填—封口包装

目前预制纸盒形式主要有屋顶型纸盒与砖型无菌纸盒。

1. 屋顶型纸盒无菌包装

屋顶型纸盒的独到设计与其特有的材质及结构，使其能适度防止氧气和水汽进出，纸盒不透光，能降低氧化作用对产品风味和色泽的影响，从而保护盒内物料的营养、鲜度和口味，是当今世界果蔬汁饮品最佳保鲜包装容器之一。

屋顶型纸盒的材料成本除较其他材料低外，其运输时占据空间小，因此可充分利用运输能力，降低了储运成本。

屋顶型纸盒灌装工作原理如图 12-30 所示。其主要操作过程如下：

（1）供盒　操作人员将空纸盒放入供盒匣内。

（2）纸盒底部预折、成型与封合　纸盒被真空吸盘吸出，并被推送进入成型心轴。纸盒底部预折后，由加热器局部加热，使 PE 熔解。同时成型器沿纸盒底部轧压线将底部成型。底部加压器在纸盒底部加压，同时使熔解的 PE 冷却粘合，使纸盒底部完成封合。

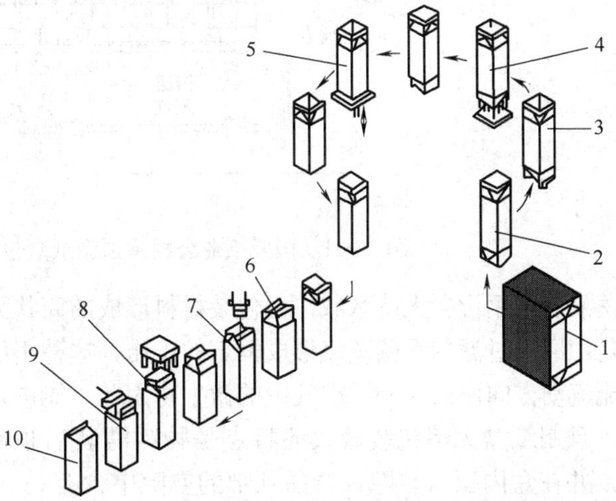

图 12-30　屋顶型纸盒灌装工作原理图

1—供盒盒库　2—进盒　3—底部预折　4—底部加热　5—底部成型与封合　6—顶部预折　7—纸盒灌装　8—顶部加热　9—顶部封合与打印　10—卸出

（3）脱盒　底部封合后由真空吸盘自成型心轴上将纸盒吸出，进入传送器向前移到顶部成型区。

（4）顶部预折　顶部预折器及盖罩沿纸盒顶部轧线将纸盒顶部预折成型。

（5）灌装　顶部预折过的纸盒被送入灌装区，在此物料经充填泵，灌注入纸盒内。

（6）顶部封合与打印　充填后，纸盒进入顶部封合区，此时纸盒顶部折片受热空气加热，PE 熔解活化。封合器与日戳加压，PE 冷却粘合，使顶部封合并进行打印。

（7）卸出　顶部封合好后，纸盒自机器末端卸出，进入后续的传送链条上。

图 12-31 为国际纸业公司生产的屋顶型纸盒包装机工作原理示意图。

2. 砖型纸盒无菌包装

预制砖型纸盒无菌包装型式与机械主要是德国 PKL 公司的康美盒无菌包装机、英国国际液装公司的无菌包装机。纸盒包装系统采用塑料/纸/铝箔作为包装材料，所采用的杀菌和充填方法，前者是用 H_2O_2 和热空气进行消毒，在无菌空气中充填；后者为同时使用 H_2O_2 和紫外线照射消毒，在无菌空气中进行灌装操作。

对包装材料灭菌最常用的方法是用 H_2O_2 溶液湿热涂在包装材料内部面对其消毒杀菌。

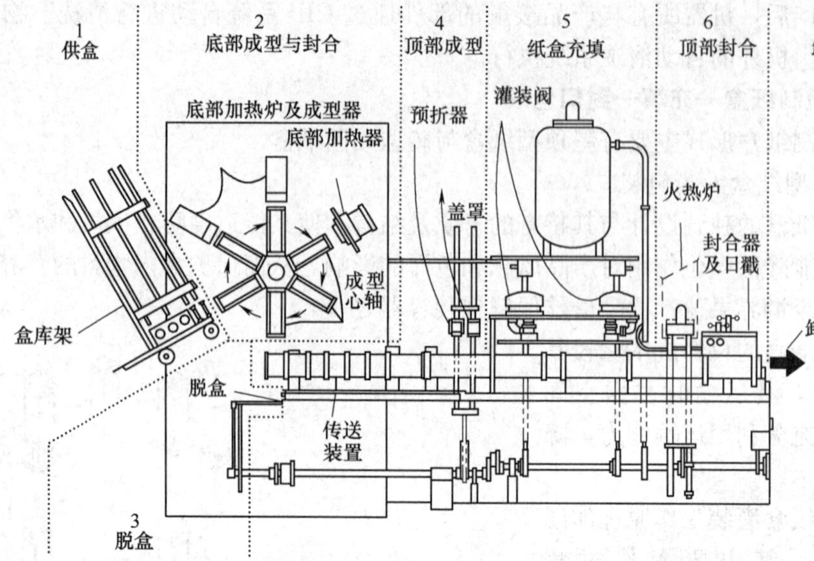

图 12-31　国际纸业公司屋顶型纸盒包装机工作原理示意图

无菌灌装采用设置无菌区域，由包装材料形成的筒状无菌腔室进行灌装。无菌区或无菌腔室都是用经过过滤的无菌蒸汽形成恒定的正压，这种正压压力大于外界环境中的空气压力，使气流流动方向由内向外，空气中的微生物因此不能进入无菌区域而达到无菌灌装。

预制纸盒无菌包装最大的特点是物料灌装后顶部封口是在无菌区域中敞开状态下封口，并在盒内留有空隙，产品顶部的空隙中含有一定量无菌的氧，这对经超高温杀菌的乳品产生的焦煮味具有消除作用，从而使食品具有良好的风味感。

（1）康美盒的包装材料和制盒过程　康美盒的包装材料是 6 层结构的复合纸板。纸板复合过程为：纸板外层用挤出法涂布 LDPE 以提供良好的印刷表面和热封性，纸板内表面再用 LDPE 与铝箔粘合，最内层用粘合剂与 LDPE 膜粘合，成为与食品接触的无毒层。整个复合纸板的 70% 为纸板，25%是聚乙烯，5%是铝箔。

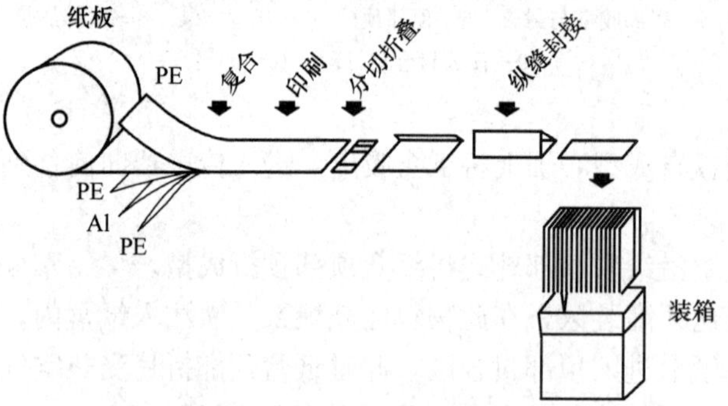

图 12-32　康美盒的制盒过程示意图

图 12-32 是康美盒的制盒过程示意图。先在纸板上印刷图案，再进行分切、折叠、压痕制成盒坯，盒坯的纵向缝密封采用火焰加热专利技术，使之粘合成开口的纸筒。康美盒可以根据用户的要求改变包装的容量。

（2）康美盒包装工艺过程　图 12-33 为康美盒无菌包装机的工艺过程示意图。型芯将纸盒坯张开后送入定型转轮的支座上，转到下部时将盒底密封成为一个上部开口的纸盒；纸盒纵向步进时先用 H_2O_2 和热空气混合杀菌；在机器的无菌部位，灭菌物料一步或分两步充填入无菌纸盒；同时注入无菌气流消除盒顶泡沫而构成小的顶隙；盒顶盖成型并用超声波将盒顶密封。如果需要包装产品有较大的顶隙，可使产品摇动然后在充氮气下实施充填。

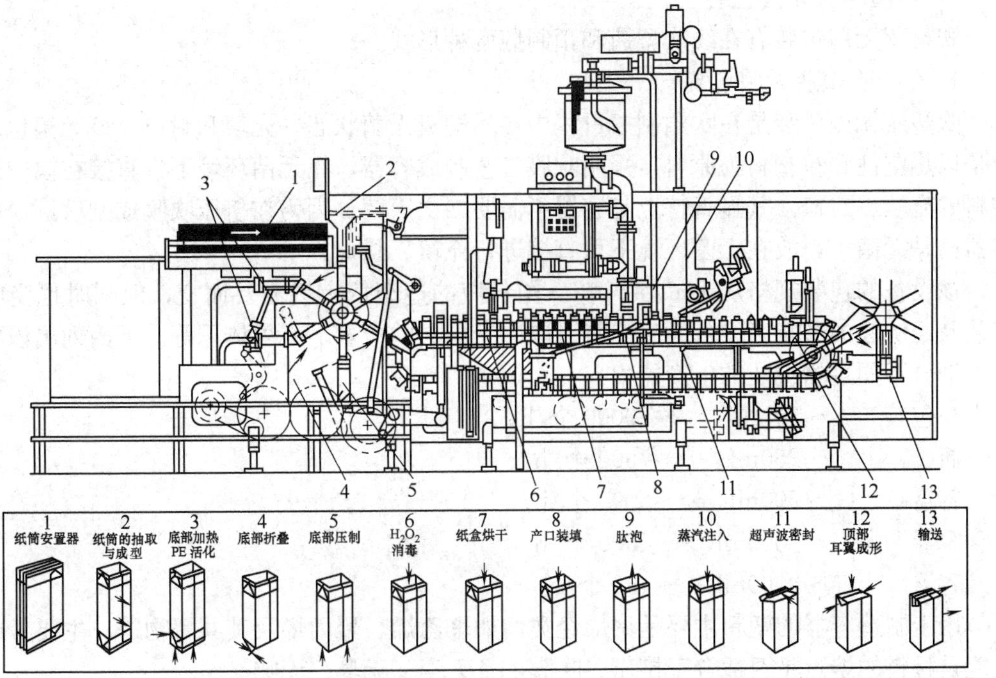

图 12-33　康美盒无菌包装的工艺过程示意图

图 12-34 为日本 DN-AL 型无菌纸盒灌装机结构简图。该装置的特点是底封成型后，喷射 H_2O_2 时纸盒上升，喷嘴插入纸盒内部喷雾状 H_2O_2，可均匀地附着在纸盒内壁上，提高了杀菌效果。

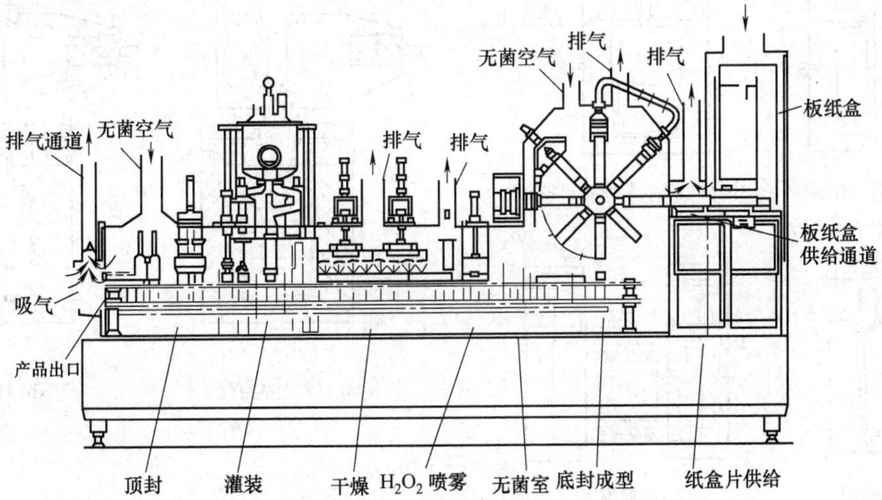

图 12-34　DN-AL 型无菌灌装机结构简图

三、瓶装无菌包装系统

瓶装无菌包装主要分为塑料瓶、玻璃瓶无菌包装。目前果蔬汁、饮料的塑料瓶无菌包装已成为包装市场上发展最快的包装形式之一。

（一）塑料瓶无菌包装

塑料瓶无菌包装有在线吹塑瓶和预制瓶两种形式。

1. 在线吹塑瓶无菌包装

吹塑瓶无菌包装是在吹塑制瓶过程中自然构成无菌状态并充填和封口。该无菌包装系统是以热塑性颗粒塑料为原料，采用吹膜工艺制成容器，在无菌环境下，直接在模中进行物料的充填、封口。其显著特点是容器不需要二次灭菌，因为在挤压吹膜成型后，模中的容器已是无菌了，故在无菌环境下可直接进行充填、封口。

该设备的包装规格从 1mL 到 10L。塑料瓶的造型依市场需要而变，但同时也受吹膜工艺及经济性的影响。设备的生产能力取决于模具的数量、充填体积等。下面列出该类设备的部分不同规格包装的生产能力：

小包装	～30mL	～20000 个/h
瓶子	～250mL	～7500 个/h
容器	～500mL	～6000 个/h
容器	～1000mL	～4500 个/h
容器	～3000mL	～450 个/h

用于制造容器的塑料主要是聚烯烃类，如聚乙烯、聚丙烯及其共聚物等。主要考虑的性能是材料的熔点是否适合于挤压、吹膜，且无毒、无臭、无味。

图 12-35 和图 12-36 是“Bottle Pack”塑料瓶的吹塑成型、无菌充填和封口过程。颗

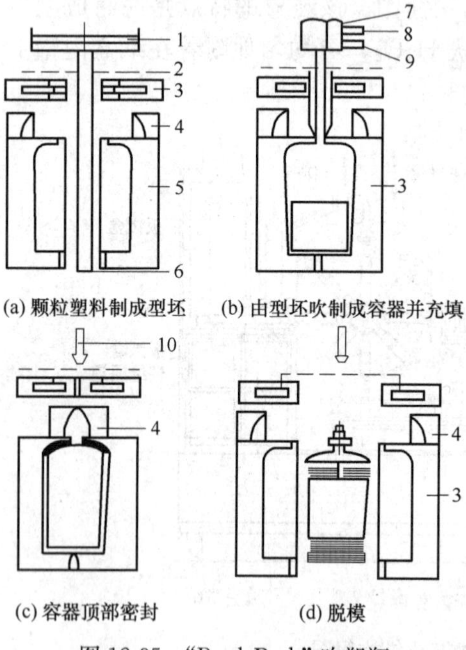

图 12-35 “BottlePack”吹塑瓶无菌包装过程示意图

1—型坯 2—切割刀 3—真空供应 4—顶模 5—型坯模 6—塑料型坯 7—芯杆部件 8—压缩空气进口 9—压缩空气出口 10—吹气充填芯杆

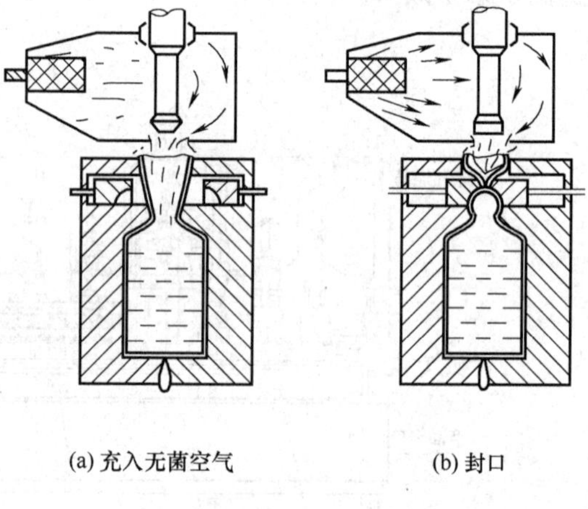

图 12-36 瓶口的无菌空气保护与封口

粒塑料经挤出机挤出的型坯被切割刀切成型芯并送入型坯模内，型芯被无菌空气吹塑成瓶型；与此同时，紧接着吹气/充填管进入瓶口将定量的无菌物料充填到瓶内。充填完毕，吹气/充填管上升复位，此时无菌空气连续进入无菌充填腔内防止外界环境污染；型坯模上端的顶模闭合压紧，依靠真空作用使瓶口成型并封口；产品脱模送出。由于在型坯模上部连续进入无菌空气，生产时不仅保证吹气/充填芯杆无菌，而且也保证塑料型坯尚未成型的顶部也受到无菌保护，从而实现可靠的无菌充填与封口。

2. 预制塑料瓶无菌包装

预制塑料瓶无菌包装是将预制瓶经杀菌后在无菌包装机内进行充填和封口，是目前塑料瓶无菌包装应用最广的形式。

（1）预制瓶包装材料　预制瓶的基本包装材料有多种，如 PET、PP、PC 等，目前应用最广的是 PET 瓶，如与阻隔性包装材料共挤可得到气密性能非常好的容器。一般价格较低的 PET 瓶，由于未经结晶化，只能承受低于 74℃的温度。而目前耐热性的 PET 瓶已广泛地应用于果汁饮料的包装，一般热灌装温度为 87.7℃。

（2）无菌包装系统　塑料瓶无菌包装系统如图 12-37 所示。其基本工艺过程为：首先将瓶口倒插的瓶子冲洗和预热，然后瓶内用带 H_2O_2 的热空气杀菌并在瓶的内外表面冷凝，经过一段时间后用无菌热空气干燥，最后进行无菌灌装与加盖密封。

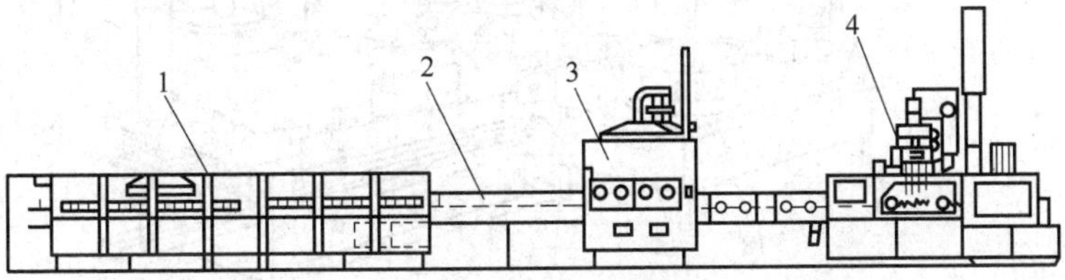

图 12-37　塑料瓶无菌包装系统示意图

1—瓶冲洗和预热　2—输送连接　3—瓶杀菌和干燥　4—无菌灌装和封盖

（3）包装过程

① 塑料瓶杀菌：瓶的杀菌过程如图 12-38 所示：(a) 瓶子倒插入一密封的载瓶器内并送入杀菌部位；(b) 杀菌剂喷管上升插入瓶口，将带 H_2O_2 的热空气喷入瓶内杀菌；(c) 杀菌剂喷管全部插入瓶内而瓶上升，使杀菌剂能围绕瓶的内外表面流动。

② 瓶盖杀菌：根据瓶盖材料采用两种杀菌方法：对非热敏性金属盖可用高温饱和蒸汽杀菌，对机械性差和热敏性的塑料盖用 H_2O_2 液杀菌。

③ 无菌灌装：所有灌装操作都在无菌室内自动完成，而无菌室内充入无菌空气并对外部环境保持正压，从而保证在无菌环境下灌装。

④ 封盖：加盖封瓶前，瓶口要求用无菌的惰性气体或蒸汽冲刷，然后充填并加盖密封。

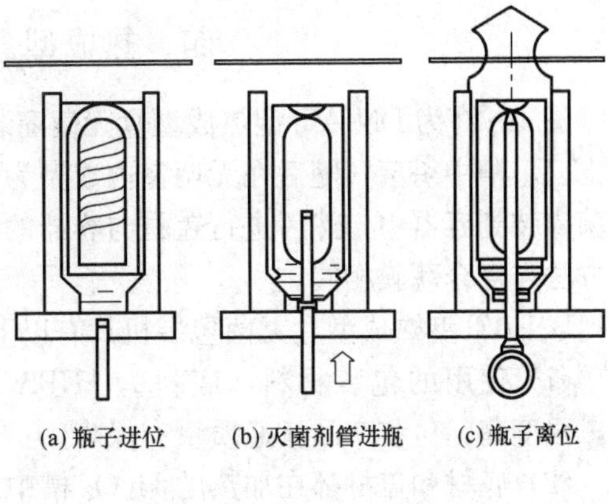

图 12-38　塑料瓶灭菌过程

（二）玻璃瓶无菌包装

玻璃瓶无菌包装工艺与塑料瓶无菌包装基本一致。同样需经历空瓶杀菌、瓶盖杀菌、无菌灌装、封盖等技术过程。下面主要介绍多尔玻璃瓶无菌包装系统。

图 12-39 所示是美国多尔公司的玻璃瓶无菌包装系统。整个系统采用过热蒸汽对瓶和瓶盖进行杀菌，保持灌装和封盖时的无菌状态。包装过程为：空瓶送入杀菌器内，先抽成高真空以使瓶内空气净化，而后进行 0.4MPa，154℃的湿蒸汽杀菌 1.5～2s。由于瓶子仅表面受瞬时高热，因而瓶子进入灌装前很快冷却到 49℃左右。与此同时直注式环缝灌装装置已杀菌消毒，并连续通入 262℃过热蒸汽保持无菌，灌装装置进行灌装。无菌压盖装置类似普通的自动蒸汽喷射真空封瓶机，但用过热蒸汽保持无菌，可用于回旋盖和压旋盖封口。瓶盖从贮盖器定向排列后送至瓶盖杀菌装置，进行过热蒸汽消毒，而后自动放置在已灌装的瓶口上，封瓶装置完成自动压盖；包装成品输出。

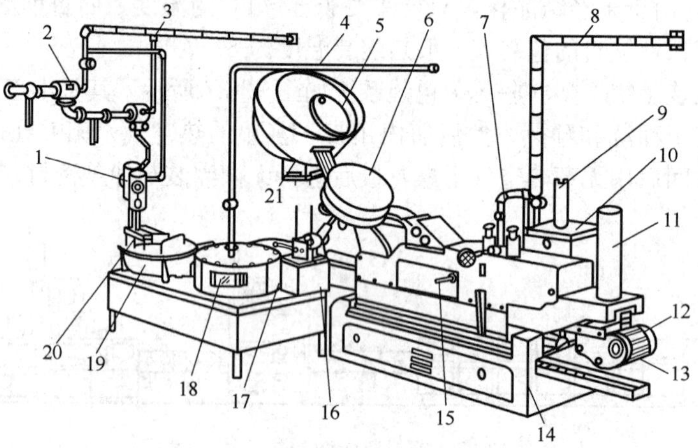

图 12-39　多尔玻璃瓶无菌包装系统示意图

1—真空缓冲罐和压力表　2—蒸汽喷射泵　3—蒸汽管道　4—待灭菌产品输入　5—贮盖装置
6—瓶、盖杀菌装置　7—过热蒸汽输送装置　8—过热蒸汽　9—排气筒　10—蒸汽发生器
运输带　11—排气筒　12—卸瓶输送装置　13—压盖装置　14—封瓶装置　15—观测室
16—传动机械　17—环缝灌装装置　18—视镜　19—空瓶杀菌装置
20—蒸汽缓冲罐和压力表　21—消毒瓶供送装置

四、热成型盒无菌包装系统

图 12-40 为 DN-AT 型热成型盒无菌灌装系统原理图。加工时，首先将塑料复合薄膜在 H_2O_2 槽中杀菌，随后在无菌室内成型为开口拉伸型容器，将已经过 UHT 灭菌的食品无菌灌装到容器中，然后进行盖材与容器的密封，切边后得到包装产品。在此，盖材的杀菌方法与复合薄膜相同。

DN-AT 型热成型盒无菌包装机具有以下特征：

（1）使用的包装材料，底材为 HIPS，HIPS/EVAI/HIPS；盖材为 PET/AL/热封剂，强度高，包装产品流通质量有保障。

（2）底材和盖材都在加热的 H_2O_2 槽中浸渍杀菌，随后采用热风干燥除去 H_2O_2。

（3）装置的预杀菌对成型处、灌装处、无菌室及配套管路系统等进行全自动地喷射

H_2O_2，然后用热风干燥，使装置内得到彻底杀菌。此外，连续输送过滤无菌空气，使装置内保持正压以维持无菌状态。物料的灌装管道采用蒸汽或加压热水进行杀菌。

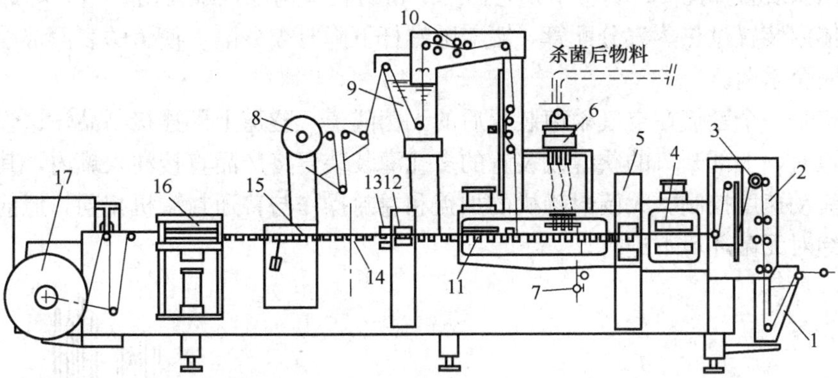

图 12-40　DN-AT 型热成型盒无菌包装机原理图

1—卷材灭菌槽　2—干燥室　3—牵引辊　4—包材加热　5—盒成型　6—灌装　7—CIP 管线　8—盖材卷　9—盖材灭菌槽　10—干燥室　11—预封　12—封盒　13—冷却装置　14—切缝　15—输送装置　16—冲切装置　17—废料回收卷

五、金属罐无菌包装系统

马口铁罐无菌灌装设备主要为美国的多尔无菌灌装系统（Dole Aseptic Canning System）。如图 12-41 所示，该系统由空罐杀菌装置、罐盖杀菌装置、无菌灌装室、无菌封罐机和控制系统等组成。

空罐杀菌装置如图 12-42 所示，是个绝热的隧道，隧道的下部为煤气燃烧器和过热蒸

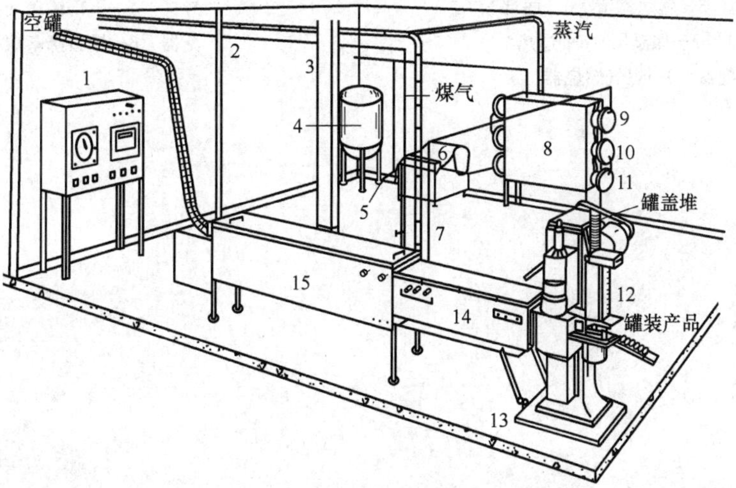

图 12-41　多尔金属罐无菌包装系统示意图

1—温度控制记录仪和报警器系统　2—蒸汽排气管　3—烟囱　4—供应槽　5—三通阀　6—泵　7—灭菌产品供应管道　8—连续流体压力蒸煮器和冷却器　9—冷却段　10—保温段　11—加热段　12—罐盖杀菌装置　13—封罐机　14—灌装室　15—空罐杀菌装置

汽发生器，能产生262℃过热蒸汽为空罐杀菌；隧道上部为空罐杀菌通道，过热蒸汽从顶部和底部的蒸汽分配管送入，空罐杀菌时间由输送带的速度来调节。

罐盖杀菌装置如图12-43所示，它由一个密封箱体构成，罐盖由一组下降螺杆进入装置内，箱体内装置过热蒸汽分配管，罐盖随螺杆下降时被分隔，使盖的表面都暴露在过热蒸汽中而完全杀菌。

灌装室是一个紧接在空气杀菌装置后的无菌隧道，隧道上部连接制品输送管道，空罐在通过隧道时，上部开口的狭缝或装置的多孔灌装装置将产品直接注入罐内，其灌装程度由产品的流动速度控制。无菌封罐机的加盖和卷封操作与普通封罐机相同，但前者是在过热蒸汽的绝对无菌环境下进行。

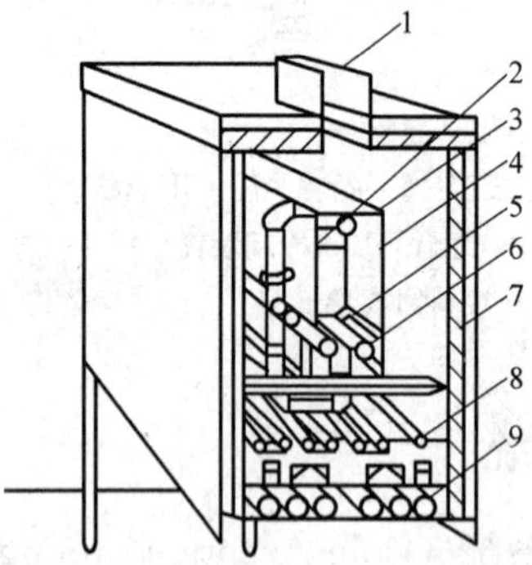

图12-42　空罐杀菌装置简图

1—烟囱　2—空罐　3—顶部蒸汽分配器　4—空罐隧道　5—输送索道　6—底部蒸汽分配器　7—保温层　8—过热蒸汽分配器　9—煤气燃烧器

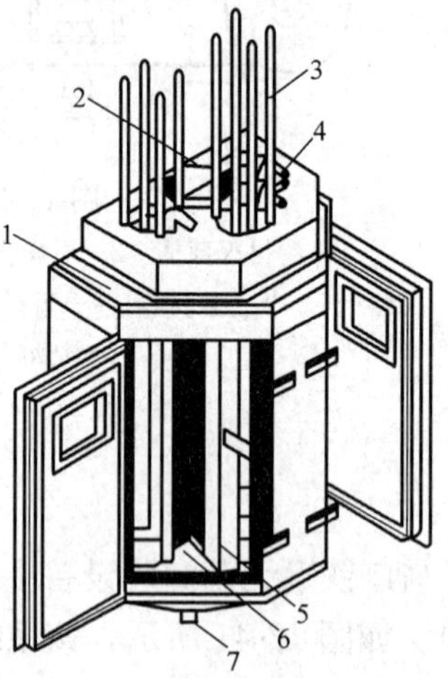

图12-43　罐盖杀菌装置简图

1—外壳　2—蒸汽排气管　3—上部罐盖导杆　4—下部罐盖导杆　5—蒸汽分配器　6—罐盖降落螺杆　7—传动轴

第十三章 自动包装线

第一节 概 述

自动包装线即按包装工艺过程，将若干台自动或半自动包装机以及有关输送装置、辅助设备按工艺顺序组合起来，再配备适当的自动控制、自动检测、自动调整装置、自动上下料和自动输送装置等，使被包装物品和包装材料按预定的包装要求和工艺顺序经各台包装机完成包装全过程而构成的包装工作系统。

采用自动包装线生产的目的主要为：

(1) 提高生产率；

(2) 提高包装产品质量，降低包装产品成本；

(3) 改善劳动条件，降低工人劳动强度；

(4) 减少占地面积，并以此为前提提高产品生产的经济效益。

一、自动包装线组成

自动包装生产线主要由三大部分组成。

(1) 自动包装机　它是生产线最基本的工艺设备。

(2) 输送存贮等辅助装置　它是将自动包装机连接成线的必要辅助设备。

(3) 自动控制系统　它是控制包装机和辅助装置，使生产线中各台设备工作同步，即包装速度、输送速度等相协调，从而获得最佳的工作状态，达到理想的包装质量和产量要求的系统。

二、自动包装线的类型

按包装机排列形式不同分为串联、并联和混联三种类型。一般以串联和混联较多。

按包装机之间的联系特征分为刚性、挠性、半挠性生产线三种。刚性生产线既被包装物品在生产线上完成全部包装工序，均由前一台包装机直接传递给下一台包装机，所有包装机均按同一节拍工作。如果其中一台包装机出现故障，其余各机均应停止。一般可靠性非常高的包装机可采用该连接方式。挠性生产线是指被包装物品在生产线上完成前道包装工序后，经中间贮存装置贮存，根据需要由输送装置送至后工序包装机。即使生产线中某台包装机出现故障，也不会立刻影响其余包装机正常工作。而半挠性生产线，则是生产线由若干个区段组成，每个区段内的包装机间以刚性连接，各区段间为挠性连接。如灌装生产线，其中灌装机与压盖机常以刚性连接组成机组。

第二节 自动包装线工艺路线与设备布置

一、包装工艺路线设计

包装工艺路线设计是包装自动生产线总体设计的依据，它是在调查研究和分析所收集资料的基础上确定的。设计包装工艺路线时，应在保证包装质量的基础上，力求高效率、低成本、结构简单、便于实现自动控制、维修和操作方便等。根据包装自动生产线的工艺特点，设计包装工艺路线时应考虑以下几个方面。

（1）分析被包装物品，合理选择包装材料与包装形式。对于一具体产品，往往可以采用多种包装方案，不同的包装方案将影响产品包装质量、包装工艺选择、包装成本与经济效益、设备投资以及包装产品的市场销售等多方面。

进行包装材料和包装形式选择，应综合考虑被包装物品的特性、价值及包装件运输、贮藏、销售、使用要求，同时考虑原材料的来源、价格和加工性能等。

（2）平衡工序的节拍，保证包装线主体设备高效率运行。平衡工序的节拍是制定包装自动生产线工艺方案的关键。各包装工序间特别是各主体设备间保持良好的同步性，对于保证包装自动生产线连续高速生产非常重要。

包装线中主体设备的性能决定了包装线的生产效率。设计包装工艺路线应充分考虑，保证主体设备高效率运行，其他设备要与主体设备生产能力相匹配。

（3）确定工序的集中与分散。工序集中与分散程度主要取决于现有包装设备性能、生产线设备能否相互衔接、生产的可靠性以及对产品的适应性等。同时工序集中与分散程度决定着包装生产率、包装质量以及包装效益。

工序相对集中，可减少中间输送、存贮、转向等环节，减少生产线的占地面积。但是，工序过分集中，对包装工艺和设备性能的要求更高，产品的适应性较差，不便于调整。

为使生产线设备能相互衔接，保证包装线主体设备高效率运行，可以将一些包装操作分散在几个工序上同时进行，使工序分散。这样可减小设备的复杂程度，提高工作可靠性，便于调整和维修等。但工序分散生产线占地面积较大，过分分散导致中间辅助环节增加，包装成本增加。

工艺方案的选择设计是一个综合性的问题，必须从产品包装质量、生产效率、生产可靠性、生产成本、劳动条件、环境保护以及投资大小等诸方面综合考虑。

二、设 备 布 局

包装工艺路线和设备确定后，要合理地布局，使之形成有效的系统。一条生产线布局得是否合理，直接影响到生产效率、设备的初期投资和设备的今后运行成本。由于受多种因素的影响，实际生产线的设备布局比较灵活，应本着简洁、经济、可靠的原则布置设备，力求方案最佳。另外，还应为今后技术改造留有余地。设备布局一般应考虑：

（1）平面布置　平面布置应力求生产线路短，布局紧凑，占地面积小，整齐美观以及调整、操作、维修方便等。

包装自动生产线的平面排列可采用多种形式，如包装机排列形式可采用串联、并联和混联，而在生产线的总体结构上可采用直线型、直角形或框形等。至于采用何种形式布置，需综合考虑。例如车间的平面布置、设备的外形尺寸和生产能力、输送形式、包装工序节拍的前后平衡等。同时还要考虑便于操作和实现集中控制等。

（2）立面布置　包装自动生产线中设备的立面布置，要综合考虑包装工序与工艺路线的特点、设备外形尺寸及重量、包装设备的工作高度、人员操作与安全卫生等多方面。

第三节　自动包装线配套装置

一、供送装置

物料的供送系统是包装设备的重要组成部分，是整个设备的“咽喉”，其结构及工作性能决定着设备的自动化水平及生产效率，并影响着包装设备的总体布局。

包装机械的供送对象通常指的是被包装物品、包装容器和包装材料等。其中，被包装物品按其状态可划分为块状、散体、流体、板片和卷带等；包装容器和材料则可归为板、片材、卷筒材及瓶、罐类等。这些对象因在形态、大小、材料、机械性能等方面有很大的差异，需配备合适的供送装置才能实现相应的工艺要求。

包装材料种类繁多，主要有纸、塑料、金属、木材、玻璃和陶瓷等。被包装物品按其状态可划分为液体、粉体、散粒体、条-块状体等。包装容器有塑料瓶、塑料袋、纸盒、纸箱、纸袋、玻璃瓶、金属桶、金属罐、木箱等。由于纸张、纸片、塑料薄膜、金属片材等板片、卷带等包装材料多属于柔性或半柔性材料，其供送装置与上述包装物品和容器的差别较大，具有自己的特点。

本部分将上述物品的典型供送装置划分为散体、块状、流体、板片材及卷材四类供送装置（或机构）分别予以介绍。

（一）散体供送装置

散体既不同于单个固体，又不同于液体、气体，它是泛指由确定数量的一种或多种颗粒或微小个体所组成的具有半流动性的松散聚集物，根据其散落性可采用一定的方法将其聚合。散体物料在包装产品中所占比例较大，故散体供送装置在食品、医药、轻工、电子、仪表等很多包装领域内的应用相当普遍。

根据散体的基本形态，大体上包括以下三种类型：

（1）体形细长且有足够强度或方向性的物件，如火柴、缝纫机针、铅笔芯等。

（2）体形不大、表面光滑且有一定强度和可定向性的物件，如笔尖、麦针、图钉、瓶盖、胶囊、电子元件等。

（3）黏湿性较小的粉料和颗粒料，如奶粉、味精、砂糖、咖啡、茶叶、药丸、片剂等。

应当根据散体物料的基本形态选用合适的供送装置。

1. 常用的典型散体供送装置

（1）槽盘式给料器　如图 13-1（a），槽盘式给料器利用输送带加料，物料落到转盘上沿着齿形螺旋导板定向排列，滑入转盘周边的凹槽内后，按其厚度再一次进行定向排列。该装置能有效防止被供送物料的变形破坏，适合长方体形软质物料，如巧克力、饴糖等。

（2）直插板式给料器　如图 13-1（b），理料插板顶端工作面倾斜一定角度，当插板向上推移时，利用其顶端工作面与料斗壁间隙将槽中的物件定向地提起一只并送入导槽排队，导槽下端的物料经摆动拨叉按要求排出。该装置适合于圆柱形硬质物件的供送。

（3）斜插板式给料器　如图 13-1（c），斜置的插板薄而宽，其顶端朝着侧向出口倾斜，以有助于对物件进行自动定向排列。适合碟形和环形的金属物件，如垫圈、凸面圆片等供送。

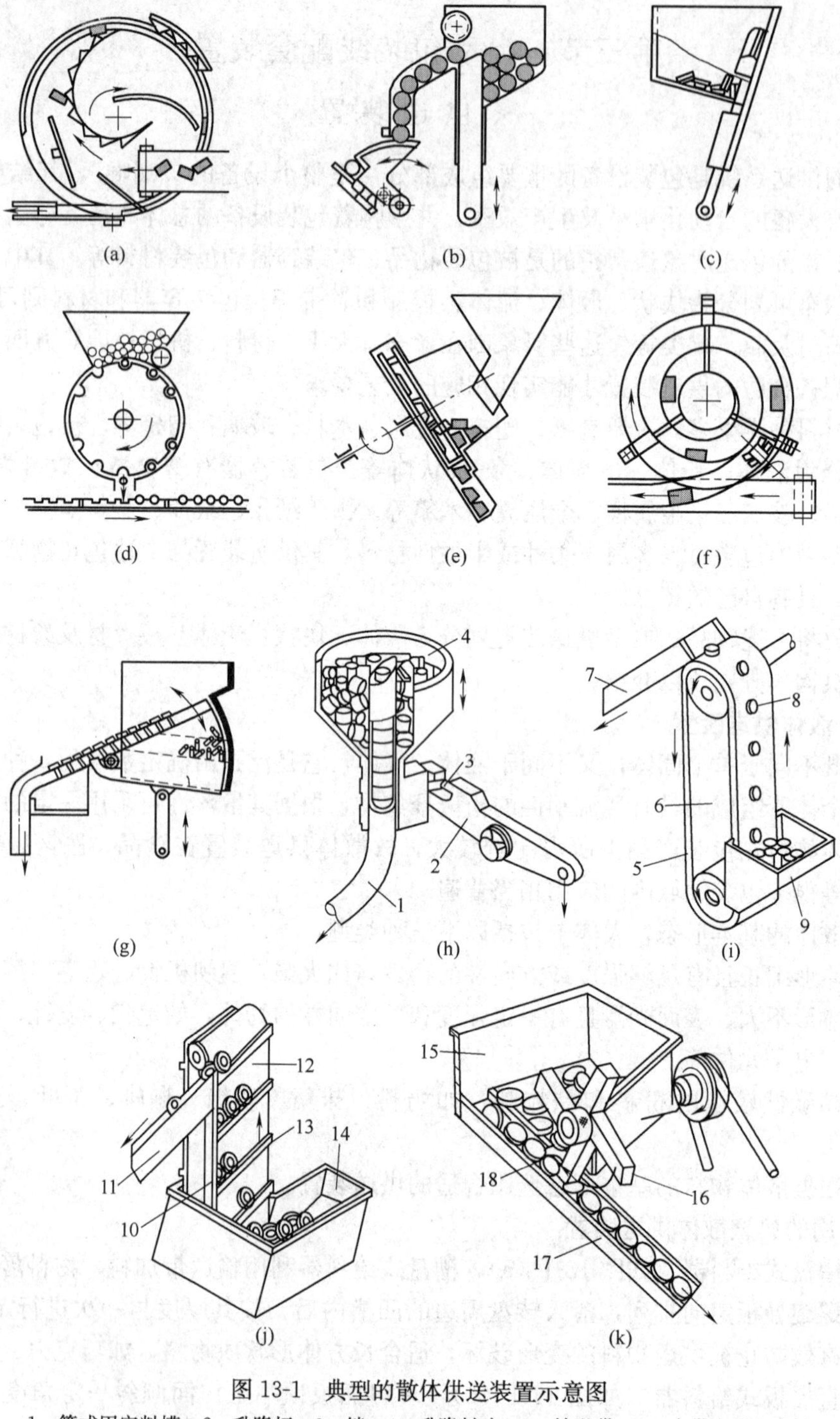

图 13-1　典型的散体供送装置示意图

1—管式固定料槽　2—升降杆　3—销　4—升降料斗　5—输送带　6—皮带内埋入磁铁　7、11、17—滑料槽　8—被吸附的物件　9、14、15—料斗　10—挡板　12—皮带　13—倾斜取料搁板　16—桨叶轮　18—被剔除物件

（4）齿鼓式给料器　如图 13-1（d），定向后的物料人工或自动按要求分批放入存料斗内，随着齿鼓的转动将物料逐个拨出落入下部的输送带上容器中。该装置适于细杆形硬

质物件，如铅笔芯、圆珠笔芯等的供送。

(5) 叶轮式给料器 如图 13-1 (e)，叶轮的环形区间布置若干支板，板面形成的与物件横断面相对应的孔形使得落入的物料自动定向后，排列于出口导槽内。本装置适合于圆锥台形和圆凸台形的硬质物件，如瓶塞、大头螺钉等的供送。

(6) 锥盘式给料器 如图 13-1 (f)，由料斗输入的物件散落到锥形转盘上方与支架固连的螺旋栏板内，随着盘面的转动使内圈物料不断加速向外圈转移，形成定向排列后转入输送带。本装置适用于圆柱形和长方体形硬质物件，如圆头平键、糖块等的供送。

(7) 扇形插板式给料器 扇形插板上开有单列或多列一定内宽的长槽，如图 13-1 (g)，当扇形插板向上摆动时可提起料斗内的一批物件并形成大头在上小头在下的定向排列。为实现定量给料，在插板长槽的出口设置电控闸门。该装置适合大头钉形金属物件的供送。

(8) 升降料斗式给料器 如图 13-1 (h)，升降杆驱动下料斗在垂直方向上做上下移动，物料通过料斗逐个进入固定的管式滑料斗后顺序落出。本装置适合于无上下面之分的柱形和球形物料供送。

(9) 磁性带式给料器 如图 13-1 (i)，在垂直输送带的内部镶嵌磁块，当输送带经过料斗时，铁质物料被吸附在磁块上，物料提升至输送带辊轮顶端后被切向刮到滑料槽内，自由滑至下一工位。本装置适用于无定向要求的铁质物料的供送。

(10) 升降带式给料器 在垂直输送带表面安装倾斜的取料板，如图 13-1 (j)，当输送带经过料斗时，物料充入取料板并被提升至滑料槽入口位置后自由顺序滑滚落下。本装置适用于无正反面要求的圆盘形、球形等物料的供送，供送速度快。

(11) 桨叶式给料器 如图 13-1 (k)，滑槽上方安装桨叶轮，料斗物料进入滑槽定向排列后经过桨叶轮下方，多余物料被逆向旋转的桨叶轮拨回料斗内。本装置适用于表面耐磨物料的供送。

2. 电磁振动给料器

除以上介绍的几种包装机械常用给料器外，电磁振动给料器也是散体物料最常用的一种供送装置之一，电磁振动给料器可分为槽式和斗式两种。

(1) 槽式电磁振动给料器 图 13-2 所示为支槽式电磁振动给料器，其整机结构由激振装置（铁心线圈 1、衔铁 2 及其气隙调节元件）、料槽 3、主振板弹簧 4、底座 5 和隔振橡胶弹簧 6 等部分组成，支槽式电磁振动给料器实物如图 13-2 (b)。

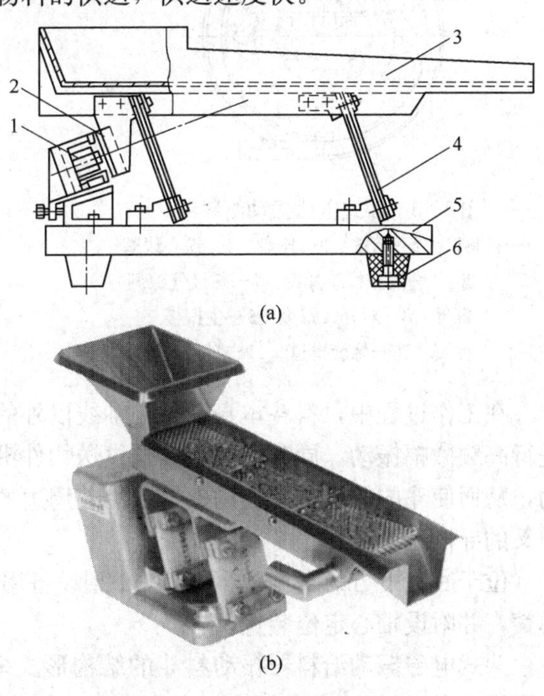

图 13-2 支槽式电磁振动给料器
1—铁心线圈 2—衔铁 3—料槽 4—主振板弹簧 5—底座 6—隔振橡胶弹簧

料槽是同物料直接接触的主体部件，横截面一般呈凹形，以增强结构刚度。物料需要定向时料槽采用窄槽，否则宜用宽槽。当生产能力不变时，槽宽大体上与物料密度、料层厚度及供进速度成反比。槽式电磁振动给料器仅起排料作用时，对于短槽，其底部多是水平的；对于长槽，为加速供料其底部也可做成向下倾斜的（一般倾斜角在10°以内）。为防止粉料结疤，料槽的工作表面应保持平整光滑。

振动给料器可采用串联和并联的配置方式，串联的两台振动给料器可分别控制连续排料和二级定量给料，以提高计量的精度和速度；并联配置方式，可分别完成粗给料和细给料。本装置适合于干性粉粒状物料，如洗衣粉、菊花晶等的供进。

（2）斗式电磁振动给料器　图 13-3 所示是一种典型的单振动料斗斗式电磁振动给料器的结构形式。料斗 11 对于小型机多用铸铝切削件，大型机多用不锈钢板焊接塑料注射成型。图 13-4 为该斗式电磁振动给料器的简化物理模型。

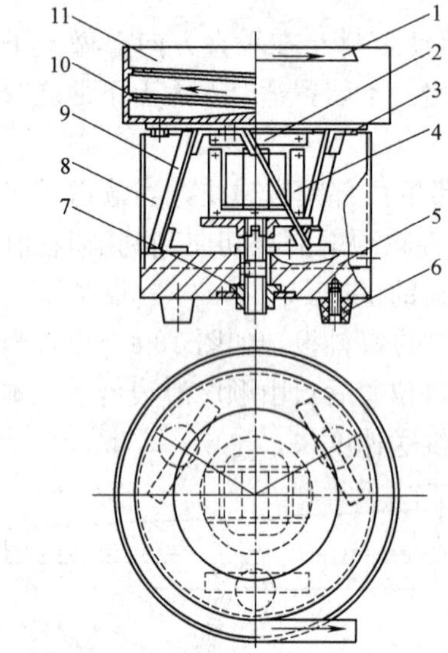

图 13-3　斗式电磁振动给料器

1—排料口　2—衔铁　3—托盘　4—铁心线圈　5—底盘　6—隔振橡胶弹簧　7—磁极气隙调节螺母　8—对开式罩壳　9—主振板弹簧　10—螺旋滑道　11—料斗

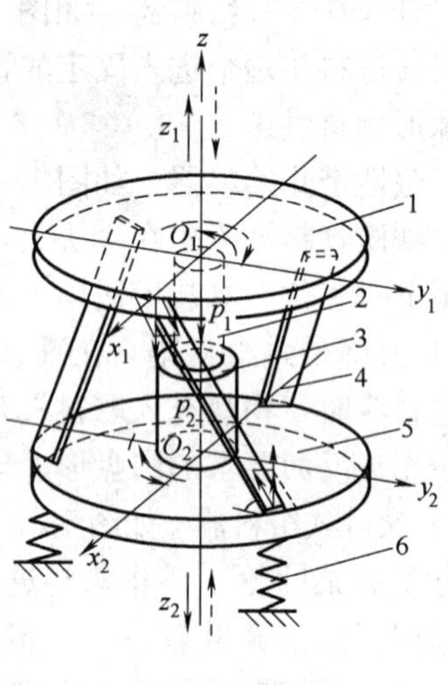

图 13-4　斗式电磁振动给料器的简化物理模型

1—料盘　2—衔铁　3—铁心线圈　4—主振板弹簧　5—底盘　6—隔振压缩螺旋弹簧

在工作过程中，料斗本身除中心轴线以外的各点都沿着各自的一小段空间螺旋线轨迹进行高频微幅振动，同时促使斗内被供送物件沿着螺旋滑道的内壁面作快速平稳的相对运动，从而使斗内散乱堆放的物件得以沿着周边的螺旋滑道进行自动定向排列。最后由装有摆叉的导槽逐个排出。

位于底盘下方的隔振弹簧 6，中小型设备用橡胶弹簧为主，而大型的则采用压缩螺旋弹簧，并附设轴心定位装置。

斗式电磁振动给料器振动料斗的结构形式多样，图 13-5 为四种不同结构形式。圆柱形内螺旋滑道料斗（a）便于集中回流，对各种定向方法大都有较好适应性，且可配置单个或多个、整圈或非整圈的滑道。圆柱形外螺旋滑道料斗（b）用于垂直输送时，主体部分的直径宜偏小且高度宜偏大，螺旋滑道个数不宜过多。（c）为圆柱形内外组合螺旋滑道

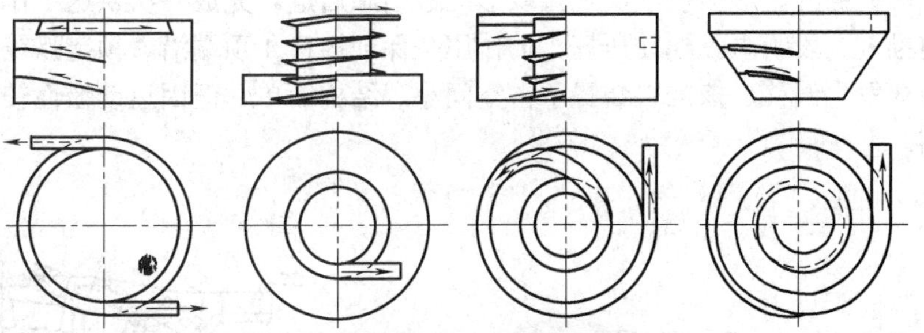

(a) 圆柱形内螺旋滑道 (b) 圆柱形外螺旋滑道 (c) 圆柱形内外组合螺旋滑道 (d) 截圆椎形螺旋滑道

(e) 斗式电磁振动给料器实物图

图 13-5　几种典型的金属振动料斗示意图

料斗，它能让小型物件先由内圈排列上升，再转向外圈而下移，以增大其流速和间距，其内部空间滑道安排合理，自动定向效果较好。截圆锥形内螺旋滑道料斗（d）底小口大，斗内螺旋滑道的水平投影为一条阿基米得涡线。该装置尽管制造比较麻烦，但在形体多样、轻小光滑、能自动定向的硬质或软质物件，如片剂、胶囊、笔舌、电子元件等的供送中仍被广泛采用。斗式电磁振动给料器实物如图 13-5（e）。

（二）块体供送装置

块体供送装置用于大中型块状物品的供送，块体多呈整齐排列且可被单个或多个给料。块体供送装置的基本工作要求是能对其供送的路线、排列方式、间距大小、供送状态及速度予以控制，以满足设备的工艺条件、生产能力及布局要求。块体供送装置也可同其他构件相配合作为一个包装执行机构，还可用于多工位的主传送系统。

下面介绍几种常用的典型块体供送装置：

1. 推板式供送装置

图 13-6 所示为推板式水平步进推料装置，由推板、料库活门、板式槽凸轮、导杆、滑块、双曲柄滑块机构等部分组成。各推板 2 的运动轨迹完全相同。双曲柄滑块机构 10 带动滑块 6、7 沿着双导杆 8 左右往复地相对移动，带动板式槽凸轮 4 使得推板 2 实现上升-前进-下降-退回的运动循环，将物料向右供送到送纸辊 1 后的包装工位。该装置驱动装置复杂、惯性大，多用于工作速度不高的场合。

图 13-7 所示为推板式斜向步进推料装置。主动偏心轮 5 转动带动竖立摇杆 4 运动，

使与摇杆顶端铰链的齿形推板 3 实现弧线形的进给和后退，完成一次供送工作循环，将块状物品向前推进一段距离。随动压杆 1 的作用是保证摇杆 4 顶端沿着预定弧线运动，以约束齿形推板 3 发生偏移。该推料装置所占空间小、结构简单，但因运动惯性较强，工作速度不宜过高。

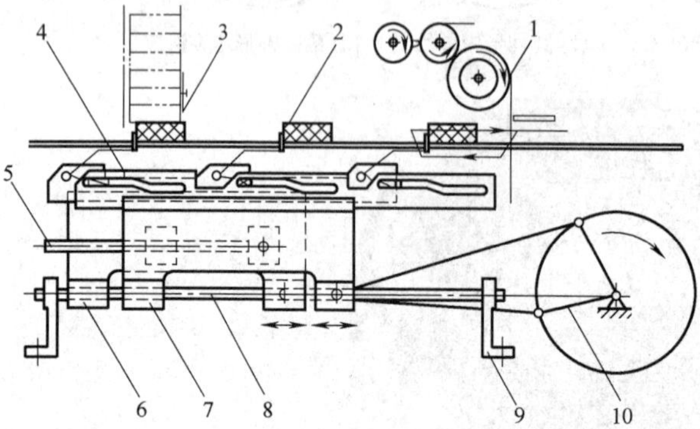

图 13-6　水平步进推料装置

1—送纸辊　2—推板　3—料库活门　4—板式槽凸轮　5—内导杆　6、7—滑块　8—双导杆　9—支座　10—双曲柄滑块机构

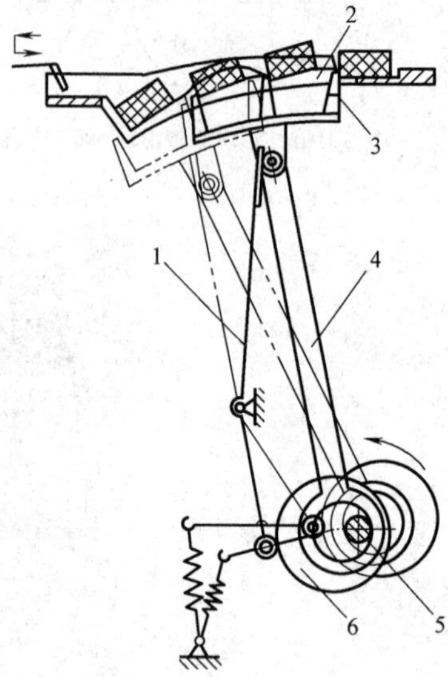

图 13-7　斜向步进推料机构

1—随动压杆　2—阶行通道　3—齿形推板　4—摇杆　5—主动偏心轮　6—盘凸轮

2. 链带式供送装置

图 13-8 所示为一典型低速链带供送装置，其结构主要包括主动链轮 1、输送链推头 2、料库活门 3、栏板 4、台面板 5。此装置在连续运动的输送链带上装有一定数量的输送链推头 2，推头间的间距可根据实际需要调节，推头宽度按被供送物品的宽度而定。包装物件从料库中经料库活门 3 垂直落下到达台面板 5 后，由推头 2 推动向左移动。该装置常用于较大块状物品和成型容器的连续或间歇供送。

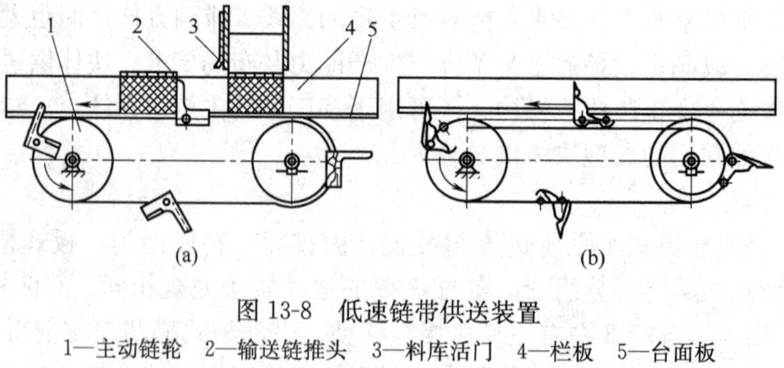

图 13-8　低速链带供送装置

1—主动链轮　2—输送链推头　3—料库活门　4—栏板　5—台面板

3. 拨轮式供送装置

图 13-9 所示为星形拨轮供送装置，在连续式装盒机中作供送玻璃瓶用。其主要结构

有星形拨轮、输送链带、主传动链带和固定导轨等。输送带送来的瓶子经星形拨轮 1 排列整齐，由星形拨轮 3 定量推送，在导轨 5 的约束导向配合下，将瓶子翻转 90°，使其平稳地横卧于主传动链带同步送来的盒形容器中。

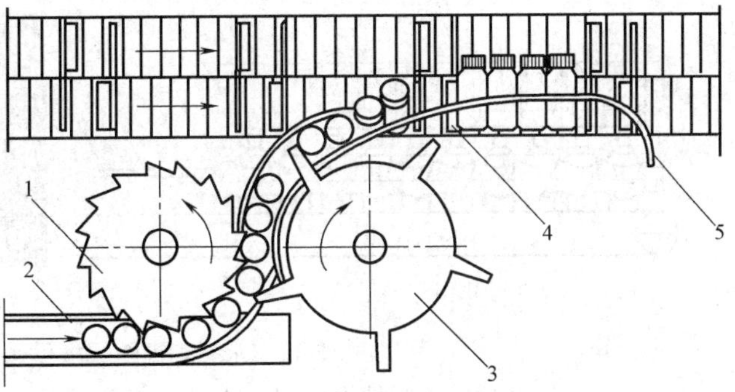

图 13-9　星形拨轮供送装置

1、3—星形拨轮　2—输送链带　4—主传动链带　5—固定导轨

4. 动梁式供送装置

图 13-10（a）所示为双曲柄式动梁供送装置示意图。动梁 1 与定梁 2 等长，两梁横向均开有等间距的 V 形槽，工作过程中圆柱形或长条形供送物件被托放在 V 形槽内，在主动双曲柄 3 带动下动梁每作一段等速的弧线平动可将定梁上的物件抬起后向前送，降落于定梁的前面一个 V 形槽中，完成一步进料。因物件是作间歇的圆弧线运动，物件起落时会产生较大的冲击力，故主动轴转速应适当，不可过快。图 13-10（b）所示为安瓿动梁供送装置实物图。

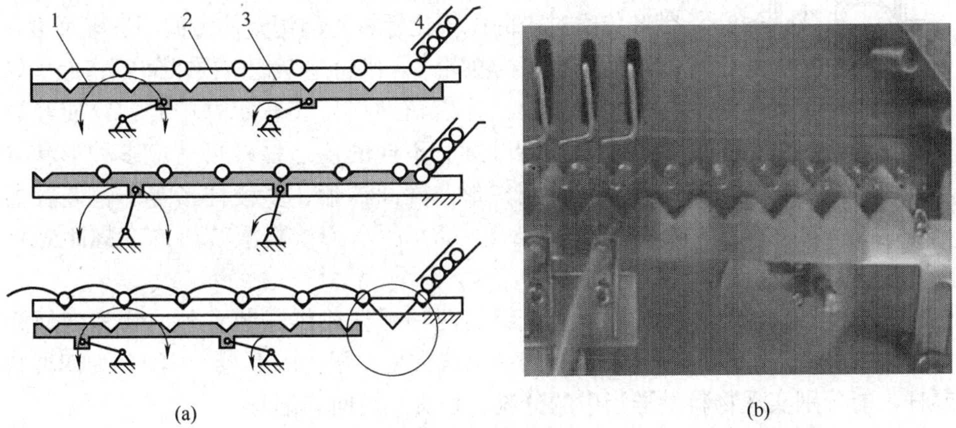

图 13-10　双曲柄式动梁供送机构

1—动梁　2—定梁　3—主动双曲柄　4—料槽

5. 螺杆式供送装置

螺杆式供送装置的供送对象可为呈规则或不规则排列的多种形状（如圆柱形、棱柱形或其他形体）的刚性物件。除常规方式供送外，也可完成增距、减距、分流、合流、升降、起伏、转向或翻身等工艺，按要求供送到既定的包装工位。螺杆式供送装置在充填、灌装、封口、贴标、计量、检测和自动包装线等机械和设备中均有广泛的应用，具有多样化、高速化和自动化等多方面优点。

（1）等螺距螺杆　图 13-11（a）所示为水平等螺距螺杆供送装置示意图。在控制机构的作用下，存槽 1 内已整理好的圆柱形塑料瓶逐批下落到输送链带 3 上后，塑料瓶在向右运动的输送链带 3 和轴心转动的供送螺杆 2 共同作用下，将瓶子移至规定的包装工位。图 13-11（b）所示为水平等螺距螺杆供送装置实物图。

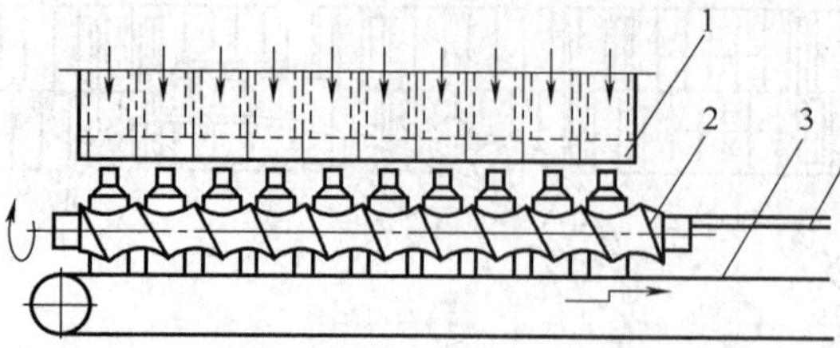

图 13-11　水平等螺距螺杆供送装置简图

1—理瓶存槽　2—供送螺杆　3—输送链带　4—侧向导轨

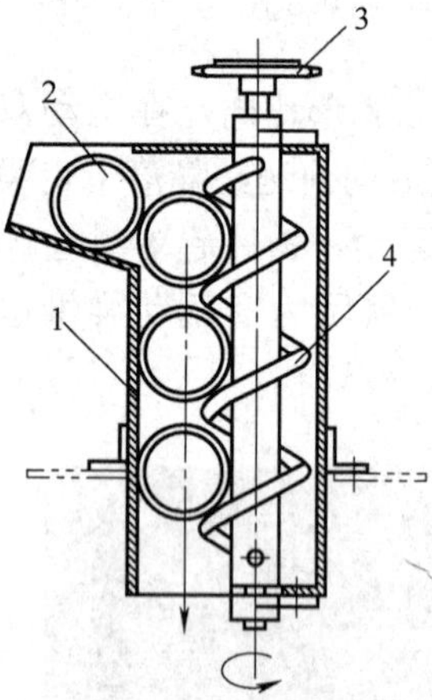

图 13-12　垂直等螺距螺杆供送装置

1—壳体　2—圆柱形物件　3—主动链轮　4—供送螺杆

图 13-12 所示为垂直等螺距螺杆供送装置。圆柱形物件 2 由料槽进入垂直等螺距螺杆供送装置内，上部链轮 3 受控带动螺杆 4 连续或间歇回转，物件沿着壳体与螺杆的间隙等距地向下输送。

（2）变螺距螺杆　图 13-13（a）所示为异形瓶贴标机的变螺距螺杆供送装置示意图。由托瓶转盘 1、贴标装置 2、输送链带 3、供送螺杆 4、星形拨轮 5 等部分组成。输送板式链带 3 传送过来的瓶子经螺杆 4 的调整使瓶间距逐渐增大、速度减慢后进入星形拨轮 5，拨轮逐个地按要求间距将瓶子转移到托瓶转盘 1 上，并借辅助夹持装置定好中心，以便经过贴标装置 2 时进行贴标。不同的供送螺杆可适应多种形状（如正圆柱形、长圆柱形、椭圆柱形、多棱柱形等）包装容器的贴标作业。图 13-13（b）所示为饮料灌装机的变螺距螺杆供送装置实物图。

除以上介绍的两种螺杆式供送装置外，特种变螺距螺杆在包装机械当中也很常见。图 13-14（a）～（d）为四种特种变螺距螺杆，能分别实现物料供送当中的分流、合流、转向和翻身。

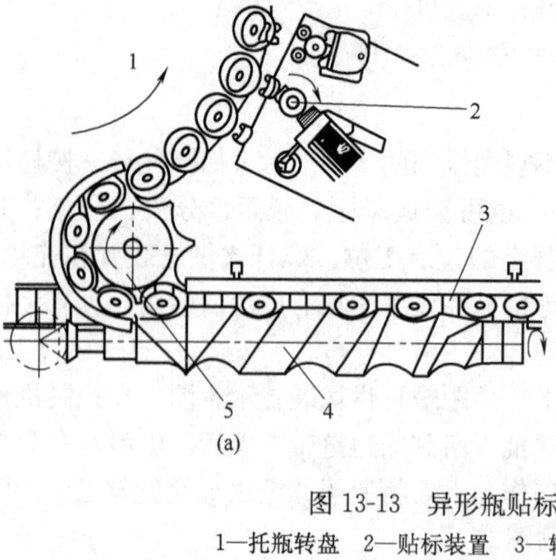

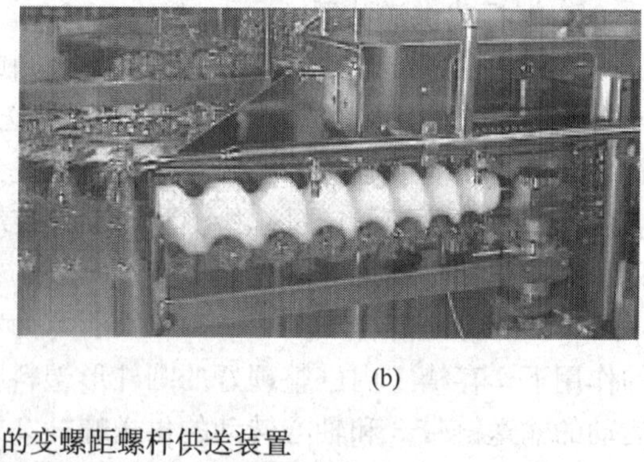

图 13-13　异形瓶贴标机的变螺距螺杆供送装置

1—托瓶转盘　2—贴标装置　3—输送链带　4—供送螺杆　5—星形拨轮

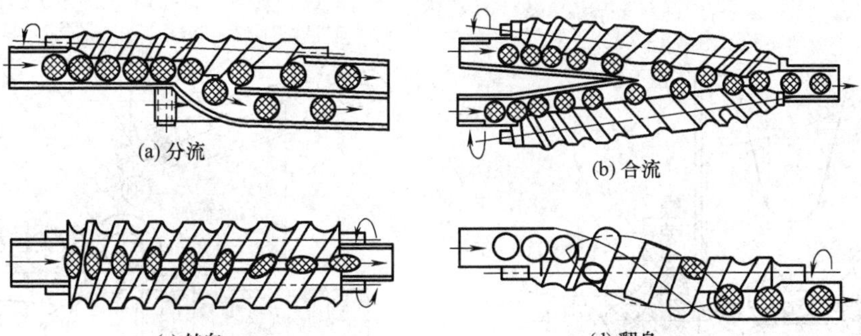
(a) 分流　(b) 合流　(c) 转向　(d) 翻身

图 13-14　特种变螺距螺杆供送装置

（三）板、片材供送装置

包装板、片材料品种繁多，其供送机构通常是将标签、夹衬、制作空罐、盒箱所需的薄板或预先裁制成的扁平袋、纸盒片等逐一地供送到包装工位。因包装板片的材质、尺寸和包装工艺要求各不相同，其对应的板片供送方法也可分为推出式、拨出式和吸出式，下面将介绍几种典型供送装置的结构形式。

1. 推出式片材供送

图 13-15 为下部推出式纸箱片供送装置。可对幅面较大、厚实挺括的纸箱片进行供送。堆放于存库内的纸箱片呈向前微倾的状态。工作时，由主动偏心销盘 7 带动摇杆 6 摆动，使与摇杆顶端连接的推板 5 做左右往复运动，料库最底层纸箱板的右边缘被推板 5 卡住后往前送到输送辊 1 之间，一对输送辊相向转动，将纸箱片送到下一工位。摆钩 2 的作用是提起部分纸箱片的左端，从而减轻最下层纸箱片所承受的压力。

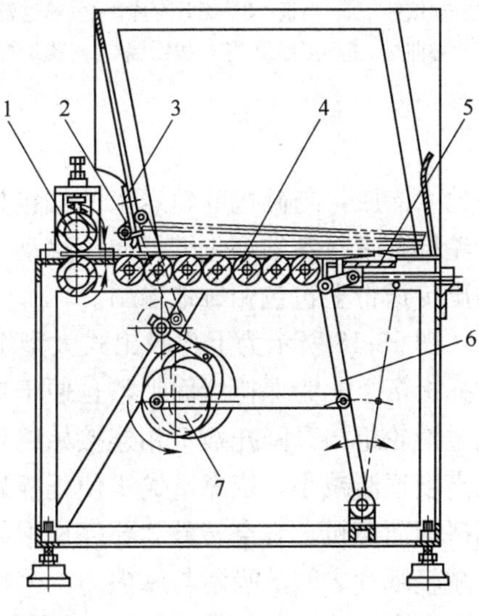

图 13-15　下部推出式纸箱片供送装置
1—输送辊　2—摆钩　3—闸门　4—支承滚筒　5—推板　6—摇杆　7—主动偏心销盘

2. 拨出式片材供送

图 13-16 为下部拨出式软纸片供送装置。在包装机工作时，等速回转的拨纸辊 7 在顶纸针 1 的配合下，可将最底层的纸片逐张拨出，再由输送辊 4 引至台面下方的接纸钩 6 里而成竖立状态，通过被包装物品将纸折成“コ”字形，以便进行裹包。倘若送纸发生故障，则借提纸杆 8 把库内存纸抬起，使之与拨纸辊上的弹性拨片完全脱离接触而停止供送。该装置对称分布的两根顶纸针会拉破纸片，所以对商标纸忌用。另外对质地较软、内摩擦较大的纸片也不适用。

3. 吸出式片材供送

图 13-17 所示为侧向吸出式烟包封签供送装置。其工作原理是：烟包水平向左输送至翻包叶轮 10 上，叶轮转动过程受导向板 11 的制约，并借助固定弧形折纸板 9 的协助作用将烟包转换为竖立状态。摆动吸嘴 3 从封签存槽 1 内吸取一张封签纸，摆动一定角度后送至相向转动的一对输送辊 4 之间继续输送，真空转鼓 5 将该标签纸吸附在外圆表面经上胶

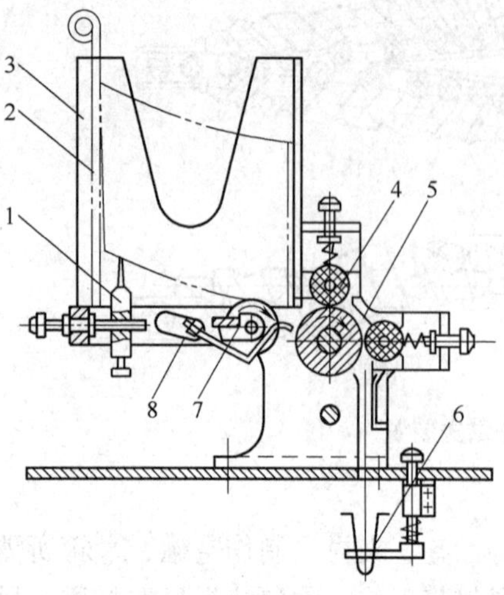

图 13-16　下部拨出式软纸片供送装置

1—顶纸针　2—挡板　3—纸片存库　4—输送辊　5—导向板　6—接纸钩　7—拨纸辊　8—提纸杆

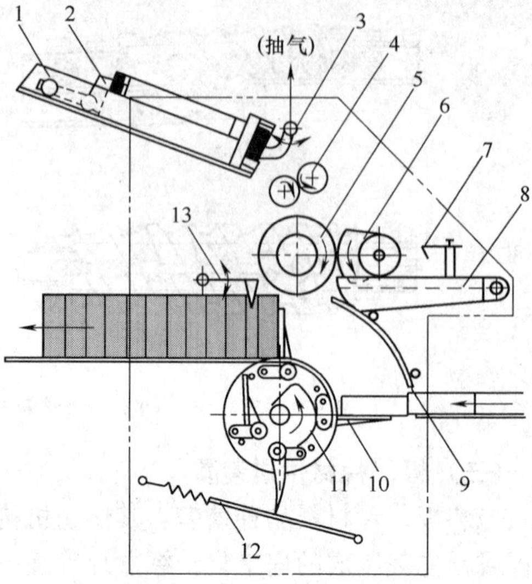

图 13-17　侧向吸出式烟包封签供送装置

1—封签存槽　2—压铊　3—摆动吸嘴　4—输送辊　5—真空转鼓　6—上胶凸轮　7—刮胶板　8—胶水槽　9—折纸板　10—翻包叶轮　11—固定导向板　12—缓冲杆　13—摆动折角爪

凸轮 6 涂胶，与翻包叶轮送来的烟包相遇后，便粘贴在烟包上端封口的正中部位。接着，叶轮推着带封签的烟包继续向前移动，再借摆动折角爪 13 依次折封签的前后角，最后在输出传送带上包包相靠地输出。

图 13-18 所示为上部吸出式大型纸片供送装置。其工作原理是：纸片叠放于存库内升降托板 7 上，为保持纸面平整且便于单张吸出，存库顶部由几列平行滚筒 2 限位。重铊 1 通过滑轮组与升降托板 7 相连接始终处于平衡状态。工作中，随着上层纸片的取出纸片叠层高度逐渐减小，依靠重铊 1 使托板逐渐上升，存库内纸张用完时托板刚好与微动开关 6 相碰撞而停机。真空转鼓 3 要完成取纸和送纸两个动作，故其在输出轴上作变周速运动。为减轻纸片之间的吸附与摩擦力，采用空气喷嘴 5 给纸叠侧面吹风。当真空转鼓瞬停时，整个存库因受底部双偏心轮 8 的控制恰好升至最高位置，同时吸住最上层的一张纸片，然后它被抽拉出去，经输送辊 4 输出。

图 13-19 为下部吸出式马口铁皮供送装置。在工作过程中，吸盘 1 可将存库内最底层的铁片逐个吸下，吸盘吸附一片铁皮降至一定距离即转为水平向左方向移动，直至送至输送辊 2 的两辊之间。库支承卡头 3 用来支承存库内的铁皮堆层，并在送料过程中自动调节物料底面的悬空高度。空气喷嘴 4 的作用是在铁皮堆层侧面吹风以减轻料片间的吸附与摩擦力，辅助吸盘 1 易于取料。借助图示凸轮连杆滑块机构来驱动和控制吸盘完成升降和左右往复运动。

二、分流、合流装置

在混联包装自动线中，为确保后续工序的完成和自动线各设备的协调工作，必须配备适当的分流或合流装量。后序包装机为并联，则配备分流装置。前序包装机并联，后序为

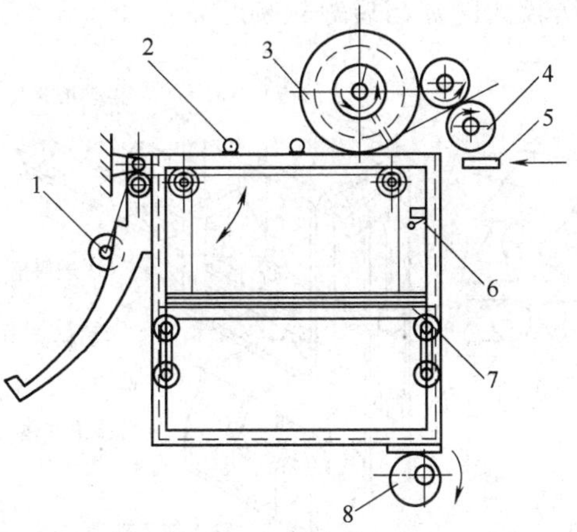

图 13-18　上部吸出式大型纸片供送装置

1—重铊　2—限位滚筒　3—真空转鼓　4—输送辊　5—空气喷嘴　6—微动开关　7—升降托板　8—偏心轮

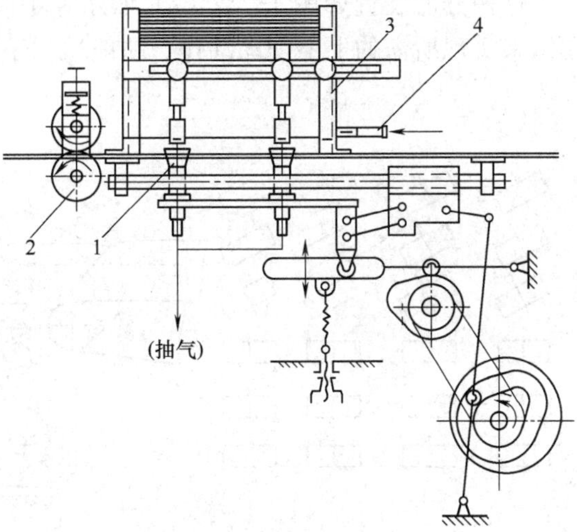

图 13-19　下部吸出式马口铁片供送装置

1—吸盘　2—输送辊　3—库支承卡头　4—空气喷嘴

串联，则后序包装机之前应配备合流装置。分流或合流装置因包装物以及包装方法的不同有很多种类。

（一）分流装置

平面布局用并联或混联的包装自动线中，需要前道工序完成后要经过分流装置把一条输送带装置上的物件有规律地分配到若干条并列式输送带装置上，以完成后续工序的包装。分流装置有下列几种结构形式。

1. 多列链带式

图 13-20 所示为多列链带式分流装置，也称为直角分流式。分流过程中物件在链带上可以转向 90°，实现直角分流。图 13-20（a）所示结构能够实现两路直角分流，图 13-20（b）所示结构能够实现多路直角分流。该类装置主要适用于瓶、罐等圆柱形刚性包装容器。

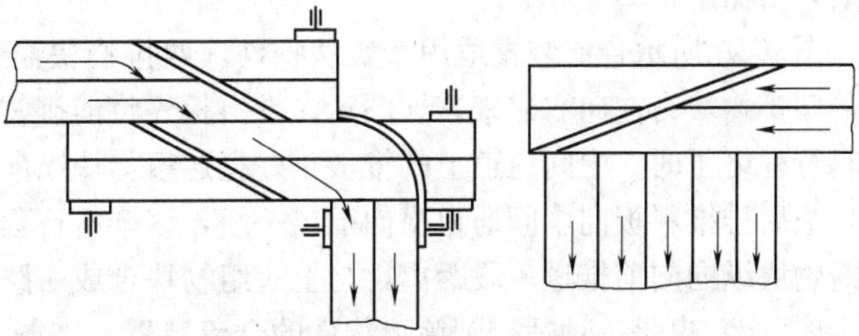

(a)　(b)

图 13-20　多列链带式分流装置

2. 转向滚轮式分流装置

图 13-21（a）所示为转向滚轮式分流装置，该类装置适用于较大底面的箱形物件的分流。用作输送物件的一群滚轮能按要求同时改变滚轮回转轴线的角度，使通过滚轮的物件偏向某一方向而进入分路输送带，从而达到分流的目的。这种分流装置的传动机构较为复杂，主要应用于箱形物件的分流。图 13-21（a）是由多只挡臂组成的分流装置，可形成多个分路。

3. 摆动输送带式分流装置

这种分流装置如图 13-21（b）所示，中间设一可绕主动轴摆动的输送带，由气、液压缸来实现所需的上下摆动动作。一般适用于输送较大的盒与袋等包装产品。

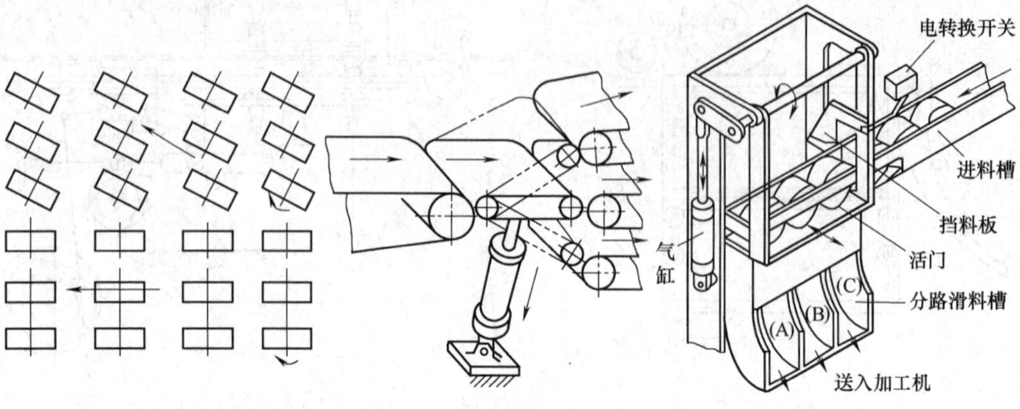

(a) 转向滚轮式　(b) 摆动输送带式　(c) 活门式

图 13-21　分流装置

4. 活门式

如图 13-21（c）所示，圆柱形物件从进料槽经电转换开关与挡料板自右向左输送，当进入分流装置的物件到达一定数量时（图示为三件），活门在气缸与连杆机构作用下打开，物件各自从不同的分路滑料槽中落下，送入后续加工机，实现分流。摆转动作可由牵引磁铁、气缸和油缸等实现。

（二）合流装置

平面布局用并联或混联的包装自动线中，需要通过合流装置将前道工序多台包装机送来的物件汇集于一条输送装置上，再送到后续的包装工位。

图 13-22 所示为几种合流装置。其中图（a）、图（b）是两种适用于圆筒形物件的合流装置。工作时，输送带 A、B（Ⅰ、Ⅱ、Ⅲ）将物件送入连续回转的圆盘使物件并路汇合后，由输送带 C 输出。

图（c）所示合流装置适用于块状物件。两排物块输送带的中间留有通道，输送带送来的两排物块自左向右送来。如图示，推料板先将前排物块向中间通道横向推出一组，该推料行程终了时，中间通道上的推板正好把这组物块纵向向前推送一段距离；接着，后排物块被后排推料板向中间通道横向推出一组，该推料行程终了时，中间通道上的推板再把这组物块纵向向前推送一段距离，与上一组物块合成一路后由中间输送带输出。

图（d）也是一种适合圆筒形物件的合流装置，如图示，能使多条输送带自左向右送来的物块通过拦板等的作用并成一路输出。

图（e）所示的合流装置结构比较简单，能将传送带上送来的多件多列物件在拦板等的作用下并成一路输出。

图（f）是光电控制的合流装置。输送带 4 上的物件在经过光电管 3 的工作范围时，翻板 2 向上翻转，切断输送带 1 上的物件下滑的通路。反之，当输送带 4 上没有物件通过光电管 3 所在区域时，翻板 2 向下翻转，引导输送带 1 上的物件滑向输送带 4，使上下两路输送装置汇合。

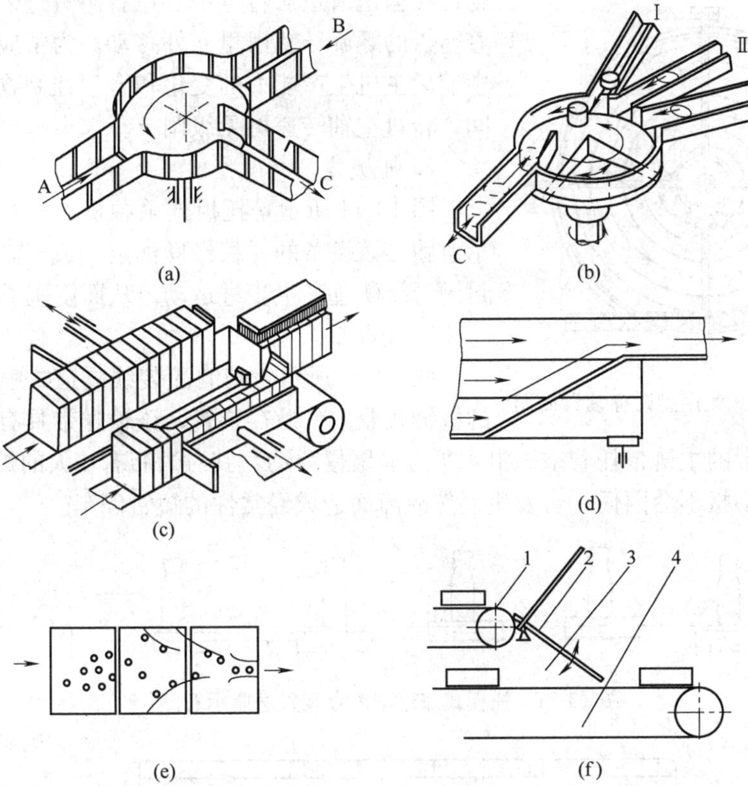

图 13-22　合流装置

三、贮 存 装 置

为了平衡包装生产线中各包装工序的生产节拍，需要在自动线的工序间设置缓冲贮存装置，以使自动线总的损失系数（即损失时间与总时间之比）尽可能小，从而增加自动线的实际生产率。实际中可通过加长输送带长度或做中间料仓来实现生产线的贮存功能。

在自动包装线中设置相应的中间贮存装置，使其组成柔性或半柔性的自动包装线，有利于生产率和产品质量的提高。这样，当自动包装线上某台主机因故障、执行机构调整、更换包装材料而停车，或各主机的生产节拍出现不平衡状态时，中间贮存装置可以保证自动线继续正常工作。但是自动包装线中间贮存装置的贮存量一般都很有限，只能满足后续的工序自动机一定数量工作循环的使用。常见的中间贮存装置主要有通过式与返回式两类。

（一）通过式贮存装置

自动包装线上的中间贮存装置多以原输送装置或其他设备兼作。物件从上一工序送来，都要经过贮存装置才能进入下道工序。可根据输送对象的物理特性、重量、形状的不同合理选用不同类型的通过式贮存装置，如转盘式、托板式、链带式和螺旋式等。

1. 转盘式

图 13-23 所示是包装生产线上转盘式冷却兼贮存的中间装置。如图，前道工序送来的

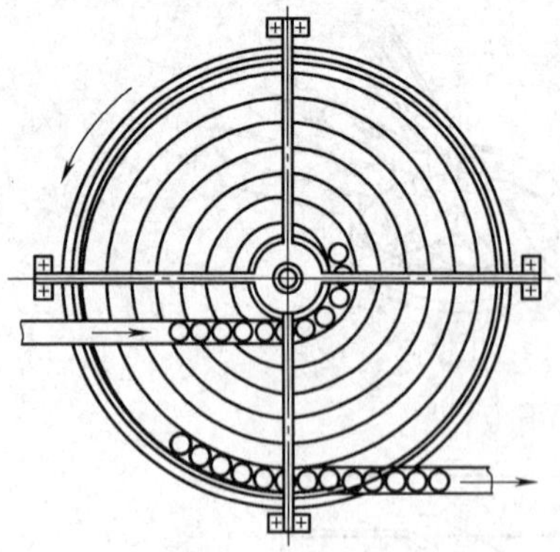

图 13-23 转盘式兼用型贮存装置简图

物件经输送滑道从转盘中心位置附近进入转盘后，沿着转盘的螺旋导轨由里向外移动。为了应对生产过程中前后主机生产能力的变化和合理控制物件的冷却时间，转盘主轴转速可无级调节。

2. 托板式

图 13-24 所示是托板式杀菌机兼贮存装置的送瓶示意图。该设备的托板借助油缸（或气缸）驱动，沿封闭折线轨迹产生步进运动，从而使瓶子不断前移。

3. 链带式

图 13-25 所示为啤酒灌装线隧道式喷淋杀菌机上的板链式兼用型贮存装置，该输送带具有输送和贮存双重功能。宽大的主链带托着空瓶沿水平方向缓慢移动，其对酒瓶有较大的贮存容量，能使前后两台自动机不会因任一台发生偶然故障而造成经常性的短暂停车。

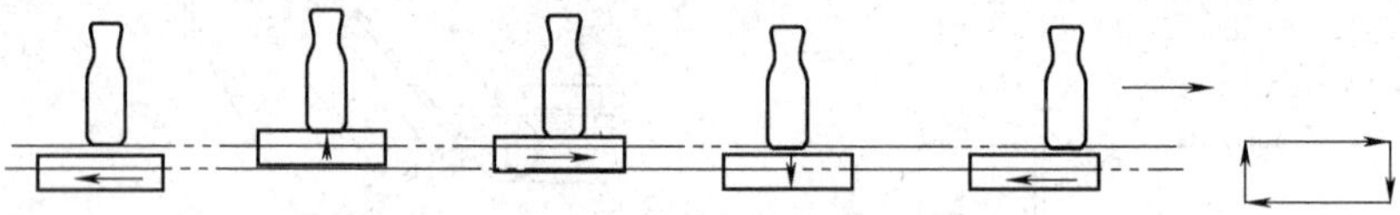

图 13-24 托板式兼用型贮存装置送瓶示意图

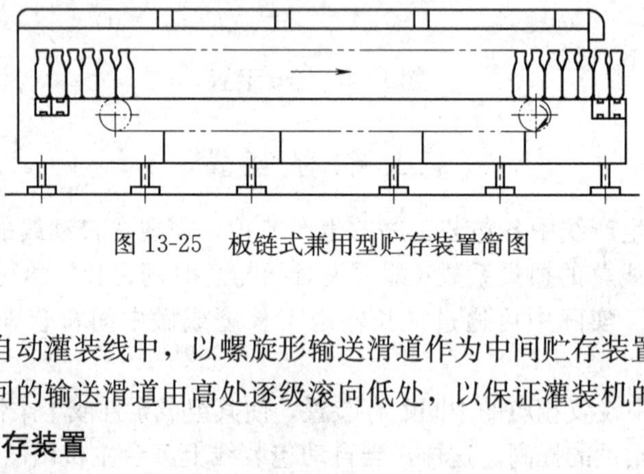

图 13-25 板链式兼用型贮存装置简图

4. 螺旋式

在金属罐液体自动灌装线中，以螺旋形输送滑道作为中间贮存装置。金属罐依靠自身的重力作用沿着迂回的输送滑道由高处逐级滚向低处，以保证灌装机的均衡连续工作。

（二）返回式贮存装置

区别于通过式贮存装置，返回式贮存装置是一种专用的贮存装置，它是为适应自动线某一部分（一般在前后两道工序之间）的特殊需要而设置的矩形料库。

金属罐液体自动灌装线中，在灌装机与集积装箱机之间特配置一台返回式贮存装置。当集装箱机出现故障时，便立即启动该贮存装置，其宽大的输送带可将来自灌装机的罐子贮存一定的数量，待故障排除之后，又及时使贮存装置的输送带倒转，将贮存于输送带上的罐子送至集积装箱机。

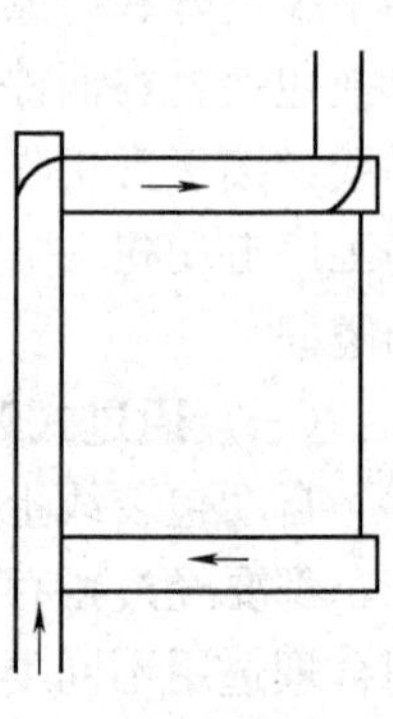

图 13-26 返回式贮存装置示意图

如图 13-26 所示，若将这类贮存装置的出入口按对角线方向分布于矩形料库的前后两侧，则可借单向连续运动的板链使所贮存的物件得以不断回流，以达到协调生产的目的。

四、传动装置

一台包装机或包装线常有很多包装执行机构，故其包装执行机构的动作是复杂多样的。但是，常用动力机的输出运动只有有限的转动、直线往复和摆动几种形式。这样，就在动力机与包装执行机构之间需要设置一个系统将两者联系起来，把动力机的输出动力按实际所需传递给各执行机构，并保证其能实现预定的动作，把设置的这样一个系统称为传动系统。所以传动系统的功能是改变原动机运动的速度和形式，其结构形式决定着包装机的传动方案与总体布局，并对包装机的使用性能、结构、制造成本有着很大的影响。

（一）传动装置的组成及要求

1. 传动装置的组成

包装机的执行件较多，且对各个执行件之间的动作节拍、相互协调和配合要求较高，为了完成整个包装工作，包装机的传动系统往往比较复杂，常见的有机械、电气、液压等形式。机械式传动系统多应用于中、高速自动包装机；气动式传动系统在运行速度较低且体型较大的包装机上的应用较为广泛；电气式传动系统常与机械式并用，实现大范围调速；液压式系统因运动平稳性较低、易漏油而污染产品、价格稍高等原因，目前在包装机上的应用不很广泛。传统的传动系统通常包括以下几个组成部分。

（1）运动转换装置　包装机执行机构有转动、移动、摆动、间歇运动、不等速运动等多种运动形式多样。因此，包装机中常设置运动转换装置如连杆机构、凸轮机构、槽轮机构、齿轮齿条、丝杠螺母等装置，以保证执行机构所需要的运动规律。

（2）操纵控制装置　包括各种操纵元件、操纵组件和操纵装置以及操控启动、停止、离合、制动、调速、换向等动作的程序，用来按要求改变传动系统的状态和参数。

（3）定比传动装置　即按预定的要求把动力源输出的动力和运动通过具有固定传动比传动机构分配、传递给相关执行机构的装置，也包括各种传动、蓄能等原件。常用的具有固定传动比传动机构有链、齿轮、皮带、蜗轮副、联轴器等。

（4）变速装置　包装机中常用的是有级变速装置和无级变速装置。主要有齿轮变速机构、机械无级变速机构以及液压无级变速装置，多速电机等。

（5）辅助装置　如包装机上的各种润滑、冷却、除尘、防潮、减振消声、安全维护等元件，均是用来改善工作条件、延长使用寿命和保证可靠运转的辅助装置。

2. 对传动系统的要求

包装机的传动系统与整机的技术经济指标有密切关系，它影响包装机的结构、布局、包装精度、传动效率以及制造成本、操作与调整是否方便等。因此，传动系统必须注意满足下列要求：

（1）结构简单，便于加工装配，操作方便可靠，润滑与密封良好，成本低。

（2）各执行件的位置、速度应有比较准确的相对关系，又要便于独立调整。

（3）各执行件必须有足够的调速范围，而且往往要求速度无级变化、以满足生产率和包装袋尺寸、规格等连续变化的要求。

（4）各电动机和全部传动机构需能满足足够的功率和扭矩，并且具有较高的传动效率。

(5) 传动系统中应设手动微调装置或其他调整机构，以便于调整试车。

(6) 便于实现包装机的自动化和组成自动包装生产线。

(二) 传动系统的分类

1. 按传递运动形式分类

(1) 连续回转运动　连续回转运动往往被用于改变回转方向、运动速度或传动轴的布局与方位。常用的有链传动、齿轮传动、带传动、蜗杆传动、液压传动、摩擦轮传动、磁力传动、摆线针轮传动、谐波传动、万向联轴器等。

(2) 间歇运动　包装机实际包装作业当中，大、小动停比的间歇传动在供送与主传送系统中都有广泛的应用，常见的如齿轮连杆机构、蜗形凸轮机构、凸轮连杆机构、非圆齿轮传动、不完整齿轮传动、棘轮传动、槽轮机构、槽轮连杆机构、气液压连杆机构以及其他形式的组合机构等。

(3) 往复移动和摆动　常用的往复移动和摆动主要有凸轮机构、连杆机构、齿条传动、螺旋传动、液压传动、气压传动等。最常见的是将动力机的等速回转变换为执行机构的往复直线运动。

2. 按传动比变化状况分类

(1) 定传动比传动　使传动装置的输入速度与输出速度相对稳定或者需对应变化的传动。

(2) 变传动比传动　有级变速：将动力机的输出速度变换为执行机构若干个不同输入量的传动。

无级变速：将动力机的输出速度变换为执行机构在某一范围内获得无限多个输入量的传动。

周期性有规律变速：实现函数传递，以改善执行机构运动和动力特性的传动。

3. 按传动能流路线分类

(1) 单流传动　多用于功率小，传动元件少、配置要求紧凑的设备。单流传动的特点是动力机输出的能量，流经每一传动件后传至执行机构。图 13-27 表示的为单流传动的传动框图。

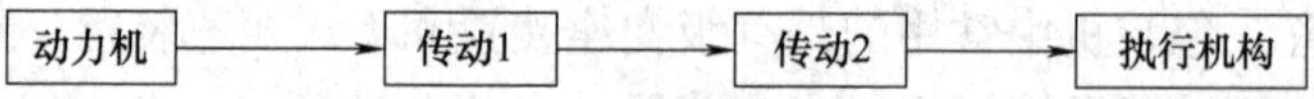

图 13-27　单流传动方框图

(2) 分流传动　由动力机输出的能量，分配给几个传动元件，并由这些传动元件分别传至各自连接的多个执行机构，它有利于灵活安排传动路线、提高传动效率并缩小传动元件的结构尺寸。因而，特别适用于有较多执行机构的包装机。图 13-28 表示的为分流传动的传动框图。

(3) 汇流传动　即动力源由若干台小功率的动力机发送，分别传至对应的传动元件，

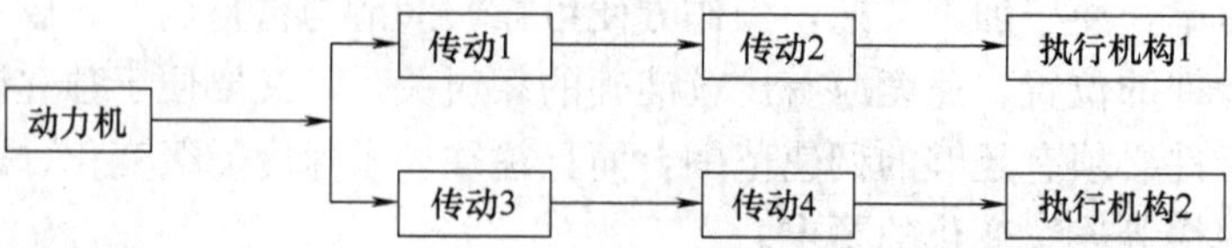

图 13-28　分流传动方框图

最后传给同一执行机构。该传动适用于低速、重载、大功率设备。因动力源分散，化大为小，改善了传动机构，提高了传动效率。此外，采用若干个相同或不同的动力装置还能使执行机构有效地完成所需的复合运动及速度变化节拍。图13-29表示的为汇流传动的传动框图。

图 13-29　汇流传动方框图

（4）混流传动　混流传动是单流、分流与汇流三种传动的组合。图13-30表示的为混流传动的传动框图。

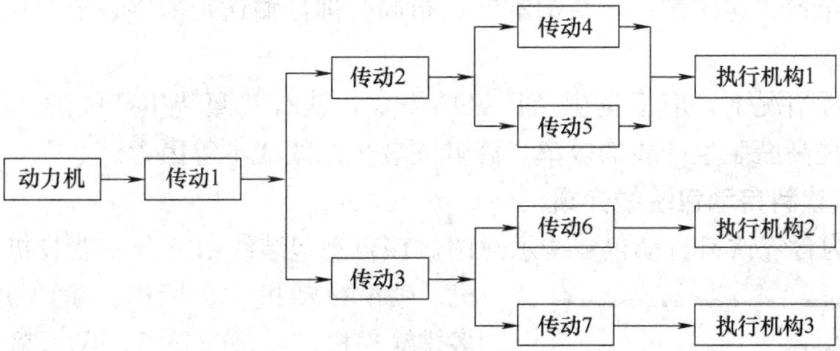

图 13-30　混流传动方框图

第四节　典型自动包装线

一、含气饮料自动包装线

（一）含气饮料自动包装线设计应考虑的因素

设计含气饮料自动包装线时，为了提高灌装生产效率，各个设备的生产能力要适应灌注机的生产能力。同时，在设备发生故障时，通过输送带缓冲设备故障所需的时间。在设计生产线时要考虑以下因素。

1. 保证灌注机高效率运行

灌注机是灌装生产线的核心设备。设计灌装生产线时要考虑与之前后相匹配设备的生产能力必须大于灌注机的生产能力，还要兼顾输送带要有足够的缓冲储备和时间等因素。

空瓶箱从卸垛机、卸箱机、洗瓶机、空瓶检测，经过灌注机灌注后到打印机、装箱机、码垛机等设备。各设备的生产能力分别不同且应大于灌装机的生产能力。以灌注机生产能力为100%，其他设备应大于灌注机生产能力5%～20%左右。从而使灌注机在其他设备发生短暂的故障时，在一定的范围内仍然能够连续正常运行而不会停机，充分发挥灌注机运行效率。

2. 设备之间连接的输送带应有一定的缓冲时间

设备之间连接的输送带，当其他设备发生故障，可以起到缓冲作用。不同设备之间缓冲时间有所不同，一般为30～70s。在装有隧道式暖瓶机的生产线，为避免该机突然停机造成堵塞，要求生产线在暖瓶机机前要有一足够大的缓冲区域；卸箱机与装箱机之间的输送带的转送能力要合适。

3. 灌装生产设备布局

除了在连接各个专用生产设备的输送带线上要有合适的缓冲带以外，还要根据用户的实际情况和需求合理布置设备。

（1）为了适合与高生产效率的设备之间的流动，在有限的场地上设备布局应简洁，同时，便于维修保养，将干燥区和潮湿区尽量分开。

（2）通常灌装生产线布置为：空瓶从卸垛机上开始卸垛，由卸箱机卸下的瓶子经过洗瓶机清洗后进入灌注、装箱、码垛，送出生产车间。这一是生产主线。另一方面，卸垛后的空箱直接输送到洗箱机进行清洗，清洗过的空箱又输送到装箱机进行装箱。这一过程形成一条输箱线布置。这样设计，结构紧凑，布局合理，输送带衔接各个专用设备，使整个生产线协调一致。

（3）在实际情况下，应根据生产厂家的需要，就有关灌装生产线的具体情况进行设计，充分考虑提高灌装生产线的效率、降低灌装生产线成本等因素。

（二）含气饮料自动包装线介绍

图 13-31 为含气饮料自动包装线示意图。该自动包装线由三合一灌装机、倒瓶盖杀菌机、喷淋冷却机、套标机、喷码机、吹干装置、多排输送机、单排输送机、风力输送机、热缩风道等组成。其中全封闭组合式三位一体高温灌装机组，生产能力 6000～24000 瓶/h。生产线全线 PLC 控制，触摸屏界面，变频调速，设有灌装温控系统和 CIP 自位清洗系统，低真空灌装方式，能够完全满足高温 PET 瓶和三旋盖瓶灌装的技术要求。

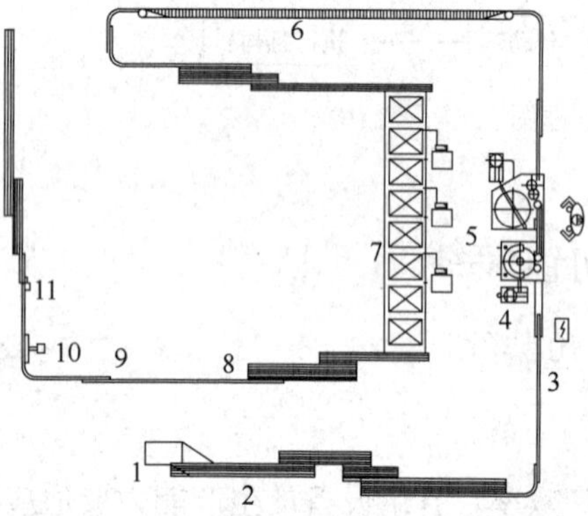

图 13-31　含气饮料自动包装线

1—平台　2—多排输送机　3—单排输送机　4—风力输送机　5—三合一灌装机　6—倒瓶盖杀菌机　7—喷淋冷却机　8—吹干装置　9—套标机　10—热缩风道　11—喷码机

工艺路线与过程为：

杂乱无序的瓶子经理瓶整理后顺序进入风送机，送入冲洗机，通过瓶夹将瓶旋转 180°高压无菌水冲洗 4～6s，再通过中心拨盘到达灌装机进入充填，在充填过程中温度自控，低于温度下限自动停机，物料经温控装置回流加温，恢复温度再开机生产。灌装与拧盖均为卡瓶口运行，以保护瓶子免受压力造成外伤，拧盖靠磁力离合过载，可方便、精确地调整拧盖力矩，保证了封口质量。灌装成品通过灯检进入倒瓶杀菌设备，利用物料自身温度对瓶盖进一步杀菌（瓶盖在拧盖前经一次臭氧灭菌）。下一道工序进入喷淋降温设备，冷却降温段分三级，出口带有吹干，出口温度在 40～45℃，成品经吹干后进入套标机，再经缩标、喷码、装箱入库。图 13-32 为另一含气饮料自动包装线示意图。其工艺路线与上述过程基本相同。

二、易拉罐罐装生产线

图 13-33 为易拉罐罐装生产线示意图。该自动包装线由灌装机、冲罐机、封罐机、杀菌机、拆垛机、纸箱包装机、输送装置及检测控制系统组成。

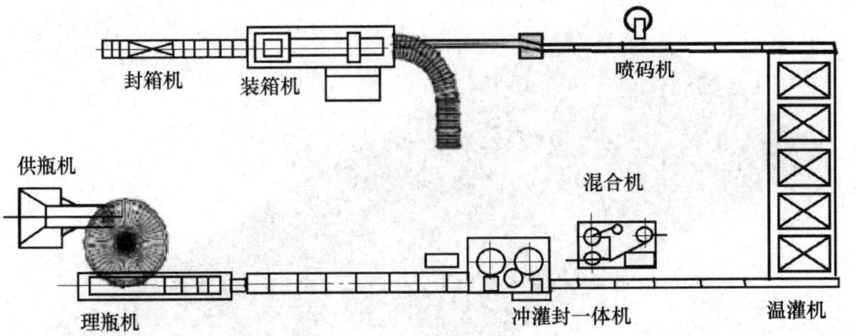

图 13-32　含气饮料自动包装线

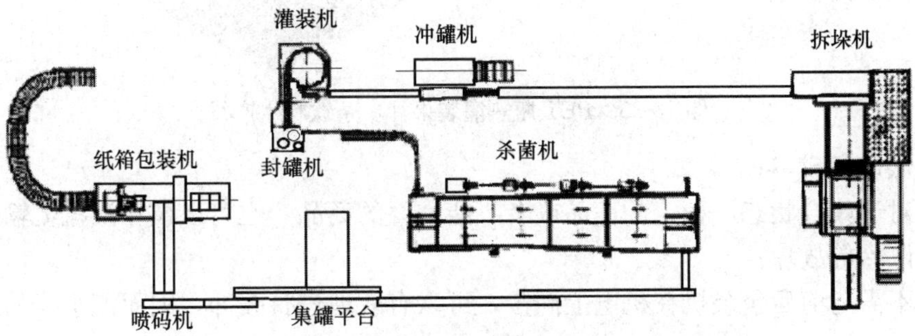

图 13-33　易拉罐罐装生产线

三、PET 瓶热灌装茶饮料生产线

图 13-34 为 PET 瓶热灌装茶饮料生产工艺，图 13-35 为其整厂生产线示意图。该生产线由萃取提质系统、高速溶糖还原系统、杀菌系统以及包装系统组成。其中包装系统主要由洗瓶灌装封盖三位一体机、自动空瓶整列机、全自动收缩套标机、自动裹包机、全自动栈板叠箱机、冷却机以及 CIP 清洗系统组成。

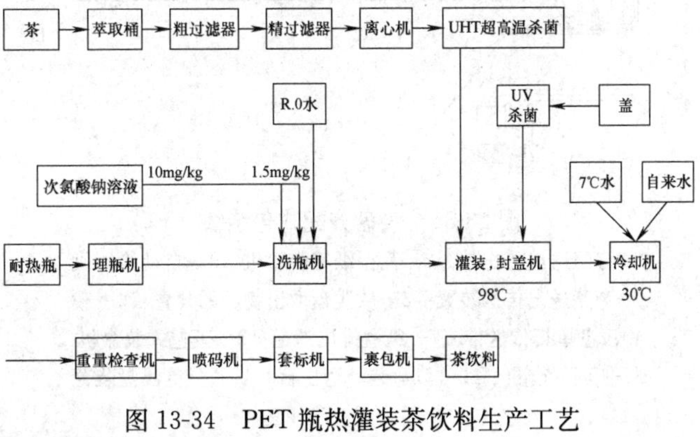

图 13-34　PET 瓶热灌装茶饮料生产工艺

四、浅盘分配式包装线

浅盘分配式包装线以 U 形浅盘作为容器，靠一系列的传送带系统，按照需要自由分配（供给）给数条流水线的前工序机械中，将装有预定数量被包装物的浅盘集合化，在一台下道工序的机械中只取出被包装物，而空浅盘再次返回原流水线。

采用这种方式的包装流水线有下述特点：

（1）相对于数台前工序机械，从下道工序开始的机械，只需一台即可构成流水线，因

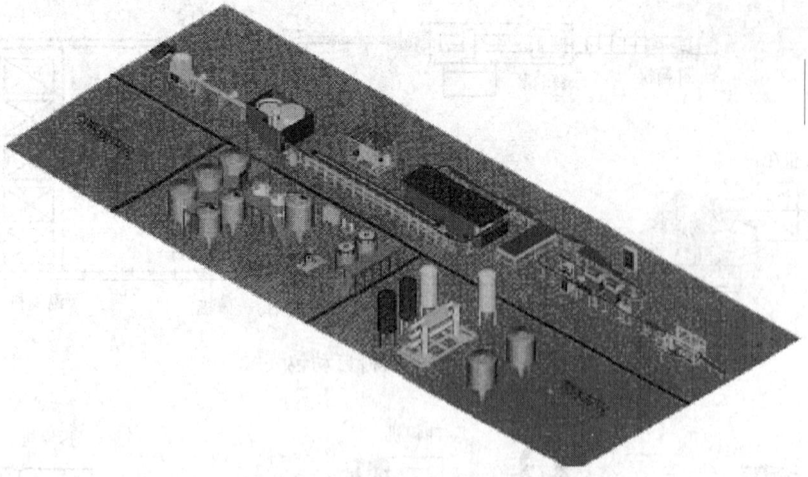

图 13-35　PET 瓶热灌装果汁、茶饮料生产线

而可以降低设备成本；

（2）对于集合状态不稳定的商品或者不能堆叠的商品，也可以装在浅盘上输送，因而不会出现散垛等故障；

（3）不需与前后包装机在机电上同步，可以有效地进行缓冲，因而流水线的总运行率可以得到提高；

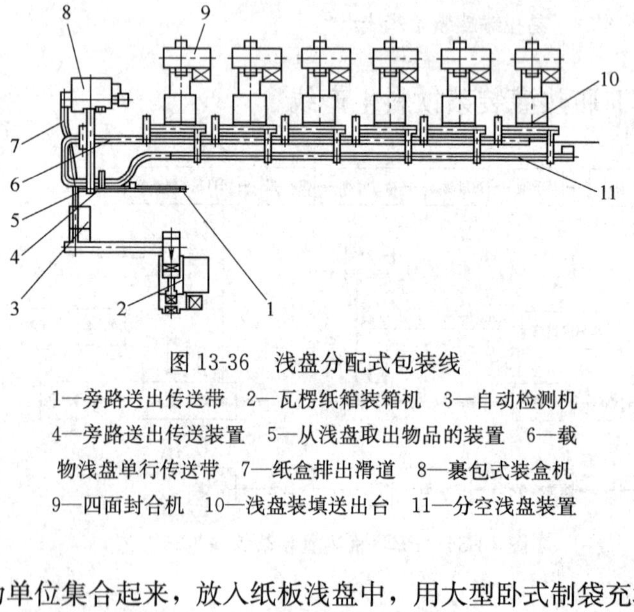

图 13-36　浅盘分配式包装线

1—旁路送出传送带　2—瓦楞纸箱装箱机　3—自动检测机　4—旁路送出传送装置　5—从浅盘取出物品的装置　6—载物浅盘单行传送带　7—纸盒排出滑道　8—裹包式装盒机　9—四面封合机　10—浅盘装填送出台　11—分空浅盘装置

（4）即使前后包装机分别进行两个品种或多于两个品种的包装时，也可以利用浅盘内的商品选别传感器而由一系列传送带系统实现同时运转；

（5）相对于每一台前工序机械，靠浅盘在后道工序机械上实现包装，因而容易对被包装物进行质量管理。

图 13-36 为浅盘分配式包装流水线示意图。将以多台前工序进行包装之后的商品集合起来进行装盒，然后以适于陈列的数目为单位集合起来，放入纸板浅盘中，用大型卧式制袋充填机全面裹包后通过收缩通道，从而完成包装。

五、调味品自动包装线

图 13-37 所示为一调味品包装自动线。该包装线用来进行将数个小袋包装件汇集起来，装入小盒，然后以销售要求的数量为单位用纸进行包装，最后装入纸箱内。

作业过程为：个体包装机 1 装袋后排成若干排进行堆码，各排均通过集合装置 2 堆码到规定的层数。多排同时由传送带（3、4、6）传送给裹包式装盒机 7 进行装盒。然后经检查装置8、制品倒立装置9送到堆码装置10整理成按包装要求的若干盒一组，然后由传送带11按组传送，送入包装机14完成内包装，随后送入纸箱装箱机16装箱。其中供给装箱机传送带15、缓冲传送带17起到传送缓冲带的作用。在传送带11之前由四条包装线并联组成。该生产线属于半挠性混联自动包装线。

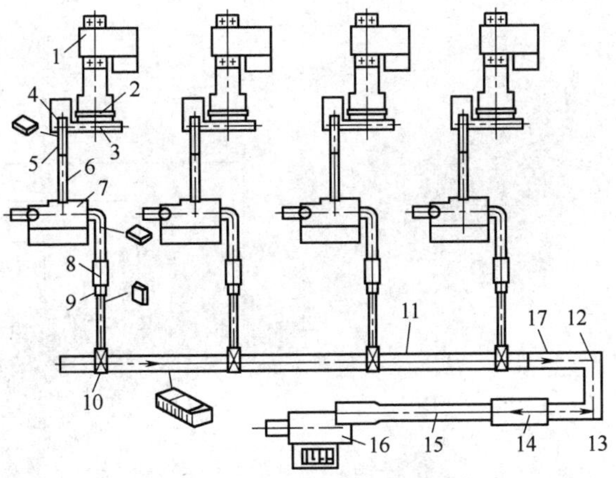

图13-37　调味品包装线

1—个体包装机　2—集合装置　3—移送装置　4—架空传送带　5—装盒机停止时的自动排出　6—供给装盒机传送带　7—裹包式装盒机　8—检查装置　9—制品倒立装置　10—堆码装置　11—传送带　12、13—分组输送装置　14—内包装机　15—供给装箱机传送带　16—纸箱装箱机　17—缓冲传送带

六、自动成型—充填—封口包装生产线

神和自动成型—充填—封口包装线，充分体现高质量、高速度和低成本要求。容器封口系统可随着终端用户的指向多样化，在种类繁多的产品群中，以容器形状、生产能力、自动化范围和生产线设计，满足客户的需求，为构筑一个适合生产环境的生产体制提供全面的支持。

神和自动成型—充填—封口包装工艺路线如图13-38所示。其包装线如图13-39所示。包装线主要由片材供给装置、加热与成型装置、容器成型机、容器传送机器人、填充装置、薄膜供给装置、打印装置、封口装置、冷却装置、灭菌装置等组成。

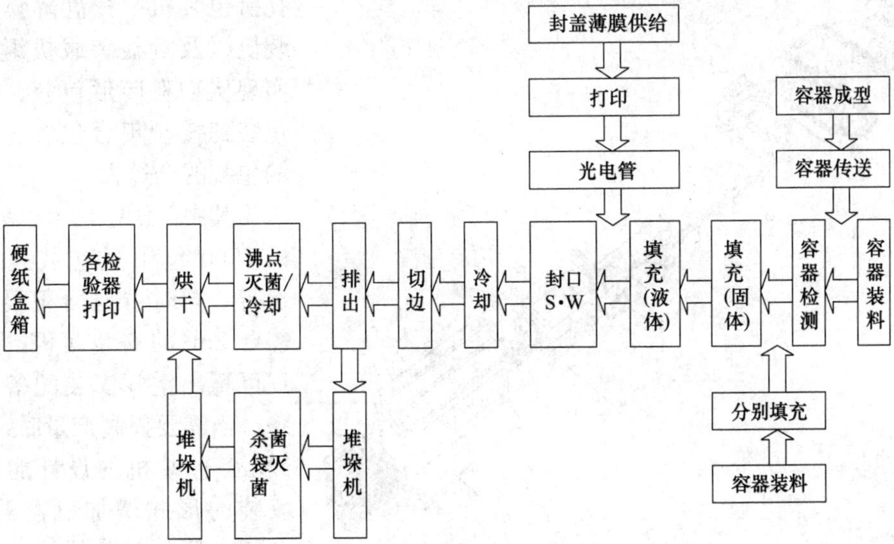

图13-38　神和自动成型—充填—封口包装工艺路线

七、砖形盒无菌包装生产线

图13-40为TBA/9型利乐砖形包无菌包装生产线。该包装线由TBA/9型无菌包装

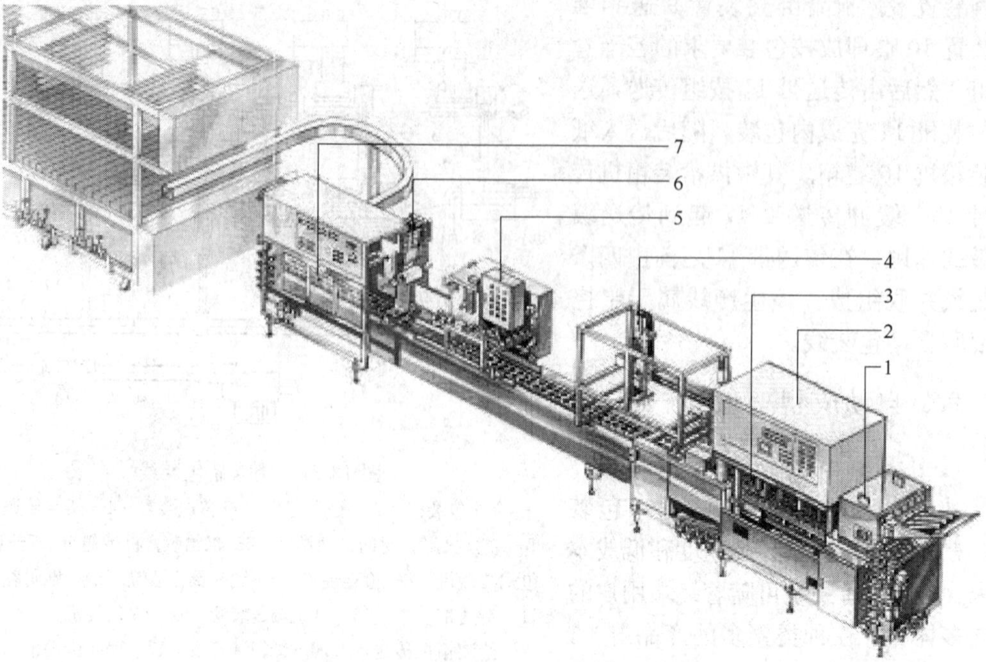

图 13-39　神和自动成型—充填—封口包装生产线
1—片材供给装置　2—加热、成型装置　3—容器成型机　4—容器传送机器人
5—填充装置　6—薄膜供给、打印装置　7—封口、冷却装置

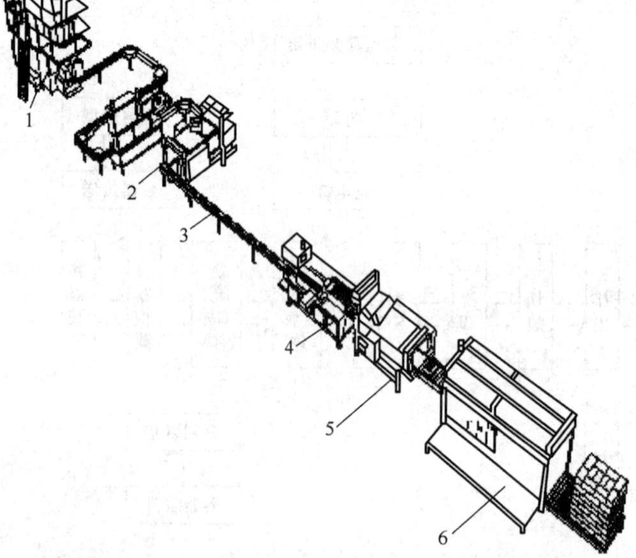

图 13-40　TBA/9 型利乐砖形包无菌包装生产线
1—TBA/9 型无菌包装机　2—贴管机　3—薄膜收缩包装机
4—托盘包装机　5—托盘薄膜收缩包装机　6—货板装载机

机、贴管机、薄膜收缩包装机、托盘包装机、托盘薄膜收缩包装机以及货板装载机组成。可实现从物料砖形包装、收缩中包装到托盘集合包装、货板运输包装的全过程。

其中 TBA/9 型无菌包装机以 7500 包/h 的包装速度高速运行，同时占地面积很小，只需要 $2m^2$ 的安装面积。故生产厂可腾出空间安装配备其他设备。当需要提高产量时，TBA/9 无菌包装机的设计能以组合安装的形式增加机器的数量，并使之便于与其他辅助设备联合使用。

参考文献

1. 许林成. 包装机械原理与设计［M］. 上海：上海科学技术出版社，1988.

2. 孙凤兰，马喜川. 包装机械概论［M］. 北京：印刷工业出版社，1998.

3. 许林成，彭国勋. 包装机械［M］. 长沙：湖南大学出版社，1989.

4. 雷伏元. 自动包装机设计原理［M］. 天津：天津科学技术出版社，1986.

5. 潘松年. 包装工艺学［M］. 北京：印刷工业出版社，1999.

6. 卢立新. 果蔬及其制品包装［M］. 北京：化学工业出版社，2005.

7. 雷伏元. 包装工程机械概论［M］. 长沙：湖南大学出版社，1989.

8. 徐文达等. 食品软包装材料与技术［M］. 北京：机械工业出版社，2003.

9. 金国斌. 包装工艺技术与装备［M］. 北京：中国轻工业出版社，2009.

10. 贺素良. 包装设备数字控制技术［M］. 长沙：国防科技大学出版社，2002.

11. 涂顺明等. 食品杀菌新技术［M］. 北京：中国轻工业出版社，2004.

12. 高德. 包装机械设计［M］. 北京：化学工业出版社，2003.

13. 宋尔涛. 包装自动控制原理及过程自动化［M］. 北京：印刷工业出版社，1999.

14. 孙凤兰. 食品包装机械学［M］. 哈尔滨：黑龙江科学技术出版社，1990.

15. M. 贝克，孙蓉芳等译. 包装技术大全［M］. 北京：科学出版社，1992.

16. 尹章伟. 包装机械［M］. 北京：化学工业出版社，2006.

17. 杨晓青. 包装机械与设备［M］. 北京：国防工业出版社，2009.

18. 高福成. 现代食品工程高新技术［M］. 北京：中国轻工业出版社，1997.

19. 赵淮. 包装机械选用手册［M］. 北京：化学工业出版社，2001.

20. 徐景珩. 未来十年中国食品和包装机械发展趋势［M］. 北京：中国轻工业出版社，1998.

21. 张西良，毛翠云. 固体物料定量充填技术综述［J］. 包装工程，2002，23（5）：18-20.

22. 徐景珩. “十五”期间我国包装和食品机械发展趋势［J］. 包装与食品机械，2001（4）1-6.

23. 鄢腊梅. 我国包装机械的现状分析及国际市场的开拓［J］. 中国包装工业，2001（10）：4-8.

24. 赵淮，林泽梅，张世荣. 我国包装机械行业现状和提高技术水平思路［J］. 中国机械工程，2003，14（5）：445-449.

25. 戴宏民. 世界包装机械的发展趋势及我国的发展战略［J］. 重庆工商大学学报，2003，20（2）：1-6.

26. 张辉，王耀南，周博文. 基于机器视觉的液体药品异物检测系统研究［J］. 仪器仪表学报，2009，（30）3：548-552.

27. 梁瑛. 全自动对夹式洗瓶机［J］. 食品工业科技，2000，21（4）：67-68.

28. 米良，殷国富，王志宏，尚欣. 包装机械可重构模块化设计方法与研究展望［J］. 食品科技，2009，34（7）：78-81.

29. 孙智慧. 药品包装学［M］. 北京：中国轻工业出版社，2006.

30. 孙智慧. 药品包装实用技术［M］. 北京：化学工业出版社，2005.

31. 无锡轻工业学院，天津轻工业学院. 食品工厂机械与设备［M］. 北京：轻工业出版社，1983.

32. 中华人民共和国国家标准 GB/T 7311—2008《包装机械分类与型号编制方法》.

33. 许林成. 包装机械工程系统的综合研究［J］. 包装工程，1998，19（4）：1-6.

34. 卢立新，刘琳. 抽气方式与充气压力对盒式气调包装气体置换性能的影响［J］. 农业工程学报，

2010，26（3）：341-345.

35. 王杰，卢立新. 新型盒式气调包装机的设计［J］. 包装与食品机械，2007，25（5）：26-29.
36. 陆佳平. 螺旋式定量包装秤的研究［J］. 包装工程，2002，23（2）：29-32.
37. 许林成. 试论当代食品包装机械的主导机型［J］. 包装与食品机械，2001，19（1）：1-4.
38. 钟河南，邢维，刘忆铭，邵正，环状包装机的旋转缠绕装置［P］. ZL 92209656，1992-12-16.

印刷包装专业　新书/重点书

本科教材

1. 印刷原理与工艺——普通高等教育“十一五”国家级规划教材　魏先福主编　16开　36.00元　ISBN 978-7-5019-8164-9
2. 印刷质量检测与控制——普通高等教育“十一五”国家级规划教材　何晓辉主编　16开　26.00元　ISBN 978-7-5019-8187-8
3. 印刷材料学——普通高等教育“十一五”国家级规划教材　陈蕴智主编　16开　47.00元　ISBN 978-7-5019-8253-0
4. 数字化印前系统及工作流程——普通高等教育“十一五”国家级规划教材　金杨主编　16开
5. 包装印刷技术——普通高等教育“十一五”国家级规划教材　许文才编著　16开　49.00元　ISBN 978-7-5019-8134-2
6. 包装机械概论——普通高等教育“十一五”国家级规划教材　卢立新主编　16开　43.00元　ISBN 978-7-5019-8133-5
7. 数字印前原理与技术（带课件）——普通高等教育“十一五”国家级规划教材　刘真等著　16开　32.00元　ISBN 978-7-5019-7612-6
8. 包装机械——普通高等教育“十一五”国家级规划教材　孙智慧　高德主编　16开　48.00元　ISBN 978-7-5019-7150-3
9. 数字印刷——普通高等教育“十一五”国家级规划教材　姚海根主编　16开　2800元　ISBN 978-7-5019-7093-3
10. 包装工艺技术与设备——普通高等教育“十一五”国家级规划教材　金国斌主编　16开　44.00元　ISBN 978-7-5019-6638-7
11. 包装材料学（带课件）——普通高等教育“十一五”国家级规划教材　国家精品课程主讲教材　王建清主编　16开　42.00元　ISBN 978-7-5019-6619-6
12. 印刷色彩学（带课件）——普通高等教育“十一五”国家级规划教材　刘浩学主编　16开　40.00元　ISBN 978-7-5019-6434-7
13. 包装结构设计（第三版）（带课件）——普通高等教育“十一五”国家级规划教材　国家精品课程主讲教材　孙诚主编　16开　52.00元　ISBN 978-7-5019-6434-5
14. 印后加工技术——普通高等教育“十一五”国家级规划教材　唐万有主编　16开　32.00元　ISBN 978-7-5019-6289-1
15. 特种印刷技术——普通高等教育“十一五”国家级规划教材　智文厂主编　16开　45.00元　ISBN 978-7-5019-6270-9
16. 印刷色彩管理（带课件）——普通高等教育印刷工程专业“十一五”规划材料　张霞编著　16开　35.00元　ISBN 978-7-5019-8062-8
17. 包装概论——普通高等教育“十一五”国家级规划教材　蔡惠平主编　16开　22.00元　ISBN 978-7-5019-6277-8
18. 印刷工艺学——普通高等教育印刷工程专业“十一五”规划教材　齐晓堃主编　16开　38.00元　ISBN 978-7-5019-5799-6
19. 印刷设备概论——北京市高等教育精品教材立项项目　陈虹主编　16开　52.00元　ISBN 978-7-

5019-7376-7

20. 包装动力学（带课件）——普通高等教育包装工程专业“十一五”规划教材 高德 计宏伟主编 16开 28.00元 ISBN 978-7-5019-7447-4
21. 包装工程专业实验指导书——普通高等教育包装工程专业“十一五”规划教材 鲁建东主编 16开 22.00元 ISBN 978-7-5019-7419-1
22. 包装自动控制技术及应用——普通高等教育包装工程专业“十一五”规划教材 杨仲林主编 16开 34.00元 ISBN 978-7-5019-6125-2
23. 现代印刷机械原理与设计——普通高等教育印刷工程专业“十一五”规划教材 陈虹主编 16开 50.00元 ISBN 978-7-5019-5800-9
24. 方正书版/飞腾排版教程——普通高等教育印刷工程专业“十一五”规划教材 王金玲等编著 16开 40.00元 ISBN 978-7-5019-5901-3
25. 包装印刷与印后加工——普通高等教育“十五”国家级规划教材 许文才主编 16开 45.00元 ISBN 7-5019-3260-3
26. 药品包装学——高等学校专业教材 孙智慧主编 16开 40.00元 ISBN 7-5019-5262-0
27. 新编包装科技英语——高等学校专业教材 金国斌主编 大32开 28.00元 ISBN 978-7-5019-4641-8
28. 物流与包装技术——高等学校专业教材 彭彦平主编 大32开 23.00元 ISBN 7-5019-4292-7
29. 绿色包装（第二版）——高等学校专业教材 武军等编著 16开 26.00元 ISBN 978-7-5019-5816-0
30. 丝网印刷原理与工艺——高等学校专业教材 武军主编 32开 20.00元 ISBN 7-5019-4023-1
31. 柔性版印刷技术——普通高等教育专业教材 赵秀萍等编 大32开 20.00元 ISBN 7-5019-3892-X

高等职业教育教材

32. 印前图文信息处理（带课件）——教育部高职高专印刷与包装专业教学指导委员会双元制示范教材 诸应照主编 16开 42.00元 ISBN 978-7-5019-7440-5
33. 包装印刷设备（带课件）——教育部高职高专印刷与包装专业教学指导委员会双元制示范教材 国家精品课程主讲教材 余成发主编 16开 42.00元 ISBN 978-7-5019-7461-0
34. 包装工艺（带课件）——教育部高职高专印刷与包装专业教学指导委员会双元制示范教材 吴艳芬主编 16开 39.00元 ISBN 978-7-5019-7048-3
35. 现代胶印机的使用与调节（带课件）——教育部高职高专印刷与包装专业教学指导委员会双元制示范教材 周玉松主编 16开 39.00元 ISBN 978-7-5019-6840-4
36. 印刷材料（带课件）——教育部高职高专印刷与包装专业教学指导委员会双元制示范教材 艾海荣主编 16开 39.00元 ISBN 978-7-5019-6762-9
37. 印刷包装专业实训指导书——教育部高职高专印刷与包装专业教学指导委员会双元制示范教材 周玉松主编 16开 29.00元 ISBN 978-7-5019-6335-5
38. 印刷设备——普通高等教育“十一五”国家级规划教材 潘光华主编 16开 26.00元 ISBN 7-5019-5773-6
39. 包装材料性能检测及选用（带课件）——全国高职高专印刷与包装专业教学指导委员会规划统编教材 国家精品课程主讲教材 郝晓秀主编 16开 22.00元 ISBN 978-7-5019-7449-8
40. 包装结构与模切版设计（带课件）——全国高职高专印刷与包装专业教学指导委员会规划统编教材 国家精品课程主讲教材 孙诚主编 16开 48.00元 ISBN 978-7-5019-7040-7
41. 数字化印前技术——全国高职高专印刷与包装专业教学指导委员会规划统编教材 赵海生等编 16

开　26.00元　ISBN 978-7-5019-6248-6

42. 设计应用软件系列教程 IllustratorCS——全国高职高专印刷与包装专业教学指导委员会规划统编教材　向锦朋编著　16开　45.00元　ISBN 978-7-5019-6780-3

43. 包装材料测试技术——全国高职高专印刷与包装专业教学指导委员会规划统编教材　林润惠主编　16开　30.00元　ISBN 978-7-5019-6313-3

44. 书籍设计——全国高职高专印刷与包装专业教学指导委员会规划统编教材　曹武亦编著　16开　30.00元　ISBN 7-5019-5563-8

45. 包装概论——全国高职高专印刷与包装专业教学指导委员会规划统编教材　郝晓秀编著　16开　18.00元　ISBN 978-7-5019-5989-1

46. 印刷色彩——高等职业教育教材　武兵编著　大32开　15.00元　ISBN 7-5019-3611-0

47. 印后加工技术——高等职业教育教材　唐万有　蔡圣燕主编　16开　25.00元　ISBN 7-5019-3353-7

48. 印前图文处理——高等职业教育教材　王强主编　16开　30.00元　ISBN 7-5019-3259-7

49. 网版印刷技术——高等职业教育教材　郑德海编著　大32开　25.00元　ISBN 7-5019-3243-3

50. 印刷工艺——高等职业教育教材　金银河编　16开　27.00元　ISBN 978-7-5019-3309-X

51. 包装印刷材料——高等职业教育教材　武军主编　16开　24.00元　ISBN 7-5019-3260-3

52. 印刷机电气自动控制——高等职业教育教材　孙玉秋主编　大32开　15.00元　ISBN 7-5019-3617-X

53. 印刷设计概论——高等职业教育教材/职业教育与成人教育教材　徐建军主编　大32开　15.00元　ISBN 7-5019-4457-1

中等职业教育教材

54. 印刷概论（带课件）——全国中等职业教育印刷包装专业教改示范教材　唐宇平主编　16开　25.00元　ISBN 978-7-5019-7951-6

55. 印后加工（带课件）——全国中等职业教育印刷包装专业教改示范教材　刘舜雄主编　16开　24.00元　ISBN 978-7-5019-7444-3

56. 印刷电工基础（带课件）——全国中等职业教育印刷包装专业教改示范教材　林俊欢主编　16开　28.00元　ISBN 978-7-5019-7429-0

57. 印刷英语（带课件）——全国中等职业教育印刷包装专业教改示范教材　许向宏编著　16开　18.00元　ISBN 978-7-5019-7441-2

58. 最新实用印刷色彩（附光盘）——印刷专业中等职业教育教材　吴欣编著　16开　38.00元　ISBN 7-5019-5415-5

59. 包装印刷工艺·特种装潢印刷——中等职业教育教材　管德福主编　大32开　23.00元　ISBN 7-5019-4406-7

60. 包装印刷工艺·平版胶印——中等职业教育教材　蔡文平主编　大32开　23.00元　ISBN 7-5019-2896-7

61. 印版制作工艺——中等职业教育教材　李荣主编　大32开　15.00元　ISBN 7-5019-2932-7

62. 文字图像处理技术·文字处理——中等职业教育教材　吴欣主编　16开　38.00元　ISBN 7-5019-4425-3

63. 印刷概论——中等职业教育教材　王野光主编　大32开　20.00元　ISBN 7-5019-3199-2

64. 包装印刷色彩——中等职业教育教材　李炳芳主编　大32开　12.00元　ISBN 7-5019-3201-8

65. 包装印刷材料——中等职业教育教材　孟刚主编　大32开　15.00元　ISBN 7-5019-3347-2

66. 印刷机械电路——中等职业教育教材　徐宏飞主编　16开　23.00元　ISBN 7-5019-3200-X

科 技 书

67. 包装产业与循环经济——“十一五”国家重点图书出版规划项目 李沛生编著 异16开 35.00元 ISBN 978-7-5019-6759-9
68. 科技查新工作与创新体系 江南大学编著 异16开 29.00元 ISBN 978-7-5019-6837-4
69. 数字图书馆 江南大学著 异16开 36.00元 ISBN 978-7-5019-6286-0
70. 纸包装结构设计（第二版） 孙诚编著 异16开 35.00元 ISBN 978-7-5019-5216-8
71. 现代实用胶印技术——印刷技术精品丛书 张逸新主编 16开 40.00元 ISBN 978-7-5019-7100-8
72. 计算机互联网在印刷出版的应用与数字化原理——印刷技术精品丛书 俞向东编著 16开 38.00元 ISBN 978-7-5019-6285-3
73. 印前图像复制技术——印刷技术精品丛书 孙中华等编著 16开 24.00元 ISBN 7-5019-5438-0
74. 复合软包装材料的制作与印刷——印刷技术精品丛书 陈永常编 16开 45.00元 ISBN 7-5019-5582-4
75. 现代胶印原理与工艺控制——印刷技术精品丛书 孙中华编著 16开 28.00元 ISBN 7-5019-5616-2
76. 现代印刷防伪技术——印刷技术精品丛书 张逸新编著 16开 30.00元 ISBN 7-5019-5657-X
77. 胶印设备与工艺——印刷技术精品丛书 唐万有等编 16开 30.00元 ISBN 7-5019-5710-X
78. 数字印刷原理与工艺——印刷技术精品丛书 张逸新编著 16开 30.00元 ISBN 978-7-5019-5921-1
79. 图文处理与印刷设计——印刷技术精品丛书 陈永常主编 16开 39.00元 ISBN 978-7-5019-6068-2
80. 印后加工技术与设备——印刷工程专业职业技能培训教材 李文育等编 16开 32.00元 ISBN 978-7-5019-6948-7
81. 平版胶印机使用与调节——印刷工程专业职业技能培训教材 冷彩凤等编 16开 40.00元 ISBN 978-7-5019-5990-7
82. 印前制作工艺及设备——印刷工程专业职业技能培训教材 李文育主编 16开 40.00元 ISBN 978-7-5019-6137-5
83. 包装印刷设备——印刷工程专业职业技能培训教材 郭凌华主编 16开 49.00元 ISBN 978-7-5019-6466-6
84. 特种印刷新技术 钱军浩编著 16开 36.00元 ISBN 7-5019-3222-054
85. 现代印刷机与质量控制技术（上） 钱军浩编著 16开 34.00元 ISBN 7-5019-3053-8